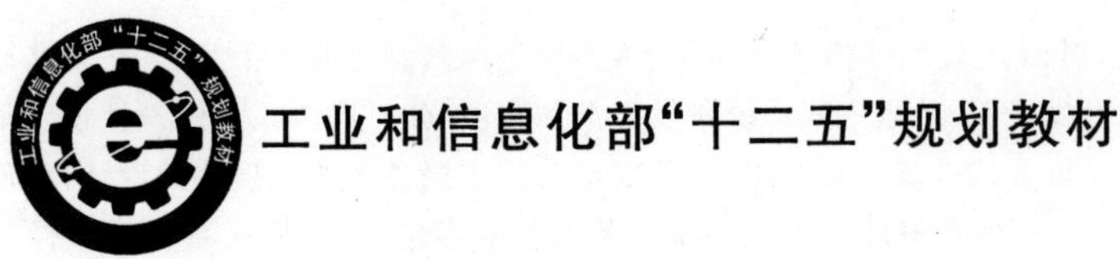

嵌入式系统原理及应用实例

蒋建春　曾素华　陈家佳　编著

北京航空航天大学出版社

内容简介

本书根据嵌入式系统的特点，对嵌入式系统的基础知识、工作原理与典型的应用设计等方面进行了介绍。作者根据长期的嵌入式系统开发经验，从嵌入式系统研发人员的角度，分析嵌入式系统设计需要掌握的理论知识、设计方法及步骤，介绍了嵌入式系统的基本组成，从底层到应用层各个典型模块的设计，将理论知识和实际对象充分结合起来，形成了一个完整的嵌入式系统。其主要内容包括：嵌入式系统软硬件基础知识、嵌入式系统开发基础、ARM Cortex－M3 内核体系结构、基于 STM32F103VET6 的典型的外设模块硬件/驱动程序设计、嵌入式操作系统基础、μC/OS－II 操作系统的应用及移植等部分。

本书既可以作为高等院校计算机、电子类、自动化及控制类大学本科高年级学生的教材，也可以作为非计算机类硕士研究生与嵌入式系统设计工程技术人员的重要参考书。

图书在版编目(CIP)数据

嵌入式系统原理及应用实例 / 蒋建春，曾素华，陈家佳编著. -- 北京 ：北京航空航天大学出版社，2015.6

ISBN 978－7－5124－1803－5

Ⅰ. ①嵌… Ⅱ. ①蒋… ②曾… ③ 陈… Ⅲ. ①微型计算机—系统设计 Ⅳ. ①TP360.21

中国版本图书馆 CIP 数据核字(2015)第 127653 号

嵌入式系统原理及应用实例

蒋建春　曾素华　陈家佳　编著

责任编辑　刘晓明　苏永芝

*

北京航空航天大学出版社出版发行

北京市海淀区学院路 37 号(邮编 100191)　http://www.buaapress.com.cn

发行部电话：(010)82317024　传真：(010)82328026

读者信箱：goodtextbook@126.com　邮购电话：(010)82316936

北京时代华都印刷有限公司印装　各地书店经销

*

开本：787×1 092　1/16　印张：23.25　字数：595 千字

2015 年 8 月第 1 版　2015 年 8 月第 1 次印刷　印数：3 000 册

ISBN 978－7－5124－1803－5　定价：48.00 元

前　言

嵌入式系统在工业生产控制、智能仪表、信息家电、网络通信、医疗仪器、国防科技、智能机器人等领域中都有着广泛的应用。社会对嵌入式系统设计方面人才的需求量也越来越大。许多高校开设了嵌入式系统设计的相关课程，社会上也有许多嵌入式系统设计方面的培训班。但是关于嵌入式系统设计的参考书大多针对某一型号的处理器或操作系统进行详细讲解，而没有讲解相应的嵌入式系统基础知识，就像产品说明书，读者只知道怎么用，而不知道为什么这样用；或者是只针对嵌入式理论知识进行说明、分析，而没有一个具体的对象，让读者感觉像空中楼阁。这些参考书对于初学者来说，很难真正系统掌握嵌入式系统方面的知识；在设计时，难以设计出一个优秀的嵌入式系统产品，从而也限制了行业的发展。

针对这一情况，作者根据多年从事嵌入式系统设计方面的科研及教学经验，结合嵌入式系统理论知识，编著了本书。本书主要针对非计算机专业学生进行设计，在内容的选择上，采用理论与具体对象相结合的原则，采用嵌入式控制领域应用广泛的Cortex－M3处理器STM32和典型的接口及总线作为硬件对象，分析讲解Cortex－M3处理器的结构、工作模式、中断处理、系统启动等原理及过程；然后针对控制领域对操作系统的应用需求，选择编程简单但功能齐全的μC/OS－II操作系统作为主要内容，系统分析介绍了该操作系统的工作原理、应用及移植。本书系统讲解了嵌入式系统理论知识及硬件设计、系统启动与中断处理、底层驱动编程、操作系统概念及应用等知识，让读者能将理论知识和具体对象结合起来，真正系统理解和掌握嵌入式系统的软/硬件知识；以“从总体到具体”、“从底层到上层”的顺序进行内容安排，更符合人的思维习惯。因此，本书可以作为高校有关专业本科高年级嵌入式系统设计相关课程的教材，也可作为嵌入式系统设计工程师的重要参考书。

本书共9章，第1章主要介绍嵌入式系统的概念、应用与发展。第2章主要介绍嵌入式系统构架、组成、硬件/软件基础知识以及嵌入式系统设计方法等内容。第3章主要讲解嵌入式系统的开发基础，主要分析了嵌入式系统的基本组成，常见的微处理器和操作系统的特点及应用领域，嵌入式软件开发调试方法，以及嵌入式系统平台构建的注意事项等。第4章重点讲述ARM Cortex系列处理器的结构、工作模式、指令、开发环境等内容。第5章重点分析STM32F103处理器的引脚与接口配置，然后对STM32F103处理器的中断、系统启动、常用接口及外设工作原理、接口电路及驱动程序编写进行讲解。第6章对嵌入式操作系统的概念、内核结构和功能进行讲解，重点讲解嵌入式操作系统任务、调度、通信与同步的工作原理。第7章对μC/OS-II操作系统的内核构架进行分析，重点分析该操作系统的内核任务管理、通信与同步机制和API函数。第8章是μC/OS-II的应用举例，主要对通信、同步、互斥、事件标志组、软件定时器等应用进行实例设计分析，然后讲述如何在STM32F103上移植μC/OS-II操作系统。第9章以智能家居系统为例，采用STM32F103处理器和μC/OS-II操作系统进行智能家居控制器设计。该章系统介绍整个嵌入式系统的开发过程。

本书第1、2、3、4章由曾素华负责完成，第5、6、7、8章由蒋建春负责完成，第9章由陈家佳负责完成，全书由蒋建春负责统稿。参与编写的人员还有岑明、李勇、吕霞付、谢昊飞等，在这里对他们表示感谢。同时还要感谢邓露和王开龙、陈慧玲、景艳梅、蒋丽等同学为本书的付出。感谢胡向东教授和余成波教授对本书的评阅和提出的宝贵意见。

同时，本书的应用实例都是采用典型的应用进行编排说明，并把每章应用实例完整的工程文件通过邮箱:goodtextbook@126.com提供给读者，便于读者进行验证学习。当然，任何一本书都不可能囊括所有内容，本书力争做到合理安排内容与顺序，引导读者进入嵌入式系统领域，让读者能循序渐进地系统掌握嵌入式系统的相关知识，同时也注重实例的典型性和实用性。希望本书对读者的嵌入式系统开发能有所帮助。

本书中也引用了参考文献中的一些信息，正是这些优秀的作品为作者提供了丰富的知识，从而使本书内容更加充实。在此对这些作者表示感谢！由于时间仓促，加之水平有限，书中难免会有一些错误和不妥之处，敬请读者批评指正。

作　者

2015年5月

目 录

第 1 章　嵌入式系统概论

通过本章的学习，读者可以了解嵌入式系统的基本概念、特点、应用领域，以及嵌入式系统的现状和发展趋势。

1.1　嵌入式系统简介

“嵌入式系统”一般指非 PC 系统、有计算机功能但又不称之为通用计算机的设备或器材。它是以应用为中心，软硬件可缩扩的，适应应用系统对功能、可靠性、成本、体积、功耗等综合性严格要求的专用计算机系统，主要由嵌入式处理器、相关支撑硬件、嵌入式操作系统及应用软件系统等组成。

与通用型计算机系统相比，嵌入式系统功耗低、可靠性高；功能强大、性能价格比高；实时性强，支持多任务；占用空间小，效率高；面向特定应用，可根据应用要求灵活定制。

嵌入式系统应用非常广泛，几乎包括了生活中的所有电器设备，如掌上 PDA、移动计算设备、电视机顶盒、智能手机、智能电视、多媒体、汽车电子、数字相机、智能家居系统、电梯、安全系统、自动售货机、消费电子设备、工业自动化仪表与医疗仪器等。

1.1.1　嵌入式系统的历史

从 20 世纪 70 年代单片机的出现到今天各式各样的嵌入式微处理器、微控制器的大规模应用，嵌入式系统已经有了近 40 年的发展历史。特别是近年来微电子技术和软件技术的发展使得硬件成本大大降低，软件的开发效率大大提高，嵌入式系统得到了广泛应用。

作为一个系统，往往是在硬件和软件交替发展的双螺旋的支撑下逐渐趋于稳定和成熟，嵌入式系统也不例外。嵌入式系统的出现最初是基于单片机的。20 世纪 70 年代单片机的出现，使得汽车、家电、工业机器、通信装置以及成千上万种产品可以通过内嵌入电子装置来获得更佳的使用性能：更容易使用、更快捷、更便宜。这些装置已经初步具备了嵌入式的应用特点，但是当时只是使用 8 位的芯片，执行一些单线程的程序，还谈不上“系统”的概念。

最早的单片机是 Intel 公司的 8048，它出现在 1976 年。Motorola 公司同时推出了 68HC05，Zilog 公司推出了 Z80 系列。这些早期的单片机均含有 256 字节的 RAM、4 KB 的 ROM、4 个 8 位并口、1 个全双工串行口、2 个 16 位定时器。80 年代初，Intel 公司又进一步完善了 8048，在它的基础上研制成功了 8051，这在单片机的历史上是值得纪念的。迄今为止，51 系列的单片机仍然是最为成功的单片机芯片之一，在各种产品中有着非常广泛的应用。随着微电子技术的发展和嵌入式系统功能的新的需求，8 位的单片机已无法满足新应用的需要，16 位、32 位及多核微处理器逐步取代了 8 位单片机。以 ARM 系列处理器最为典型，从 ARM7 到 ARM11，从 Cortex－M、Cortex－R 到 Cortex－A 系列，ARM 公司设计出不同的处理器结构和功能来满足不同应用的需要。

自 20 世纪 80 年代早期，嵌入式系统的程序员开始用商业级的“操作系统”编写嵌入式应用软件，这样可以获取更短的开发周期、更少的开发资金和更高的开发效率，“嵌入式系统”真正出现了。确切地说,这个时候的操作系统是一个实时核,这个实时核包含了许多传统操作系统的特征,包括任务管理、任务间通信、同步与相互排斥、中断支持、内存管理等功能。比较著名的有雷迪系统公司(注:Ready System 已被 Mentor Graphics 公司收购)的 VRTX(Versatile Real - Time Executive,多工即时执行系统)、综合系统公司(Integrated System Incorporation)的 PSOS、风河(注:Wind River 现已被 Intel 收购)的 VxWorks、QNX 公司的 QNX 等。这些嵌入式操作系统都具有嵌入式的典型特点:它们均采用占先式的调度,响应的时间很短,任务执行的时间可以确定;系统内核很小,具有可裁剪、可扩充和可移植性,可以移植到各种处理器上;具有较强的实时和可靠性,适合嵌入式应用。这些嵌入式实时多任务操作系统的出现,使得应用开发人员得以从小范围的开发解放出来,同时也促使嵌入式系统有了更为广阔的应用空间。

90 年代以后,随着对实时性要求的提高,软件规模不断上升,实时内核逐渐发展为实时操作系统,并作为一种软件平台逐步成为目前国际嵌入式系统的主流。这时候更多的公司看到了嵌入式系统的广阔发展前景,开始大力发展自己的嵌入式操作系统。除了上面的几家老牌公司以外,还出现了 Palm OS、WinCE、嵌入式 Linux、Lynx、Nucleus,以及国内的 Hopen、Delta OS 等嵌入式操作系统。随着嵌入式技术的发展前景日益广阔,相信会有更多的嵌入式操作系统软件出现。

1.1.2 嵌入式系统的定义

根据 IEEE(国际电气和电子工程师协会)的定义,嵌入式系统是“控制、监视或者辅助装置、机器和设备运行的装置”(原文为 devices used to control, monitor or assist the operation of equipment, machinery or plants)。这主要是从应用上加以定义的,从中可以看出嵌入式系统是软件和硬件的综合体,还可以涵盖机械等附属装置。

不过上述定义并不能充分体现出嵌入式系统的精髓,目前国内一个普遍被认同的定义是:以应用为中心,以计算机技术为基础,软件硬件可裁剪,适应应用系统对功能、可靠性、成本、体积、功耗严格要求的专用计算机系统。

在这个定义上,可从几方面来理解嵌入式系统:

① 嵌入式系统是面向用户、面向产品、面向应用的,它必须与具体应用相结合才会具有生命力,才更具有优势。因此可以这样理解上述三个面向的含义,即嵌入式系统是与应用紧密结合的,它具有很强的专用性,必须结合实际系统需求进行合理的裁剪利用。

② 嵌入式系统是将先进的计算机技术、半导体技术和电子技术与各个行业的具体应用相结合后的产物,这一点就决定了它必然是一个技术密集、资金密集、高度分散、不断创新的知识集成系统。所以,介入嵌入式系统行业,必须有一个正确的定位。例如 Android OS 之所以在智能手机领域占有 70%以上的市场份额,就是因为其立足于移动电子设备,着重发展丰富的图形界面和系统功能,提供完善的技术支持,提供开放性和免费服务,是一个对第三方软件完全开放的平台,开发者在为其开发程序时拥有更大的自由度。而 Wind River 公司的 VxWorks 之所以在火星车上得以应用,则是因为其高实时性和高可靠性,以及完善的开发平台。

③ 嵌入式系统必须根据应用需求对软硬件进行裁剪,满足应用系统的功能、可靠性、成本、体积等要求。所以,如果能建立相对通用的软硬件基础,然后在其上开发出适应各种需要的系统,则是一个比较好的发展模式。目前的实时嵌入式系统的核心往往是一个只有几 KB

到几十 KB 的微内核，需要根据实际的使用进行功能扩展或者裁剪。正是由于微内核的存在，使得这种扩展能够非常顺利地进行。

实际上，嵌入式系统本身是一个外延极广的名词，凡是与产品结合在一起的具有嵌入式特点的控制系统都可以叫嵌入式系统，而且有时很难给它下一个准确的定义。现在人们讲嵌入式系统时，某种程度上指近些年比较热的具有操作系统的嵌入式系统，本书在进行分析和展望时，也沿用这一观点。

嵌入式系统一般指非 PC 系统，它包括硬件和软件两部分。硬件包括处理器/微处理器、存储器及外设器件和 I/O 端口、图形控制器等。软件包括操作系统（OS）（要求实时和多任务操作）和应用程序编程。有时设计人员把这两种软件组合在一起。应用程序控制着系统的运作和行为；而操作系统控制着应用程序编程与硬件的交互作用。

总的说来，嵌入式系统是以应用为中心，以计算机技术为基础，并且软硬件可定制，适用于各种应用场合，对功能、可靠性、成本、体积、功耗有严格要求的专用计算机系统。它一般由嵌入式微处理器及外围硬件设备、嵌入式操作系统以及用户的应用程序等部分组成，用于实现对其他设备的控制、监视或管理等功能。

嵌入式系统的核心是嵌入式微处理器和嵌入式操作系统。而嵌入式微处理器一般具备以下 4 个特点：

① 具有较强的操作系统支持能力。能提供操作系统运行的硬件环境，完成多任务并且有较短的中断响应时间，从而使内部的代码和实时内核的执行时间减少到最低限度。

② 具有功能很强的存储区保护功能。这是由于嵌入式系统的软件结构已模块化，而为了避免在软件模块之间出现错误的交叉作用，需要设计强大的存储区保护功能，同时也有利于软件诊断。

③ 可扩展的处理器结构。嵌入式处理器一般具有丰富的外设接口，通过这些接口可以快速地设计和扩展系统功能，以满足不同应用的需要。

④ 嵌入式微处理器必须功耗很低。嵌入式设备主要用于非电源直接供电的场合，对功耗的要求较高。尤其是用于便携式的无线及移动的计算和通信设备中靠电池供电的嵌入式系统更是如此，其需要的功耗只有 mW 甚至 μW 级。

嵌入式操作系统与其他类型的操作系统相比，具有以下一些特点：

① 代码精简。嵌入式系统有别于一般的计算机处理系统，它不具备像硬盘那样大容量的存储介质，而大多使用闪存（Flash Memory）作为存储介质。这就要求嵌入式操作系统只能运行在有限的内存中，不能使用虚拟内存；中断的使用也受到限制。因此，嵌入式操作系统必须结构紧凑，体积微小。

② 实时性高。大多数嵌入式系统都是实时系统，而且多是强实时多任务系统，要求相应的嵌入式操作系统也必须是实时操作系统（RTOS）。实时操作系统作为操作系统的一个重要分支，已成为研究的一个热点，主要探讨实时多任务调度算法和可调度性、死锁解除等问题。

③ 特殊的开发调试环境。提供完整的集成开发环境是每一个嵌入式系统开发人员所期待的。一个完整的嵌入式系统的集成开发环境，一般需要提供的工具是编译/链接器、内核调试/跟踪器和集成图形界面开发平台。其中的集成图形界面开发平台包括编辑器、调试器、软件仿真器和监视器等。

1.1.3 嵌入式系统的特点

嵌入式系统是微电子、计算机科学、电子学、对象学 4 个学科的交叉和融合。微电子学将电子材料、工艺、集成电路以及芯片支持用于嵌入式产品的制造；嵌入式计算机学和电子学是核心，计算机科学为嵌入式系统提供了计算机工程方法、基础软件、集成开发环境，电子学为嵌入式系统提供了系统设计方法、电路理论等；对象学科是各个应用对象所涉及学科的综合，是与嵌入式产品最终应用相关的学科，例如汽车、消费电子、医疗、军事和航天等。

嵌入式系统的应用越来越广泛。这是因为嵌入式系统具有功能特定、规模可变、扩展灵活、有一定的实时性和稳定性、系统内核比较小等特点。

1. 功能特定性

嵌入式系统的个性化很强，软件和硬件的结合紧密，一般都针对硬件进行系统的移植；同时，针对不同的任务，系统软件也需要更改一定程序，程序的编译下载要和系统相结合。

应该说，基本上所有的嵌入式系统都具有一些特定的功能。如一个 IP 转串口的小型嵌入式设备，其主要功能就是把 IP(TCP/UDP)数据转成 RS232 数据，或者把 RS232 数据转成 TCP/UDP 数据。正是基于这样特定和单一的功能，才能把这类嵌入式设备做得体积小巧并且价格低廉。

应用于专业领域的嵌入式系统通常都具有执行特定功能的特性。这个特性要求设计者在实际设计嵌入式系统的时候一定要做详尽的需求分析，把系统的功能定义清晰，真正地了解客户的需求是做好设计的前提。如果在系统中增加一些不必要的功能，则不仅是开发时间上与经费上的浪费，也带来了系统整体性价比的降低，同样也会带来系统成本的增加。

2. 规模可变性

嵌入式系统主要是以微处理器与周边器件构成核心的，其规模可以变化。嵌入式处理器可以从 8 位到 16 位、到 32 位甚至到 64 位的都有。基于这个特点，推荐嵌入式系统开发工程师在实际的开发过程中，先设计与调试系统中基本不会变的那个部分——通常都是指嵌入式处理器核心电路部分，也就是本书中提到的核心板部分，然后再根据实际的应用扩展其外围接口。当然，这里的规模可变也和具体应用有很大的关系。由于嵌入式处理器内部集成的外围接口丰富，所以也使得一般的嵌入式系统都具有很强的规模可伸缩性。

嵌入式系统的这个特点给开发人员在系统设计过程中带来了很大的灵活性。当需求发生变化的时候，可以快速地进行扩展来适应需求。比如系统内存的增加、系统外围接口的扩展等，都是很容易实现的，但前提是在系统设计的时候已经考虑到了这部分的扩展冗余。也就是说，设计师在设计系统的时候，要适当地考虑一下系统以后的扩展性。最方便的就是通过增加一些跳线等方法做一些简单扩展等。

早期的嵌入式系统，系统软件和应用软件没有明显的区分，不要求其功能的设计过于复杂，这在一定程度上带来了开发上的不方便。也就是说，如果不把系统软件和上层应用软件区分开的话，每一次修改软件，都要把系统软件和上层软件一起编译调试，会带来开发时间上的浪费。

3. 实时性与稳定性

嵌入式系统因其应用情况通常会对实时性和稳定性有一定的要求，因此出现了实时嵌入

式系统等更深层次的系统。

高实时性的操作系统软件是嵌入式软件的基本要求，软件一般都要求固化和存储。通常嵌入式系统中的软件都是存储在 Flash 中的。上电之后，才把这些软件中的部分调入 RAM 区运行。嵌入式软件逐渐走向标准化，所以一般都使用多任务的操作系统。嵌入式系统的应用程序可以没有操作系统而在芯片上直接运行，但是为了合理地调度多个任务，充分利用系统资源、系统函数等，推荐选用 RTOS 开发平台。

常见的实时嵌入式系统有 RT Linux、Nucleus、VxWorks 等。大家所熟知的火星探测器上使用的操作系统其实就是一个实时性很强的嵌入式系统，是美国风河系统公司的 VxWorks 操作系统。现在发展越来越快的 GPS 车辆实时监控系统中同样也对实时性和稳定性有一定的需求。车辆移动端的控制器要根据 GPS 的秒信号与整个系统做时钟同步，从而实现移动端数据的分时按时间片向数据中心上报。在工控领域中应用的嵌入式系统对实时性和稳定性的要求更高，这样的设备通常是系统不间断地运行，需要面对较为恶劣的温度和湿度环境。

4. 操作系统内核小

嵌入式系统一般都应用于小型电子装置中，系统资源相对有限，使得嵌入式系统在实时性、功耗、体积、存储空间上都有所限制，要求嵌入式系统操作内核比传统的操作系统小很多，小的有几千字节，大的也不过几十兆字节。嵌入式操作系统内核比较小的有 μC/OS - II、Nucleus 以及基于 OSEK/VDX 规范的实时操作系统等，相对较大的 WinCE、Linux 等操作系统，其内核也可以裁剪到只有几十兆，比 PC 机上运行的其他操作系统规模小得多。

5. 具有专门的开发工具和开发环境

嵌入式系统本身不具备自主开发能力，必须有一套开发工具和环境才能进行开发，这些工具和环境一般是基于通用计算机上的软、硬件设备，以及各种仪器仪表等。开发时一般分为主机（HOST）和目标机（TARGET）两个概念，主机用于程序开发，目标机作为最后的执行机。通常都是在主机上建立基于目标机的编译环境，编译目标机要运行的代码，然后把编译出来的可执行二进制代码通过主机和目标机之间的某种通信接口与协议传输到目标机上进行烧录和运行。

1.2　嵌入式系统的分类

嵌入式系统种类繁多，分布在生活中的各个方面。如手机、DVD 播放器、ADSL 上网终端、无线路由器和 DVB 机顶盒等都是嵌入式系统。按照不同的方法，嵌入式系统可以进行不同的分类。

按照处理器的不同，可以分为 8 位、16 位、32 位、64 位及多核嵌入式系统；按照实时性不同，可分为软实时和硬实时两种类型；按照应用领域不同，可分为消费类、控制类、国防类、仪器仪表类、汽车电子类等。下面对嵌入式系统分类进行简单说明。

1.2.1　嵌入式系统的实时性分类

根据嵌入式系统的定义可知，嵌入式系统对实时性存在要求。不同的应用对嵌入式系统的实时性要求存在差别，按照实时性的不同，可将嵌入式系统分为软实时系统和硬实时系统

两类。

1. 软实时系统

软实时系统的任务时限是一种柔性灵活的、可以容忍偶然的超时错误的实时系统。失败造成的后果并不严重，仅仅是降低了系统的吞吐量。明确地说，软实时系统就是那些从统计的角度来说，一个任务能够得到确保的处理时间，到达系统的事件也能够在截止期限前得到处理。但违反截止期限并不会带来致命的错误，像实时多媒体系统就是一种软实时系统。基于Linux操作系统的嵌入式系统是一个典型的软实时系统，尽管在RTLinux里面对系统的调度机制做了很大的提高，使得实时性能也提高了很多，但是RTLinux还是一个软实时系统。基于WinCE的嵌入式系统也是软实时系统。

2. 硬实时系统

硬实时系统是指系统要确保在最坏情况下的服务时间，即对于事件响应时间的截止期限必须得到满足。比如航天中宇宙飞船的控制等就是这样的系统。硬实时系统要求系统运行有一个刚性的，严格可控的时间限制，它不允许任何超出时限的错误发生。超时错误会带来损害甚至导致系统失败，或者导致系统不能实现它的预期目标。基于VxWorks、μC/OS－II、eCOS、Nuclues、QNX等操作系统的嵌入式系统是硬实时系统。

1.2.2 嵌入式系统的应用领域分类

嵌入式系统技术具有非常广阔的应用前景，可应用在消费类电子产品、智能仪表、家庭智能管理、国防工业、工业控制和汽车电子等方面。

1. 消费类嵌入式产品

嵌入式系统在消费类电子产品应用领域的发展最为迅速，而且在这个领域中的嵌入式处理器的需求量也最大。智能嵌入式电子设备进入人们的生活、工作中，不断丰富人们的生活，给人们带来便利，构成的消费类电子产品已经成为现实生活中必不可少的一部分。大家最熟悉的莫过于智能手机、PDA、电子词典、数码相机、MP3/MP4等，如图1－1所示。可以说离开了这些产品生活会失去很多的色彩，也许不久的将来，如果没有了这些消费类电子产品，生活就像以前没有电一样很不方便。

图1－1 常用消费类嵌入式产品

这些消费类电子产品中的嵌入式系统一样含有一个嵌入式应用处理器、一些外围接口及一套基于应用的软件系统等。就拿数码相机来说，其镜头后面就是一个CCD图像传感器，然后会有一个A/D器件把模拟图像数据变成数字信号，送到嵌入式应用处理器进行适当的处

理，再通过应用处理器的管理实现图像在 LCD 上的显示、在 SD 卡或 MMC 卡上的存储等功能。

2. 智能仪器、仪表类嵌入式产品

这类产品可能离日常生活有点距离，但是对于开发人员来说却是实验室里的必备工具，比如智能手表、智能检测仪、网络分析仪、热成像仪等，如图 1-2 所示。通常这些嵌入式设备中都有一个应用处理器和一个运算处理器，可以完成一定的数据采集、分析、存储、打印、显示等功能。这些设备对于开发人员的帮助很大，大大地提高了开发人员的开发效率，可以说是开发人员的"助手"。

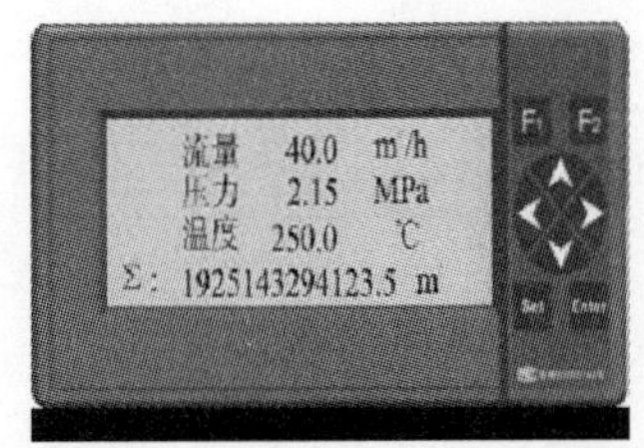

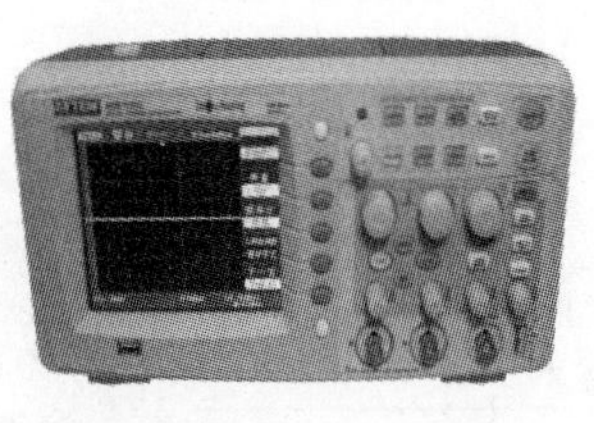

图 1-2　智能仪表类嵌入式产品

3. 家庭智能管理嵌入式产品

随着嵌入式技术的发展，嵌入式产品越来越与人们的生活紧密联系。在未来的生活中，我们会逐渐接触一些智能的家电设备，主要包括智能电视、智能冰箱、智能开关、智能电灯以及控制家电的一些智能设备。通常在一个典型的智能家居系统中，嵌入式系统会扮演不同的角色，主要包括智能家居集中控制器、红外转发设备、蓝牙转发设备、无线路由器等，这些设备主要负责信号的接收与转发，具有通用性。还有组成家庭智能控制系统的终端设备，如电视、冰箱、摄像头、电动窗帘、烟雾检查报警器、智能开关等。由这些信号接收转发设备和终端设备共同组成智能家居控制系统，而这些设备都具有嵌入式系统的特征。图 1-3 是一个典型的智能家居控制系统。

4. 国防武器设备嵌入式产品

国防武器设备是应用嵌入式系统设备较多的领域之一，如雷达识别、军用数传电台、电子对抗设备等，如图 1-4 所示。在国防军用领域使用嵌入式系统最成功的案例莫过于美军在海湾战争中采用的一套 Adhoc 自组网作战系统了。利用嵌入式系统设计开发了 Adhoc 设备安装在直升机、坦克、移动步兵身上构成一个自愈合自维护的作战梯队。这项技术现在发展成为 Mesh 技术，同样依托于嵌入式系统的发展，已经广泛应用于民用领域，比如消防救火、应急指挥等应用中。

5. 生物微电子嵌入式产品

指纹识别、声纹识别、人脸识别、生物传感器数据采集等应用中也广泛采用嵌入式系统设计，如图 1-5 所示。现在环境监测已经成为人类突出要面对的问题，可以想象，随着技术的发展，将来的空气中、河流中都可能存在着很多的微生物传感器在实时地检测环境状况，而且还在实时地把这些数据送到环境监测中心，以达到检测整个生活环境避免发生更深层次的环境污染问题。这也许就是将来围绕在我们生存环境周围的一个无线环境监测传感器网。对于已

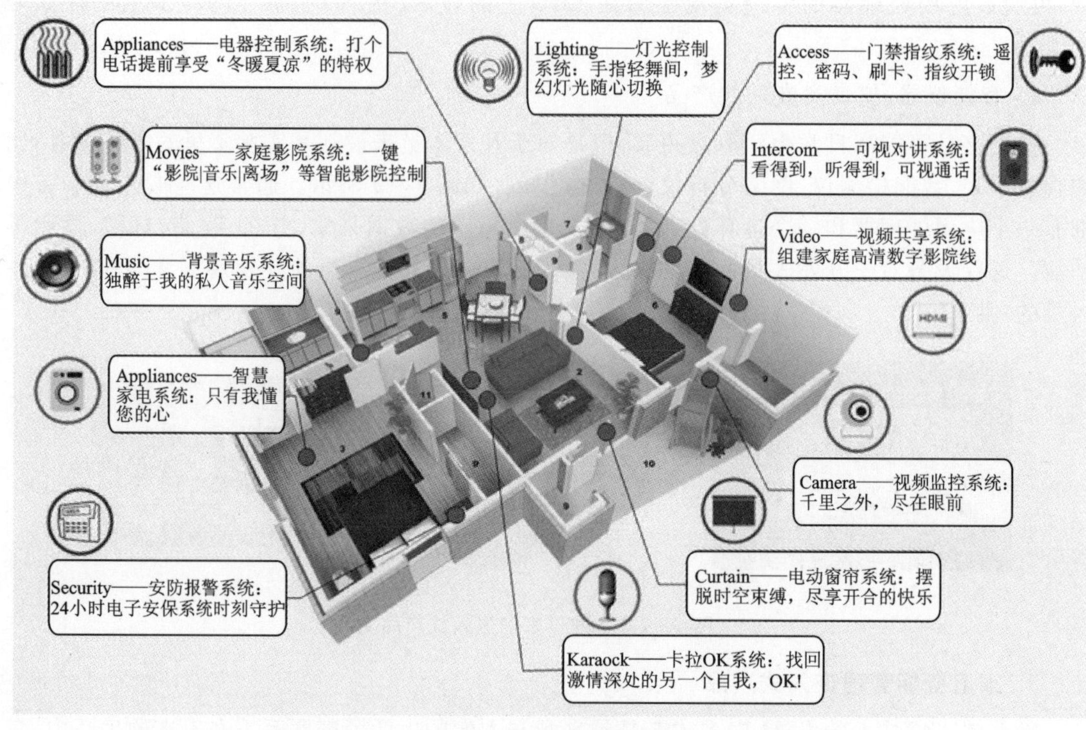

图 1-3 智能家居系统

图 1-4 国防武器设备嵌入式产品

经过去的 SARS 等重大流行性疾病，人类可以在嵌入式系统的协助下与之对抗。

图 1-5 生物微电子嵌入式产品

6. 汽车电子设备嵌入式产品

众所周知嵌入式系统有体积小、功耗低、集成度高、子系统间能通信融合的优点，这就决定了它非常适合应用于汽车工业领域。另外，随着汽车技术的发展以及微处理器技术的不断进步，使得嵌入式系统在汽车电子技术中得到了广泛应用。目前，从车身控制、底盘控制、发动机管理、主被动安全系统到车载娱乐、信息系统都离不开嵌入式技术的支持，如图 1-6 所示。汽车嵌入式系统大大提高了汽车电子系统的实时性、可靠性和智能化程度。

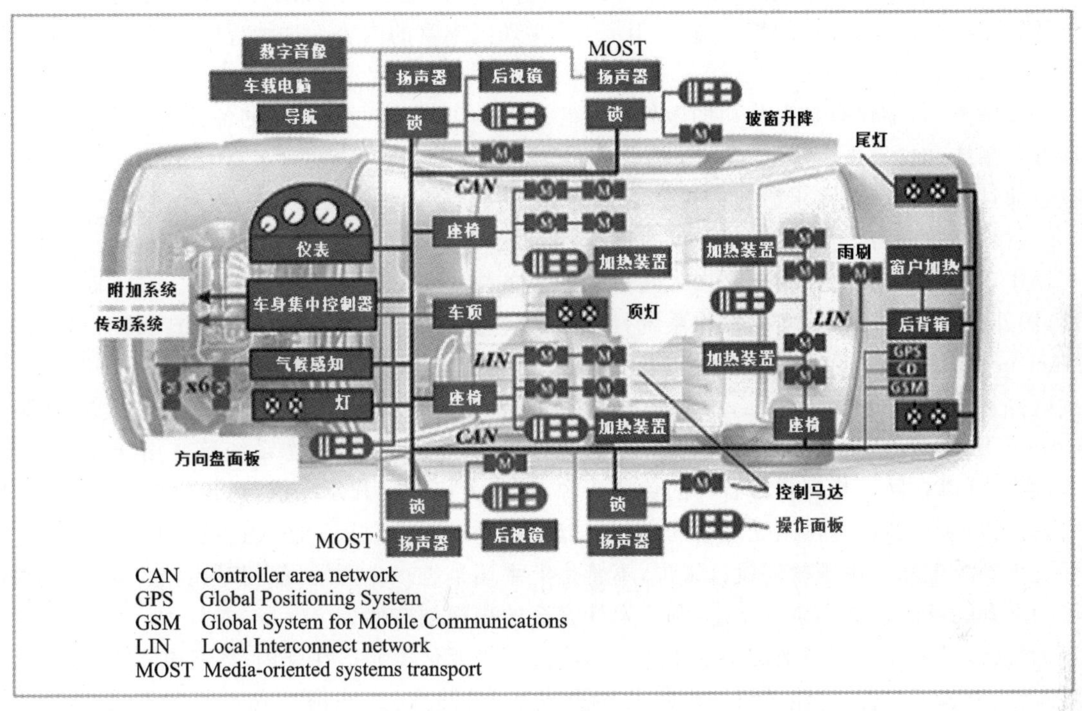

图 1-6　汽车控制系统嵌入式设备

除此之外，嵌入式技术在机器人、工业控制等领域也得到广泛应用。嵌入式系统的应用给嵌入式系统开发人员带来了众多机遇。其中平台核心部分的技术成熟与稳定相当重要，硬件平台的核心部分稳定可靠，其在应用上的不同无非就是外围扩展的不同。

1.3　嵌入式系统的发展现状和发展趋势

1.3.1　嵌入式系统的发展现状

随着信息化、智能化、网络化的发展，嵌入式系统技术也将获得广阔的发展空间。进入 20 世纪 90 年代，嵌入式技术全面展开，目前已成为通信和消费类产品的共同发展方向。在通信领域，数字技术正在全面取代模拟技术。在广播电视领域，模拟电视向数字电视转变，欧洲的 DVB(数字电视广播)技术已在全球大多数国家推广。数字音频广播(DAB)也发展成熟。而软件、集成电路和新型元器件在产业发展中的作用日益重要。所有上述产品中，都离不开嵌入式系统技术。维纳斯计划生产的机顶盒，核心技术就是采用 32 位以上芯片级的嵌入式技术。

在个人领域中，嵌入式产品将主要是个人商用，作为个人移动的数据处理和通信软件，如3G、4G手机，不仅可以实现可视接听电话，还可以实现看电视、上网等功能。由于嵌入式设备具有自然的人机交互界面，GUI屏幕为中心的多媒体界面给人很大的亲和力。手写文字输入、语音拨号上网、收发电子邮件以及彩色图形、图像成为现实。

对于企业专用解决方案，如物流管理、条码扫描、移动信息采集等，这种小型手持嵌入式系统将发挥巨大的作用。自动控制领域，可以用于ATM机、自动售货机、工业控制等专用设备，和移动通信设备、GPS、娱乐相结合，嵌入式系统同样可以发挥巨大的作用。各个电视厂家推出的智能电视产品，结合网络、人机交互接口，实现更丰富的内容。这种智能化、网络化将是家电发展的新趋势。

硬件方面，不仅有各大公司的微处理器芯片，还有用于学习和研发的各种配套开发包。目前低层系统和硬件平台经过若干年的研究，已经相对比较成熟，实现各种功能的芯片应有尽有。而且巨大的市场需求给我们提供了学习研发的资金和技术力量。

从软件方面讲，也有相当部分的成熟软件系统。在多媒体处理方面，Linux、iOS、Android等操作系统的不断完善，为未来嵌入式多媒体设备提供更完善更复杂的功能。在实时系统方面，国外商品化的嵌入式实时操作系统，已进入我国市场的有Wind River、Microsoft、QNX和Nucleus等公司的产品。我国自主开发的嵌入式系统软件产品如科银(CoreTek)公司的嵌入式软件开发平台DeltaSystem，中科院推出的Hopen嵌入式操作系统，上海普华推出的Reworks OSEK实时操作系统，重庆邮电大学研发的AutoOSEK操作系统等。由于是研究热点，我们可以在网上找到各种各样的免费资源，从各大厂商的开发文档，到各种驱动、程序源代码，甚至很多厂商还提供微处理器的样片。以上这些对于我们从事嵌入式系统方面的研发，无疑是个资源宝库。对于软件设计来说，不管是上手还是进一步开发，都相对比较容易。这就使得初学者能够较快进入研究状态，利于发挥大家的积极创造性。

目前，嵌入式系统带来的工业年产值已超过了1万亿美元。在国内，数字电视、机顶盒、信息家电、物联网设备、智能手持终端近几年更成了IT热点，这些都是嵌入式系统在特定环境下的一个特定应用。据调查，目前国际上已有两百多种嵌入式操作系统，而各种各样的开发工具、应用于嵌入式开发的仪器设备更是不可胜数。在国内，拥有众多嵌入式设备生产企业和广阔的应用市场，嵌入式系统技术发展的空间真是无比广大。

1.3.2 嵌入式系统的发展趋势

信息时代、数字时代使得嵌入式产品获得了巨大的发展契机，为嵌入式市场展现了美好的前景，同时也对嵌入式生产厂商提出了新的挑战，从中我们可以看出未来嵌入式系统的几大发展趋势：

1. 完善的开发工具支持

嵌入式开发是一项系统工程，因此要求嵌入式系统厂商不仅要提供嵌入式软硬件系统本身，同时还需要提供强大的硬件开发工具和软件包支持。

目前很多厂商已经充分考虑到这一点，在主推系统的同时，将开发环境也作为重点推广。比如三星在推广ARM芯片的同时还提供开发板和板级支持包(BSP)，而WinCE在主推系统时也提供Embedded VC++作为开发工具，还有VxWorks的Tonado开发环境，DeltaOS的Limda编译环境等都是这一趋势的典型体现。当然，这也是市场竞争的结果。

2. 设备功能的复杂化、智能化

随着计算机技术、微电子技术、软件技术和控制技术的不断发展，以往单一功能的设备如电话、手机、冰箱、微波炉、电视机等功能不再单一，结构更加复杂，功能更加完善。

这就要求芯片设计厂商在芯片上集成更多的功能，为了满足应用功能的升级，设计师们一方面采用更强大的嵌入式处理器如 32 位、64 位 RISC 芯片、信号处理器 DSP、多核处理器增强处理能力，一方面增加功能接口（如 USB），扩展总线类型（如 CAN），加强对多媒体、图形等的处理，逐步实施片上系统（SOC）的概念。软件方面采用实时多任务编程技术和交叉开发工具技术来控制功能复杂性，简化应用程序设计、保障软件质量和缩短开发周期。

3. 网络互联成为必然趋势

随着因特网技术的成熟、带宽的日益提高，未来的嵌入式设备必然要求硬件上提供各种网络通信接口。

传统的单片机对于网络支持不足，而新一代的嵌入式处理器已经开始内嵌网络接口，除了支持 TCP/IP 协议，还有的支持 IEEE1394、USB、CAN、Bluetooth 或 IrDA 通信接口中的一种或者几种，同时也需要提供相应的通信组网协议软件和物理层驱动软件。软件方面系统内核支持网络模块，甚至可以在设备上嵌入 Web 浏览器，真正实现随时随地用各种设备上网。当前快速发展的物联网技术及设备就是一个很好的印证。

4. 精简系统内核、算法，降低功耗和软硬件成本

未来的嵌入式产品是软硬件紧密结合的设备，为了减低功耗和成本，需要设计者尽量精简系统内核，只保留和系统功能紧密相关的软硬件，利用最低的资源实现最适当的功能，这就要求设计者选用最佳的编程模型和不断改进算法，优化编译器性能。因此，既要软件人员有丰富的硬件知识，又需要发展先进嵌入式软件技术，如 Java、Web 和 WAP 等。

5. 提供友好的多媒体人机界面

嵌入式设备能与用户亲密接触，最重要的因素就是它能提供非常友好的用户界面。图像界面，灵活的控制方式，使得人们感觉嵌入式设备就像是一个熟悉的老朋友。因此，嵌入式软件设计者要在图形界面、多媒体技术上痛下苦功。此外，手写文字输入、语音拨号上网、收发电子邮件以及彩色图形、图像都会使使用者获得自由的感受。目前一些先进的 PDA 在显示屏幕上已实现汉字写入、短消息语音发布，但一般的嵌入式设备距离这个要求还有很长的路要走。

6. 嵌入式技术的开放性

为了提高嵌入式产品的开发效率，缩短开发周期，提高嵌入式产品的可互换性，当前嵌入式技术的发展逐渐向标准化、开放性方向发展。嵌入式软件架构、中间件技术、开发模式等都出现了标准化趋势，如汽车电子的 AUTOSAR 规范，采用统一的基础软件架构和接口规范软件开发，提高应用软件的开发效率和互换性。嵌入式硬件接口朝标准化方向发展，如当前的主要硬件外设接口 I^2C、SPI、CAN、USB 等在接口定义、通信协议等方面都进行了标准化。

习题 1

1. 什么是嵌入式系统？

2. 简述嵌入式系统的发展过程。

3. 嵌入式系统有哪些特点？

4. 嵌入式系统的应用领域有哪些？

5. 举出几个嵌入式系统应用的例子，通过查资料和独立思考，说明这些嵌入式系统产品主要由哪几部分组成，每个组成部分完成什么功能。（提示：数码相机、办公类产品、工业控制类产品的例子等。）

6. 通过查阅资料，你认为嵌入式系统的发展趋势如何？

第2章　嵌入式系统的基础知识

在第1章中对嵌入式系统的基本特点、分类及发展趋势作了简要介绍。在进入到具体的嵌入式系统设计介绍之前，先了解一些嵌入式系统的基本知识，有助于后续章节的理解和学习。本章主要内容包括：嵌入式系统的构架、嵌入式硬件基础知识、嵌入式软件基础知识、嵌入式系统设计方法。

2.1　嵌入式系统的基本结构

当今嵌入式系统已经广泛应用于通信、工业控制、家电、军事、国防等各个领域。在不同的应用场合，嵌入式系统呈现出的外观和形式各不相同。但通过对其内部结构分析可以发现，一个完整的嵌入式系统应包括嵌入式计算机系统和被控对象，如图2-1所示。其中嵌入式计算机系统是整个嵌入式系统的控制核心，是被控对象的指挥和监控中心，负责指挥被控对象动作和监测被控对象的运行状况。被控对象也称为执行装置，如机器人的机械手臂，主要由执行装置、驱动器、传感器等组成，它可以接受嵌入式计算机系统发出的控制命令，执行所规定的操作或任务。执行装置可以很简单，如手机上的一个微型的电机，当手机处于振动接收状态时打

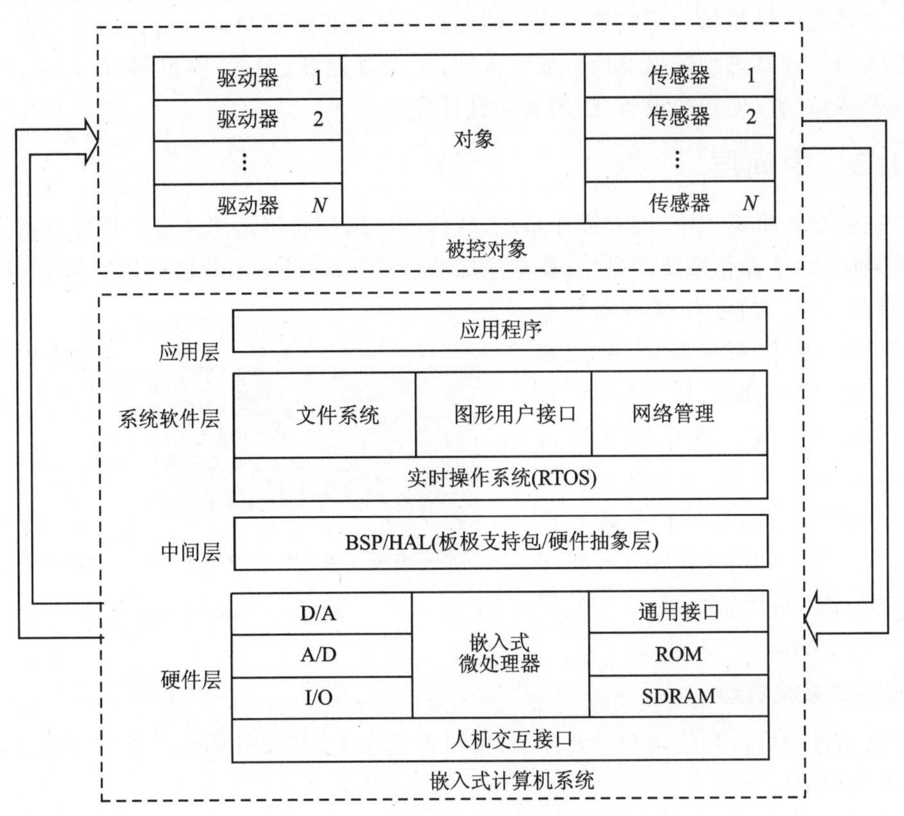

图2-1　典型的嵌入式计算机系统组成

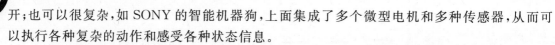

开;也可以很复杂,如SONY的智能机器狗,上面集成了多个微型电机和多种传感器,从而可以执行各种复杂的动作和感受各种状态信息。

目前所提及的嵌入式系统一般指嵌入式计算机系统,主要包括:硬件层、中间层、系统软件层和应用层4个部分。嵌入式硬件主要包括提供嵌入式计算机正常运行的最小系统(如电源、系统时钟、复位电路、存储器等)、通用I/O口和一些外设及其他设备。嵌入式系统中间层又称嵌入式硬件抽象层,主要包括硬件驱动程序、系统启动软件等;嵌入式系统软件层为应用层提供系统服务,如操作系统、文件系统、图形用户接口等;而应用层主要是用户应用程序。下面对嵌入式计算机系统的组成进行简单的描述。

2.1.1 硬件层

嵌入式系统硬件通常指除被控对象之外的嵌入式系统要完成其功能所具备的各种设备,由嵌入式处理器、存储器系统、通用设备接口(A/D、D/A、I/O等)和一些扩展外设组成。在1片嵌入式微处理器基础上增加电源电路、时钟电路和存储器电路(ROM和RAM等),就构成了一个嵌入式核心控制模块。其中操作系统和应用程序都可以固化在ROM中。

嵌入式系统的硬件层是以嵌入式处理器为核心的,最初的嵌入式处理器都是为通用目的而设计的,后来随着嵌入式系统应用的不断普及,出现了专用的集成芯片(Application Specific Integrated Circuit,ASIC)。ASIC是一种为具体任务而特殊设计的专用电路,采用ASIC芯片可以提高性能,减少功耗,降低成本。

嵌入式系统外设是指为了实现系统功能而设计或提供的接口或设备。这些设备通过串行或并行总线与处理器进行数据交换。通常包括:扩展存储器、输入/输出端口、人机交互设备、通信总线及接口、数/模转换设备、控制驱动设备等。

2.1.2 中间层

在以往的单片机系统中,没有操作系统,软件的应用层直接调用底层软件进行操作。而在嵌入式系统中,由于操作系统的参与,要求底层软件必须按照规定的格式进行编写,其介于硬件层与系统软件层之间,将硬件的细节进行屏蔽,便于操作系统调用,因此称为中间层,也称硬件抽象层(Hardware Abstract Layer,HAL)或板级支持包(Board Support Package)。它把系统软件与底层硬件部分隔离,使得系统软件与硬件无关,一般包括系统启动、硬件驱动程序和操作系统统一接口3个部分,如图2-2所示。

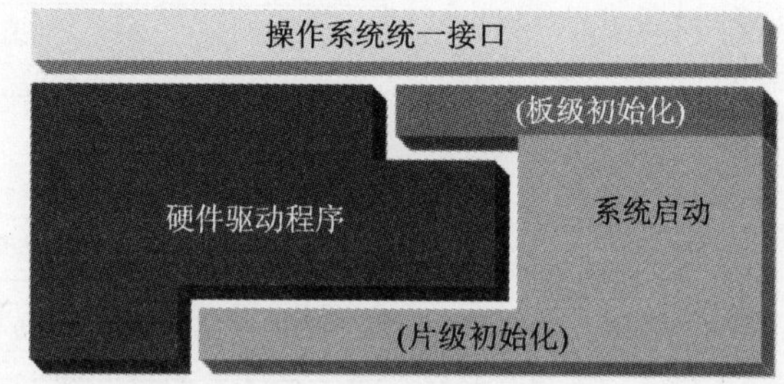

图2-2 BSP主要组成

1. 嵌入式系统启动

系统启动过程可以抽象两个主要环节,按照自底向上、从硬件到软件的次序依次为:片级初始化、板级初始化。

(1) 片级初始化

主要完成CPU的初始化,包括设置CPU的核心寄存器和控制寄存器、CPU核心工作模

式以及 CPU 的局部总线模式等。片级初始化把 CPU 从上电时的默认状态逐步设置成为系统所要求的工作状态。这是一个纯硬件的初始化过程，也是系统启动的主要工作。

（2）板级初始化

完成 CPU 以外的其他硬件设备的初始化，如串口、LCD、键盘等系统运行需要的基本环境。除此之外，还要设置某些软件的数据结构和参数，为应用程序的运行建立硬件和软件环境。这是一个同时包含软硬件两部分在内的初始化过程。

2. 硬件相关的设备驱动程序

BSP 另一个主要功能是硬件相关的设备驱动。与初始化过程相反，硬件相关的设备驱动程序的初始化和使用通常是一个从高层到底层的过程。尽管 BSP 中包含硬件相关的设备驱动程序，但是这些设备驱动程序通常不直接由 BSP 使用，而是在系统初始化过程中由 BSP 把它们与操作系统中通用的设备驱动程序关联起来，并在随后的应用中由通用的设备驱动程序调用，实现对硬件设备的操作。设计与硬件相关的驱动程序是 BSP 设计中的另一个关键环节。

3. 操作系统统一接口

操作系统统一接口定义了操作系统访问硬件的统一方法。该接口的定义屏蔽了不同硬件平台硬件的差异性，便于操作系统移植和驱动程序开发。如在 Linux 和 WinCE 操作系统中都对操作系统访问硬件定义了统一方法。在嵌入式系统中，并不是所有操作系统都定义了操作系统统一接口。

除此之外，在一些 BSP 中还包括硬件设备诊断程序，该程序在系统启动过程中对硬件扫描以检测设备的状况，其功能和 PC 机操作系统启动前的设备检测类似。

BSP 具有以下两个特点：

（1）硬件相关性

嵌入式实时系统的硬件环境具有应用相关性，因此，作为高层软件与硬件之间的接口，BSP 必须为操作系统提供操作和控制具体硬件的方法。

（2）操作相关性

不同的操作系统具有各自的软件层次结构，因此，不同操作系统具有特定的硬件接口形式。

实际上，BSP 是一个介于操作系统和底层硬件之间的软件层次，包括了系统中大部分与硬件相关的软件模块。

2.1.3　软件层

嵌入式系统软件主要包括操作系统、文件系统、图形用户接口等，主要用于提供标准编程接口，屏蔽底层硬件特性，降低应用程序开发难度，缩短应用程序开发周期。系统软件层由实时任务操作系统（Real - Time Task Operating System，RTOS）、文件系统（File System，FS）、图形用户接口（Graphical User Interface，GUI）、网络系统（Net System，NS）及通用服务组件模块（如数据库、电源管理等）组成。

1. RTOS

RTOS 是嵌入式应用软件的基础和开发平台。RTOS 是系统软件的一部分，系统启动及初始化完成后首先执行操作系统，其他应用程序都建立在 RTOS 之上。RTOS 将 CPU 时钟、中断、I/O、定时器和相关硬件资源都封装起来，留给用户的是一个标准的 API 函数接口。

大多数 RTOS 都是针对不同微处理器优化设计的高效实时多任务内核，RTOS 可以在不同微处理器上运行而为用户提供相同的 API 接口。因此基于 RTOS 开发的应用程序具有非常好的可移植性。

2. FS

FS 是操作系统用于明确磁盘或分区上的文件的方法和数据结构，即在磁盘上组织文件的方法；也指用于存储文件的磁盘或分区，或文件系统种类。FS 是操作系统为了存储和管理数据而在存储器上建立的一些结构的总和。一般来说，文件系统由操作系统引导区、目录和文件组成。

文件系统主要完成三项功能：跟踪记录存储器上被耗用的空间和自由空间，维护目录名和文件名，跟踪记录每一个文件的物理存储位置。文件系统屏蔽了底层硬件的处理细节，使得用户可以用“名字”访问数据，并保证多用户并发访问、高效率、高安全性、故障可恢复。FS 是系统软件的一个重要组成部分，它是可选的。

3. GUI

GUI 是图形用户接口的简称，准确来说 GUI 就是屏幕产品的视觉体验和互动操作部分，用于应用程序图形编程调用。GUI 提供用户标准的图形接口，便于图形编程，减少用户的认知负担，保持界面的一致性。GUI 可以满足不同目标用户的创意需求，使用户界面具有友好性，图标识别具有平衡性，图标功能具有一致性，以建立界面与用户的互动交流。

这种面向客户的系统工程设计，其目的是优化产品的性能，使操作更人性化，减轻使用者的认知负担，使其更适合用户的操作需求，直接提升产品的市场竞争力。

4. NS

NS 一般指用于网络通信与管理的组件，主要包括 ARP(Address Resolution Protocol)地址解析协议、SNMP(Simple Network Management Protocol)网络管理协议、FTP(File Transfer Protocol)文件传输协议、TCP/IP 协议等。其中 TCP/IP 协议在嵌入式系统中应用最多，通常作为操作系统的一个重要组成部分。在嵌入式系统中，由于系统的应用不同，IP 包通常作为一个独立的组件，可以灵活应用于各个嵌入式系统中。

2.1.4 应用层

嵌入式应用层是应用软件，主要是针对特定应用领域，基于某一固定的硬件平台，用来达到用户预期目标的计算机软件。由于用户任务功能的复杂性和可靠性要求，有些嵌入式应用软件需要特定嵌入式操作系统的支持。嵌入式应用软件和普通应用软件有一定的区别，它不仅要求在准确性、安全性和稳定性等方面能够满足实际应用的需要，而且还要尽可能地进行优化，以减少对系统资源的消耗，降低硬件成本。

目前我国市场上已经出现了各式各样的嵌入式应用软件，包括浏览器、Email 软件、文字处理软件、通信软件、多媒体软件、个人信息处理软件、智能人机交互软件、各种行业应用软件等。嵌入式系统中的应用软件是最活跃的力量，每种应用软件均有特定的应用背景，尽管规模较少，但专业性较强，所以嵌入式应用软件不像操作系统和支撑软件那样受制于国外产品垄

断，是我国嵌入式软件的优势领域。

应用层由基于系统软件开发的应用软件程序组成，是整个嵌入式系统的核心，用来完成对被控对象的控制功能。应用层是面向被控对象和用户的，为方便用户操作，往往需要提供一个友好的人机界面。

对于一个复杂的系统，在系统设计的初期阶段就要对系统进行需求分析，确定系统的功能，然后将系统的功能映射到整个系统的硬件、软件和执行装置的设计过程中，称之为系统的功能实现。在嵌入式系统中，必须对嵌入式系统的软硬件都有相应的了解，才能熟练进行嵌入式系统设计，设计出一个好的嵌入式系统。

2.2　嵌入式系统硬件基础

嵌入式系统硬件包括：嵌入式处理器、嵌入式存储器、嵌入式输入/输出接口及设备等，在进行硬件设计时，先要了解各种硬件的结构及性能，然后选择相应的硬件进行设计。

2.2.1　嵌入式微处理器基本知识

1. 处理器的结构

典型的微处理器由控制单元、程序计数器(PC)、指令寄存器(IR)、数据通道、存储器等组成，如图 2-3 所示。

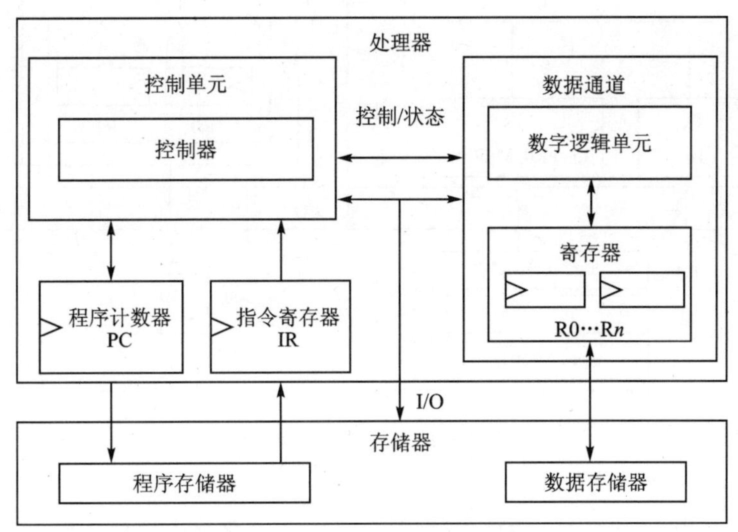

图 2-3　典型的微处理器结构

控制单元主要进行程序控制和指令解析，将指令解析结果传递给数据通道。微处理器的数据通道内有数字逻辑单元和一组寄存器(有时候称之为通用寄存器)，数字逻辑单元主要根据控制提供的分析结果，通过通用寄存器从数据存储器中读入需要的数据，然后进行数字计算，如加、减、乘、除等，并将结果通过通用寄存器保存到相应的数据存储器单元。通用寄存器用于存放处理器正在计算的值。比如，在对数据进行诸如算术运算这类操作之前，大多数微处理器都必须把数据存放到寄存器中。对于寄存器的数量和每个寄存器的命名，不同的微处理

器系列也是不同的，如 ARM7、ARM9 微处理器的 R0～R12 等寄存器。

除了通用寄存器之外，大多数微处理器还有许多专用寄存器。比如每个微处理器都有程序计数器 PC，如 ARM 处理器中的 R15(PC)，用来跟踪微处理器要执行的下一条指令的地址，控制器根据程序计数器中的指令地址将指令从指令寄存器读入到控制器中进行分析。指令寄存器用于从程序存储器读入需要处理的指令以供控制器访问。绝大多数微处理器都还有一个堆栈指针，如 ARM 处理器中的 R13(SP)，用来存放微处理器通用堆栈的栈顶地址。

2. 处理器指令执行过程

指令的执行过程一般包括取指、译码、执行、存储等操作。下面针对这几个操作进行说明。

(1) 取　指

取指就是处理器从程序存储器中取出指令。处理器控制器根据程序计数器 PC 中的值获得下一条执行的指令的地址，从程序存储器读出该指令，送到指令寄存器 IR。如图 2－4 所示，处理器根据 PC 中的指令地址 100 从程序存储器中将指令 load R0，M[500]读入到指令寄存器 IR 中。

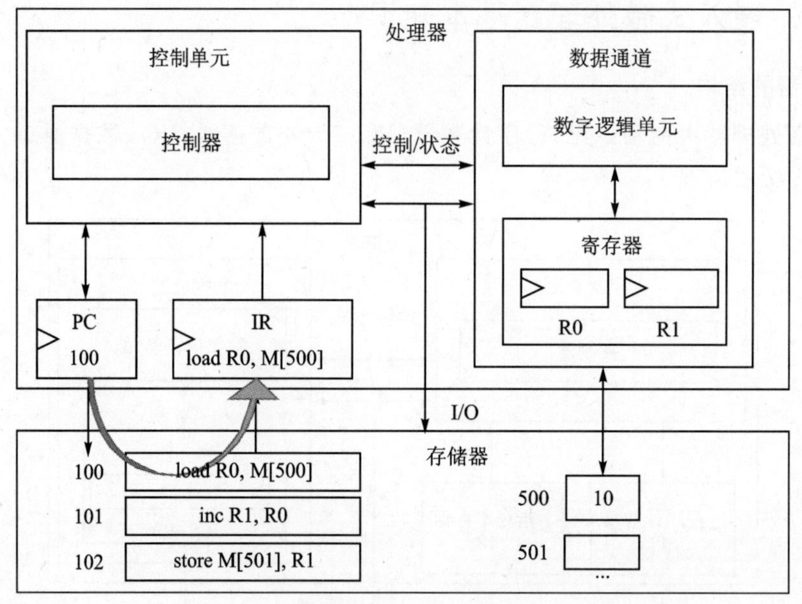

图 2－4　取指过程示意图

(2) 译　码

译码用于解释指令，决定指令的执行意义。将指令寄存器中的指令操作码取出后进行译码，分析其指令性质。如指令要求操作数，则寻找操作数地址。如图 2－5 所示，控制单元将指令读入控制器进行解析，然后将结果传递给数据通道。

一般计算机进行工作时，首先要通过外部设备把程序和数据通过输入接口电路和数据总线送入到存储器，然后逐条取出执行。但单片机中的程序一般事先都已通过写入器固化在片内或片外程序存储器中，因而一开机即可执行指令。

(3) 执　行

执行是指把数据从存储器读入数字逻辑单元操作的过程。如图 2－6 所示，数据通道根据

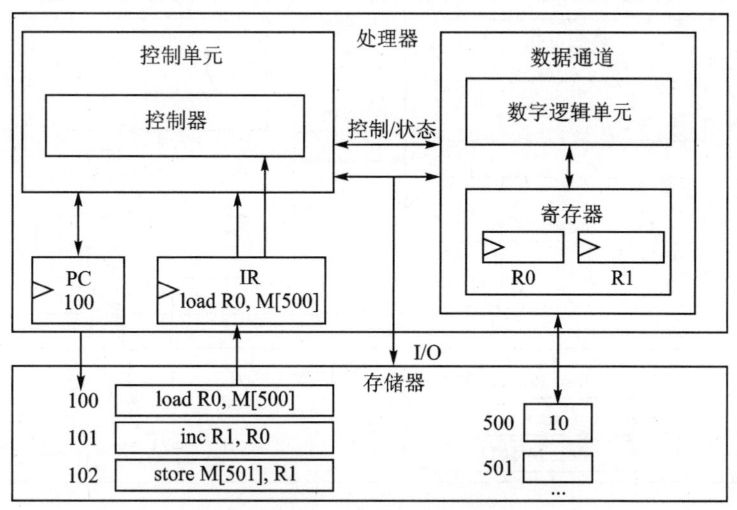

图 2－5　译码过程示意图

控制单元解析的指令结果，将数据存储器地址为 500 的数据读入寄存器 R0，然后通过算术逻辑单元 ALU 进行数据操作。

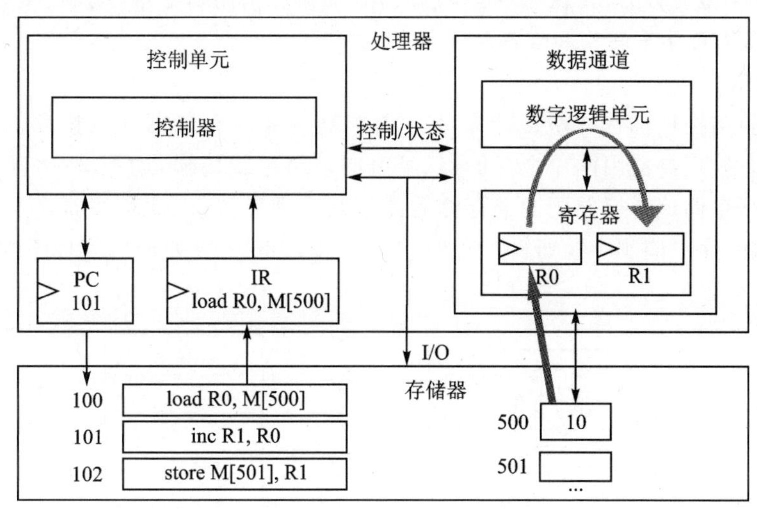

图 2－6　指令执行过程示意图

(4) 存　储

存储就是把执行的结果从寄存器中写入到存储器对应单元中。如图 2－7 所示，数据通道把数字逻辑单元的执行结果从寄存器 R1 写入到存储器地址为 501 的存储单元中。

计算机执行程序的过程实际上就是逐条指令地重复上述操作的过程，直至遇到停机指令或可循环等待指令为止。

在一些微处理器上，如 ARM 系列处理器、DSP 等，指令实现流水线作业，指令过程按流水线的数目来进行划分。例如，ARM9 系列处理器将指令分为：取指、译码、执行、存储、回写 5 个阶段执行。

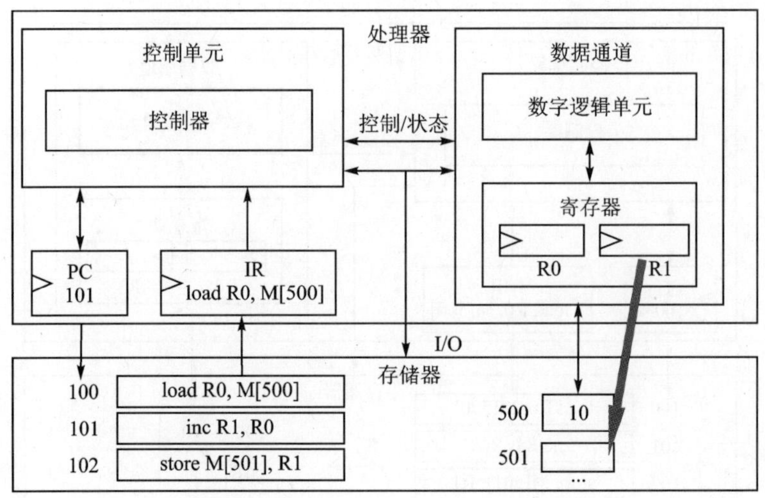

图 2-7　指令存储过程示意图

3. 微处理器的结构体系

处理器的结构体系按照存储器结构可分为：冯·诺依曼体系结构处理器和哈佛体系结构处理器；按指令类型可分为：复杂指令集（CISC）处理器和精简指令集（RISC）处理器。

(1) 冯·诺依曼体系结构和哈佛体系结构

1) 冯·诺依曼结构

冯·诺依曼结构也称普林斯顿结构，是一种将程序指令存储器和数据存储器合并在一起的存储器结构。处理器使用同一个存储器，经由同一组总线传输，如图 2-8 所示。程序指令存储地址和数据存储地址指向同一个存储器的不同物理位置，因此程序指令和数据的宽度相同，访问数据和程序只能顺序执行。如英特尔公司的 8086 中央处理器的程序指令和数据都是 16 位宽。

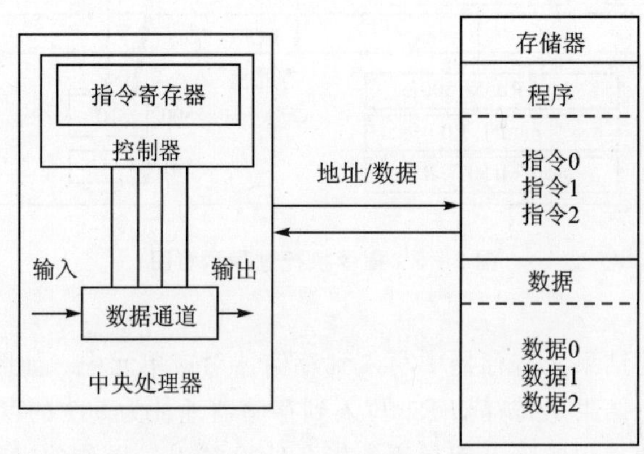

图 2-8　冯·诺依曼体系结构

冯·诺依曼的主要贡献就是提出并实现了“存储程序”的概念。由于指令和数据都是二进制码，指令和操作数的地址又密切相关，因此，当初选择这种结构是自然的。但是，这种指令和数据共享同一总线的结构，在对数据进行读取时，指令和数据必须通过同一通道依次访问，首

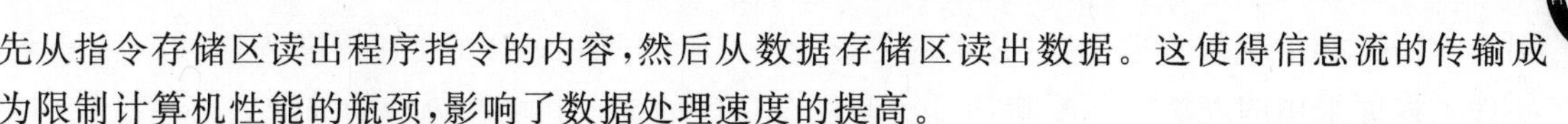

先从指令存储区读出程序指令的内容，然后从数据存储区读出数据。这使得信息流的传输成为限制计算机性能的瓶颈，影响了数据处理速度的提高。

目前使用冯·诺依曼结构的中央处理器和微控制器有很多。除了上面提到的英特尔公司的 8086，英特尔公司的其他中央处理器、ARM7 处理器以及 MIPS 公司的 MIPS 处理器也采用了冯·诺依曼结构。

2）哈佛体系结构

哈佛结构是一种将程序指令存储和数据存储分开的存储器结构，目的是为了减轻程序运行时的访存瓶颈，如图 2－9 所示。中央处理器首先到程序指令存储器中读取程序指令内容，解码后得到数据地址，再到相应的数据存储器中读取数据，并进行下一步的操作（通常是执行）。哈佛结构的微处理器通常具有较高的执行效率。其程序和数据是分开组织和存储的，执行时可以预先读取下一条指令，可以使程序和数据有不同的数据宽度，如 Microchip 公司的 PIC16 芯片的程序指令是 14 位宽，而数据是 8 位宽。

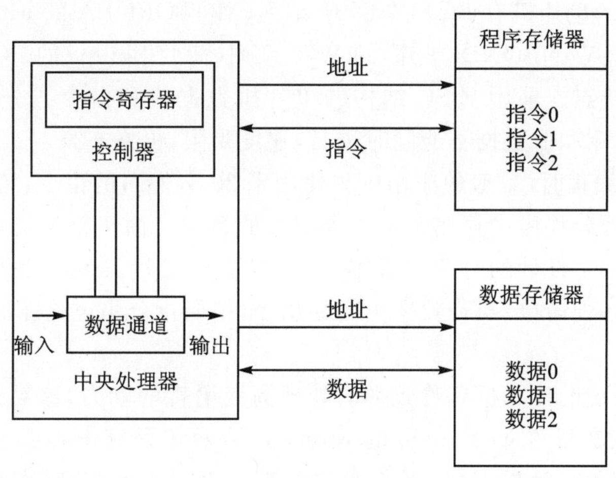

图 2－9　哈佛体系结构

目前使用哈佛结构的中央处理器和微控制器有很多，除了上面提到的 Microchip 公司的 PIC 系列芯片，还有摩托罗拉公司的 MC68 系列、Zilog 公司的 Z8 系列、ATMEL 公司的 AVR 系列、ARM9E 处理器以及 TI 公司的 DSP 等。

在典型情况下，完成一条指令需要 3 个步骤，即取指令、指令译码和执行指令。从指令流的定时关系也可看出冯·诺依曼结构与哈佛结构处理方式的差别。举一个最简单的对存储器进行读/写操作的指令，指令 1 至指令 3 均为存、取数指令，对冯·诺依曼结构处理器，由于取指令和存取数据要经由同一总线传输，因而它们无法重叠执行，只有一个完成后再进行下一个。

例如最常见的卷积运算中，一条指令同时取两个操作数。在流水线处理时，除了取数操作外，还有一个取指操作，如果程序和数据通过一条总线访问，取指和取数必会产生冲突，而这对大运算量的循环的执行效率是很不利的。哈佛结构能基本上解决取指和取数的冲突问题。

（2）复杂指令集计算机（CISC）与精简指令集（RISC）计算机

1）CISC

长期来，计算机性能的提高往往是通过增加硬件的复杂性来获得。随着集成电路技术，特别是 VLSI(超大规模集成电路)技术的迅速发展，为了软件编程方便和提高程序的运行速度，硬件工程师采用的办法是不断增加可实现复杂功能的指令和多种灵活的编址方式。这样的结构致使硬件越来越复杂，造价也相应提高。为实现复杂操作，微处理器除向程序员提供类似各种寄存器和机器指令功能外，还通过存于只读存储器(ROM)中的微程序来实现其极强的功能，处理器在分析每一条指令之后执行一系列初级指令运算来完成所需的功能，这种设计的形式被称为复杂指令集计算机(Complex Instruction Set Computer，CISC)结构。一般 CISC 计算机所含的指令数目至少 300 条以上，有的甚至超过 500 条。

CISC 具有如下显著特点：

- 指令格式不固定，指令长度不一致，操作数可多可少；
- 寻址方式复杂多样，以利于程序的编写；
- 采用微程序结构，执行每条指令均需完成一个微指令序列；
- 每条指令需要若干个机器周期才能完成，指令越复杂，花费的机器周期越多。

属于 CISC 结构的单片机有 Intel 的 8051 系列、MOTOROLA 的 M68HC 系列、Atmel 的 AT89 系列、我国台湾 WINBOND(华邦)的 W78 系列、荷兰 Philips 的 PCF80C51 系列等。

CISC 存在许多缺点。采用 CISC 结构的单片机数据线和指令线分时复用，它的指令丰富，功能较强，但取指令和取数据不能同时进行，速度受限，价格亦高。

在 CISC 处理器编程时，一般的应用中只使用了 20 %左右的指令，约有 80 %的指令没有用到，这就造成了大部分程序中存在大量指令闲置的情况。由于复杂的指令系统带来结构的复杂性，使得不但增加了设计的时间与成本，还容易造成设计失误。因而，针对 CISC 的这些弊病，人们开始寻找一种简单、执行效率更高的指令，精简指令集也是在这种情况下产生的。

2) RISC

采用复杂指令系统的计算机有着较强的处理高级语言的能力，这对提高计算机的性能是有益的。IBM 公司设在纽约 Yorktown 的 JhomasI. Wason 研究中心于 1975 年组织力量研究指令系统的合理性问题时发现，日趋庞杂的指令系统不但不易实现，而且还可能降低系统性能。1979 年以帕特逊教授为首的一批科学家也开始在美国加州大学伯克莱分校开展了这一研究，提出了精简指令的设想，即指令系统应当只包含那些使用频率很高的少量指令，并提供一些必要的指令以支持操作系统和高级语言。按照这个原则发展而成的计算机被称为精简指令集计算机(Reduced Instruction Set Computer，RISC)结构，简称 RISC。

这种 CPU 指令集的特点是指令数目少，每条指令都采用标准字长，执行时间短，CPU 的实现细节对于机器级程序是可见的等。它的指令系统相对简单，只要求硬件执行很有限且最常用的那部分指令，大部分复杂的操作则使用成熟的编译技术，由简单指令合成。这种指令结构便于硬件实现哈佛结构和流水线作业，从而使得取指令和取数据可同时进行，且由于一般指令线宽于数据线，使其指令较同类 CISC 单片机指令包含更多的处理信息，执行效率更高，速度亦更快。同时，这种单片机指令多为单字节，程序存储器的空间利用率大大提高，有利于实现超小型化，便于优化编译。

目前在中高档服务器中普遍采用这一指令系统的 CPU，特别是高档服务器全都采用 RISC 指令系统的 CPU。在中高档服务器中采用 RISC 指令的 CPU 主要有 Compaq(康柏，即新惠普)公司的 Alpha、HP 公司的 PA - RISC、IBM 公司的 Power PC、MIPS 公司的 MIPS 和 SUN 公司的 Spare。

3) CISC 与 RISC 的区别

从硬件角度来看,CISC 处理的是不等长指令集,它必须对不等长指令进行分割,因此在执行单一指令的时候需要进行较多的处理工作。而 RISC 执行的是等长精简指令集,CPU 在执行指令的时候速度较快且性能稳定。因此,在并行处理方面 RISC 明显优于 CISC,RISC 可同时执行多条指令,它可将一条指令分割成若干个进程或线程,交由多个处理器同时执行。由于 RISC 执行的是精简指令集,所以它的制造工艺简单且成本低廉。

从软件角度来看,CISC 运行的是我们所熟识的 DOS、Windows 操作系统,而且它拥有大量的应用程序。全世界有 65 %以上的软件厂商都为基于 CISC 体系结构的 PC 及其兼容机服务,Microsoft 就是其中的一家。而 RISC 在此方面却显得有些势单力薄。虽然在 RISC 上也可运行 DOS、Windows,但是需要一个翻译过程,所以运行速度要慢许多。

目前 CISC 与 RISC 正在逐步走向融合,Pentium Pro、Nx586、K5 就是一个最明显的例子,它们的内核都是基于 RISC 体系结构的。它们接受 CISC 指令后将其分解分类成 RISC 指令以便在同一时间内能够执行多条指令。由此可见,下一代的 CPU 将融合 CISC 与 RISC 两种技术,从软件与硬件方面看,二者会取长补短。

在设计上 RISC 较 CISC 简单,同时因为 CISC 的执行步骤过多,闲置的单元电路等待时间增长,不利于平行处理的设计,所以就效能而言 RISC 较 CISC 更有优势,但 RISC 因指令精简化后造成应用程序代码变大,需要较大的程序内存空间,且存在指令种类较多等一些缺点。

4. 提高 CPU 性能的方法

对于任何处理器来说,要提高其效率,在设计上都要减少数据的等待时间,并且努力减少处理单元的空闲时间。在处理器设计中,用于提高处理器效率的主要有流水线技术、超标量技术和高速缓存等技术。

(1) 流水线

流水线的工作方式就像工业生产上的装配流水线。在 CPU 中由多个不同功能的电路单元组成一条指令处理流水线,然后将一条指令分成多步后再由这些电路单元分别执行,这样就能实现在一个 CPU 时钟周期完成一条指令,因而提高 CPU 的运算速度。经典奔腾每条整数流水线都分为四级流水,即指令预取、译码、执行、回写结果;浮点流水又分为八级流水。流水线是在 CPU 中把一条指令分解成多个可单独处理的操作,使每个操作在一个专门的硬件站(stage)上执行,这样一条指令需要顺序地经过流水线中多个站的处理才能完成;但是前后相连的几条指令可以依次流入流水线中,在多个站间重叠执行,因此可以实现指令的并行处理,如图 2-10 所示。

(2) 超标量

超标量执行就是在处理器内部设置多个平行流水线处理单元,如图 2-11 所示。它将多个相互无关的任务同时在这些处理部件中分别进行独立处理,其实质是以空间换取时间。

超标量体系结构描述一种微处理器设计,它能够在一个时钟周期执行多个指令。在超标量体系结构设计中,处理器或指令编译器能够判断指令是独立于其他顺序指令而执行,还是依赖于另一指令顺序而执行,处理器然后使用多个执行单元同时执行两个或更多独立指令。超标量体系结构设计有时称“第二代 RISC”。

(3) 高速缓存(Cache)

由于 CPU 的运算速度愈来愈快,主存储器(如 SDRAM)的数据存取速度经常无法跟上

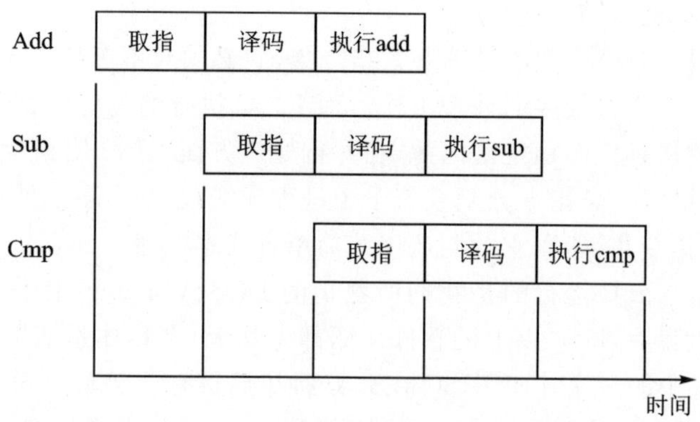

图 2-10　指令流水线的执行方式

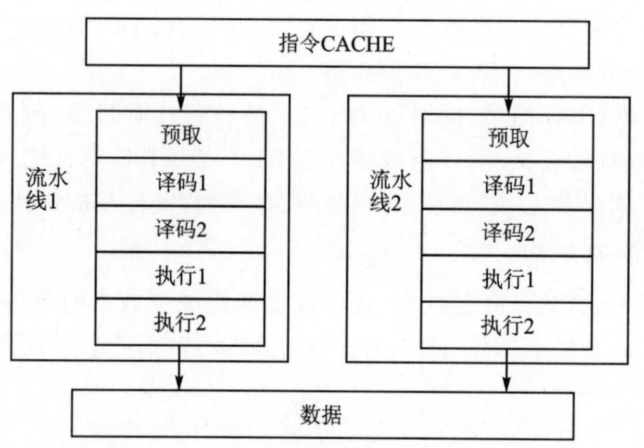

图 2-11　超标量的指令执行方式

CPU 的速度,因而影响计算机的执行效率。如果在 CPU 与主存储器之间,使用速度最快的 SRAM 来作为 CPU 的数据快取区,将可大幅提升系统的执行效率,而且透过 Cache 来事先读取 CPU 可能需要的数据,可避免主存储器与速度更慢的辅助内存的频繁存取数据,对系统的执行效率也大有帮助。

高速缓存是一种特殊的小型、快速的存储器子系统,其中复制了频繁使用的数据,以利于 CPU 快速访问。存储器的高速缓冲存储器存储了频繁访问的 RAM 位置的内容及这些数据项的存储地址。当处理器引用存储器中的某地址时,高速缓冲存储器便检查是否存有该地址。如果存有该地址,称为高速缓存命中,则将数据返回处理器;如果没有,称为高速缓存失误,保存该地址,则进行常规的存储器访问。因为高速缓冲存储器总是比主 RAM 存储器速度快,所以当 RAM 的访问速度低于微处理器的速度时,常使用高速缓冲存储器。

通常采用 SRAM 来设计 Cache,因此,速度快但比较贵。通常高速缓冲和处理器同在一个芯片上,由于 SRAM 价格贵、体积较大,如果主存储器全采用 SRAM 则系统造价太高,所以一般 Cache 空间不大。Cache 的应用除了加在 CPU 与主存储器之间外,硬盘、打印机、CD-ROM 等外围设备也都会加上 Cache 来提升该设备的数据存取效率。

5. 处理器信息存储的字节顺序

在处理器体系结构中,每个字单元包含 4 字节单元或者 2 个半字单元,1 个半字单元包含 2 字节单元。但是在字单元中,4 字节哪一个是高位字节,哪一个是低位字节则有两种不同的格式,通常称为大端(big endian)格式和小端(little endian)格式。大/小端的选择对于不同的芯片有一些不同的选择方式,一般都可以通过外部的引脚或内部的寄存器来选择,具体要参见处理器的数据手册。

采用大小模式对数据进行存放的主要区别在于存放字节的顺序,大端方式将字数据的高位字节存储在低地址中,字数据的低字节则存放在高地址中,如图 2-12。采用大端方式进行数据存放符合人类的正常思维。

高地址↑低地址	31　　24	23　　16	15　　8	7　　0	字地址
	8	9	10	11	8
	4	5	6	7	4
	0	1	2	3	0

图 2-12　大端模式数据存放格式

举例:双字节数 0x1234 以 big endian 的方式存在起始地址 0x00002000 中:

| data | <-- address

| 0x12 | <-- 0x00002000

| 0x34 | <-- 0x00002001

而小端模式则是低地址中存放字数据的低字节,高地址中存放字数据的高字节,如图 2-13 所示。采用小端方式进行数据存放利于计算机处理。

高地址↑低地址	31　　24	23　　16	15　　8	7　　0	字地址
	11	10	9	8	8
	7	6	5	4	4
	3	2	1	0	0

图 2-13　小端模式数据存放格式

举例:双字节数 0x1234 以 little endian 的方式存在起始地址 0x00002000 中:

| data | <-- address

| 0x34 | <-- 0x00002000

| 0x12 | <-- 0x00002001

有的处理器系统采用了小端方式进行数据存放,如 Intel 的奔腾。有的处理器系统采用了大端方式进行数据存放,如 IBM 半导体和 Freescale 的 PowerPC 处理器。不仅对于处理器,一些外设的设计中也存在着使用大端或者小端进行数据存放的选择。

因此在一个处理器系统中,有可能存在大端和小端模式同时存在的现象。这一现象为系统的软硬件设计带来了不小的麻烦,这要求系统设计工程师必须深入理解大端和小端模式的差别。大端与小端模式的差别体现在一个处理器的寄存器、指令集、系统总线等各个层次中。

2.2.2 存储器系统

1. 存储器的分类

(1) 按存储介质分类

半导体存储器、磁表面存储器、光表面存储器

(2) 按存储器的读写功能分类

只读存储器(ROM)、随机存储器(RAM)

(3) 按在微机系统中的作用分类

主存储器、辅助存储器、高速缓冲存储器

2. 存储器系统的层次结构

所谓存储系统的层次结构,就是把各种不同存储容量、存取速度和价格的存储器按层次结构组成多层存储器,并通过管理软件和辅助硬件有机组合成统一的整体,使所存放的程序和数据按层次分布在各种存储器中。

计算机系统的存储器被组织成一个金字塔的层次结构,如图 2-14 所示,共分 6 个层次,自上而下分别为:CPU 内部寄存器、芯片内部高速缓存、芯片外部高速缓存(SRAM、SDRAM、DRAM)、主存储器(FLASH、EEPROM)、外部存储器(磁盘、光盘、CF 卡、SD 卡)和远程二级存储器(分布式文件系统、WEB 服务器)。上述设备从上而下,依次速度更慢、容量更大、访问频率更小、造价更便宜。

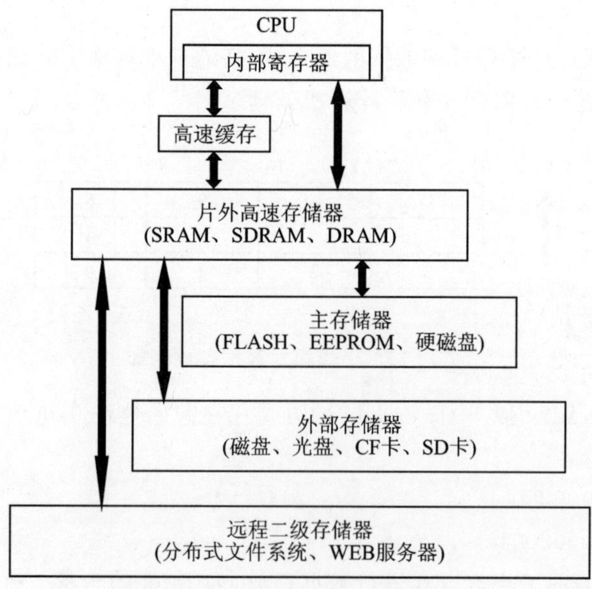

图 2-14 存储器系统的层次结构

为了解决 CPU 与主存储器速度差,通常采用如下措施:

(1) CPU 内部设置多个通用寄存器

设置多个寄存器并且使它们并行工作。本质:增添瓶颈部件数目,使它们并行工作,从而减缓固定瓶颈。

(2) 采用多存储模块交叉存取

采用多级存储系统，这是一种减轻存储器带宽对系统性能影响的最佳结构方案。本质：把瓶颈部件分为多个流水线部件，加大操作时间的重叠、提高速度，从而减缓固定瓶颈。

(3) 采用高速缓冲存储器

在微处理机内部设置高速缓冲存储器，以减轻对主存储器存取的压力。增加 CPU 中存储器的数量，也可大大缓解对主存储器的压力。本质：高速缓冲存储器技术，用于减缓暂时性瓶颈。

在嵌入式系统中由于其应用特点，采用最多的是半导体存储器，如 SDRAM、EEPROM、FLASH 等。因此在这里主要对半导体存储器进行介绍。

3. 半导体存储器

半导体存储器主要包括随机存储器和只读存储器两类，如下图 2-15 所示。

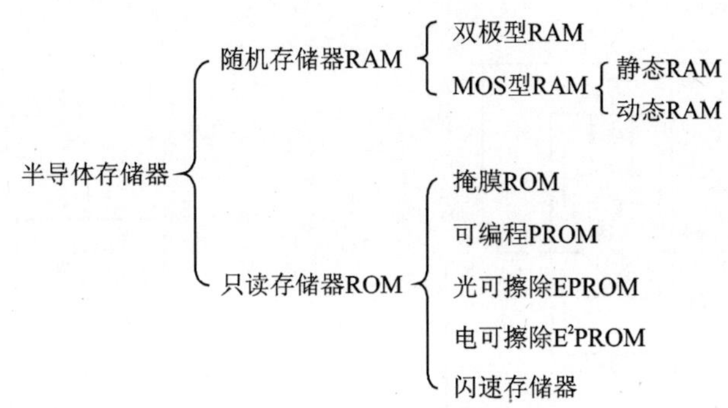

图 2-15　半导体存储器的分类

(1) 随机存取存储器 RAM

常见的随机存取存储器主要包括：SRAM(Static RAM，静态随机存储器)，DRAM(Dynamic RAM，动态随机存储器)，SDRAM(Synchronous DRAM，同步动态随机存储器)等。在这里主要对 SRAM、DRAM 的原理进行分析。

1) SRAM

SRAM 不存在刷新的问题，一个 SRAM 基本单元包括 6 个晶体管，如图 2-16(a)所示。它不是通过利用电容充放电的特性来存储数据，而是利用设置晶体管的状态来决定逻辑状态——同 CPU 中的逻辑状态一样。读取操作对于 SRAM 不是破坏性的，所以 SRAM 不存在刷新的问题。

SRAM 不但可以运行在比 DRAM 高的时钟频率上，而且潜伏期比 DRAM 短得多。SRAM 仅仅需要 2 到 3 个时钟周期就能从 CPU 缓存调入需要的数据，而 DRAM 却需要 3 到 9 个时钟周期(这里我们忽略了信号在 CPU、芯片组和内存控制电路之间传输的时间)。前面也提到了，SRAM 需要的晶体管的数目是 DRAM 的 4 倍，也就是说成本比 DRAM 高至少是 4 倍，按目前的售价 SRAM 每 M 价格大约是 DRAM 的 8 倍，是 RAMBUS 内存的 2 到 3 倍。不过它的极短的潜伏期和高速的时钟频率却的确可以带来更高的带宽。

典型的 SRAM 芯片有 6116(2 KB×8 位)、6264(8 KB×8 位)、62256(32 KB×8 位)、628128(128 KB×8 位)等。

2）DRAM

动态存储器同静态存储器有不同的工作原理，它是靠内部寄生电容充放电来记忆信息，电容充有电荷为逻辑 1，不充电为逻辑 0。图 2-16(b)是 DRAM 一个基本单位的结构示意图，电容器的状态决定了这个 DRAM 单位的逻辑状态是 1 还是 0，但是电容的被利用的这个特性也是它的缺点。一个电容器可以存储一定量的电子或者是电荷。一个充电的电容器在数字电子中被认为是逻辑上的 1，而“空”的电容器则是 0。由于电容不可能长期保持电荷不变，必须定时对动态存储电路的各存储单元执行重读操作，以保持电荷稳定，这个过程称为动态存储器刷新。电容器可以由电流来充电——当然这个电流是有一定限制的，否则会把电容击穿。同时电容的充放电需要一定的时间，虽然对于内存基本单位中的电容这个时间很短，但是这个期间内存是不能执行存取操作的，因此，存储器的访问要比 SRAM 慢。刷新地址通常由刷新地址计数器产生，而不是由地址总线提供。DRAM 以其集成度高、功耗小、价格低在微型计算机中得到极其广泛的使用。

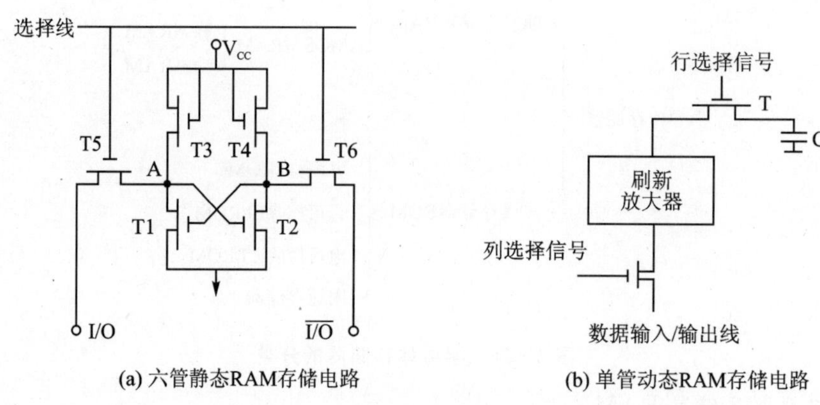

图 2-16　随机存储器单元内部结构

由于 DRAM 的基本存储电路可按行同时刷新，所以刷新只需要行地址，不需要列地址。刷新操作时，存储器芯片的数据线呈高阻状态，即片内数据线与外部数据线完全隔离。

由于 DRAM 使用了比 SRAM 更少的元件，每个存储位所占的体积比 SRAM 小，更易集成，因此常用于大量数据交换的场合，如内存。

(2) 只读存储器 ROM

只读存储器种类很多，有掩膜 ROM、可编程 PROM、光可擦除 EPROM、电可擦除 EEPROM、FLASH 等。由于 EPROM 和 EEPROM 存贮容量大，可多次擦除后重新对它进行编程而写入新的内容，使用十分方便。尤其是厂家为用户提供了单独的擦除器、编程器或插在各种微型机上的编程卡，大大方便了用户。因此，这种类型的只读存储器得到了极其广泛的应用。在这里只介绍 EPROM、EEPROM、FLASH。

1）光(紫外线)可擦除 EPROM：可擦除的可编程 ROM

EPROM 诞生于 20 世纪 70 年代，由于其读写都需要专门的设备，使用十分不便，而且读写速度较慢，被闪存取而代之也就在情理之中了。

这种存储器利用编程器写入后，信息可长久保持。当其内容需要变更时，可利用擦除器将其所存储信息擦除，使各单元内容复原为 FFH，再根据需要利用 EPROM 编程器编程，因此这种芯片可反复使用。EPROM 结构如图 2-17 所示，可编程部分是一个 MOS 晶体管，晶体管有一个绝缘体包围的“浮栅”，负电荷在源极和漏极之间形成一个隧道，较大的正电压在栅极使负电荷移出隧道进入栅极形成逻辑“0”，紫外线在栅极表面的照射使负电荷从栅极回到隧道保持逻辑“1”。EPROM 有一个紫外线可以通过的石英窗，通过该石英窗对 EPROM 擦除和写入数据。

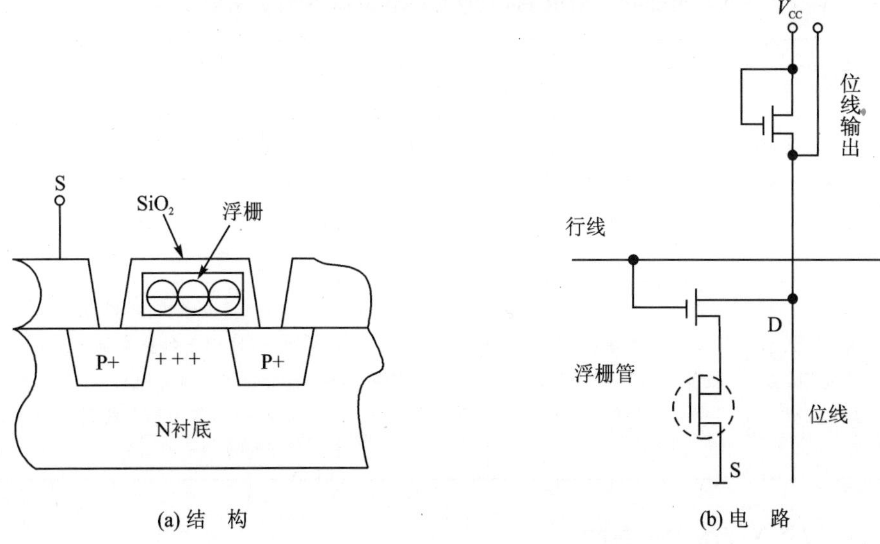

图 2-17　只读存储器单元内部结构

2）EEPROM：电擦除的可编程 ROM

① 电可编程和擦除；

- 使用电压比正常的高
- 能单个字进行擦除和编程

② 较好的写入能力；

- 通过内部电路提供较高电压能在系统内编程
- 由于写入需经过擦除和编程两个步骤，因此写入较慢
- 可重复擦除和编程数万次

③ 存储永久性和 EPROM 相近（大约 10 年）；

④ 比 EPROM 方便得多。

3）快闪存储器

闪存与 EPROM 的读写同样基于隧道效应，内部构造也十分相似。仅仅因为绝缘层厚度上的差异，便导致了性能上的巨大差异。Flash 是从 EPROM 和 EEPROM 发展而来的非易失性存储集成电路，其主要特点是工作速度快、单元面积小、集成度高、可靠性好、可重复擦写 10 万次以上，数据可靠保持超过 10 年。Flash 从结构上大体上可以分为 AND、NAND、NOR 和 DINOR 等几种，现在市场上两种主要的 Flash 技术是 NOR 和 NAND 结构。

Intel 于 1988 年首先开发出 NOR Flash 技术，彻底改变了原先由 EPROM 和 EEPROM 一统天下的局面。紧接着，1989 年，东芝公司发表了 NAND Flash 结构，强调降低每比特的成本，更高的性能，并且像磁盘一样可以通过接口轻松升级。

NOR Flash 器件以及 NAND Flash 器件都是采用浮栅器件，在写入之前必须先行擦除。浮栅器件也是利用电场的效应来控制源极与漏极之间的通断，栅极的电流消耗极小，不同的是场效应管为单栅极结构，而 Flash 为双栅极结构，在栅极与硅衬底之间增加了一个浮置栅极。NOR 的读速度比 NAND 稍快一些，NAND 的写入速度比 NOR 快很多。表 2-1 是 NOR Flash 与 NAND Flash 的性能比较。

表 2-1　NOR Flash 与 NAND Flash 的性能比较

Flash 类型	接口特点	读取速度	擦除特点	写入速度	用　途	容量特点
NOR Flash	接口时序同 SRAM，易使用	较快	擦除速度慢，以 64～128 KB 的块为单位	写入速度慢（因为一般要先擦除）	随机存取速度较快，支持 XIP（eXecute In Place，芯片内执行），适用于代码存储。在嵌入式系统中，常用于存放引导程序、根文件系统等	单元密度较低，单片容量较小
NAND Flash	地址/数据线复用，数据位较窄	较慢	擦除速度快，以 8～32 KB 的块为单位	写入速度快	顺序读取速度较快，随机存取速度慢，适用于数据存储（如大容量的多媒体应用）。在嵌入式系统中，常用于存放用户文件系统等	单元密度高，单片容量较大

2.2.3　输入/输出接口

输入/输出接口又称 I/O 接口，它是主机与外围设备之间交互信息的连接口，它在主机和外围设备之间的信息交换中起着桥梁和纽带作用。

1. I/O 接口与 CPU 交换的信息类型

输入/输出通道与 CPU 交换的信息类型有三种：

(1) 数据信息

反映生产现场的参数及状态的信息，它包括数字量、开关量和模拟量。

(2) 状态信息

又叫做应答信息、握手信息，它反映过程通道的状态，如准备就绪信号等。

(3) 控制信息

用来控制过程通道的启动和停止等信息，如三态门的打开和关闭、触发器的启动等。

在输入/输出通道中，必须设置一个与 CPU 联系的接口电路，传送数据信息、状态信息和控制信息。

2. I/O 的编址方式

由于计算机系统一般都有多个过程输入/输出通道，因此需对每一个输入/输出通道安排地址。I/O 口编址方式有两种：

(1) I/O 与存储器统一编址方式

这种编址方式又称存储器映像方式，它从存储器空间划出一部分地址空间给过程通道，把过程通道的端口当作存储单元一样进行访问，对 I/O 端口进行输入/输出操作跟对存储单元进行读/写操作方式相同，只是地址不同。所有访问内存的指令同样都可用于访问 I/O 端，当前大多数嵌入式处理器都是采用这种方式。统一编址的最大优点是无需专门的 I/O 指令，从而简化了指令系统的设计，并能省去相应的 I/O 操作的对外引线。而且 CPU 可直接对 I/O

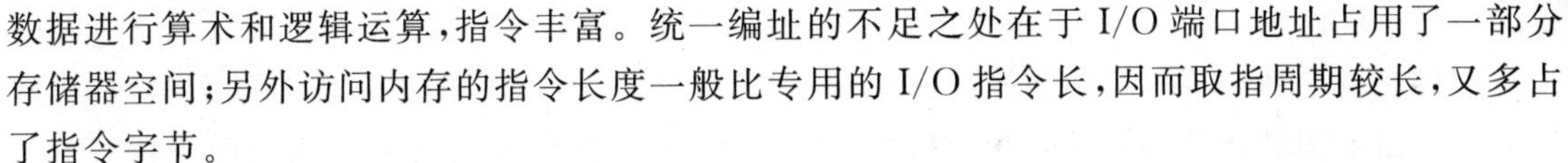

数据进行算术和逻辑运算，指令丰富。统一编址的不足之处在于 I/O 端口地址占用了一部分存储器空间；另外访问内存的指令长度一般比专用的 I/O 指令长，因而取指周期较长，又多占了指令字节。

(2) I/O 与存储器独立编址方式

这种编址方式将过程通道的端口地址单独编址，有自己独立的过程通道地址空间，而不占用存储器地址空间。在 I/O 地址空间中，每一个通道的端口有一个唯一对应的过程通道的端口地址。这种独立编址方式要求 CPU 有专用的 I/O 指令(IN 及 OUT 指令)用于 CPU 与过程通道端口之间的数据传输。地址总线配合存储器操作信号实现存储器的访问控制，地址总线与 I/O 操作信号配合则可访问过程通道。实现这种编址方式的 CPU 分别有存储器访问和 I/O 访问的指令及相应的控制信号。典型的微处理器 Z-80 和 80X86 系列具有这种功能。

2.3　嵌入式系统软件基础

2.3.1　嵌入式软件分类及特点

1. 嵌入式软件分类

嵌入式软件与嵌入式系统是密不可分的，嵌入式软件就是基于嵌入式系统设计的软件，它也是计算机软件的一种，同样由程序及其文档组成。嵌入式软件按照功能可分为：系统软件、支撑软件和应用软件。

(1) 系统软件

系统软件由操作系统、文件系统、图形用户接口等部分组成，主要用于提供标准编程接口，屏蔽底层硬件特性，降低应用程序开发难度，缩短应用程序开发周期。系统软件中的核心是嵌入式操作系统 EOS(Embedded Operating System)，嵌入式操作系统是一种用途广泛的系统软件，过去它主要应用于工业控制和国防系统领域。EOS 负责嵌入系统的全部软、硬件资源的分配、调度工作，控制、协调并发活动；它必须体现其所在系统的特征，能够通过装卸某些模块来达到系统所要求的功能。嵌入式操作系统通常以商业运作为主，从 20 世纪 80 年代起，商业化的嵌入式操作系统开始得到蓬勃发展。现在国际上有名的嵌入式操作系统有 Windows CE、Palm OS、Linux 、VxWorks 、pSOS、QNX、OS-9、Lynx OS 等，已进入我国市场的国外产品有 WindRiver、Microsoft、QNX 和 Nuclear 等。我国嵌入式操作系统起步较晚，国内此类产品主要是基于自主版权的 Linux 操作系统，其中以中软 Linux、红旗 Linux、东方 Linux 为代表。

(2) 支撑软件

支撑软件是用于帮助和支持软件开发的软件，通常包括通用软件开发支持包和开发工具。开发工具主要是指用于嵌入式系统软件开发的编译器、交叉调试工具等。开发支持包主要用于提高嵌入式软件的开发效率。例如，SGL 提供 2D 图像引擎；SSL(Secure Socket Layer)位于 TCP/IP 协议与各种应用层协议之间，为数据通信提供安全支持；OpenGL ES 1.0 提供了对 3D 的支持；SQLite 是一个通用的嵌入式数据库，可以提供嵌入式数据库的创建与管理；WebKit 是一个网络浏览器的核心，开源的 Web 浏览器引擎、苹果的 Safari、谷歌的 Chrome 浏览器都是基于这个框架来开发的；FreeType 可以为嵌入式系统提供位图和矢量字体的功能。

(3) 应用软件

应用软件是针对特定应用领域,基于某一固定的硬件平台,用来达到用户预期目标的计算机软件。由于用户任务可能有时间和精度上的要求,因此有些嵌入式应用软件需要特定嵌入式操作系统的支持。嵌入式应用软件和普通应用软件有一定的区别,它不仅要求其准确性、安全性和稳定性等方面能够满足实际应用的需要,而且还要尽可能地进行优化,以减少对系统资源的消耗,降低硬件成本。目前我国市场上已经出现了各式各样的嵌入式应用软件,包括浏览器、Email软件、文字处理软件、通信软件、多媒体软件、个人信息处理软件、智能人机交互软件、各种行业应用软件等。嵌入式系统中的应用软件是最活跃的力量,每种应用软件均有特定的应用背景,尽管规模较少,但专业性较强,所以嵌入式应用软件不像操作系统和支撑软件那样受制于国外产品垄断,是我国嵌入式软件的优势领域。

2. 嵌入式软件特点

嵌入式软件具有以下的特点:

(1) 独特的实用性

嵌入式软件是为嵌入式系统服务的,这就要求它与外部硬件和设备联系紧密。嵌入式系统以应用为中心,嵌入式软件是应用系统,根据应用需求定向开发,面向产业、面向市场,需要特定的行业经验。每种嵌入式软件都有自己独特的应用环境和实用价值。

(2) 灵活的适用性

嵌入式软件通常可以认为是一种模块化软件,它应该能非常方便灵活地运用到各种嵌入式系统中,而不能破坏或更改原有的系统特性和功能。嵌入式软件要使用灵活,应尽量优化配置,减小对系统的整体继承性,升级更换灵活方便。

(3) 程序代码精简

由于嵌入式系统本身的应用有小体积、小存储空间、低成本、低功耗等要求,嵌入式软件和大型机上的软件相比,具有代码精简、执行效率高等特点。

(4) 可靠性、稳定性高

嵌入式系统应用要求一般较为苛刻,特别是在涉及安全相关的领域,如汽车电子、工业控制、航空航天等,这些领域的嵌入式系统不仅要求硬件可靠,还对嵌入式软件提出了更高的要求。嵌入式软件需要运行可靠、稳定,具有错误处理及故障恢复等功能。

2.3.2 嵌入式软件体系结构

本节将讨论4种软件结构,从最简单的、几乎没有提供对于响应时间和优先级进行控制的结构开始,逐渐过渡到以结构复杂度增加为代价从而提供更强大控制功能的系统。这4种结构分别是:轮转结构(round robin)、带中断的轮转结构(前后台系统)、函数队列调度(function queue scheduling)结构和实时操作系统(real time operating system)结构。

1. 轮转结构

程序清单L2-1中的代码是轮转结构的原型,这是能想象得到的、最简单的一种结构。该结构中不存在中断,主循环只是简单地依次检查每一个I/O设备,并且为需要服务的设备提供服务。

程序清单 L2-1　轮转结构

```
void main()
{
    while(TRUE)
    {
        if(//I/O 设备 A 需要服务)
        {
            //处理 I/O 设备 A 的相关操作
        }
        if(//I/O 设备 B 需要服务)
        {
            //处理 I/O 设备 B 的相关操作
        }
        …
    }
}
```

轮转结构是一种非常简单的结构。它没有中断，没有共享数据，无须考虑延迟时间，这些特点使得该结构成为所有可能的结构中最具有吸引力的一种，因此对于能用该结构成功解决问题的系统来说，这种结构是首选。

但是，相对于其他结构而言，轮转结构只有一个优势，即简单；而它的很多缺点使它在很多系统中都不能适用：

① 如果一个设备需要比微处理器在最坏情况下完成一个循环的时间更短的响应时间，那么这个系统将无法工作。例如，设备 Z 必须在 7 ms 内获得服务，而设备 A 和设备 B 的执行各需要 5 ms，那么处理器就不能很及时地响应设备 Z。

② 即使所要求的响应时间不是绝对的截止时间，当有冗长的处理时系统也会工作得不好。例如，若任何一种设备的处理时间都需要 3 s，这对于一个循环执行的系统来说是无法忍受的。

③ 这种结构很脆弱。即使能够设法提高系统的性能，从而因为处理循环的速度足够快而使微处理器满足了所有的需要，但是一旦增加一个额外的设备或者提出一个新的中断请求，就可能让一切都崩溃。

基于这些缺点，轮转结构可能仅仅适用于非常简单的装置，如数字手表和微波炉等。

2. 带中断的轮转结构

程序清单 L2-2 描述了一个复杂的结构，称之为带中断的轮转结构。在这种结构中，中断程序处理硬件特别紧急的需求，然后设置标志，主循环轮转这些标志，然后根据这些需求进行后续的处理。

程序清单 L2-2　带中断的轮转结构

```
BOOL fDeviceA = FALSE;
BOOL fDeviceB = FALSE;
…
BOOL fDeviceZ = FALSE;
```

```
void interrupt vHandleDeviceA(void)
{
    fDeviceA = TRUE;
}
void interrupt vHandleDeviceB(void)
{
    fDeviceB = TRUE;
}
…
void interrupt vHandleDeviceB(void)
{
    fDeviceZ = TRUE;
}
void main()
{
    while (TRUE)
    {
        if (fDeviceA)
        {
            fDeviceA = FALSE;
        }
        if (fDeviceB)
        {
            fDeviceB = FALSE;
        }
        …
        if (fDeviceZ)
        {
            fDeviceZ = FALSE;
        }
    }
}
```

与轮转结构相比，这种结构可对优先级进行更多的控制。中断程序可以获得很快的响应，因为硬件的中断信号会使位处理器停止正在main函数中执行的任何操作，而转去执行中断程序。实质上，中断程序中的所有操作拥有比主程序代码更高的优先级，并且一些系统的硬件中断优先级是可以配置的，因此可以根据中断优先级不同来确定任务的执行顺序。图2-18描述了在轮转结构和带中断的轮转机构之间，对优先级进行控制的差异比较，这种差异正是带中断的轮转结构相对于轮转结构的主要优势。需要注意的是中断程序与主程序中的数据共享问题，当正在执行的主程序正在处理共享数据时，被中断程序中断，进而处理中断程序，在中断程序中有可能又对共享数据进行了相应的操作，从而导致回到主程序时，共享数据的值已经发生了改变，导致意想不到的结果。像这种情况，需要考虑共享数据的处理问题。

带有中断的轮转结构的主要缺点是所有任务代码以同样的优先级来执行。假如所有设备的中断都发出中断信号，如果按照顺序，执行设备是最后的设备时需要等待的时间是前面所有

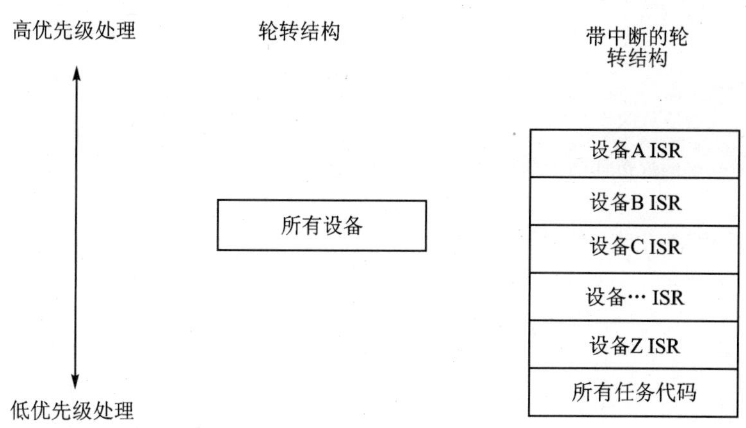

图 2-18　轮转结构中的中断优先级别

设备执行时间的总和，这也是系统的最坏响应时间。

3. 函数队列调度

程序清单 L2-3 给出了另一个更加复杂的结构，即函数队列调度结构。在这种结构中，中断程序在一个函数指针中添加一个函数指针，以供 main 函数调用。主程序仅需要从该队列中读取相应的指针并且调用相关的函数。

这种结构的优点在于，该结构没有规定 main 必须按照中断程序的发生顺序来调用函数，main 可以根据任何可以达到目标的优先级方案来调用函数，这样任何需要更快响应的任务代码都可以被更早执行。为了做到这一点，只需要在对函数指针进行排队的程序中对代码进行一点技巧性设计。

在函数队列调度结构中，对于最高优先级的任务代码函数来说，最坏的响应时间等于最长的任务代码执行时间(同样，需要加上恰巧发生的任何一个中断程序的执行时间)。当最高优先级的设备发生中断时，系统刚刚开始执行最长的任务代码函数，此时就发生了最坏的情况。所以就响应来说，这种结构绝对优于带有中断的轮转结构。后者在前边讨论过，其响应时间是其他所有处理程序时间的总和，为了获得这种较好的时间响应，需要付出一定的代价，除了代码的复杂性以为，具有较低优先级任务代码的函数可能会有更差的响应。在带有中断的轮转结构中，每当 main 执行循环的时候所有的任务代码都有机会执行。而在函数队列调度结构中，如果中断程序太频繁地调用较高优先级函数，以至于占用了微处理器的所有可用的时间，较低优先级函数就有可能永远不能执行。

程序清单 L2-3　函数队列调度结构

```
void interrupt vHandleDeviceA(void)
{
    //将 functionA 放入函数指针队列中;
}
void interrupt vHandleDeviceB(void)
{
    //将 functionB 放入函数指针队列中;
}
```

```
void main()
{
    while (TRUE)
    {
        while(//函数指针队列为空)
        …
        //调用队列中另一个函数
    }
}
void functionA()
{  }
void functionB()
{  }
```

尽管函数队列调度结构降低了高优先级任务代码的最坏响应时间，它可能还是不够好，因为只要某个较低优先级任务的代码函数过长，就有可能影响较高优先级函数的响应时间。为了解决这个问题，在某些情况下，可以将长的函数重写成一个系列的程序段，将每个程序段按照顺序添加到函数队列中，然后按照队列的方式来调度下一个程序段，但是这样会增加处理的复杂程度。在这种情况下，就需要使用实时操作系统结构。

4. 实时操作系统

实时操作系统是软件结构发展的更高阶段，通过任务调度管理来实现资源设备合理使用，使系统执行效率更高。程序清单 L2－4 给出了实时操作系统的工作原理。

程序清单 L2－4　实时操作系统结构

```
void interrupt vHandleDeviceA(void)
{
    //设置信号 X;
}
void interrupt vHandleDeviceB(void)
{
    //设置信号 Y;
}
void Task1()
{
    while (TRUE)
    {
    }
}
void Task2()
{
    while (TRUE)
    {
    }
}
```

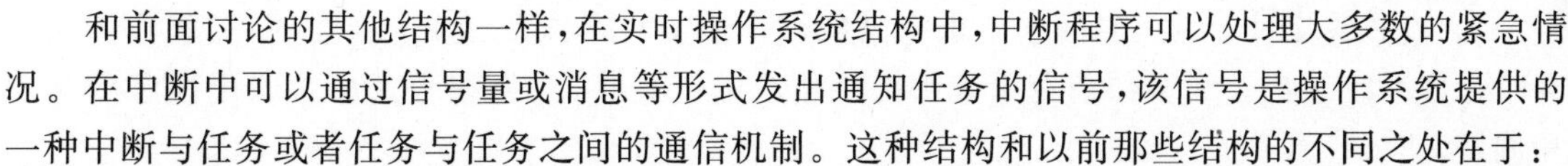

和前面讨论的其他结构一样，在实时操作系统结构中，中断程序可以处理大多数的紧急情况。在中断中可以通过信号量或消息等形式发出通知任务的信号，该信号是操作系统提供的一种中断与任务或者任务与任务之间的通信机制。这种结构和以前那些结构的不同之处在于：

① 中断程序和任务代码之间的信息交互是通过消息事件来发送给实时操作系统处理的，而并不需要使用共享变量来达到这个目标。

② 在代码中并没有用循环来决定下一步要做什么。实时操作系统内部的代码根据相应的调度策略来决定什么任务代码函数可以运行。

③ 实时操作系统可以根据任务执行的紧迫程度将任务进行优先级分配，实时操作系统可以将一个正在执行的任务程序低优先级挂起，以便运行另一个高优先级任务程序。

其中，前两点主要针对编程的方便性，将程序代码按照任务的相对独立性进行任务划分；而最后一点实质性是：使用实时操作系统结构的系统不仅可以控制任务代码的响应时间，还可以控制中断程序的响应时间。在程序清单 L2－4 中，如果 Task1 是最高优先级的任务代码，那么当中断程序 vHandlDeviceA 设置信号 X 时，实时操作系统将会立即运行 Task1。如果此时 Task2 正在运行中，实时操作系统就会挂起 Task2 并且代之运行 Task1。所以，最高优先级任务代码的最坏响应时间是 0（当然需要加上中断处理程序的执行时间）。图 2－19 描述的是一个实时操作系统结构中的优先级层次。

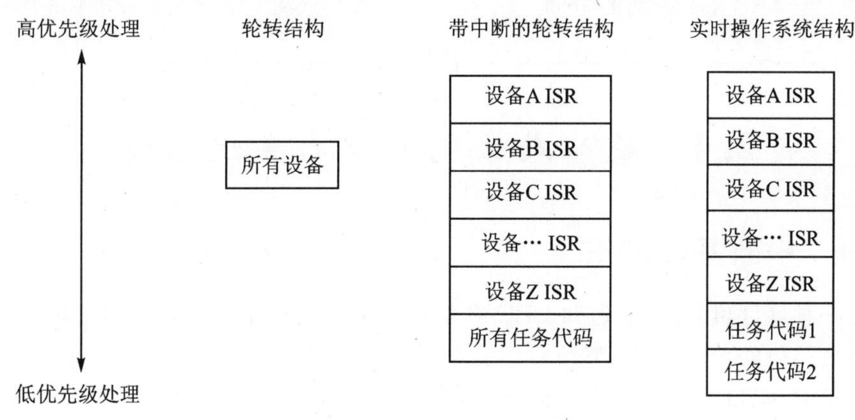

图 2－19　几种结构中的优先级别比较

这种调度机制的一个优点是，即使改变代码，系统的响应时间仍将会是相对稳定的。而在轮转结构和函数队列调度结构中，一个任务代码函数的响应时间，取决于包括低优先级任务子程序在内的各个任务代码子程序的长度。当改变任意一个子程序的时候，就有可能改变了整个系统的响应时间。而在实时操作系统结构中，对于较低优先级函数的改变通常不会影响较高优先级函数的响应时间。

实时操作系统的主要缺点是操作系统本身需要一定的处理时间，如果以牺牲少许吞吐量为代价的话，系统是可以获得好一点的响应性能的。

表 2－2 是几种不同软件结构的特点比较，当要为嵌入式系统选择一种软件结构时，一般按照以下原则进行：

① 选择可以满足响应时间需求的最简单的结构。即使没有选择一个复杂的软件结构，仅仅是编写嵌入式系统软件就很复杂了。

② 如果系统对于响应时间的要求很高使得一个实时操作系统成为必需的，那就应该使用实时操作系统结构。大多数商业系统都提供相应的工具集，方便编程人员对应用程序的开发和调试。

③ 如果对一个系统有意义的话，可以将这几种结构结合起来使用。

表 2-2　不同软件结构的特点

结构种类	是否允许优先级	任务代码的最坏响应时间	代码改变时响应时间的稳定性	简单性
轮转结构	不允许	所有任务代码执行时间的总和	差	很简单
带中断的轮转结构	中断程序有优先级次序，那么所有任务代码在同一个优先级上	所有任务代码的执行时间总和（加上中断程序的执行时间）	中断程序的响应时间稳定性好；任务代码的响应时间稳定性差	必须处理中断程序和任务代码的共享数据
函数队列调度结构	中断程序有优先级次序，那么所有任务代码也有优先级次序	最长的函数的执行时间（加上中断程序的执行时间）	相对较好	必须处理共享数据，并且需要编写函数队列代码
实时操作系统结构	中断程序有优先级次序，那么所有任务代码也有优先级次序	0（加上中断程序的执行时间）	很好	最复杂（尽管多数复杂部分是在操作系统内部）

2.4　嵌入式系统中断与系统启动

2.4.1　中断基础知识

中断是一种硬件机制，用于通知 CPU 有个异步事件发生了。大多数的 I/O 芯片，比如驱动串口或网络接口的 I/O 芯片，都须要注意某些事件的发生。例如，当一个串口芯片收到来自串口的字符时，串口芯片需要处理器把该字符从串口中存储该字符的位置读到内存的某个地方。类似地，当串口芯片传送完一个字符后，需要微处理器给它发送下一个需要传送的字符。这些外设芯片需要通过某种方式来主动告诉微处理器芯片的这些操作已经完成，这就是中断引脚。微处理器提供了外设芯片连接的中断引脚，把这些引脚和外设芯片上的中断引脚连接起来，通过相应的配置，外设芯片就可以发送中断信号给微处理器。但是，微处理器要处理外设的中断请求时，还需要在微处理器上运行由用户编写的相应的中断处理程序（interrupt handler）或中断服务程序（Interrupt Service Routine，ISR），它负责处理中断请求信号产生后的一些事情。

当微处理器检测到某个中断请求引脚上有信号时，微处理器就会停止当前正在执行的应用程序，CPU 保存部分（或全部）现场（Context）即部分或全部寄存器的值，跳转到中断服务程序 ISR。中断服务程序做中断事件处理，处理完成后，针对不同的情况程序回到不同的程序中：

- 在前后台系统中，程序回到后台程序；
- 对不可剥夺型内核而言，程序回到被中断了的任务；

● 对可剥夺型内核而言，让进入就绪态的优先级最高的任务开始运行。

中断使得 CPU 可以在事件发生时才予以处理，而不必让微处理器连续不断地查询(Polling)是否有事件发生。通过两条特殊指令关中断(Disable interrupt)和开中断(Enable interrupt)，可以让微处理器不响应或响应中断。

1. 程序控制方式与中断方式的比较

(1) 速　度

1) 程序控制方式

由于程序控制方式完全采用软件的方式对外设接口进行控制，所以它的硬件操作只是普通的端口读写，并无特别之处，其速度指标由总线传输速度、端口的响应速度共同决定。对于这种外设控制方式，速度指标关键在于软件。

2) 中断处理方式

中断处理方式中程序体本身所执行的操作和程序控制方式是一致的。只不过因为加入了中断请求和响应机制，对状态端口的读取变成了在中断响应过程中对中断信号的读取，对状态端口的判断变成了对中断入口地址的确定。

从本质上来说，中断处理方式和程序控制方式本身的速度指标一致，没有大的差别。

(2) 可靠性

1) 程序控制方式

由于硬件不支持中断方式，因此操作系统把 CPU 控制权交给应用程序后，只要应用程序不交还 CPU 控制权，操作系统就始终不能恢复对 CPU 的控制(无定时中断)。应用程序与操作系统都是软件模块，操作系统属于核心模块，它们之间存在交接 CPU 控制权的关系。正是由于这样的关系，一旦使用对外设的程序控制方式时，应用程序出现死锁，则操作系统永远无法恢复对系统的控制。应用程序的故障通过外设控制方式波及到作为核心模块的操作系统，因此，根据关联可靠性指标的计算可知，程序控制方式的关联可靠性指标很低。

2) 中断处理方式

由于提供定时中断，操作系统可以在应用程序当前时间片结束后通过中断服务程序重新获得对 CPU 的控制权。应用程序的故障不会波及到操作系统，因此，中断处理方式的关联可靠性指标高。

(3) 可扩展性

1) 程序控制方式

由于所有应用程序中都包含对端口的操作，一旦硬件接口的设计发生变化，则所有应用程序都必须进行修改，这会使修改费用升高多倍。因此，程序控制方式会使相关硬件模块的局部修改指标相对较低。

2) 中断处理方式

应用程序不直接操作端口，对端口的操作是由中断服务程序来完成的。如果某个硬件接口的设计发生了变化，只需要修改它相关的中断服务程序即可。因此，中断处理方式使得相关硬件模块的局部修改指标较高。

(4) 生命期

1) 程序控制方式

程序控制方式在早期的计算机系统中能够满足应用需求，但是随着外部设备种类的增多、

速度差异的加大，这种方式逐渐成为系统性能提高的障碍。它的生命期只限于早期计算机阶段，因为当时外部设备少，且都是低速设备，到 8 位机出现以后，这种外设控制方式(体系结构)被淘汰。

2）中断处理方式

中断处理方式能够协调 CPU 与外设间的速度差异，能够协调各种外设间的速度差异，提高系统的工作效率(速度指标)，使应用程序与外设操作基本脱离开来，降低了程序的设备相关性(关联可靠性指标、局部修改指标)。虽然目前某些快速设备相互间的通信没有通过 CPU，也没有使用中断处理方式，但是对于慢速设备、设备故障的处理来说，中断处理方式仍然是最有效的。无论将来计算机系统中的元件怎样变化，只要存在慢速设备与快速 CPU 之间的矛盾，使用中断处理方式都是适合的。即便不使用中断服务程序，中断的概念也会保持很久。在短时期内，计算机系统还无法在所有领域离开人工交互操作，人的操作速度一定比机器的处理速度慢，因此慢速设备将仍然保持存在(但这不是慢速设备存在的唯一原因)。正因为存在这样的需求，中断处理方式具有较长的生命期。

2. 中断处理中应注意的问题

中断和轮转方式不一样，在中断执行完成后需要恢复被中断的程序。因此在中断处理时需要对现场进行保护。下面针对中断中需要关心的几个关键部分进行说明。

(1) 保存上下文和恢复上下文

在中断处理器的前后需要对处理器被中断中止的现场进行保护和恢复，通常称为压栈和出栈。每个处理器有一套用于记录、处理数据和状态的寄存器，在程序切换时，需要将新的程序段的相应状态和数据导入，先前在寄存器中的数据就会被新的数据所覆盖，如果先前的程序没有执行完成，需要中断返回后继续执行，当前将要被覆盖的所有数据就需要保护起来便于中断返回后继续使用。因此，保护现场的目的就是将当前程序处理的数据、程序执行被中断的位置、工作状态等保存起来以便于中断返回能继续正常执行。

由于每个处理器中的公用寄存器个数和种类是不相同的，因此，每个处理器的中断上下文保护和恢复的寄存器也不一样。如 ARM 芯片中的 R0～R15、CPSR、SPSR。通常，寄存器的内容是保存在堆栈空间的。在上下文的保存和恢复中，特别要注意的是压栈和出栈的个数和顺序问题，压栈和出栈必须按照“先进后出”的顺序，压入和推出的数据个数必须一致。

(2) 数据共享问题

在使用中断中都会遇到这样一个问题：中断程序可能会与用户所写的其他任务代码通信。通常来讲，要保证微处理器的实时性和中断的及时响应，必须要求中断服务程序所占时间尽可能短。如果把微处理器所做的工作全部放到中断程序中去做，既不可能也不合算。因此，中断程序需要通知任务代码来做后续工作处理。在这种情况下，中断程序和任务代码就必须共享一个或多个变量来实现它们之间的通信。

程序清单 L2-5 所示的代码段给出了开始使用中断时遇到的经典数据共享问题。假定程序清单 L2-5 中是用于两个温度比较问题，这段代码监控两个应该相等的温度。如果它们不相等了，就表示反应堆出了故障。在代码中，main 函数是一个无限循环，它的功能是确保两个温度相等。中断程序 ReadTemperatures 会周期性被执行：可能当一个或两个温度发生变化时，温度传感器会发出中断请求；可能计数器每隔几毫秒会向微处理器发出中断请求去执行中断程序，中断程序读取新的温度值。这样设计的目的是为了两个温度一旦不相同，系统能及时

发出警报。

请先检查一下程序清单 L2－5，看是否有错误之处。

程序清单 L2－5　共享数据问题

```
static int iTemperatures[2];
void interrupt ReadTemperatures(void)
{
    iTemperatures[0] = //从硬件中读出温度值
    iTemperatures[1] = //从硬件中读出温度值
}
void main()
{
    int iTemp0, iTemp1;
    while (TURE){
        iTemp0 =  iTemperatures[0];
        iTemp1 =  iTemperatures[1];
        if(iTemp0! = iTemp1)
            //发出报警;
    }
}
```

事实上这个程序可能会发生误警报。我们来分析一下，当温度以相同的值同时变化时，假定数据 iTemperatures 在某个时刻的温度值为 73，现假设微处理器执行完下面这行代码：

```
iTemp0 = iTemperatures[0];
```

此时中断发生了，而这个时候两个温度值都变成了 74。中断服务程序会把数组 iTemperatures 中的元素值都改成 74。当中断服务程序执行完后，微处理器会继续执行下面这行代码：

```
iTemp1 = iTemperatures[1];
```

既然现在数组中的元素值为 74，iTemp1 也被赋值为 74。当微处理器执行下一行代码比较 iTemp0 和 iTemp1 的代码时，虽然两个温度采样值相等，但是由于比较的两个变量 iTemp0 和 iTemp1 值不一样，系统照样会发出报警。

如果去掉中间变量 iTemp0 和 iTemp1，直接用数组 iTemperatures 的两个元素来进行比较，又会发生什么问题呢？

我们分析一下比较语句的汇编代码，尽管微处理器通常不会中断单条汇编语言指令，但是并不等于每条 C 语言语句等同于一条汇编指令。如程序清单 L2－6 中语句被编译器编译后被分解成 4 条汇编指令执行，在这 4 条语句的任何一个位置都有可能产生中断。如果中断发生在 iTemperatures[0]和 iTemperatures[1]赋值的两条语句之间时，就会发生前面相同的情况。

程序清单 L2－6　共享数据问题的汇编代码

```
...
MOV  R1, (iTemperatures[0])
MOV  R2, (iTemperatures[1])
```

```
    SUB  R1,R2
    JND  ZERO, TEMPRATURES_OK
    …
    ;发出警报
    …
TEMPRATURES_OK:
    …
```

要解决前面发生的共享数据问题的一个方法是在任务代码使用共享数据时禁止中断。例如,假定 disable 函数禁止中断,enable 函数允许中断,程序清单 L2 - 7 为利用中断解决共享数据问题。

程序清单 L2 - 7　用中断来解决共享数据问题

```
static int iTemperatures[2];
void interrupt ReadTemperatures(void)
{
    iTemperatures[0] = //从硬件中读出温度值
    iTemperatures[1] = //从硬件中读出温度值
}
void main()
{
    int iTemp0, iTemp1;
    while (TURE){
        disable();
        iTemp0 =  iTemperatures[0];
        iTemp1 =  iTemperatures[1];
        enable();
        if(iTemp0! = iTemp1)
            //发出报警;
    }
}
    …
    DI
    MOV R1, (iTemperatures[0])
    MOV R2, (iTemperatures[1])
    EI
    SUB R1,R2
    JND ZERO, TEMPRATURES_OK
    …
    ;发出警报
    …
TEMPRATURES_OK:
    …
```

虽然硬件能收到中断信号,但微处理器在中断被禁止期间并不会响应中断,跳转到中断服务程序中。因此,不会产生数据共享带来的问题,但禁止中断同时会造成中断延迟问题。

3. “原子区”和“临界区”

程序中不能被中断的部分代码称为“原子的”。对共享数据问题的更精确看法是：中断程序、任务代码共享数据和使用共享数据的任务代码不是原子的。只要在任务代码使用共享数据的时候禁止中断，就可以保证那些代码是原子的，这样，就保证了这些代码在执行时不被中断打断，共享数据问题就得到了解决。

有时候，任务是用“原子的”这个概念并不是指程序不可中断，而是指不能被任何可能扰乱正在使用数据的操作所中断。从共享数据问题观点看，这两个定义实际上是一致的。要解决共享数据问题，前面例程中程序只需要在读温度时禁止中断就可以了。如果其他的中断改变了一些与温度无关的数据，任务代码在处理温度时，这些数据的改变都不会产生问题。因此，在编写程序时，通过关闭中断把必须是“原子的”以保证系统正常运转的指令的集合定义为“临界区”。

4. 中断延迟时间

所谓中断延迟时间是指系统响应一个中断所需要花费的时间，即一个系统对中断的响应速度的快慢，主要取决于以下四个因素：

① 中断被禁止的最长时间；

② 任一个优先级更高的中断的中断服务程序执行时间；

③ 处理器停止当前任务、保存必要的信息以及执行中断程序中的指令所需要花费的时间；

④ 从中断程序保存上下文到完成一次响应所需要的时间。

所有实时系统在进入临界区代码段之前都要关中断，执行完临界代码之后再开中断。在实时环境中，关中断的时间应尽量的短，关中断时间太长可能会引起中断丢失。微处理器一般允许中断嵌套，也就是说在中断服务期间，微处理器可以识别另一个更重要的中断，并服务于那个更重要的中断，如图 2-20 所示。关中断的时间越长，中断延迟就越长。中断延迟由表达式(2-1)给出。

$$\text{中断延迟} = \text{关中断的最长时间} + \text{开始执行中断服务子程序的第一条指令的时间} \tag{2-1}$$

5. 中断响应

中断响应定义为从中断发生到开始执行用户的中断服务子程序代码来处理这个中断的时间。中断响应时间包括开始处理这个中断前的全部开销。典型地，执行用户代码之前要保护现场，将 CPU 的各寄存器推入堆栈。这段时间将被记作中断响应时间。

对前后台系统，保存寄存器以后立即执行用户代码，中断响应时间由式(2-2)给出。

$$\text{中断响应时间} = \text{中断延迟} + \text{保存 CPU 内部寄存器的时间} \tag{2-2}$$

对于实时操作系统内核，则要先调用一个特定的函数，该函数通知内核即将进行中断服务，使得内核可以跟踪中断的嵌套。对于 μC/OS-II 来说，这个函数是 OSIntEnter()，可剥夺型内核的中断响应时间由表达式(2-3)给出。

$$\text{中断响应} = \text{中断延迟} + \text{保存 CPU 内部寄存器的时间} + \text{内核的进入中断服务函数的执行时间} \tag{2-3}$$

中断响应是系统在最坏情况下的响应中断的时间，某系统 100 次中有 99 次在 50 μs 之内

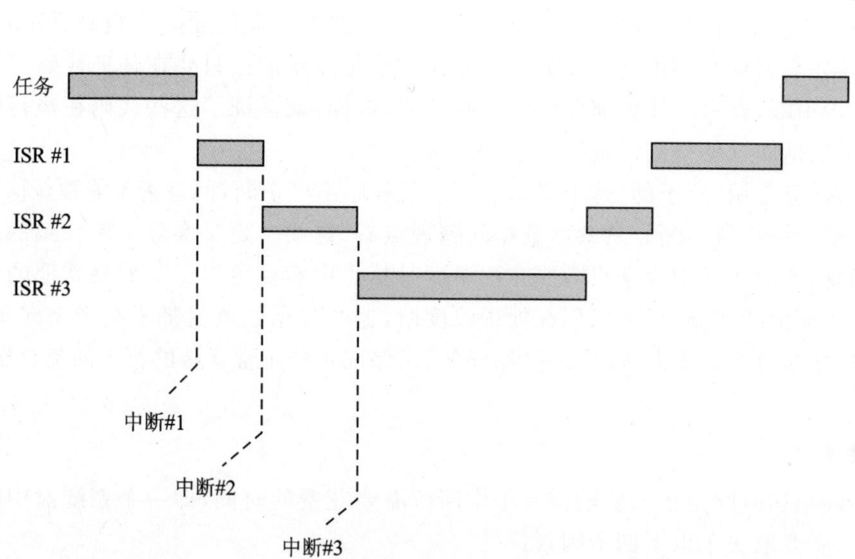

图 2-20　中断嵌套

响应中断，只有一次响应中断的时间是 100 μs，只能认为中断响应时间是 100 μs。

6. 中断恢复时间(Interrupt Recovery)

中断恢复时间定义为微处理器返回到被中断了的程序代码所需要的时间。在前后台系统中，中断恢复时间很简单，只包括恢复 CPU 内部寄存器值的时间和执行中断返回指令的时间。中断恢复时间由式(2-4)给出。

中断恢复时间 = 恢复 CPU 内部寄存器值的时间 + 执行中断返回指令的时间 (2-4)

对于实时操作系统内核，中断的恢复要复杂一些。典型地，在中断服务子程序的末尾，要调用一个由实时内核提供的函数。在 μC/OS-II 中，这个函数叫做 OSIntExit()，这个函数用于辨定中断是否脱离了所有的中断嵌套。如果脱离了嵌套(即已经可以返回到被中断了的任务级时)，内核要辨定，由于中断服务子程序 ISR 的执行，是否使得一个优先级更高的任务进入了就绪态。如果是，则要让这个优先级更高的任务开始运行。在这种情况下，被中断了的任务只有重新成为优先级最高的任务而进入就绪态时才能继续运行。对于可剥夺型内核，中断恢复时间由表达式(2-5)给出。

中断恢复时间 = 判定是否有优先级更高的任务进入了就绪态的时间 +
恢复那个优先级更高任务的 CPU 内部寄存器的时间 +
执行中断返回指令的时间 (2-5)

7. 中断延迟、响应和恢复

根据上述对中断延迟、响应和恢复的分析可知，一个中断的完成时间是由多方面因素共同决定的。图 2-21、图 2-22 示意前后台系统、实时操作系统内核相应的中断延迟、响应和恢复过程。

8. 中断处理时间

中断处理时间一般指中断服务程序的执行时间。虽然中断服务的处理时间应该尽可能的

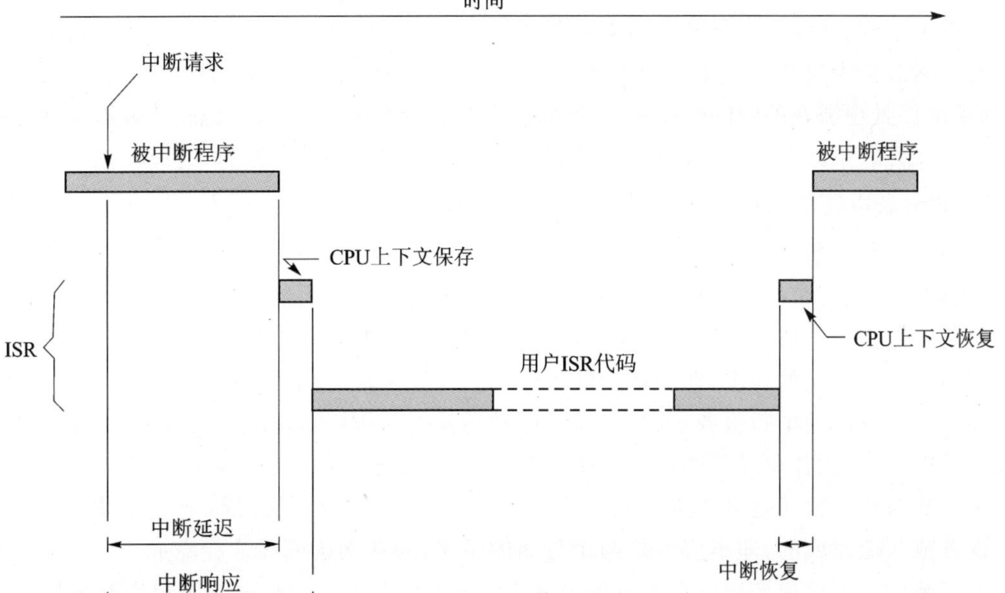

图 2-21　中断延迟、响应和恢复(前后台模式)

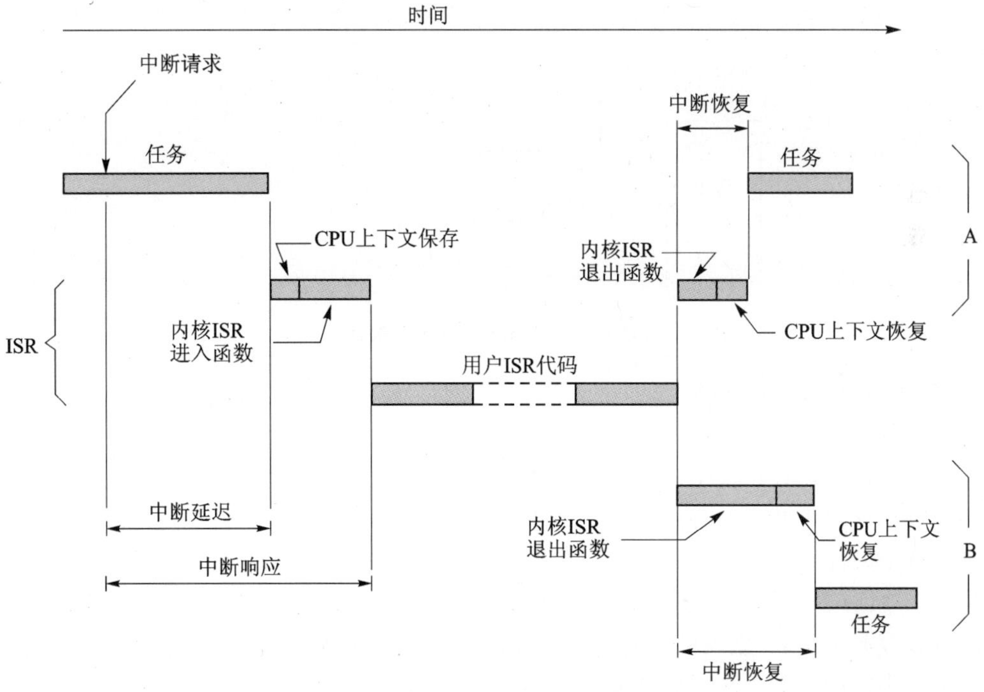

图 2-22　中断延迟、响应和恢复(实时操作系统内核)

短,但是对处理时间并没有绝对的限制。不能说中断服务必须全部小于 100 μs、500 μs 或 1 ms。如果中断服务是在任何给定的时间开始,且中断服务程序代码是应用程序中最重要的代码,则中断服务需要多长时间就应该给它多长时间。然而在大多数情况下,中断服务子程序

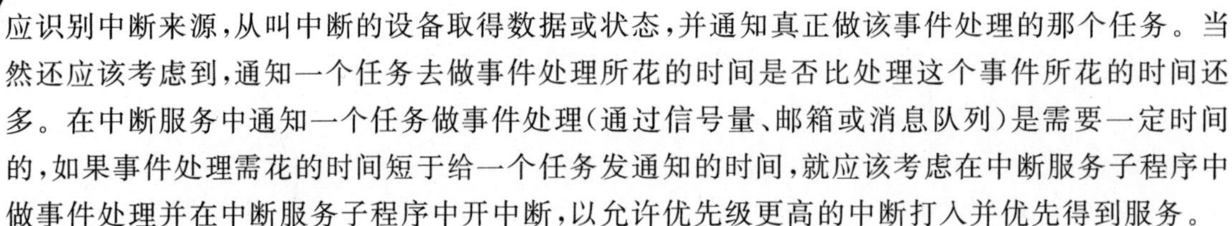

应识别中断来源，从叫中断的设备取得数据或状态，并通知真正做该事件处理的那个任务。当然还应该考虑到，通知一个任务去做事件处理所花的时间是否比处理这个事件所花的时间还多。在中断服务中通知一个任务做事件处理(通过信号量、邮箱或消息队列)是需要一定时间的，如果事件处理需花的时间短于给一个任务发通知的时间，就应该考虑在中断服务子程序中做事件处理并在中断服务子程序中开中断，以允许优先级更高的中断打入并优先得到服务。

9. 非屏蔽中断(NMI)

所谓非屏蔽中断是指在任何情况下都不能禁止的中断。有时，中断服务必须来得尽可能地快，内核引起的延时变得不可忍受。在这种情况下可以使用非屏蔽中断，绝大多数微处理器有非屏蔽中断功能。通常非屏蔽中断留做紧急处理用，如断电时保存重要的信息。然而，如果应用程序没有这方面的要求，非屏蔽中断可用于时间要求最苛刻的中断服务。

在非屏蔽中断的中断服务子程序中，不能使用操作系统内核提供的服务，因为非屏蔽中断是关不掉的，故不能在非屏蔽中断处理中处理临界区代码。然而向非屏蔽中断传送参数或从非屏蔽中断获取参数还是可以进行的。参数的传递必须使用全程变量，全程变量的位数必须是一次读或写能完成的，即不应该是两个分离的字节，要两次读或写才能完成。

非屏蔽中断可以用增加外部电路的方法禁止掉，如图 2-23 所示。假定中断源和非屏蔽中断都是正逻辑，用一个简单的"与"门插在中断源和微处理器的非屏蔽中断输入端之间。向输出口写 0 就将中断关了。不一定要以这种关中断方式来使用内核服务，但可以用这种方式在中断服务子程序和任务之间传递参数(大的、多字节的，一次读写不能完成的变量)。

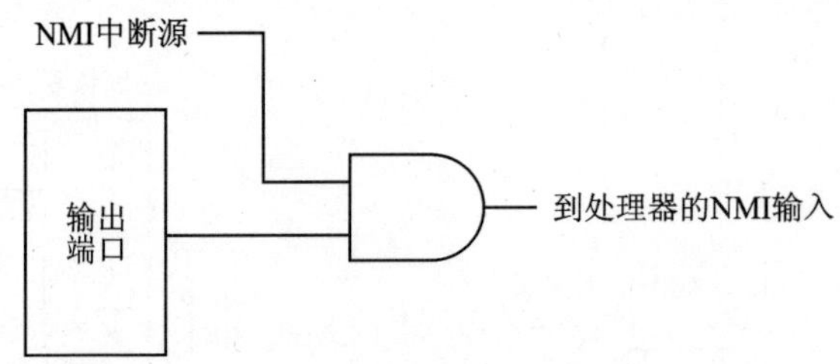

图 2-23 非屏蔽中断的禁止

10. 中断的一些常见问题

(1) 在中断发生时，微处理器怎么知道去哪里执行中断服务程序呢?

不同的微处理器处理这个问题会有所不同，这些可以在微处理器的用户手册中找到答案。一些微处理器假定中断服务程序在固定的位置。例如，一个 I/O 芯片往 Intel8051 的第一个中断请求引脚上发出了信号，8051 就假定中断服务程序在地址 0x0003 处，而保证中断服务程序从地址 0x0003 处开始执行。还有一些微处理器采取更复杂的办法，比较典型的就是在内存中的某个位置存放一张表，该表的内容是中断程序的地址，即中断向量，因此该表称为中断向量表。当某个中断产生时，微处理器就会在中断向量表中查找到中断程序的地址。三星的 44B0X 和 2410 芯片采用的是中断程序放在固定位置的方法，在起始的 0～32 个字节中依次为 Reset、Data Abort、FIQ、IRQ、Prefetch Abort、SWI、Undefined instruction 中断入口地址，该地址存放的是中断服务程序地址。

(2) 使用中断向量表的微处理器怎么知道中断向量表在哪里呢?

这同样会跟微处理器有关。在一些微处理器中，中断向量表总是在同一个位置，比如Intel

的80186,中断向量表总是在地址0x00000处。还有一些微处理器,会通过一些方法把中断向量表的地址提供给用户程序。

(3) 一条指令在执行过程中,微处理器能被中断吗?

通常这是不行的。在绝大多数情况下,微处理器会在执行完当前指令以后才跳转到中断程序。最普遍的一种例外情况是那些移动大量数据的单条指令。有些处理器存在移动上千字节数据的单条指令,该指令在传送完一个字节或一个字时就能被中断,直到中断服务程序返回,该指令又从被打断的地方开始继续传送数据。

(4) 如果两个中断同时产生,微处理器会优先执行哪一个中断服务程序呢?

几乎所有的微处理器都会给每个中断信号分配一个优先级,微处理器的中断仲裁器根据中断优先级的高低来选择哪个中断先执行。有些微处理器的中断优先级是可以配置的。

(5) 一个中断请求信号能够中断另外一个中断程序吗?

对大多数微处理器而言是可以的。对于一个微处理器,这是默认行为;还有一些微处理器,必须要在中断程序中加入一条或两条指令才能允许中断嵌套。例如,在x86系列的处理器中,处理器一进入中断程序就会自动关闭所有的中断;因此,要想允许中断嵌套,中断程序必须重新打开中断。其他一些处理器不需要这样做,中断嵌套会自动发生。无论哪种情况,只能是高优先级中断去中断低优先级中断。

(6) 在中断被禁止的时候发生中断请求会怎么样?

在绝大多数情况下,微处理器会记下发出请求的中断,等到允许中断的时候就会跳转去执行中断程序。如果中断被禁止时有多个中断发出请求信号,微处理器会在中断允许时按优先级顺序响应这些中断。因此,中断并没有被真正地禁止,而是被推迟了。

(7) 可以用C语言写中断程序吗?

通常是可以的。大多数用在嵌入式系统上的编译器都会识别一个非标准的关键字,这个关键字可以告诉编译器某个函数是一个中断程序。例如在CodeWarrior编译器中有关键字interrupt:

```
void interrupt HandleTimerIRQ()
{
    …
}
```

编译器会在函数HandleTimerIRQ前后自动加上保存和恢复上下文的代码。如果使用的微处理器是那种需要在中断程序末加上一条汇编语句RETURN的话,编译器就会在末尾自动加上RETURN。如果编译器不具备这个功能,也可以先用汇编编写上下文保存和恢复的代码,在保存和恢复的中间代码采用C语言来实现,即在汇编中调用C代码。

2.4.2 Boot Loader基础

1. Boot Loader基本概念

简单地说,Boot Loader就是在操作系统内核运行之前运行的一段小程序。通过这段小程序,我们可以初始化硬件设备、建立内存空间的映射图,从而将系统的软硬件环境带到一个合适的状态,以便为最终调用操作系统内核准备好正确的环境。

通常，Boot Loader 是严重地依赖于硬件而实现的，特别是在嵌入式系统。因此，在嵌入式系统里建立一个通用的 Boot Loader 几乎是不可能的。尽管如此，我们仍然可以对 Boot Loader 归纳出一些通用的概念来，以指导用户特定的 Boot Loader 设计与实现。

(1) Boot Loader 所支持的 CPU 和嵌入式板

每种不同的 CPU 体系结构都有不同的 Boot Loader。有些 Boot Loader 也支持多种体系结构的 CPU，比如 U－Boot 就同时支持 ARM 体系结构和 MIPS 体系结构。除了依赖于 CPU 的体系结构外，Boot Loader 实际上也依赖于具体的嵌入式板级设备的配置。也就是说，对于两块不同的嵌入式板而言，即使它们是基于同一种 CPU 而构建的，要想让运行在一块板子上的 Boot Loader 程序也能运行在另一块板子上，通常也都需要修改 Boot Loader 的源程序。

(2) Boot Loader 的安装媒介(Installation Medium)

系统加电或复位后，所有的 CPU 通常都从某个由 CPU 制造商预先安排的地址上取指令。比如，基于 ARM7TDMI core 的 CPU 在复位时通常都从地址 0x00000000 取它的第一条指令。而基于 CPU 构建的嵌入式系统通常都有某种类型的固态存储设备(比如：ROM、EEPROM 或 FLASH 等)被映射到这个预先安排的地址上。因此在系统加电后，CPU 将首先执行 Boot Loader 程序。

图 2－24 就是一个同时装有 Boot Loader、内核的启动参数、内核映像和其他软件映像的固态存储设备的典型空间分配结构图。

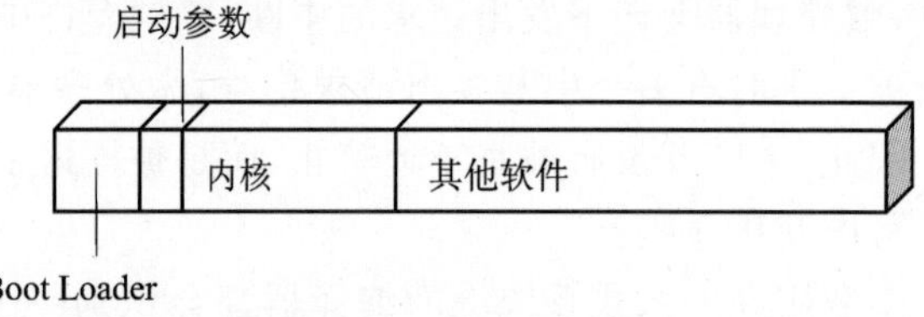

图 2－24　固态存储设备的典型空间分配结构

(3) 用来控制 Boot Loader 的设备或机制

主机和目标机之间一般通过串口建立连接，Boot Loader 软件在执行时通常会通过串口来进行输入/输出，比如：输出打印信息到串口，从串口读取用户控制字符等。

(4) Boot Loader 的启动过程是单阶段(Single Stage)还是多阶段(Multi－Stage)

通常多阶段的 Boot Loader 能提供更为复杂的功能，以及更好的可移植性。从固态存储设备上启动的 Boot Loader 大多都是 2 阶段的启动过程，也即启动过程可以分为 stage 1 和 stage 2 两部分。而至于在 stage 1 和 stage 2 具体完成哪些任务将在下面讨论。

(5) Boot Loader 的操作模式 (Operation Mode)

大多数 Boot Loader 都包含两种不同的操作模式："启动加载"(Boot loading)模式和"下载"(Down loading)模式，这种区别仅对于开发人员才有意义。但从最终用户的角度看，Boot Loader 的作用就是用来加载操作系统，而并不存在所谓的启动加载模式与下载工作模式的区别。

启动加载模式也称为"自主"(Autonomous)模式。即 Boot Loader 从目标机上的某个固态存储设备上将操作系统加载到 RAM 中运行，整个过程并没有用户的介入。这种模式是 Boot Loader 的正常工作模式，因此在嵌入式产品发布的时候，Boot Loader 显然必须工作在这

种模式下。

下载模式，目标机上的 Boot Loader 将通过串口连接或网络连接等通信手段从主机(Host)下载文件，比如：下载内核映像和根文件系统映像等。从主机下载的文件通常首先被 Boot Loader 保存到目标机的 RAM 中，然后再被 Boot Loader 写到目标机上的 FLASH 类固态存储设备中。Boot Loader 的这种模式通常在第一次安装内核与根文件系统时被使用；此外，以后的系统更新也会使用 Boot Loader 的这种工作模式。工作于这种模式下的 Boot Loader 通常都会向它的终端用户提供一个简单的命令行接口。

像 Blob 或 U－Boot 等这样功能强大的 Boot Loader 通常同时支持这两种工作模式，而且允许用户在这两种工作模式之间进行切换。比如，Blob 在启动时处于正常的启动加载模式，但是它会延时 10 s 等待终端用户按下任意键而将 Blob 切换到下载模式。如果在 10 s 内没有用户按键，则 Blob 继续启动 Linux 内核。

(6) Boot Loader 与主机之间进行文件传输所用的通信设备及协议

最常见的情况就是，目标机上的 Boot Loader 通过串口与主机之间进行文件传输，传输协议通常是 xmodem/ymodem/zmodem 协议中的一种。但是，串口传输的速度是有限的，因此通过以太网连接并借助 TFTP 协议来下载文件是个更好的选择。

此外，在论及这个话题时，主机方所用的软件也要考虑。比如，在通过以太网连接和 TFTP 协议来下载文件时，主机方必须有一个软件用来提供 TFTP 服务。

在讨论了 Boot Loader 的上述概念后，下面我们来具体看看 Boot Loader 应该完成哪些任务。

2. Boot Loader 的主要任务

在继续本节的讨论之前，首先我们做一个假定，那就是：假定内核映像与根文件系统映像都被加载到 RAM 中运行。之所以提出这样一个假设前提，是因为在嵌入式系统中内核映像与根文件系统映像也可以直接在 ROM 或 FLASH 这样的固态存储设备中直接运行。但这种做法无疑是以牺牲运行速度为代价的。

从操作系统的角度看，Boot Loader 的总目标就是正确地调用内核来执行。

另外，由于 Boot Loader 的实现依赖于 CPU 的体系结构，因此大多数 Boot Loader 都分为 stage1 和 stage2 两大部分。依赖于 CPU 体系结构的代码，比如设备初始化代码等，通常都放在 stage1 中，而且通常都用汇编语言来实现，以达到短小精悍的目的。而 stage2 则通常用 C 语言来实现，这样可以实现更复杂的功能，而且代码会具有更好的可读性和可移植性。

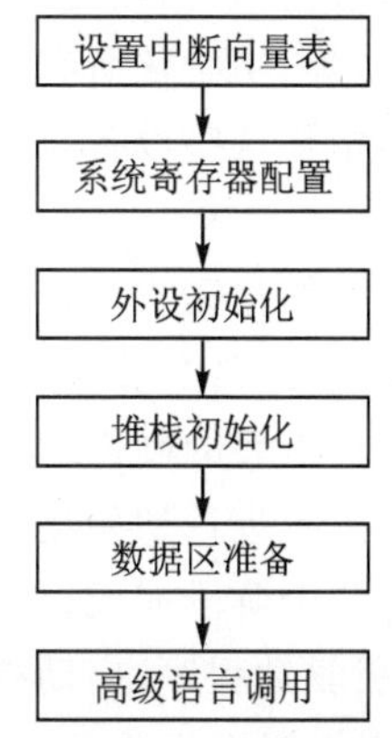

图 2－25　嵌入式系统启动流程

(1) stage1 执行步骤

Boot Loader 的 stage1 通常包括以下步骤(以执行的先后顺序)，如图 2－25 所示。

① 启动代码的第一步是设置中断和异常向量，屏蔽所有的中断。为中断提供服务通常是 OS 设备驱动程序的责任，因此在 Boot Loader 的执行全过程中可以不必响应任何中断。中断屏蔽可以通过写 CPU

的中断屏蔽寄存器或状态寄存器(比如 ARM 的 CPSR 寄存器)来完成。

② 完成系统启动所必需的最小配置,某些处理器芯片包含一个或几个全局寄存器,这些寄存器必须在系统启动的最初进行配置。如设置 CPU 的速度和时钟频率,RAM 初始化,正确地设置系统的内存控制器的功能寄存器以及各内存库控制寄存器等。

③ 初始化系统必需的外设。如设置看门狗,配置系统所使用的存储器,包括 FLASH、SRAM 和 DRAM 等,并为它们分配地址空间。如果系统使用了 DRAM 或其他外设,就需要设置相关的寄存器,以确定其刷新频率、数据总线宽度等信息,初始化存储器系统。有些芯片可通过寄存器编程初始化存储器系统,而对于较复杂系统通常集成有 MMU 来管理内存空间。

④ 为处理器的每个工作模式设置栈指针。堆栈指针的设置是为了执行 C 语言代码做好准备。不同处理器的堆栈配置不一样,如 ARM 处理器有多种工作模式,每种工作模式都需要设置单独的栈空间。

⑤ 数据区准备,对于软件中所有未赋初值的全局变量,启动过程中需要将这部分变量所在区域全部清零。对变量初始化,这里的变量指的是在软件中定义的已经赋好初值的全局变量,启动过程中需要将这部分变量从只读区域,也就是 FLASH 拷贝到读写区域中,因为这部分变量的值在软件运行时有可能重新赋值。还有一种变量不需要处理,就是已经赋好初值的静态全局变量,这部分变量在软件运行过程中不会改变,因此可以直接固化在只读的 FLASH 或 EEPROM 中。

⑥ 最后一步是调用高级语言入口函数,比如 main 函数等。

在上述一切都就绪后,就可以跳转到 Boot Loader 的 stage2 去执行了。比如,在 ARM 系统中,这可以通过修改 PC 寄存器为合适的地址来实现。

(2) stage2 执行步骤

正如前面所说,stage2 的代码通常用 C 语言来实现,以便于实现更复杂的功能和取得更好的代码可读性和可移植性。stage2 的主要内容和步骤如下:

① 初始化本阶段要使用到的硬件设备

这通常包括:初始化至少一个串口,以便和终端用户进行 I/O 输出信息;初始化系统时钟、计时器等;初始化所有其他需要用到的外设。

在初始化这些设备之前,也可以重新把系统指示灯点亮,以表明我们已经进入 main()函数执行。

设备初始化完成后,可以输出一些打印信息,程序名字字符串、版本号等。

② 初始化操作系统

在其他需要的硬件初始化完成后,操作系统赖以运行的硬件已经可以正常工作了,此时可以对操作系统进行初始化,如操作系统内核、文件系统、GUI 等初始化并创建任务等操作。

在这两个阶段完成以后,系统启动代码完成基本软硬件环境初始化,对于有操作系统的情况下,加载驱动程序、启动操作系统、启动内存管理、调度任务等,最后执行应用程序或等待用户命令;对于没有操作系统的系统,直接执行应用程序或等待用户命令。系统可以从 main()函数跳入相应的任务中运行。

习题 2

1．从硬件系统来看，嵌入式系统由哪些部分组成？

2．从软件系统来看，嵌入式系统由哪几部分组成？

3．嵌入式处理器的按体系结构分哪几类？

4．半导体存储器分为哪几种？说明它们的特点及用途。

5．嵌入式软件体系结构有哪几种类型，优缺点如何？

6．嵌入式系统产品开发一般包括哪几个阶段？每一个阶段的主要工作有哪些？

7．嵌入式系统主要由软件和硬件两大部分组成，其中有的功能可以用软件实现，又可以用硬件实现，那么软件和硬件的划分一般有哪些原则？举出几个同一个功能既可以用软件实现，又可以用硬件实现的例子。

8．嵌入式系统中断延迟主要影响因素有哪些？系统启动主要功能有哪些？

大作业

选择一个嵌入式系统产品(如手机、PDA、工业控制产品、智能家用电器等)，利用本章学过的知识，假设你是系统的总设计师，那么你认为应该如何运作这个产品的开发，直到把产品从实验室推向市场。

提示：题目较大，嵌入式系统开发包括需求分析、设计、实现、测试等方面。在实现方面，不必把产品开发出来(即不必设计电路图，不必编写程序代码，只需概括地写出软件硬件需要完成的工作即可)。

第3章　嵌入式系统开发基础

本章主要针对嵌入式系统开发过程需要掌握的嵌入式硬件平台的构建、软件平台的选择与构建、嵌入式系统开发工具及开发调试方法等进行介绍，让读者对嵌入式系统开发平台及开发技术基础有一定的了解，便于后续章节的学习。

3.1　嵌入式系统硬件平台

一般嵌入式系统硬件平台主要由以下几部分组成，如图 3-1 所示。

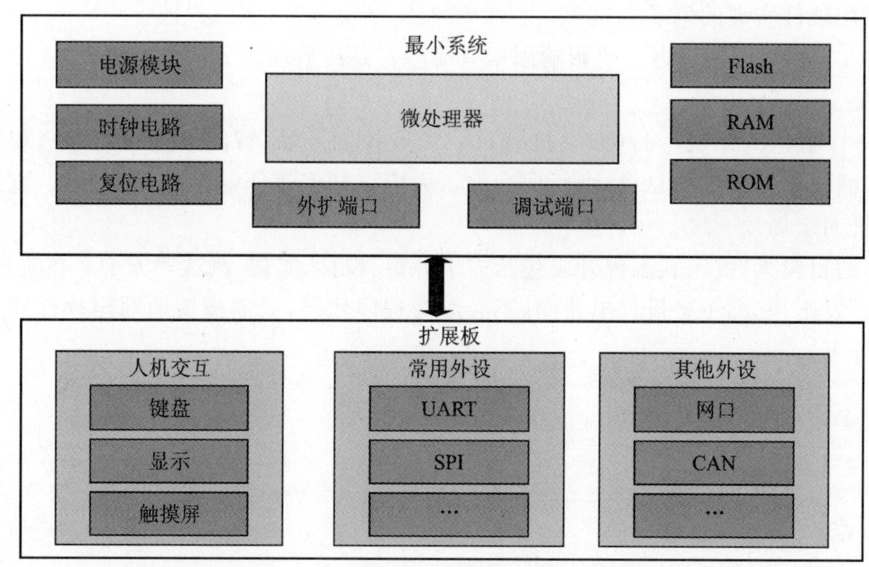

图 3-1　典型嵌入式系统硬件平台结构

1. 核心板

核心板一般也称最小系统，嵌入式系统和单片机系统一样，核心板主要由处理器、时钟、复位、电源、存储等部分组成。实现嵌入式系统能正常运行的基本单位，如图 3-1 中的上半部分所示。

2. 扩展板

扩展板主要由嵌入式系统的外设及接口组成，按照功能可分为：

- 人机交互外设，如键盘、显示设备、触摸屏等。
- 常用外设及接口，一些常用的外围设备，如 UART 串口、SPI、I^2C、A/D 等。
- 其他专用设备，如网络控制器、CAN 控制器、红外接口等。

按处理器集成与否可分为：

- CPU 集成外设，此类外设在芯片生产时已经集成到处理器上，不需要用户扩展。
- 扩展外设，该类外设是用户需要的，但处理器上没有集成，需要用户自己在硬件设计时

通过处理器接口进行扩展。

3.1.1　嵌入式处理器分类

嵌入式处理器是嵌入式系统的核心，是控制、辅助系统运行的硬件单元。嵌入式处理器范围极其广泛，从目前仍在大规模应用的 8 位单片机，到广受青睐的 32 位、64 位嵌入式 CPU，以及未来发展方向之一的多核处理器，嵌入式处理器发展经历了几个阶段。

目前世界上具有嵌入式功能特点的处理器已经超过 1 000 种，流行体系结构包括 MCU、MPU 等 30 多个系列。鉴于嵌入式系统广阔的发展前景，很多半导体制造商都大规模生产嵌入式处理器，从单片机、DSP 到 FPGA 有着各式各样的品种，从以前的单核向多核方向发展。由公司自主设计处理器也已经成为了未来嵌入式领域的一大趋势。处理器的速度越来越快，性能越来越强，价格也越来越低。

根据其现状，嵌入式处理器可以分成下面几类：

1. 嵌入式微控制器

嵌入式微控制器的典型代表是单片机，从 20 世纪 70 年代末单片机出现到今天，虽然已经经过了近 40 年的历史，但这种 8 位的电子器件目前在嵌入式设备中仍然有着极其广泛的应用。单片机芯片内部集成 ROM/EPROM、RAM、总线、总线逻辑、定时/计数器、看门狗、I/O、串行口、脉宽调制输出、A/D、D/A、FLASH RAM、EEPROM 等各种必要功能和外设。和嵌入式微处理器相比，微控制器的最大特点是单片化，体积大大减小，从而使功耗和成本下降、可靠性提高。微控制器是目前嵌入式系统工业的主流。微控制器的片上外设资源一般比较丰富，适合于控制，因此称为微控制器。

由于 MCU 低廉的价格，优良的功能，所以拥有的品种和数量最多，比较有代表性的包括 8051、MCS－251、MCS－96/196/296、P51XA、C166/167、68K 系列以及 MCU 8XC930/931、C540、C541，并且有支持 I^2C、CAN Bus、LCD 及众多专用 MCU 和兼容系列。目前 MCU 占嵌入式系统约 70 %的市场份额。近来 ATMEL 出产的 AVR 单片机由于其集成了 FPGA 等器件，所以具有很高的性价比，势必将推动单片机获得更好的发展。

2. 嵌入式 DSP 处理器

DSP 处理器是专门用于信号处理方面的处理器，其在系统结构和指令算法方面进行了特殊设计，具有很高的编译效率和指令的执行速度。在数字滤波、FFT、谱分析等各种仪器上，DSP 获得了大规模的应用。

DSP 的理论算法在 20 世纪 70 年代就已经出现，但是由于专门的 DSP 处理器还未出现，所以这种理论算法只能通过 MPU 等由分立元件实现。MPU 较低的处理速度无法满足 DSP 的算法要求，其应用领域仅仅局限于一些尖端的高科技领域。随着大规模集成电路技术的发展，1982 年世界上诞生了首枚 DSP 芯片。其运算速度比 MPU 快了几十倍，在语音合成和编码解码器中得到了广泛应用。至 80 年代中期，随着 CMOS 技术的进步与发展，第二代基于 CMOS 工艺的 DSP 芯片应运而生，其存储容量和运算速度都得到成倍提高，成为语音处理、图像硬件处理技术的基础。到 80 年代后期，DSP 的运算速度进一步提高，应用领域也从上述范围扩大到了通信和计算机方面。90 年代后，DSP 发展到了第五代产品，集成度更高，使用范围也更加广泛。

目前最为广泛应用的是 TI 的 TMS320C2000/C5000 系列，另外，如 Intel 的 MCS－296 和 Siemens 的 TriCore 也有各自的应用范围。

3. 嵌入式微处理器

嵌入式微处理器是由通用计算机中的 CPU 演变而来的。它的特征是具有 32 位以上的处理器，具有较高的性能，当然其价格也相应较高。但与计算机处理器不同的是，在实际嵌入式应用中，只保留和嵌入式应用紧密相关的功能硬件，去除其他的冗余功能部分，这样就以最低的功耗和资源实现嵌入式应用的特殊要求。和工业控制计算机相比，嵌入式微处理器具有体积小、质量轻、成本低、可靠性高的优点。

目前主要的嵌入式处理器类型有 Am186/88、386EX、SC－400、Power PC、68000、MIPS、ARM 系列等。

4. 多核处理器

除了上述的处理器以外，供应商们为了提供更高的性能，不可避免地要面对功耗的挑战，寻找处理器的新的设计方案。目前，随着市场的发展，单纯通过提高时钟速率提升性能的方式，将带来极大的功耗问题。为此，各厂商正努力以新的方式寻求突破。当前市场主流的方法即采取多核处理器架构，多核处理器也越来越多地被应用到嵌入式领域，特别是手持终端设备，如智能手机、PDA 等。

多核处理器主要具有以下几个显著的优点：

- 控制逻辑简单：相对超标量微处理器结构和超长指令字结构而言，单芯片多处理器结构的控制逻辑复杂性要明显低很多。相应的单芯片多处理器的硬件实现必然要简单得多。
- 高主频：单芯片多处理器结构的控制逻辑相对简单，包含极少的全局信号，线延迟对其影响比较小，因此，在同等工艺条件下，单芯片多处理器的硬件实现要获得比超标量微处理器和超长指令字微处理器更高的工作频率。
- 低通信延迟：由于多个处理器集成在一块芯片上，且采用共享 Cache 或者内存的方式，多线程的通信延迟会明显降低，这样也对存储系统提出了更高的要求。
- 低功耗：通过动态调节电压/频率、负载优化分布等，可有效降低 CMP 功耗。
- 设计和验证周期短：微处理器厂商一般采用现有的成熟单核处理器作为处理器核心，从而可缩短设计和验证周期，节省研发成本。

多核处理器主要包括两类：同构多核处理器和异构多核处理器。同构多核处理器是集成多个相同的处理器核在一个芯片上，这种处理器能很好地实现一个任务在不同处理器核上的并行执行，如基于 ARM 公司的 Cortex－A9 核的双核处理器、高通的四核处理器 Tegra3 等。而异构多核处理器是集成不同构架的处理器到一块芯片上，如微处理器、微控制器和数字信号处理器等，用于满足不同应用的需要，可以实现多个任务在不同处理器核上的并行处理。典型的异构多核处理器如 TI 的 OMAP 系列、达芬奇系列，IBM 的 Cell 系列处理器等。

5. 嵌入式片上系统

SOC 追求产品系统最大包容的集成器件，是目前嵌入式应用领域的热门话题之一。SOC 最大的特点是成功实现了软硬件无缝结合，直接在处理器片内嵌入操作系统的代码模块，而且 SOC 具有极高的综合性，在一个硅片内部运用 VHDL（Very－High－Speed Integrated Circuit

Hardware Description Language)等硬件描述语言,实现一个复杂的系统。用户不需要再像传统的系统设计一样,绘制庞大复杂的电路板,一点点的连接焊制,只需要使用精确的语言,综合时序设计直接在器件库中调用各种通用处理器的标准,然后通过仿真之后就可以直接交付芯片厂商进行生产。由于绝大部分系统构件都是在系统内部,整个系统就特别简洁,不仅减小了系统的体积和功耗,而且提高了系统的可靠性,提升了设计生产效率。

当前,嵌入式处理器市场的趋势之一,即提供高集成度的SOC芯片。SOC处理器由可设计重用的IP(Intellectual Property)核组成,IP核是具有复杂系统功能的能够独立出售的VLSI(Very Large Scale Integration)块,采用深亚微米以上工艺技术设计完成。SOC中可集成控制处理器内核,如ARM内核;计算用DSP内核,如CEVA内核;存储器核或其复合IP核,同时具备接口等多种功能。

由于SOC往往是专用的,所以大部分都不为用户所知,比较典型的SOC产品是Philips公司的Smart XA。少数通用系列如Siemens公司的TriCore,Motorola公司的M-Core,某些ARM系列器件,如Echelon公司和Motorola公司联合研制的Neuron芯片等。

正是由于SOC易于集成的特点,多核处理器的SOC化也是SOC的发展方向之一。预计不久的将来,一些大的芯片公司将通过推出成熟的、能占领多数市场的SOC芯片,一举击退竞争者。SOC芯片也将在声音、图像、影视、网络及系统逻辑等应用领域中发挥重要的作用。

3.1.2　常见的嵌入式处理器

嵌入式微处理器有许多流行的处理器核,芯片生产厂家一般都基于这些处理器核生产不同型号的芯片。当前主流的几种嵌入式微处理器核如下。

1. ARM处理器

ARM公司是全球领先的16/32位RISC微处理器知识产权设计供应商。ARM公司通过给合作伙伴转让高性能、低成本、低功耗的RISC微处理器、外围和系统芯片设计技术,使他们能用这些技术来生产各具特色的芯片。ARM已成为移动通信、手持设备、多媒体数字消费嵌入式解决方案的RISC标准。ARM处理器有三大特点:小体积、低功耗、低成本而高性能;16/32位双指令集;全球众多的合作伙伴。

带有ARM内核的处理器有千种以上,这里不做介绍。下面主要对各类ARM处理器的几个重要内核版本做一个简要介绍。

(1) ARM7处理器

ARM7处理器采用了ARMV4T(冯·诺依曼)体系结构,这种体系结构将程序指令存储器和数据存储器合并在一起。其主要特点是程序和数据共用一个存储空间,程序指令存储地址和数据存储地址指向同一个存储器的不同物理位置,采用单一的地址及数据总线,程序指令和数据的宽度相同。这样,处理器在执行指令时,必须先从存储器中取出指令进行译码,再取操作数执行运算。总体来说,ARM7体系结构具有三级流水、空间统一的指令与数据Cache,平均功耗为0.6 mW/MHz、时钟速度为66 MHz、每条指令平均执行1.9个时钟周期等特性。其中的ARM710、ARM720和ARM740为内带Cache的ARM核。ARM7指令集同Thumb指令集扩展组合在一起,可以减少内存容量和系统成本。同时,它还利用嵌入式ICE调试技术来简化系统设计,并用一个DSP增强扩展来改进性能。ARM7体系结构是小型、快速、低能耗、集成式的RISC内核结构。该产品的典型用途是数字蜂窝电话和硬盘驱动器等,目前主流的 ARM7 内核是 ARM7TDMI、ARM7TDMI－S、ARM7EJ－S、ARM720T。现在市场上用得最多的 ARM7 处理器有 Samsung 公司的 S3C44BOX 与 S3C4510 处理器、Atmel 公司的 AT91FR40162 系列处理器、Cirrus 公司的 EP73xx 系列等。还有很多的通信模块，如 CDMA 模块、GPRS 模块和 GPS 模块中都含有 ARM7 处理器。

(2) ARM9、ARM9E 处理器

ARM9 处理器采用 ARMV5TE(哈佛)体系结构。这种体系结构是一种将程序指令存储和数据存储分开的存储器结构，是一种并行体系结构。其主要特点是程序和数据存储分别在不同的存储空间中，即分为程序存储器和数据存储器。它们是两个相互独立的存储器，每个存储器独立编址、独立访问。与两个存储器相对应的是系统中的 4 套总线，程序的数据总线和地址总线，数据的数据总线和地址总线。这种分离的程序总线和数据总线可允许在一个机器周期内同时获取指令字和操作数，从而提高了执行速度，使数据的吞吐量提高了一倍。又由于程序和数据存储器在两个分开的物理空间中，因而取指和执行能完全重叠。ARM9 采用五级流水处理及分离的 Cache 结构，平均功耗为 0.7 mW/MHz，时钟频率为 120～200 MHz，每条指令平均执行 1.5 个时钟周期。与 ARM7 处理器系列相似，其中的 ARM920、ARM940 和 ARM9E 处理器均为含有 Cache 的 CPU 核，时钟频率为 132 MIPS(120 MHz 时钟，3.3 V 供电)或 220 MIPS(200 MHz 时钟)。ARM9 处理器同时也配备 Thumb 指令扩展、调试和 Harvard 总线。在生产工艺相同的情况下，速率是 ARM7TDMI 处理器的两倍之多，常用于无线设备、仪器仪表、联网设备、机顶盒设备、高端打印机及数码相机应用中。ARM9E 内核是在 ARM9 内核的基础上增加了紧密耦合存储器 TCM 及 DSP 部分。目前主流的 ARM9 内核是 ARM920T、ARM922T、ARM940。相关的处理器芯片有 Samsung 公司的 S3C2510、Cirrus 公司的 EP93xx 系列等。主流的 ARM9E 内核是 ARM926EJ－S、ARM946E－S、ARM966E－S 等。目前市场上常见的 PDA，如 PocketPC 中一般都是用 ARM9 处理器，其中以 Samsung 公司的 S3C2410 处理器居多。

(3) ARM10E 处理器

ARM10E 处理器采用 ARMVST 体系结构，可以分为六级流水处理，采用指令与数据分离的 Cache 结构，时钟速度为 300 MHz，每条指令平均执行 1.2 个时钟周期，指令执行速率可达 1.25 MIPS/MHz，比同等的 ARM9 器件性能提高 50 %。ARM10TDMI 与所有 ARM 核在二进制级代码中兼容，内带高速 32×16 MAC，预留 DSP 协处理器接口。其 VFP10(向量浮点单元)为七级流水结构。ARM1020T 处理器则是由 ARMl0TDMI、32KB 指令、数据 Caches 及 MMU 部分构成的。其系统时钟高达 300 MHz，指令 Cache 和数据 Cache 分别为 32 KB，数据宽度为 64 位，能够支持多种商用操作系统，适用于下一代高性能手持式因特网设备及数字式消费类应用。ARM10 的版权被 Marvell 公司买断了，在应用中不多见。主流的 ARM10 内核是 ARM1020E、ARM1022E、ARM1026EJ－S 等。

(4) SecurCore 处理器

SecurCore 系列处理器提供了基于高性能的 32 位 RISC 技术的安全解决方案，具有体积小、功耗低、代码密度大和性能高等特点。该系列处理器采用软内核技术，能够提供最大限度的灵活性，防止外部对其进行扫描探测，提供面向智能卡和低成本的存储保护单元 MPU，可以灵活地集成用户自己的安全特性和其他的协处理器，目前含有 SC100、SC110、SC200、SC210 这 4 种产品。

(5) StrongARM 处理器与 XScale 处理器

StrongARM 处理器采用 ARMV4T 的五级流水体系结构，目前有 SA110、SA1100、SA1110 这 3 个版本。Intel 公司的基于 ARMv5TE 体系结构的 XScale PXA27x 系列处理器，与 StrongARM 相比增加了 I/O Cache，并且加入了部分 DSP 功能，更适合于移动多媒体应用。目前市场上的大部分智能手机的核心处理器就是 XScale 系列处理器。

(6) ARM11 处理器

ARM11 处理器系列可以在使用 130 nm 代工厂技术、小至 2.2 mm^2 芯片面积和低至 0.24 mW/MHz 的前提下达到高达 500 MHz 的性能表现。ARM11 处理器系列以众多消费产品市场为目标，推出了许多新的技术，包括针对媒体处理的 SIMD，用以提高安全性能的 TrustZone 技术，智能能源管理(IEM)，以及需要非常高的、可升级的超过 2600 Dhrystone 2.1 MIPS 性能的系统多处理技术。主要的 ARM11 处理器有 ARM1136JF－S、ARM1156T2F－S、ARM1176JZF－S、ARM11 MCORE 等多种。

(7) Cortex 系列处理器

ARM 公司在经典处理器 ARM11 以后的产品改用 Cortex 命名，并分成 A(如 A5、A7、A8、A9、A15 等)、R(R4、R5、R7 等)和 M(如 M0、M1、M3、M4 等)三类，旨在为各种不同的市场提供服务。

Cortex 系列属于 ARM V7 架构，这是 ARM 公司最新的指令集架构。ARM V7 架构定义了三大分工明确的系列："A"系列面向尖端的基于虚拟内存的操作系统和用户应用；"R"系列针对实时系统；"M"系列针对微控制器。由于应用领域不同，基于 V7 架构的 Cortex 处理器系列所采用的技术也不相同，基于 V7A 的称为 Cortex－A 系列，基于 V7R 的称为 Cortex－R 系列，基于 V7M 的称为 Cortex－M 系列。Cortex 系列的处理器的指令流水线级数并未统一，如 Cortex－M3 支持 3 级流水线，Cortex－A8 支持 13 级流水线，而 Cortex－A9 支持 8 级流水线。

按照市场应用，ARM 处理器内核大体可以分成 Embedded Core、Application Core、Secure Core 3、Cortex－A、Cortex－R、Cortex－M 几个部分，如表 3－1 所列。

表 3－1　ARM 处理器分类

处理器内核分类	具体的处理器 IP 核	应用市场
Embedded Core	ARM7TDMI、ARM946E－S、ARM926EJ－S	无线、网络应用、汽车电子
Application Core	ARM926EJ－S、ARM1026EJ－S、ARM11	消费类市场、多媒体数码产品
Secure Core	SC110、SC110、SC200、SC210	智能卡、身份识别
Cortex－A	Cortex－A5、Cortex－A7、Cortex－A8、Cortex－A9、Cortex－A15	面向尖端的基于虚拟内存的操作系统和用户应用
Cortex－R	Cortex－R4、Cortex－R5、Cortex－R7	面向实时系统应用
Cortex－M	Cortex－M0、Cortex－M1、Cortex－M3、Cortex－M4	面向控制领域应用

经典 ARM 处理器由 4 个处理器系列组成，这些处理器现在被广泛授权用于众多应用领域。

- ARM7 系列：ARM7TDMI－S™和 ARM7EJ－S™处理器核；
- ARM9 系列：ARM926EJ－S™、ARM946E－S™和 ARM968E－S™处理器核；
- ARM11 系列：ARM1136J(F)－S™、ARM1156T2(F)－S™、ARM1176JZ(F)－S™和 ARM11™－MPCore™处理器核。
- Cortex 系列：Cortex－A8、Cortex－A9、Cortex－A15 等处理器核。

2. MIPS

MIPS 是 Microprocessor without Interlocked Pipeline Stages（没有互锁管线阶段的微处理器）的缩写，是一种处理器内核标准，它是由 MIPS 技术公司开发的。MIPS 技术公司是一家设计制造高性能、高档次及嵌入式 32 位和 64 位处理器的厂商，在 RISC 处理器方面占有重要地位。

MIPS 公司设计 RISC 处理器始于 80 年代初，1986 年推出 R2000 处理器，1988 年推出 R3000 处理器，1991 年推出第一款 64 位商用微处理器 R4000，之后又陆续推出 R8000（于 1994 年）、Rl0000（于 1996 年）和 R12000（于 1997 年）等型号。1998 年以后，MIPS 公司的战略发生变化，把重点放在嵌入式系统。1999 年，MIPS 公司发布 MIPS 32 和 MIPS 64 架构标准，为未来 MIPS 处理器的开发奠定了基础。新的架构集成了原来所有的 MIPS 指令集，并且增加了许多更强大的功能。MIPS 公司陆续开发了高性能、低功耗的 32 位处理器内核（core）MIPS 324Kc 与高性能 64 位处理器内核 MIPS 645Kc。2000 年，MIPS 公司发布了针对 MIPS 324Kc 的新版本以及未来 64 位 MIPS 6420Kc 处理器内核。

为了使用户更加方便地应用 MIPS 处理器，MIPS 公司推出了一套集成的开发工具，称为 MIPS IDF（Integrated Development Framework），特别适用于嵌入式系统的开发。

MIPS 技术公司既开发 MIPS 处理器结构，又自己生产基于 MIPS 的 32 位/64 位芯片。

MIPS 技术公司 32 位的嵌入式处理器 MIPS 32TM 体系的特性如下：

- 与 MIPS ITM 和 MIPS IITM 指令体系（ISA）完全兼容。
- 增强的状态传送及数据预取指令。
- 标准的 DSP 操作：乘（MUL）、乘加（MADD）及 Countleading 0/1s（CLZ/O）。
- 优先的 Cache Load/Control 操作。
- 向上与 MIPS 64TM 体系兼容。
- 稳定的 3 操作数 Load/Store RISC 指令体系（3 寄存器，或 2 寄存器＋立即数）。
- 32 个 32 位的通用寄存器（GPRs）；2 个乘/除寄存器（HI 和 LO）。
- 可选的浮点数支持：32 个单精度 32 位或者 16 个双精度 64 位浮点数寄存器（FPRs）、浮点状态代码寄存器。
- 可选的存储器管理单元（MMU）：TLB 或 BAT 地址翻译机制、可编程的页面大小。
- 可选的 Cache：可选择指令缓存和数据缓存大小，数据缓存可选择 Write－back 或 Write－through 方式、支持虚拟地址或物理地址方式。
- 增强的 JTAG（EJTAG）提供不受干扰（Non－intrusive）调试支持。

基于这些特性，MIPS 芯片被广泛应用于以下环境：

- MIPS 32TM 及其兼容处理器定位于高性能、低功耗的片上系统（System－On－Chip）等嵌入式应用。
- 便携式计算系统：手持或掌上电脑、信息电器、数字信息管理。

- 便携式通信设备：便携式电话(Cellar Phone)3G 手持设备、智能电话(Smart Phone)、可视电话(Screen Phone)。
- 数字消费产品：数字相机(Digital Cameras)、机顶盒(STB)、游戏平台(Game Platform)、DVD 播放器。
- 办公自动化设备：打印机、复印机、扫描仪、多功能外设。
- 工业控制：仓库存储系统、自动化系统、导航系统(GPS)、图形系统、精细终端(POS、ATM、E-Cash)。

3. Power PC

Power PC 是由 IBM、Motorola(现在为 Freescale)和 Apple 联合开发的高性能 32 位和 64 位 RISC 微处理器系列。Power PC 架构的特点是可伸缩性好，方便灵活。Power PC 处理器品种很多，既有通用的处理器，又有嵌入式控制器和内核，应用范围非常广泛，从高端的工作站、服务器到桌面计算机系统，从消费类电子产品到大型通信设备等各个方面。

目前 Power PC 独立微处理器与嵌入式微处理器的主频从 5 MHz～1.8 GHz 不等，它们的能量消耗、大小、整合程度、价格差异悬殊，主要产品模块有主频 350～700 MHz Power PC 750CX 和 750CXe 以及主频 400 MHz 的 Power PC 440GP 等。嵌入式的 Power PC 405(主频最高为 266 MHz)和 Power PC 440(主频最高为 550 MHz)处理器内核可以用于各种集成的系统芯片(System On Chip，SOC)设备上，在电信、金融和其他许多行业具有广泛的应用。

基于 Power PC 架构的处理器有两大系列。

(1) IBM：Power PC 系列

IBM 公司开发的 Power PC 405GP 是一个集成 10/100 Mbps 以太网控制器、串行和并行端口、内存控制器以及其他外设的高性能嵌入式处理器。

Power PC 405GP 嵌入式处理器的特性如下：

- Power PC 405GP 是一个专门应用于网络设备的高性能嵌入式处理器，包括有线通信、数据存储以及其他计算机设备。
- 扩展了 Power PC 处理器家族的可伸缩性。
- 应用软件源代码兼容所有其他的 Power PC 处理器。
- 利用最高可达 133 MHz 外频的 64 位 CoreConnect 总线体系结构，提供高性能、响应时间短的嵌入式芯片。
- 提供了具有创新意义的 CodePack 的代码压缩，极大地改进了指令代码密度和减少了系统整体成本。
- Power PC 405GP 的蓝色逻辑上层结构为要求低功耗的嵌入式处理器提供了理想的解决方案，其可重复使用的核心、灵活的高性能总线结构、可定制 SOC 设计等特性，极大地缩短了产品从设计到上市的时间。

从 Power 4 开始，IBM 致力于多核处理器的研发，Power 7 处理器是 IBM 研发的 8 核处理器，该处理器采用了 IBM 的 45 nm SOI 铜互联工艺制成，典型的 Power 7 处理器具有 8 个核心，晶体管数量达到了 12 亿，核心面积为 567 mm^2，从这里可以明显看出 Power 7 的与众不同。作为对比，同样 8 核心的 Nehalem-EX 具有 23 亿个晶体管，整整多了一倍。和以往的 IBM Power 处理器不太一样，IBM Power 7 是一个单晶片的 8 核处理器，而不是如 Power 5 那样由多个晶圆合体。

Power 7 具备智能超线程的功能，可在单线程/双线程/4 线程之间，根据性能需求进行智能切换。不过这种单核心多线程的模式，并不能像物理核心那样大幅度提高处理性能，在双线程下，性能较单线程提升 1.5 倍；而在 4 线程模式下，性能提升则为 1.8 倍，接近于两个物理核心的性能。

IBM Power 7 的特性有以下几个方面：

- TurboCore 模式：可以为数据库应用将核心的性能发挥到极致，最高可提升核心频率达 10 %。
- MaxCore 模式：这个模式可以与 TurboCore 模式相切换，当需要更多的核心与线程参与应用的执行时，就采用这一模式。MaxCore 模式下，核心的运行频率不如 TurboCore 模式，但会拥有最多的核心与线程，非常适用于高度并行应用与高性能计算。
- 智能线程(Intelligent Thread)：可根据工作流的负载情况在 1/2/4 个线程之间智能切换，以保证最佳的运行效率。
- 智能缓存(Intelligent Cache)：智能的 Fluid(流动)的混合 L3 缓存结构可以让核心充分利用缓存空间，并对核与核之间的访问进行优化。
- 智能能耗优化(Intelligent Energy Optimization)：在散热条件允许的情况下，最大限度地提升性能，或者在工作效率允许的前提下，尽量降低处理器的能耗。
- 主动内存扩展(Active Memory Expansion)：在应用有需求的时候(比如 SAP 的 ERP 应用)，通过内存压缩技术将现有的内存数据进行压缩，以腾出物理内存空间，最多可等效扩充 50 %的内存容量，用户也因此可以在部署相关应用时节省 50 %内存容量的成本。
- 固态盘(Solid State Drives)：Power 7 系统全面支持固态盘，以优化 I/O 访问速度，为那些对 I/O 访问敏感的应用进一步加速。

(2) Freescale：Power PC 系列

1) 基于 Power Architecture 技术的 Qorivva/5xxx 汽车类微控制器

采用飞思卡尔基于 Power Architecture 技术的 32 位 Qorivva 微控制器设计应用。飞思卡尔 Qorivva MCU 系列器件采用功能最强大的高性能内核架构，广阔的产品线可满足各种汽车应用需求。从单核到多核解决方案，Qorivva MCU 为设计高质量、长期可靠的汽车系统提供可扩展的高度集成解决方案。下一代 Qorivva MCU 产品系列采用同一内核架构配置先进的定时器系统、灵活的电机控制解决方案和数字信号处理功能。同时，这种技术先进的 MCU 通过系统架构的一致性、更高的集成能力，以及软件和工具的重用性降低了开发成本。主要微控制器有 Qorivva MPC57xx、Qorivva MPC56xx、Qorivva MPC55xx、5xx 等。

2) 主处理器与集成式主处理器

该系列通用处理器基于 e600 内核，采用 Power Architecture 技术，主频达 500 MHz～1.8 GHz，包括双核版器件，适用于网络、航空航天和国防，以及家庭媒体、打印机、计算机集群、刀片服务器、瘦客户端和游戏系统等广泛计算应用的高性能处理。飞思卡尔 e600 内核包含技术引擎，可帮助开发人员显著加快注重性能的高带宽计算和通信应用的处理速度。主要包括 8xxx、7xxx、7xx、6xx 等几个系列。

4. x86

x86 系列处理器是我们最熟悉的了，它起源于 Intel 架构的 8080，再发展出 286、386、486，

直到现在的 Pentium4、Athlon 和 AMD 的 64 位处理器 Hammer。从嵌入式市场来看，486DX 是当时和 ARM、68K、MIPS、SuperH 齐名的五大嵌入式处理器之一，8080 是第一款主流的处理器。今天的 Pentium 和当初的 8080 使用相同的指令集，这有利也有弊，利是可以保持兼容性，至少十年前写的程序在现在的机器上还能运行；弊端是限制了 CPU 性能的提高。

基于 x86 处理器核的嵌入式微处理器有以下几类。

(1) Geode SP1SC10

Geode SP1SC10 具有非妥协网络访问、硬件 MPEG－2 音频和视频解码器、TV 解码器、Modem、10/100M 以太网、各种固化通信和外设接口。这使得 Geode SP1SC10 成为快速开发数字电缆和卫星机顶盒、交互式电视的理想平台。2 个 IEEE1394 端口允许连接数字摄像机和数字 VCR 之类的设备。

(2) STPC 高度集成 x86 SOC

ST 微电子 STPC 高度集成的(SOC)系列与 x86 PC 兼容，其 3 个新产品是建立在 0.25 μm 技术上的，该技术允许它们提供高度集成、低功耗和低成本的解决方案。每个 STPC 设备针对不同类型的应用：

STPC Elite——不带显示器的“服务器产品引擎”。典型的应用是带有存储器的网络、防火墙、Web 服务器、传真服务器、打印服务器、家庭网关、路由器、PBX 等。

STPC Consumer－II——使用 TV 或监控器来实现显示和视频性能的产品的“TV 产品引擎”。典型的应用预计是 Web 盒、可访问 Web 的 TV 和 TV 机顶盒、Web DVD 等。

STPC Atlas——带有 CRT 或 TFT LCD 显示的产品和终端的“网络产品/终端引擎”。典型的应用预计是 Internet 终端、瘦客户机终端、Web 电话、WebPDA、汽车导航设备和娱乐系统。

三种产品的共同特点如下：

- 64 位，133 MHz，与 x86 CPU 兼容；
- 8 KB 缓存；
- 64 位 SDRAM 内存控制器，传输率最高为 720 Mbps；
- 与 PC 机兼容的 DMA、中断和定时控制器；
- ISA 和 PCI 总线控制器；
- 增强型 IDE 总线控制器；
- JTAG 调试接口。

5. 68K/ColdFire

Motorola 68000(68K)是出现较早的一款嵌入式处理器，68K 采用的是复杂指令集计算机(CISC)结构，与现在的 PC 指令集保持了二进制兼容。CISC 是个人计算机 CPU 常用的，Intel、AMD、VIA 都采用了 CISC 指令集，只有 Apple 计算机中的 Power PC 使用了 RISC 架构。最初使用 CISC 指令集是有道理的，因为 CISC 指令数量少，执行效率更高，而且当时的 CPU 时钟频率不同，没有牵涉到现在的超标量和超流水线的问题。RISC 是精简指令集，每条指令长度都一样，有利于简化译码结构，减少处理器的晶体管数量，这对于嵌入式处理器来说是很重要的。

68K 最初曾用在 Apple 2 上，比 Intel 的 8088 还要早。SUN 也把这款处理器用于其最早的工作站。现在 68K 芯片已经完全应用于嵌入式系统了，1992 年 68K 系列芯片的销售量达

到 2 000 万片,几乎是当时市场上所有其他嵌入式微处理器(包括 ARM、MIPS、Power PC 等)销量的总和。

1994 年,Motorola 推出了基于 RISC 结构的 ColdFire 系列微处理器。目前基于该架构的嵌入式微处理器主要有 MCF548x 系列,MCF548x ColdFire 微处理器基于 V4e ColdFire 内核,并具有多个连接外设,包括以太网、CAN、USB、PCI 和其他串行接口,并且,该器件还为网络连接控制应用内的安全通信提供了加密加速器。MCF548x 系列与 MCF547x 系列微处理器引脚兼容。MCF548x 系列为那些需要与时俱进的设计提供了可升级性和灵活性。

3.2 嵌入式软件平台

嵌入式软件平台一般是指以嵌入式操作系统为核心的系统软件。主要包括:嵌入式操作系统内核、文件系统、图形用户接口、网络管理等部分。下面针对嵌入式系统软件平台中的一些常见的文件系统、图形用户接口和嵌入式操作系统进行简单介绍。

3.2.1 常用嵌入式操作系统

以前在嵌入式系统中通常都是使用 8 位处理器——单片机,包括 51 机、PIC 等处理器,程序有的是用汇编语言写的,有的是用 C 语言写的,程序基本没有底层和应用层之分,也根本不使用操作系统。这样的系统最后在应用发生变更的时候带来的问题就是:硬件和软件扩展都感觉非常不便,驱动程序、文件系统都没办法加载,以至于很多的功能没有办法去完善,一旦程序需要修改,就需要把所有代码重新编译。随着技术的发展,很快开始选用 32 位 ARM 处理器,也渐渐地引入了操作系统,并且开始搭建基于 ARM 处理器的开发平台。这样的平台建立之后,给系统的软件、硬件升级带来了很大的便利。在一个平台上进行适当地裁剪之后,可以在不同的应用上进行快速开发,这使得后来的开发效率有了很大的提高。

目前嵌入式系统应用领域的一个发展倾向是采用实时多任务操作系统 RTOS。应该说 RTOS 的应用是与应用复杂化直接相关的。过去一个单片机应用程序所控制的外设和履行的任务不多,采取一个主循环和几个顺序调用的用户程序模块即可满足要求,而且现在的单片机芯片本身的性能也有很大程度的提高,可以适应复杂化这一要求,问题还在于软件上。随着应用的复杂化,一个嵌入式控制器系统可能要同时控制、监视很多外设,要求有实时响应能力,需要处理很多任务,而且各个任务之间也许会有多种信息需要相互传递,如果仍采用原来的程序设计方法可能会存在以下问题:

① 中断可能得不到及时响应,处理时间过长,这对于一些控制场合是不允许的;对于网络通信方面则会降低系统整体的信息流量。

② 系统任务多,要考虑的各种可能也多,各种资源如调度不当就会发生死锁,降低软件可靠性,程序编写任务量成指数级增加。

因此,RTOS 的应用成为嵌入式系统的另一个基本要求。ARM 芯片获得了许多实时操作系统供应商的支持,常见的嵌入式系统有:Linux、μCLinux、WinCE、PalmOS、eCOS、μC/OS-II、VxWorks、pSOS、Nucleus、QNX 等。

下面对可以在 ARM 处理器上运行的常用操作系统做一个简单介绍。具体在平台上的操作系统的选择要根据系统的应用及设计成本等因素综合考虑。

1. VxWorks

VxWorks 是 Wind River System 公司开发的具有工业领导地位的高性能实时操作系统内核，具有先进的网络功能。VxWorks 的开放式结构和对工业标准的支持，使得开发人员易于设计高效的嵌入式系统，并可以很小的工作量移植到其他不同的处理器上。其主要特点如下：

- 可裁剪微内核结构。
- 高效的任务管理能力（多任务，具有 256 个优先级）。
- 具有优先级排队和循环调度能力。
- 支持快速的、确定性的上下文切换。
- 灵活的任务间通信机制，支持 3 种信号灯（二进制、计数、有优先级继承特性的互斥信号灯）。
- 具有消息队列。
- 具有套接字（Socket）。
- 具有共享内存技术。
- 支持信号（signals）。
- 微秒级的中断处理能力。
- 支持 POSIX 1003.1b 实时扩展标准。
- 支持多种物理介质及标准和完整的 TCP/IP 网络协议。
- 灵活的引导方式（支持从 ROM、U 盘、本地盘、软盘、硬盘或网络中引导）。
- 支持多处理器并行处理。
- 快速灵活的 I/O 系统管理能力。
- 支持 MS-DOS 和 RT-11 等多种文件系统，支持本地盘、U 盘、CD-ROM 的使用。
- 完全符合 ANSI C 标准。

VxWorks 板级支持包（BSP）包含了开发人员在特定的目标机上运行 VxWorks 所需要的一切支持，支持特定目标机的软件接口驱动程序等，以及从主机通过网络引导 VxWorks 的 Boot Rom。Wind River 提供支持不同厂商的 200 多种商业体系结构和目标板的 BSP。另外 Wind River 还提供一个 BSP 移植包，帮助用户移植 VxWorks 到客户化硬件板上。VxWorks 是一个商用操作系统，用户需要购买 License。

2. QNX

QNX 是由 QNX 软件系统有限公司开发的一套实时操作系统，它是一个实时的、可扩展的操作系统，部分遵循了 POSIX（Portable Operating System Interface，可移植操作系统接口）相关标准，可以提供一个很小的微内核及一些可选择的配合进程。其内核仅提供 4 种服务：进程调度、进程间通信、底层网络通信和中断处理。其进程在独立的空间中运行，所有其他操作系统服务都实现为协作的用户进程，因此 QNX 内核非常小巧，大约几千字节，而且运行速度极快。这个灵活的结构可以使用户根据实际的需求，将系统配置为微小的嵌入式系统或者包括几百个处理器的超级虚拟机系统。

不过 QNX 目前的市场占有量不是很大，大家对它的熟悉程度也不够，而且 QNX 对于 GUI 系统的支持不是很好。因而如果选用 QNX 系统，则需要一个熟悉过程，对于 GUI 显示的驱动或者移植工作量会比较大。

3. eCOS

eCOS(embedded Configurable Operating System),中文翻译为嵌入式可配置操作系统或嵌入式可配置实时操作系统。eCOS是Cygnus公司于1997年开发出的一款实时操作系统,其主要目的是为市场提供一种低成本、高效率、高质量的嵌入式软件解决方案,同时要求该软件所占系统资源极少,适合于深度嵌入式应用,主要应用对象包括消费电子、电信、车载设备、手持设备以及其他一些低成本和便携式应用。eCOS是一种开放源代码软件,无需支付任何版税。

eCOS最为显著的特点是它的可配置性,它的主要技术创新是其功能强大的组件管理和配置系统,可以在源码级实现对系统的配置和裁剪。此外,eCOS可以通过安装第三方组件包扩展系统功能。eCOS只占用几十到几百KB。eCOS使用了多任务抢占机制,具有最小的中断延时,支持嵌入式所需的所有同步原语,并拥有灵活的调度策略和中断处理机制。eCOS核心组件包括硬件抽象层(HAL)、内核、标准C和数据库、设备驱动程序、文件系统、TCP/IP协议栈、图形系统、GDB调试支持等。eCOS可以在各种硬件平台上执行,包括ARM、Coldfire、Cortex-M、IA-32、Motorola 68000、MIPS、OpenRISC、Power PC、SPARC等。

4. Windows CE

Microsoft Windows CE是从整体上为有限资源的平台设计的多线程、完整优先权、多任务的操作系统。它的模块化设计允许它对从PDA到专用的工业控制器用户的电子设备进行定制,操作系统的基本内核至少需要200 KB。现在Microsoft又推出了针对移动应用的Windows Mobile操作系统。Windows Mobile是微软进军移动设备领域的重大品牌调整,它包括Pocket PC、Smartphone及Media Centers三大平台体系,面向个人移动电子消费市场。凭借微软在视窗领域内的垄断地位,Windows Mobile从一诞生起就占据了很多优势,众多的Windows开发者可以在熟悉的环境下进行各种应用的开发。Windows Mobile系列专题,将带你从最基本的工具安装、环境配置开始,进入移动应用开发的世界。

5. Linux

自由免费软件Linux的出现对目前商用嵌入式操作系统带来了冲击。Linux有一些吸引人的优势,它可以移植到多个有不同结构的CPU和硬件平台上,具有很好的稳定性、各种性能的升级能力,而且开发更容易。

由于嵌入式系统越来越追求数字化、网络化和智能化,因此原来在某些设备或领域中占主导地位的软件系统越来越难以为继,因为要达到上述要求,整个系统必须是开放的、提供标准的API,并且能够方便地与众多第三方的软硬件沟通。

在这些方面,Linux有着得天独厚的优势。

① Linux是开放源码的,不存在黑箱技术,遍布全球的众多Linux爱好者又是Linux开发的强大技术后盾;

② Linux的内核小、功能强大、运行稳定、系统健壮、效率高;

③ Linux是一种开放源码的操作系统,易于定制剪裁,在价格上极具竞争力;

④ Linux不仅支持x86 CPU,还可以支持其他数十种CPU芯片;

⑤ 有大量的且不断增加的开发工具,这些工具为嵌入式系统的开发提供了良好的开发

环境；

⑥ Linux 沿用了 UNIX 的发展方式，遵循国际标准，可以方便地获得众多第三方软硬件厂商的支持；

⑦ Linux 内核的结构在网络方向是非常完整的，它提供了对十兆、百兆、千兆以太网、无线网络、令牌网、光纤网、卫星等多种联网方式的全面支持。

正是由于上述这些优点，Linux 不仅被广泛应用于嵌入式系统中，还作为许多自主研发操作系统的基础，如我国的红旗 Linux。

6. μCLinux

μCLinux 开始于 Linux 2.0 的一个分支，它被设计用来应用于微控制领域。和 Linux 相比，μCLinux 最大的特征是没有 MMU(内存管理单元模块)。它很适合那些没有 MMU 的处理器，如 ARM7TDMI 等，这种没有 MMU 的处理器在嵌入式领域中应用得相当普遍。由于 μCLinux 上运行的绝大多数用户程序并不需要多任务，而且针对 μCLinux 内核的二进制代码和源代码都经过了重新编写，以紧缩和裁剪基本的代码，这就使得 μCLinux 的内核同标准的 Linux 内核相比非常小，但是它仍能保持 Linux 操作系统常用的 API，小于 512 KB 的内核和相关的工具。操作系统所有的代码加起来小于 900 KB。

μCLinux 有完整的 TCP/IP 协议栈，同时对其他多种网络协议都提供支持，这些网络协议都在 μCLinux 上得到了很好的实现。μCLinux 可以称为是一个针对嵌入式系统的优秀网络操作系统。μCLinux 所支持的文件系统很多，其中包括了最常用的 NFS(网络文件系统)、EXT2(第二扩展文件系统，它是 Linux 文件系统的标准)、MS－DOS 及 FAT16/32、CramFS、JFFS2、RamFS 等。

7. μC/OS－II

源码开放(C 代码)的免费嵌入式系统 μC/OS－II 简单易学，提供了嵌入式系统的基本功能，其核心代码短小精悍，如果针对硬件进行优化，还可以获得更高的执行效率。当然，μC/OS－II 相对于商用嵌入式系统来说还是相对简单。μC/OS－II 的特点主要包括：公开源代码、可移植性很强(采用 ANSI C 编写)、可固化、可裁剪、占先式、多任务、系统服务、中断管理、稳定性与可靠性都很强。

μC/OS－II 已经被移植到以下许多 CPU 上：ARM 系列处理器、Intel 公司的 8051、80×86 等系列、摩托罗拉公司的 Power PC、68K、68HC11 等系列。μC/OS－II 的移植相对于其他操作系统的移植要简单一些，μC/OS－II 上通用的图形系统是 MicroWindow。

8. Nucleus

Nucleus 操作系统是由 Accelerated Technology Inc 开发的。Nucleus 是为实时嵌入式应用而设计的一个抢先式多任务操作系统内核，其 95 %的代码是用 ANSI C 写成的，因此，非常便于移植并能够支持大多数类型的处理器。从实现角度来看，Nucleus 是一组 C 函数库，应用程序代码与核心函数库连接在一起，生成一个目标代码，下载到目标板的 RAM 中或直接烧录到目标板的 ROM 中执行。在典型的目标环境中，Nucleus 核心代码区一般不超过 20 KB。Nucleus 采用了软件组件的方法，每个组件具有单一而明确的目的，通常由几个 C 及汇编语言模块构成，提供清晰的外部接口，对组件的引用就是通过这些接口完成的。除了少数一些特殊情况外，不允许从外部对组件内的全局进行访问。由于采用了软件组件的方法，Nucleus 的各个组件都非常易于替换和复用。Nucleus 的组件包括任务控制、内存管理、任务间通信、任务的同步与互斥、中断管理、定时器及 I/O 驱动等。

现在 Nucleus 也被移植到如 x86、ARM 系列、MIPS 系列、Power PC 系列、ColdFire、TI DSP、StrongARM、H8/300H、SH1/2/3、V8xx、Tricore、Mcore、Panasonic MN10200、Tricore 等处理器上，Nucleus 对于 GUI 的支持不像 Linux、μC/OS-II 那么方便。所以 Nucleus 大部分应用在不含图形系统的应用中。

除了上述国外知名的嵌入式操作系统外，国内也有不少自主开发的嵌入式操作系统，如 Hopen OS、EEOS 等。

Hopen OS 是由凯思集团自主研制的实时操作系统，由一个很小的内核及一些可以根据需要定制的系统模块组成，核心 Hopen Kernel 一般为 10 KB 左右，占空间小，具有多任务、多线程的系统特性。

EEOS 是由中科院计算所组织开发的、开放源码的实时操作系统，支持 p-Java，一方面小型化，一方面也可以重用 Linux 的驱动和其他模块。目前已经发展成一个较为完善、稳定、可靠的嵌入式操作系统平台了。

3.2.2 嵌入式文件系统

操作系统中负责管理和存储文件信息的软件机构称为文件管理系统，简称文件系统。文件系统由三部分组成：与文件管理有关的软件、被管理的文件以及实施文件管理所需的数据结构。从系统角度来看，文件系统是对文件存储器空间进行组织和分配，负责文件的存储并对存入的文件进行保护和检索的系统。具体地说，它负责为用户建立文件，存入、读出、修改、转储文件，控制文件的存取，当用户不再使用时撤销文件等。

不同的文件系统类型有不同的特点，因而根据存储设备的硬件特性、系统需求等有不同的应用场合。在嵌入式应用中，主要的存储设备为 RAM(DRAM、SDRAM)和 FLASH 存储器，常用的基于存储设备的文件系统类型包括：FAT、JFFS2、YAFFS、CRAMFS、ROMFS、RAMDISK、RAMFS/TMPFS 等。下面就存储器类型相关的文件系统进行分类介绍。

1. 基于 FLASH 的文件系统

FLASH 作为嵌入式系统的主要存储媒介，有其自身的特性。FLASH 的写入操作只能把对应位置的 1 修改为 0，而不能把 0 修改为 1(擦除 FLASH 就是把对应存储块的内容恢复为 1)，因此，一般情况下，向 FLASH 写入内容时，需要先擦除对应的存储区间，这种擦除是以块(BLOCK)为单位进行的。

闪存主要有 NOR 和 NAND 两种技术。FLASH 存储器的擦写次数是有限的，NAND 闪存还有特殊的硬件接口和读写时序。因此，必须针对 FLASH 的硬件特性设计符合应用要求的文件系统。传统的文件系统如 EXT2、EXT3 等，用作 FLASH 的文件系统会有诸多弊端。

一块 FLASH 芯片可以被划分为多个分区，各分区可以采用不同的文件系统；两块 FLASH 芯片也可以合并为一个分区使用，采用一个文件系统。也就是说，文件系统是针对于存储器分区而言的，而非存储芯片。

(1) FAT(File allocation table 文件分配表)

FAT 是一个应用了几十年的商业化软件产品，其 MS-DOS 文件系统技术成熟、结构简单、系统资源开销小，易于在嵌入式系统的硬件平台上实现。它不用于表示引导区、文件目录

表的信息，也不真正存储文件内容，只反映磁盘空间当前的使用情况，是这个文件系统的核心。文件在磁盘的分布情况以簇链的方式记录在 FAT 中。每个文件都有自己的存储簇，可以是连续的也可以是不连续的，通过 FAT 表来实现其完整性。在嵌入式系统中主要有 μCFS、EFSL、MiniFAT 等几种 FAT 文件系统。

μCFS：主要针对于多任务下的应用，最新版本兼容 FAT12/16/32，并支持 Cache 管理。单从效率上考虑，此文件系统并不能获得优势，但是对于多任务环境下，应该是能可靠稳定地[illegible]。μCFS 文件系统可以用在 μC/OS－II、Linux 等操作系统中。

EFSL：EFSL 是在 sourceforge.net 上开源的一个项目，兼容 FAT12/16/32，同时支持多设备及多文件操作。每个设备的驱动程序，只需要提供扇区写和扇区读两个函数即可。

MiniFAT：此文件系统只支持 FAT12/16，提供了比较完整的文件操作函数，支持多设备和多文件，也支持 Cache 管理，会有较高的效率。但文件系统不支持长文件名的读取，所有的文件都严格要求是 Dos8.3 格式的短文件名。总体来说代码清晰，可以自行扩展 FAT32 及长文件名的支持。

FAT 文件系统主要用在以 NAND FLASH 为存储体的消费类电子产品上，如在 MP3、电子词典上等，都用得很广泛。

(2) JFFS2

JFFS2 的全名为 Journalling FLASH File System Version 2(闪存日志型文件系统第 2 版)，JFFS 文件系统最早是由瑞典 Axis Communications 公司基于 Linux2.0 的内核为嵌入式系统开发的文件系统。JFFS2 是 RedHat 公司基于 JFFS 开发的闪存文件系统，最初是针对 RedHat 公司的嵌入式产品 eCOS 开发的嵌入式文件系统，所以 JFFS2 也可以用在 Linux、μCLinux 中。

JFFS2 作为一种日志结构的文件系统，它的文件由一长串节点组成，每个节点包含文件的部分信息。垃圾收集技术是 JFFS2 的重要部分，其原理是当需要增添新内容时，就在节点链表的末端添加新的节点、存储新的内容；若要修改文件的某部分，JFFS2 将该部分标记为废弃，并在节点链表末端添加修改后的内容。JFFS2 如此不断地在 FLASH 上添加新的内容，当 FLASH 上的存储空间用完时，系统就回收标记为废弃的空间，该过程就称为垃圾收集。

与其他存储设备的存储方案相比，JFFS2 并不准备提供让传统文件系统也可以使用此类设备的转换层。它只会直接在 MTD(Memory Technology Device)设备上实现日志结构的文件系统。JFFS2 会在安装的时候扫描 MTD 设备的日志内容，并在 RAM 中重新建立文件系统结构本身。

除了提供具有断电可靠性的日志结构文件系统，JFFS2 还会在它管理的 MTD 设备上实现“损耗平衡”和“数据压缩”等特性。

JFFS2 主要用于 NOR 型闪存，基于 MTD 驱动层，其特点是：可读写的、支持数据压缩的、基于哈希表的日志型文件系统，提供崩溃/掉电安全保护，提供“写平衡”支持等。缺点主要是当文件系统已满或接近满时，因为垃圾收集的关系而使 JFFS2 的运行速度大大放慢。

JFFSx 不适合用于 NAND 闪存，主要是因为 NAND 闪存的容量一般较大，这样导致 JFFS 为维护日志节点所占用的内存空间迅速增大，另外，JFFSx 文件系统在挂载时需要扫描整个 FLASH 的内容，以找出所有的日志节点，建立文件结构，对于大容量的 NAND 闪存会耗费大量时间。

(3) YAFFS(Yet Another FLASH File System)

YAFFS/YAFFS2 是专为嵌入式系统使用 NAND 型闪存而设计的一种日志型文件系统。与 JFFS2 相比,它减少了一些功能(例如不支持数据压缩),所以速度更快,挂载时间很短,对内存的占用较小。另外,它还是跨平台的文件系统,除了 Linux 和 eCOS,还支持 WinCE、pSOS 和 ThreadX 等。

YAFFS/YAFFS2 自带 NAND 芯片的驱动,并且为嵌入式系统提供了直接访问文件系统的 API,用户可以不使用 Linux 中的 MTD 与 VFS,直接对文件系统操作。当然,YAFFS 也可与 MTD 驱动程序配合使用。

YAFFS 与 YAFFS2 的主要区别在于,前者仅支持小页(512 Bytes) NAND 闪存,后者则可支持大页(2 KB) NAND 闪存。同时,YAFFS2 在内存空间占用、垃圾回收速度、读/写速度等方面均有大幅提升。

(4) CRAMFS(Compressed RAM File System)

CRAMFS 是 Linux 的创始人 Linus Torvalds 参与开发的一种可压缩只读文件系统。它也基于 MTD 驱动程序。

在 CRAMFS 文件系统中,每一页(4 KB)被单独压缩,可以随机页访问,其压缩比高达 2:1,为嵌入式系统节省大量的 FLASH 存储空间,使系统可通过更低容量的 FLASH 存储相同的文件,从而降低系统成本。

CRAMFS 文件系统以压缩方式存储,在运行时解压缩,所以不支持应用程序以 XIP(eXecute In Place,片内运行)方式运行,所有的应用程序要求被拷到 RAM 里去运行。但这并不代表它比 RAMFS 需求的 RAM 空间要大一点,因为 CRAMFS 是采用分页压缩的方式存放档案,在读取档案时,不会一下子就耗用过多的内存空间,只针对目前实际读取的部分分配内存,尚没有读取的部分不分配内存空间,当我们读取的档案不在内存时,CRAMFS 文件系统自动计算压缩后的资料所存的位置,再即时解压缩到 RAM 中。

另外,CRAMFS 的速度快,效率高,其只读的特点有利于保护文件系统免受破坏,提高了系统的可靠性。

由于以上特性,CRAMFS 在嵌入式系统中应用广泛。但是它的只读属性同时又是它的一大缺陷,使得用户无法对其内容进行扩充。

CRAMFS 映像通常是放在 FLASH 中,但是也能放在别的文件系统里,使用 loopback 设备可以把它安装别的文件系统里。

(5) ROMFS

传统型的 ROMFS 文件系统是最常使用的一种文件系统,它是一种简单的、紧凑的、只读的文件系统,不支持动态擦写保存,按顺序存放数据,因而支持应用程序以 XIP 方式运行,在系统运行时,节省 RAM 空间。μCLinux 系统通常采用 ROMFS 文件系统。

(6) 其他文件系统

FAT/FAT32 也可用于实际嵌入式系统的扩展存储器(例如 PDA、Smartphone、数码相机等的 SD 卡),这主要是为了更好地与最流行的 Windows 桌面操作系统相兼容。EXT2 也可以作为嵌入式 Linux 的文件系统,不过将它用于 FLASH 闪存会有诸多弊端。

2. 基于 RAM 的文件系统

(1) RAMDISK

RAMDISK 是将一部分固定大小的内存当作分区来使用。它并非一个实际的文件系统，而是一种将实际的文件系统装入内存的机制，并且可以作为根文件系统。将一些经常被访问而又不会更改的文件(如只读的根文件系统)通过 RAMDISK 放在内存中，可以明显地提高系统的性能。

(2) RAMFS/TMPFS

RAMFS 是 Linus Torvalds 开发的一种基于内存的文件系统，工作于虚拟文件系统(VFS)层，不能格式化，可以创建多个，在创建时可以指定其最大能使用的内存大小。(实际上，VFS 本质上可看成一种内存文件系统，它统一了文件在内核中的表示方式，并对磁盘文件系统进行缓冲。)

RAMFS/TMPFS 文件系统把所有的文件都放在 RAM 中，所以读/写操作发生在 RAM 中，可以用 RAMFS/TMPFS 来存储一些临时性或经常要修改的数据，例如/TMP 和/VAR 目录，这样既避免了对 FLASH 存储器的读写损耗，也提高了数据读写速度。

RAMFS/TMPFS 相对于传统的 RAMDISK 的不同之处主要在于：不能格式化，文件系统大小可随所含文件内容大小变化。

TMPFS 的一个缺点是当系统重新引导时会丢失所有数据。

3. 网络文件系统 NFS (Network File System)

NFS 是由 Sun 开发并发展起来的一项在不同机器、不同操作系统之间通过网络共享文件的技术。在嵌入式 Linux 系统的开发调试阶段，可以利用该技术在主机上建立基于 NFS 的根文件系统，挂载到嵌入式设备，可以很方便地修改根文件系统的内容。

从上面文件系统的特点及应用可以看出，在选择嵌入式文件系统时，需要从文件系统的功用、存储设备的类型以及操作系统类型等几方面进行考虑。

3.2.3　嵌入式图形用户接口

图形用户接口采用了图形化的操作界面，用非常容易识别的各种图标来将系统各项功能、各种应用程序和文件，直观、逼真地表示出来。用户可通过鼠标、菜单和对话框来完成对应程序和文件的操作。图形用户接口元素包括窗口、图标、菜单和对话框，图形用户接口元素的基本操作包括菜单操作、窗口操作和对话框操作等。这给用户与设备间的信息交互带来了极大的方便。对一个优秀的应用程序来说，良好的图形用户接口是必不可少的。缺少良好的图形用户接口，将会给用户理解和使用应用程序带来很多不便。

由于嵌入式系统中硬件条件件的限制，在嵌入式系统中庞大臃肿的 X Window 不太适合，我们需要一个高性能、轻量级的 GUI 系统。一般地说，适合于嵌入式系统的 GUI 应该具有下面的一些特点：

- 体积小，占用较少的 FLASH 和 RAM。安装 GUI 系统的时候，应可以根据实际的需求对 GUI 系统进行方便的裁剪和精简，以减少安装所需要的存储空间；在系统运行的时候，应占用尽可能少的 RAM。
- 耗用系统资源尤其是 CPU 的资源较少，在硬件性能受限的条件下能达到相对较快的

系统响应速度，同时减小 CPU 的功耗，以达到节电的效果。

● 系统独立，能适用于不同的硬件。

因此，构建软件平台时需要根据系统的具体需要选择相应的图形用户接口组件，目前常见的面向嵌入式的 GUI 系统主要有 Qt Embedded、MicroWindows、Tiny X 以及国内的 MiniGUI 等。

1. MicroWindows

MicroWindows 是一个基于典型客户/服务器体系结构的 GUI 系统，其主要特色在于提供了类似 X 的客户/服务器体系结构并提供了相对完善的图形功能。MicroWindows 能够在没有任何操作系统或其他图形系统的支持下运行，它能对裸显示设备进行直接操作。这样，MicroWindows 就显得十分小巧，便于移植到各种硬件和软件系统上。然而 MicroWindows 项目的进展一直很慢，目前已基本停滞。另外它的图形引擎中也存在不少低效算法。2005 年 1 月，由于其名字与微软的 Windows 商标相冲突，MicroWindows 更名为 Nano - X Window，但之后也不再有新的版本发布。

2. Tiny X

Tiny X 实际上是 XFree86 Project 的一部分，由 SUSE 公司所赞助，XFree86 Project 的核心成员之一 Keith Packard 开发，其目标是可以在小内存或几乎无内存的情况下良好运行。目前 Tiny X 是 XFree86 自带的编译模式之一，只要通过修改编译选项，就能编译生成 Tiny X。Tiny X 在 XFree86 的基础上精简了不少东西，在 X86 CPU 中体积可以减小到 1 M 以下，以适用于嵌入式环境之中。Tiny X 的最大优点在于可以方便地移植桌面版本的基于 X 的软件到嵌入式系统中，不过这个优点有时也会变成缺点，因为从桌面版本移植过去的软件相对于嵌入式环境来说，一般体积都过大，需要一定的简化，这种简化有时还不如开发新的程序来得方便。

3. MiniGUI

MiniGUI 是原清华大学教师魏永明先生所主持开发的一个自由软件项目，旨在为基于 Linux 的实时嵌入式系统提供一个轻量级的图形用户界面支持系统。MiniGUI 于 1999 年初遵循 GPL 条款发布了第一个版本，目前在国内已广泛应用于手持信息终端、机顶盒、工业控制系统及工业仪表、便携式多媒体播放机、查询终端等产品和领域，可在 Linux、VxWorks、μC/OS - II、pSOS、ThreadX、Nucleus 等操作系统以及 Win32 平台上运行，并能支持 Intel x86、ARM (ARM7/ARM9/ StrongARM/xScale)、Power PC、MIPS、68K (DragonBall/ColdFire) 等硬件平台。MiniGUI 的开发建立在比较成熟的图形引擎如 Svgalib 和 LibGGI 之上，主要着重于窗口系统、图形接口的开发，面向中低端的嵌入式产品市场。由于 MiniGUI 是中国人自己开发的 GUI 系统，它对于中文的支持非常好。

4. Qt Embedded

Qt Embedded 是 TrollTech 发布的面向嵌入式系统的 Qt 版本。与桌面版本 Qt/X11 不同的是，Qt Embedded 直接取代了 X Server 及 X Library 等角色，仅采用 Framebuffer 作为底层图形接口，从而大大减少了系统开销。因为 Qt 是 KDE 等项目使用的 GUI 支持库，所以有许多基于 Qt 的 X Window 程序可以非常方便地移植到 Qt Embedded 版本上。Qt Embedded 延续了 Qt 在 X 上的强大功能，但相对消耗系统资源也比较多(与 MiniGUI 等相比)，多用于

手持式高端信息产品。

5. μC/GUI

μC/GUI 是 Micrium 公司研发的通用的嵌入式用户图像界面软件。它给任何使用图像 LCD 的应用程式提供单独于处理器和 LCD 控制器之外的有效的图形用户接口。能够应用于单一任务环境,也能够应用于多任务环境中。μC/GUI 以 C 源码形式提供,能够应用于任何 LCD 控制器和 CPU 的任何尺寸的物理显示或模拟显示中。μC/GUI 能够适应大多数的使用黑白或彩色 LCD 的应用,它提供非常好的允许处理灰度的颜色管理,还提供一个可扩展的 2D 图形库及占用极少 RAM 的窗口管理体系。

μC/GUI 的特点如下:

- 适用于任何 8 位/16 位/32 位 CPU,可允许于支持 ANSI C 的任何编译器。
- 适用于任何控制器驱动任何 LCD(单色、灰度或彩色)。
- 通过配置宏,可支持任何接口。
- 可配置显示尺寸。
- 可在 LCD 的任何一点上显示字符和画位图。
- 对于显示尺寸和速度提供优化进程,编译时间依赖于采用的优化进程。
- 支持虚拟显示,虚拟显示的尺寸比实际显示大。

3.3 嵌入式系统开发技术

嵌入式系统开发过程中,其采用的方法与一般的单片机系统和基于 PC 的系统开发存在区别。本节对嵌入式系统相关的开发技术进行简单介绍,主要包括系统设计流程、软硬件协同设计方法、可重构技术和中间件技术几个方面。

3.3.1 嵌入式系统的设计流程

如图 3-2 所示,嵌入式系统设计一般由 5 个阶段构成:需求分析、体系结构设计、硬件/软件设计、系统集成和系统测试。各个阶段之间往往要求不断的反复和修改,直至完成最终设计目标。

- 系统需求分析:确定设计任务和设计目标,并提炼出设计规格说明书,作为正式设计指导和验收的标准。系统的需求一般分功能性需求和非功能性需求两方面。功能性需求是系统的基本功能,如输入输出信号、操作方式等;非功能需求包括系统性能、成本、功耗、体积、重量等因素。
- 体系结构设计:描述系统如何实现所述的功能和非功能需求,包括对硬件、软件和执行装置的功能划分以及系统的软件、硬件选型等。一个好的体系结构是设计成功与否的关键。
- 硬件/软件协同设计:基于体系结构,对系统的软件、硬件进行详细设计。为了缩短产品开发周期,设计往往是并行的。应该说,嵌入式系统设计的工作大部分都集中在软件设计上,采用面向对象技术、软件组件技术、模块化设计是现代软件工程经常采用的方法。
- 系统集成:把系统的软件、硬件和执行装置集成在一起,进行调试,发现并改进单元设计过程中的错误。

● 系统测试:对设计好的系统进行测试,看其是否满足规格说明书中给定的功能要求。

针对系统的不同的复杂程度,目前有一些常用的系统设计方法,如瀑布设计方法、自顶向下的设计方法、自下向上的设计方法、螺旋设计方法、逐步细化设计方法和并行设计方法等。根据设计对象复杂程度不同,可以灵活选择不同的系统设计方法。

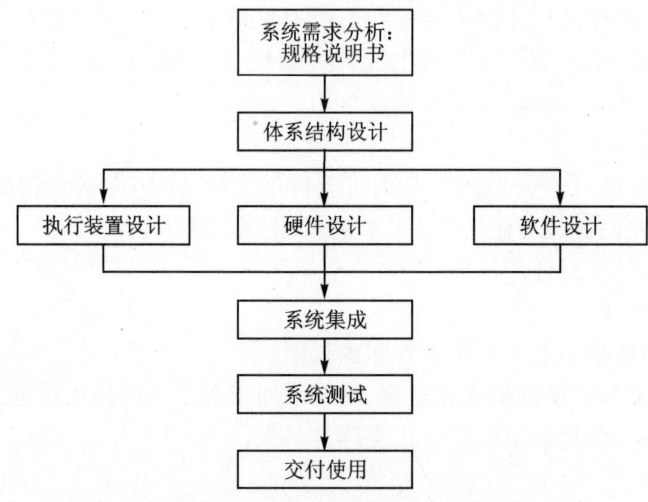

图 3-2 嵌入式系统设计流程

3.3.2 嵌入式系统的硬件/软件协同设计技术

传统的嵌入式系统设计方法如图 3-3 所示,硬件和软件分为两个独立的部分,由硬件工程师和软件工程师按照拟定的设计流程分别完成。这种设计方法只能改善硬件/软件各自的性能,而有限的设计空间不可能对系统做出较好的性能综合优化。20 世纪 90 年代初,国外有些学者提出"这种传统的设计方法,只是早期计算机技术落后的产物,它不能求出适合于某个专用系统的最佳计算机应用系统的解"。因为,从理论上来说,每一个应用系统,都存在一个适

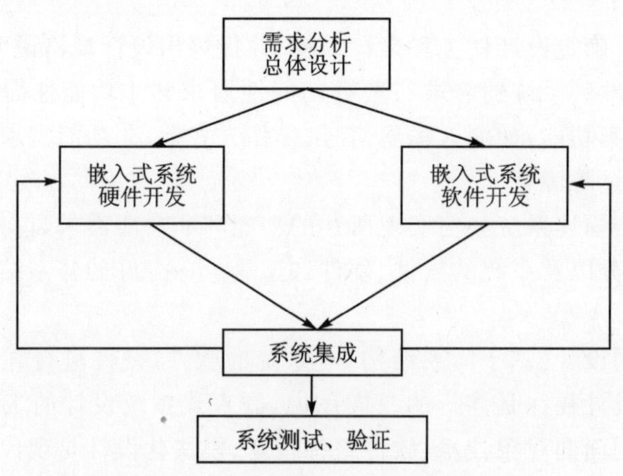

图 3-3 传统的嵌入式系统设计方法

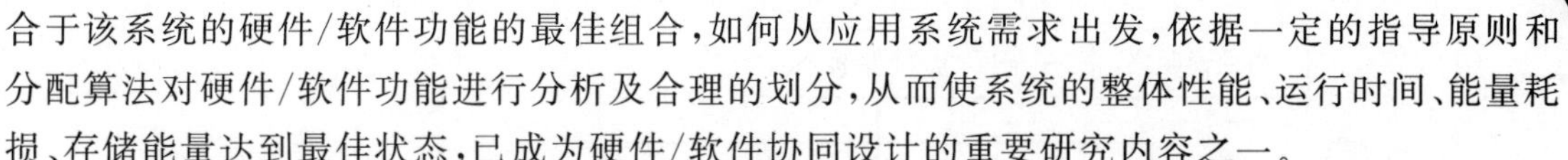

合于该系统的硬件/软件功能的最佳组合，如何从应用系统需求出发，依据一定的指导原则和分配算法对硬件/软件功能进行分析及合理的划分，从而使系统的整体性能、运行时间、能量耗损、存储能量达到最佳状态，已成为硬件/软件协同设计的重要研究内容之一。

应用系统的多样性和复杂性使硬件/软件的功能划分、资源调度与分配、系统优化、系统综合、模拟仿真存在许多需要研究解决的问题，因而使国际上这个领域的研究日益活跃。

系统协同设计与传统设计相比有两个显著的区别：

① 描述硬件和软件使用统一的表示形式；

② 硬件/软件划分可以选择多种方案，直到满足要求。

显然，这种设计方法对于具体的应用系统而言，容易获得满足综合性能指标的最佳解决方案。传统方法虽然也可改进硬件软件性能，但由于这种改进是各自独立进行的，不一定使系统综合性能达到最佳。

传统的嵌入式系统开发采用的是软件开发与硬件开发分离的方式，其过程可描述如下：

① 需求分析；

② 软硬件分别设计、开发；

③ 系统集成：软硬件集成；

④ 集成测试；

⑤ 若系统正确，则结束，否则继续进行；

⑥ 若出现错误，需要对软、硬件分别验证和修改；

⑦ 返回③，然后继续进行集成测试。

虽然在系统设计的初始阶段考虑了软硬件的接口问题，但由于软硬件分别开发，各自部分的修改和缺陷很容易导致系统集成出现错误。由于设计方法的限制，这些错误不但难于定位，而且更重要的是，对它们的修改往往涉及整个软件结构或硬件配置的改动。显然，这是灾难性的。

为避免上述问题，一种新的开发方法应运而生——软硬件协同设计方法。一个典型的硬件/软件协同设计过程如图 3-4 所示。首先应用独立于任何硬件和软件的功能性规格方法对系统进行描述，采用的方法包括有限状态机(FSM)、统一化的规格语言(CSP、VHDL、UML)或其他基于图形的表示工具，其作用是对硬件/软件统一表示，便于功能的划分和综合；然后，在此基础上对硬件/软件进行划分，即对硬件/软件的功能模块进行分配。但是，这种功能分配不是随意的，而是从系统功能要求和限制条件出发，依据算法进行的。完成硬件/软件功能划分之后，需要对划分结果做出评估。方法之一是性能评估，方法之二是对硬件、软件综合之后的系统依据指令级评价参数做出评估。如果评估结果不满足要求，说明划分方案选择不合理，需要重新划分硬件/软件模块，以上过程重复直到系统获得一个满意的硬件/软件实现为止。

软硬件协同设计过程可归纳为：

① 需求分析；

② 功能划分；

③ 软、硬件系统协同设计；

④ 软硬件实现；

⑤ 软件仿真、硬件测试；

⑥ 软硬件协同调试和验证。

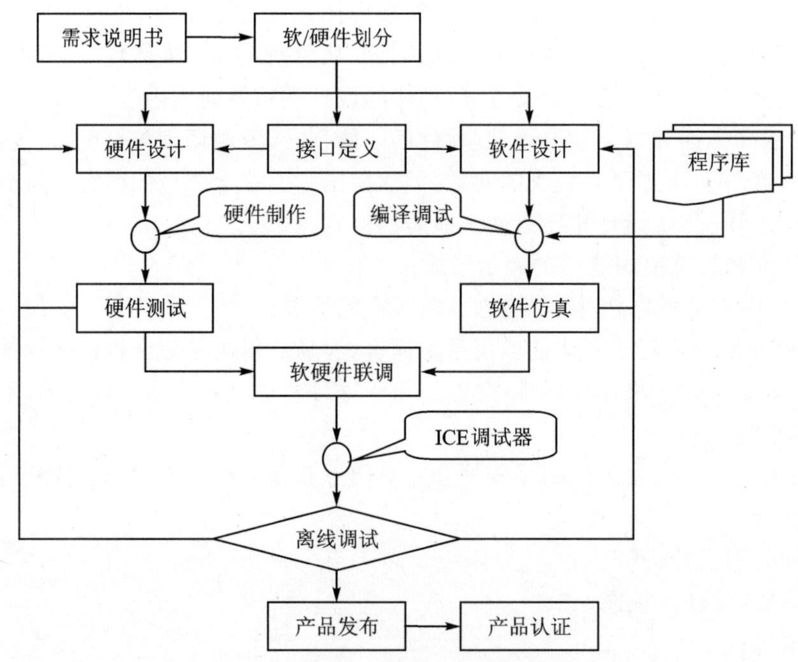

图 3-4　嵌入式系统硬件/软件协同设计方法

这种方法的特点在于协同设计(Co-design)、协同测试(Co-test)和协同验证(Co-verification),充分考虑了软硬件的关系,并在设计的每个层次上给以测试验证,使得尽早发现和解决问题,避免灾难性错误的出现。

3.3.3　嵌入式系统的可重构设计技术

1. 可重构定义

在软件或硬件系统中,如果可以利用可重用的资源,经过重构或重组使之实现不同功能的系统,以适应不同应用的要求,则称这种系统是可重构的。重构与重组是可重构系统改变其功能的两种方式。可重用的资源是可重构的物质基础。利用可重构技术,能在只增加少量硬件资源的情况下,使系统同时具有软件实现和硬件实现的优点。

可重构的目的有两点:① 为了扩展系统的功能,使之能适应不同应用的要求;② 为了节省软硬件的开发费用,尽可能使用已有的资源来构造新的系统。可重构技术可以解决系统与应用要求不匹配的问题,所以,可重构可以按解决不同问题的层次分成4类:电路级可重构、指令级可重构、结构级可重构和软件级可重构。

重构可以发生在设计阶段、运用阶段、两个执行阶段之间或执行过程中。这些时间段的每一个都定义了一种独特的可重构系统类别。如果按重构发生的时间划分,可重构技术又可分为静态可重构(Static Reconfiguration)和动态系统重构(Dynamic Reconfiguration)。如果重构发生在系统运行前,则称为静态可重构,如图3-5(a)所示。如果在系统运行时可以重构,即系统本身可以根据不同条件改变自身功能,则称为动态可重构,如图3-5(b)所示。动态系统重构在系统实时运行当中对FPGA的逻辑功能实时地进行动态配置,能够只对其内部需要修改的逻辑单元进行重新配置,而不影响没有被修改的逻辑单元的正常工作。

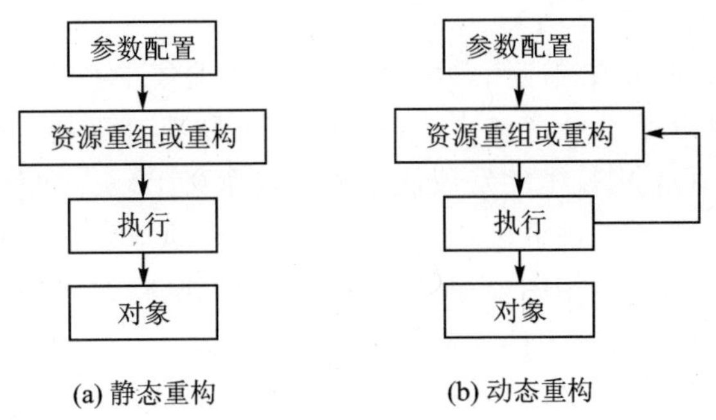

图 3-5　系统重构过程

对于时序变化的数字逻辑系统，其时序逻辑的发生不是通过调用芯片内不同区域、不同逻辑资源组合而成的，而是通过对具有专门缓存逻辑资源的 FPGA 进行局部或全局的芯片逻辑的动态重构而快速实现的。动态系统结构的 FPGA 在外部逻辑的控制下，通过缓存逻辑对芯片逻辑进行全局或局部的快速修改，通过有控制重新布局布线的资源配置来加速实现系统的动态重构。就动态重构实现范围的不同，又可以分为全局重构和局部重构。

① 全局重构。所谓全局重构是指对重构器件或系统进行全部的重新配置。在配置过程中，计算的中间结果必须取出存放在额外的存储区，直到新的配置功能全部下载完为止，重构前后电路相互独立，没有关联。

② 局部重构。对重构器件或系统的局部重新配置，与此同时，其余局部的工作状态不受影响。局部重构可以减小重构的范围和单元数目，大大缩短重构时间，占有相当的优势。

目前已有的可重构系统中都分别包含了可重构逻辑资源和固定逻辑资源。固定逻辑资源是指器件或系统中不能被重构的部分。

2. 可重构技术的发展

最早的可重构计算系统甚至比数字计算机的出现还早。在数字逻辑电路出现之前，科学与工程计算大都是在可编程模拟计算机上完成的：大量的运算放大器、比较器、乘法器和无源元件通过一块插线板和接插线连接起来。通过这些元件的连接，使用者便可以实现一种网络，该网络的所有节点电压遵从一组微分方程。这样模拟计算机就变成了一种微分方程求解器，并具有可重构性。

随着这个时代的结束，模拟计算机开始与继电器组结合，以后又与数字计算机结合，形成了混合计算时代。这些计算设备可以在执行序列之间进行自我重构，实现了另一类重构性的早期形态。

可重构性真正向灵活流畅迈出的第一步是嵌入式数字计算机的出现。系统特性由 RAM 中的软件来定义，实现起来非常简单方便。在安装时甚至是工作时，通过改变系统的操作来响应数据改变的过程实际上只是加载不同应用程序的过程。这种做法还可以用于诸如紧密连接的计算机网络，其网络拓扑可适应数据流的改变，甚至计算机也可以根据应用要求的改变来相应改变其指令集。

在基于 SRAM 的大型 FPGA 出现以后，才第一次对目前大多数人所谈论的可重构计算展开研究。通过对器件所拥有的逻辑单元与互连结构进行改变，可以创建出适合芯片要求的任意逻辑网表。研究人员很快选定这种器件（即 FPGA），并开始实验时间配置的可重构性：创

建用于特殊算法的硬线连接数字网络。

近年来，可重构技术在嵌入式应用领域发展迅速，主要集中在现场可编程门阵列(FPGA)的应用上，使实时电路重构成为研究热点。也出现了在DSP处理器上利用软件重构技术提高数据处理性能的应用。可重构技术的发展使过去传统意义上硬件和软件的界线变得模糊，让硬件系统软件化，改变了嵌入式硬件模块的设计方法。它的本质就是利用可编程器件可多次重复配置逻辑状态的特性，在应用中根据需要改变系统的电路结构，从而使系统具有灵活、简洁、硬件资源可复用、易于升级等多种优良性能。

为了获取市场竞争优势，减少产品开发周期，提高嵌入式系统的可移植性和互用性，增强竞争的核心能力，未来的嵌入式系统领域将采用可重构技术来设计软硬件系统。

3. 可重构设计的优点

实验证明，通过可重构性技术设计嵌入式软硬件系统，可降低硬件尺寸或功耗，并提高性能，提高软件的可重用性。实际应用中，有几种特定的方法可以实现可重构的这些优点，硬件复用是其中最简单的一种。如果可以通过使用几种不同的非重叠操作模式实现对系统的组织，那么通过对可编程结构进行配置使之运行于一种模式，停止后重新配置使之运行于另一模式，这样可以减少硬件。

另一方面，可重构性可以实现结构的简化。通常，如果对特殊的算法和特殊的数据集都能实现逻辑优化，就可以大大减小硬件面积或代码空间，并提升性能。因此，可重构技术的主要优点有：

- 可根据应用需求动态地配置或重组相应软硬件资源实现特定的功能；
- 提高系统的扩展性和系统的灵活性，拓宽了系统应用范围；
- 提高系统软/硬件的可重用性，降低开发成本，减少产品开发时间；
- 能为特定的应用领域提供灵活高效的解决方案，便于系统的升级和错误修复；
- 可以降低系统功耗，在生产规模小时具有较高的性能价格比。

3.3.4 嵌入式中间件技术

1. 中间件的含义

为解决分布异构问题，人们提出了中间件(middleware)的概念。中间件是位于平台(硬件和操作系统)和应用之间的通用服务，如图3-6所示，这些服务具有标准的程序接口和协议。针对不同的操作系统和硬件平台，它们可以有符合接口和协议规范的多种实现。

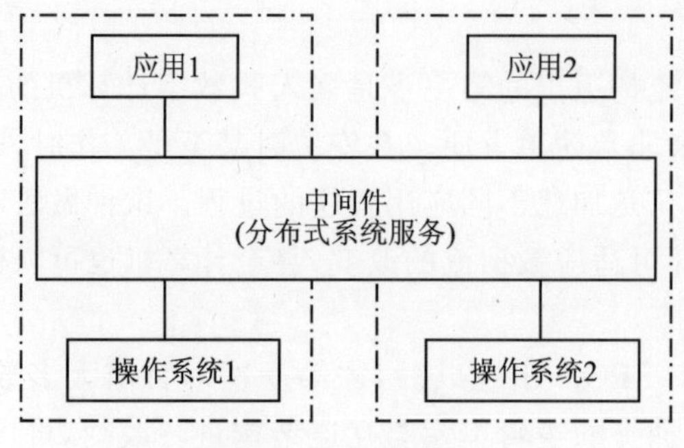

图3-6 中间件

中间件是基础软件的一大类，属于可复用软件的范畴。顾名思义，中间件处于操作系统软件与用户的应用软件的中间。中间件在操作系统、网络和数据库之上，应用软件的下层，总的作用是为处于自己上层的应用软件提供运行与开发的环境，帮助用户灵活、高效地开发和集成复杂的应用软件。

在众多关于中间件的定义中，比较普遍被接受的是：中间件是一种独立的系统软件或服务程序，分布式应用软件借助这种软件在不同的技术之间共享资源，中间件位于客户机服务器的操作系统之上，管理计算资源和网络通信。

具体地说，中间件屏蔽了底层操作系统的复杂性，使程序开发人员面对一个简单而统一的开发环境，减少程序设计的复杂性，将注意力集中在自己的业务上，不必再为程序在不同系统软件上的移植而重复工作，从而大大减少了技术上的负担。中间件带给应用系统的，不只是开发的简便、开发周期的缩短，也减少了系统的维护、运行和管理的工作量，还减少了计算机总体费用的投入。

2. 中间件的分类

中间件所包括的范围十分广泛，针对不同的应用需求涌现出多种各具特色的中间件产品。在不同的角度或不同的层次上，对中间件的分类有所不同。由于中间件需要屏蔽分布环境中异构的操作系统和网络协议，它必须能够提供分布环境下的通信服务，我们将这种通信服务称之为平台。基于目的和实现机制的不同，我们将中间件分为以下主要几类：

- 消息中间件。适用于任何需要进行网络通信的系统，负责建立网络通信的通道，进行数据或文件发送。消息中间件的一个重要作用是可以实现跨平台操作，为不同操作系统上的应用软件集成提供服务。
- 交易中间件。适用于联机交易处理系统，主要功能是管理分布于不同计算机上的数据的一致性，保障系统处理能力的效率与均衡负载。交易中间件所遵循的主要标准是X/OPEN DTP(分散式交易处理)模型。
- 对象中间件。基于 CORBA(Common Object Request Broker Architecture，公共对象请求代理体系结构)标准的构件框架，相当于软总线，能使不同厂家的软件交互访问，为软件用户及开发者提供一种即插即用的互操作性，就像现在使用集成块和扩展板装配计算机一样。CORBA 是一种服务器端的分布式对象技术，它允许运行在一台机上的对象被不同计算机上的客户端应用程序使用。
- 应用服务器。用来构造 Internet/Intranet 应用和其他分布式构件应用，是企业实施电子商务的基础设施。应用服务器一般是基于 J2EE 工业标准的。
- 安全中间件。以公钥基础设施(PKI)为核心的、建立在一系列相关国际安全标准之上的一个开放式应用开发平台，向上为应用系统提供开发接口，向下提供统一的密码算法接口及各种 IC 卡、安全芯片等设备的驱动接口。
- 应用集成服务器。把工作流和应用开发技术如消息及分布式构件结合在一起，使处理能方便自动地和构件、Script 应用、工作流行为结合在一起，同时集成文档和电子邮件。

3. 中间件技术的特点及优势

由于标准接口对于可移植性和标准协议对于互操作性的重要性，中间件已成为许多标准化工作的主要部分。对于应用软件开发，中间件远比操作系统和网络服务更为重要。中间件提供的程序接口定义了一个相对稳定的高层应用环境，不管底层的计算机硬件和系统软件怎样更新换代，只要将中间件升级更新，并保持中间件对外的接口定义不变，应用软件几乎不需任何修改，从而保护了企业在应用软件开发和维护中的重大投资。

(1) 嵌入式中间件的特点

- 内核微小。基于嵌入式设备资源有限的实际情况，嵌入式中间件势必要求占用资源小，如果过大，运行速度和效率将受到很大的影响。
- 支持多种嵌入式操作系统。嵌入式中间件作为一种开发和运行平台，不能仅仅局限于某一种或者几种操作系统上，为了支持对异构终端的应用，它应该支持多种嵌入式操作系统，尽可能做到"一次编写，多处运行"。
- 支持多种应用的标准和协议。嵌入式中间件作为开发和运行平台，应该提供标准的协议和接口，如 SQL 接口、MPEG 标准等，方便、高效地满足各类嵌入式应用的开发。
- 支持多种连接协议。嵌入式设备同网络的连接方式很多，有串口通信、USB 通信、无线网络、调制解调器、红外通信、TCP/IP 等很多种方式，因此，嵌入式中间件应该支持多种连接协议，完成同服务器的信息交互。
- 完善的安全保证和数据同步、恢复机制。嵌入式设备具有较高的移动性，发生碰撞、磁场干扰、遗失等特殊情况的概率较高，因此，嵌入式中间件应该提供完善的安全保证和实时高效的数据同步、恢复机制。

(2) 中间件的优势

世界著名的咨询机构 Standish Group 在一份研究报告中归纳了中间件的十大优越性：

- 缩短应用的开发周期。
- 节约应用的开发成本。
- 减少系统初期的建设成本。
- 降低应用开发的失败率。
- 保护已有的投资。
- 简化应用集成。
- 减少维护费用。
- 提高应用的开发质量。
- 保证技术进步的连续性。
- 增强应用的生命力。

具体地说，中间件屏蔽了底层操作系统的复杂性，使程序开发人员面对一个简单而统一的开发环境，减少程序设计的复杂性，将注意力集中在自己的业务上，不必再为程序在不同系统软件上的移植而重复工作，从而大大减少了技术上的负担。

中间件带给应用系统的，不只是开发的简便、开发周期的缩短，也减少了系统维护、运行和管理的工作量，还减少了计算机总体费用的投入。Standish 的调查报告显示，由于采用了中间件技术，应用系统的总建设费用可以减少 50 %左右。在网络经济大发展、电子商务大发展的今天，从中间件获得利益的不只是 IT 厂商，IT 用户同样是赢家，并且是更有把握的赢家。

中间件作为新层次的基础软件，其重要作用是将不同时期、在不同操作系统上开发应用软件集成起来，彼此像一个天衣无缝的整体协调工作，这是操作系统、数据库管理系统本身做不

了的。中间件的这一作用，使得在技术不断发展之后，我们以往在应用软件上的劳动成果仍然物有所用，节约了大量的人力、财力投入。

4. 中间件面临的一些问题

中间件能够屏蔽操作系统和网络协议的差异，为应用程序提供多种通信机制，并提供相应的平台以满足不同领域的需要。因此，中间件为应用程序提供了一个相对稳定的高层应用环境。然而，中间件也并非"万能药"，其所应遵循的一些原则离实际还有很大距离。多数流行的中间件服务使用专有的 API 和专有的协议，使得应用主要面向某一厂家的产品，来自不同厂家的实现很难互操作。有些中间件只提供一些平台的实现，从而限制了应用在异构系统之间的移植。应用开发者在这些中间件服务之上建立自己的应用还要承担相当大的风险，随着技术的发展他们往往还需重写他们的系统。尽管中间件提高了分布计算的抽象化程度，但应用开发者还需面临许多艰难的设计选择，例如，开发者还需决定分布应用在 client 方和 server 方的功能分配。通常将表示服务放在 client 以方便使用显示设备，将数据服务放在 server 以靠近数据库，但也并非总是如此，何况其他应用功能如何分配也是不容易确定的。

3.4　嵌入式系统开发与调试基础

3.4.1　嵌入式代码生成流程

在嵌入式系统的软件开发中，目前普遍使用 C 语言为主、汇编语言为辅的手段。C 语言与硬件相关的特性，可以完成各种基本系统硬件的操作。同时 C 语言具有广泛使用和结构化的特点，相比汇编语言，开发效率高。

在嵌入式开发中，汇编语言不可缺少。其一，有一些与硬件相关的操作，尤其是与处理体系相关的操作，C 语言可能无法完成。其二，对于一些与性能密切相关的程序与算法，汇编语言可以提高性能。

C 语言程序的生成分成编译、汇编、链接等几个步骤。高级语言的程序代码通过编译器编译成对应的目标文件。而目标文件还是独立的二进制文件，还不能被执行，需要将这些独立的目标文件通过链接工具组合成一个符合程序控制逻辑的系统映像文件，即处理器可执行的机器代码组合。在链接阶段，需要将编译后的目标文件和系统需要的函数库文件（在生成库文件时已编译过）一起进行链接。最后把系统可执行的映像文件下载到目标板上运行和调试。整个嵌入式软件可执行代码生成流程如图 3-7 所示。

对于不同的处理器和操作系统来说，其执行文件的格式也存在区别。例如：对于 Linux 操作系统，目标执行文件是 ELF（Exectutable and Linking Format）格式；对于 μClinux 系统，目标执行文件是 Flat 格式；对于需要在系统直接运行的程序，目标执行文件应该是纯粹的二进制代码，载入系统后，直接转到代码区地址执行。

在可执行代码生成过程中，不同的阶段生成代码的工具也有所不同。一般编译、汇编、链接分别采用编译器、汇编器和链接器来实现对应代码的生成，如图 3-8 所示。编译器主要负责将高级语言程序转换成汇编代码，汇编器主要负责将汇编代码转换成机器码（对应的二进制代码），链接器将所有需要的机器码链接成一个完整的可执行目标码。不同系列的处理器由于其使用的指令集不同从而使其采用的编译器也不一样，同一系列的处理器也可以有多种编译

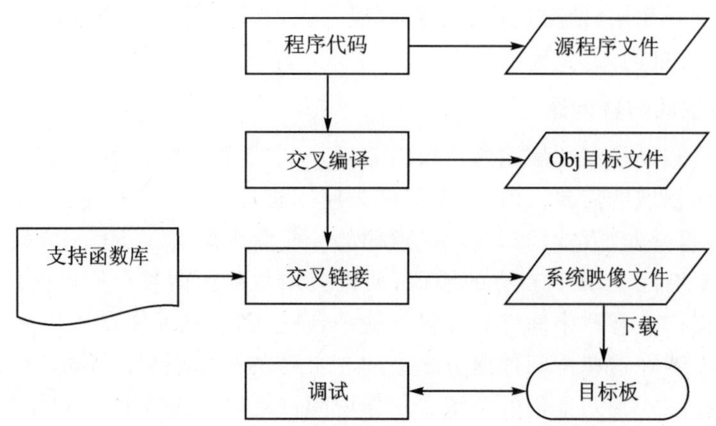

图 3-7 嵌入式软件可执行代码生成流程

器支持。如针对 ARM 处理器的编译器有 ADS、ARM-Linux GCC、RealView MDK-ARM 等。下面是 ARM 处理器程序开发调试工具 APS 与 ARM-Linux GCC 主要使用的编译链接工具。

① ADS(Arm Developer Suite),主要需要使用以下工具:

- 编译器:armcc. exe(编译成 ARM 指令汇编)和 tcc. exe(编译成 Thumb 指令汇编);
- 汇编器:armasm. exe;
- 链接器:armlink. exe。

② ARM-Linux GCC 交叉编译系统,主要使用以下工具:

- 编译器:arm-linux-gcc(可以统一编译、汇编过程);
- 汇编器:arm-linux-as;
- 链接器:arm-linux-ld。

C代码
编译器
汇编代码
汇编器
机器代码
链接器
可执行程序
调试器

图 3-8 可执行代码生成过程与使用工具

1. 编　译

编译(Compile)是指从高级语言转换成汇编语言的过程。从本质上编译是一个文本转换的过程(从文本文件到文本文件)。编译包含了 C 语言的语法解析和生成汇编语言两个步骤。不同体系结构的处理器上会被编译成不同的汇编代码,不同编译器生成的汇编代码可能具有不同的效率。

2. 汇　编

汇编(Assemble)是指从汇编语言程序生成目标系统的二进制代码(机器代码)的过程。相对于编译过程的语法解析,汇编的过程相对简单。这是因为对于一款特定的处理器,其汇编语言和二进制的机器代码是一一对应的。

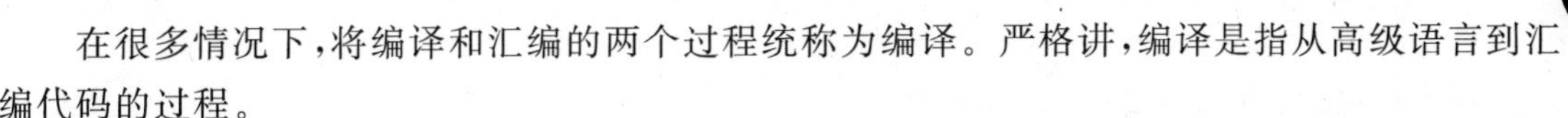

在很多情况下，将编译和汇编的两个过程统称为编译。严格讲，编译是指从高级语言到汇编代码的过程。

例如：在 Linux GCC（专门针对 ARM 处理器的 GCC）的编译系统中，使用 gcc - c 直接从 C 语言生成二进制代码，使用 gcc - s 将从 C 语言生成汇编语言代码。

3. 链　接

链接（Link）过程将汇编成的多个机器代码组合成一个可执行程序。一般来说，通过编译和汇编过程，每一个源文件将生成一个目标文件。链接器的作用就是将这些目标文件组合，组合的过程包括了代码段、数据段等部分的合并，以及添加相应的文件头。文件头的格式与可执行程序需要在何种系统运行有关，可执行文件的主体部分是数据（data）和代码（code），数据是程序中使用的信息组合，代码是目标机的机器代码。

在嵌入式系统的交叉开发中，生成的可执行程序一般是不能在主机上运行的。例如，arm - linux - gcc 编译后的文件，不能运行在 x86 体系的主机上运行，只能在 ARM 处理器上运行。

4. 加载程序

嵌入式系统的开发初期，生成的二进制代码需要烧写到系统的只读存储器中，然后跳转到代码所在的地址才能运行。系统构建完成后，还可以使用其他的手段。例如，对于 Linux 系统，最初是将 BootLoader 的代码烧写到嵌入式系统中，然后使用 BootLoader 将 Linux 内核和文件系统烧入。

实质上 BootLoader 和 Linux 内核都是处理器可执行的代码，BootLoader 是首先烧入系统的纯二进制代码，Linux 内核需要通过 BootLoader 运行。当系统构建完毕后，Linux 操作系统有了基本的功能，这可以将 ELF 格式的目标即可执行程序加入系统的文件系统，通过 Linux 加载运行。

3.4.2　嵌入式软件代码结构分析

1. C 语言程序的结构

C 语言在编译过程中，编译系统会将每一个 C 语言源文件经过编译和汇编，生成一个目标文件（一般以.o 为扩展名）。对于每一个 C 语言目标文件的构成，其主体部分是由 C 语言各种语法生成的各段和其他一些代码生成工具生成的符号信息，如图 3 - 9 所示。

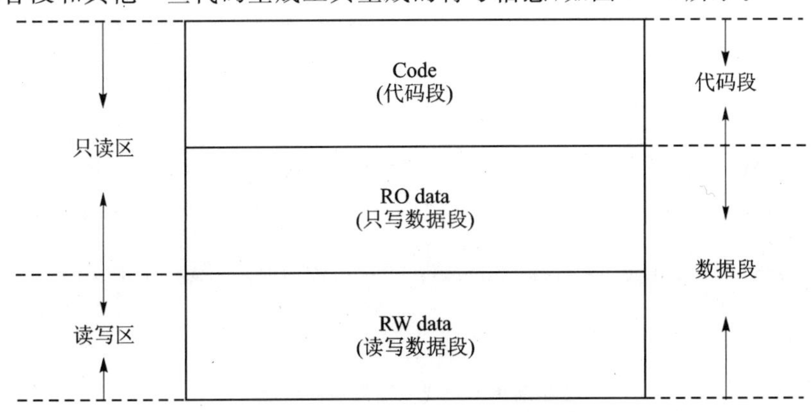

图 3 - 9　C 语言目标文件中的段

C语言的目标文件一般包含三个主体段：

(1) 代码段：由代码部分组成，只读段

- 由程序中的各个函数产生，函数的每一个语句经过编译和汇编后生成二进制机器代码。
- 包括顺序代码、选择代码、循环代码、函数调用和函数出入栈等。

(2) 只读数据段：由数据部分组成，只读段

- 由程序中使用的数据产生，该部分数据在运行中不需要改变。
- 只读全局变量、只读局部变量、常量。

(3) 读写数据段：由数据部分组成，读写段

- 目标文件中可读可写的数据区，亦称为初始化数据段。
- 已初始化的全局静态变量、已初始化的局部静态变量。
- 注意：读写数据区的特点是必须在程序中进行初始化，如果只有定义，没有初始化，不会产生读写数据区，定位为未初始化数据区。

除此之外，还存在一个未初始化数据段(BSS)。未初始化数据段与读写数据段类似，也属于静态数据区，但是没有初始化。因此只会在目标文件中被标识，而不会真正成为目标文件的一个段，该段将在运行时产生，它的大小不会影响目标文件的大小。

一般来说，直接定义的全局变量在未初始化数据区，如果该变量有初始化则是在已初始化数据区(RW Data)，加上 const 修饰符将放置在只读区域(RO Data)。变量声明示例如程序清单 L3-1 和 L3-2 所示。

程序清单 L3-1　变量声明示例 1

```
const char ro[] = {"this is readonly data"};                /* 只读数据段 */
static char rw1[] = {"this is global readwrite data"};      /* 已初始化读写数据段 */
char bss_1[100];                                            /* 未初始化数据段 */
const char * ptrconst = "constant data";                    /* "constant data"放在只读数据段 */
int main()
{
    short b;                                    /* b放置在栈上，占用2个字节 */
    char a[100];                                /* 需要在栈上开辟100个字节，a的值是其首地址 */
    char s[] = "abcde";                         /* s在栈上，占用4个字节 */
                                                /* "abcde"本身放置在只读数据存储区，占6字节 */
    char *p1;                                   /* p1在栈上，占用4个字节 */
    char *p2 = "123456";                        /* "123456"放置在只读数据存储区，占7字节 */
                                                /* p2在栈上，p2指向的内容不能更改 */
    static char rw2[] = {"this is local readwrite data"};  /* 局部已初始化读写数据段 */
    static char bss_2[100];                     /* 局部未初始化数据段 */
    static int c = 0;                           /* 全局(静态)初始化区 */
    p1 = (char *)malloc(10 * sizeof(char));     /* 分配的内存区域在堆区 */
    ……
}
```

程序清单 L3-2　变量声明示例 2

```
#include <stdio.h>
```

```
#include <stdlib.h>

const char ro_data[1024] = {"This is readonly data"};          /* 只读数据段 */
char rw_data_1[1024] = {"This is global readwrite data"};   /* 已初始化读写数据段 */
6static char rw_data_2[1024] = {"This is internal readwrite data"};  /* 已初始化读写数据段 */
static char zero_data_1[1024];                                  /* 未初始化数据段 */

int main(int argc, char *argv[])
{
    static char zero_data_2 [1024];               /* 放置在栈中,占用 1024 个字节 */
    int i;                                        /* i 放置在栈中,占用 1 个字节 */
    char stack_data_1[100];                       /* 放置在栈中,占用 100 个字节 */
    char stack_data_2[] = {"Init stack Data"};    /* stack_data_2 在栈上,占用 4 个字节 */
                              /* "Init stack Data"本身放置在只读数据存储区,占 16 字节 */
    char* memptr;                                 /* memptr 在栈上,占用 4 个字节 */
    memptr = (char *)malloc(1024);                /* 分配的内存区域在堆区 */
    if(NULL == memptr)
    {
        printf("malloc error\n");
        return -1;
    }
    else
    {
        printf("malloc successfully\n");
    }
    for(i = 0;i<1024;i++)
    {
        zero_data_1[i] = 'a';
    }
    strcpy(stack_data_1,"stack data 1");
    strcpy(memptr,"data in heap");

    printf("ro_data: %s\n",ro_data);
    printf("rw_data_1: %s\n",rw_data_1);
    printf("rw_data_2: %s\n",rw_data_2);
    printf("stack_data_1: %s\n",stack_data_1);
    printf("stack_data_2: %s\n",stack_data_2);
    printf("memptr: %s\n",memptr);

    free(memptr);
    return 0;
}
```

2. 目标文件各段的链接

可执行文件其主体部分依然是代码段、只读数据段、读写数据段三个段,这三个段由各个目标文件(.o)经过“组合”而成。链接器将根据连接顺序将各个文件中的代码段提出,组成可执行文件的代码段、只读数据段和读写数据段,如图 3-10 所示。

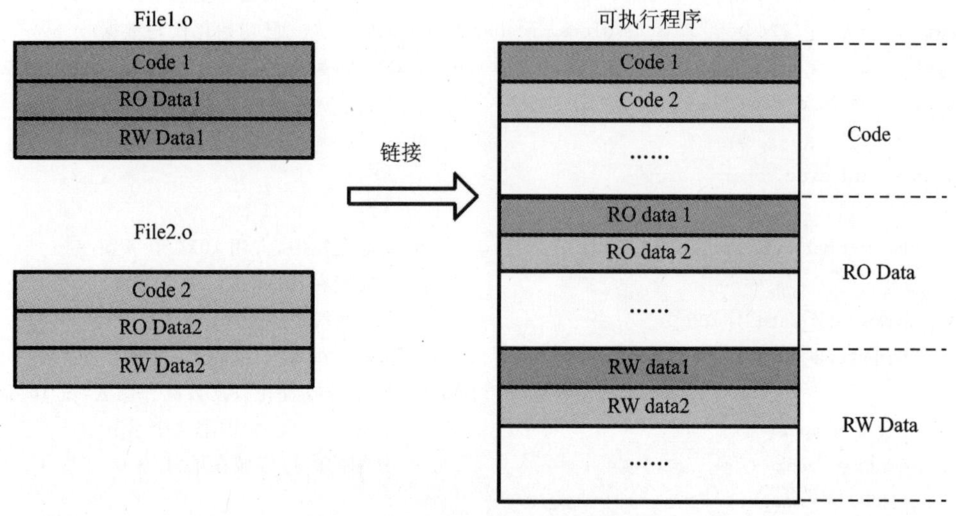

图 3-10 可执行文件的组成结构

(1) 运行方式 1:全部加载到内存中

在这种方式中,将所有需要执行的代码及数据拷贝到内存中去,便于快速地运行程序,如图 3-11 所示。这种方式会给系统内存提出更高的要求,需要更大的内存来存储。

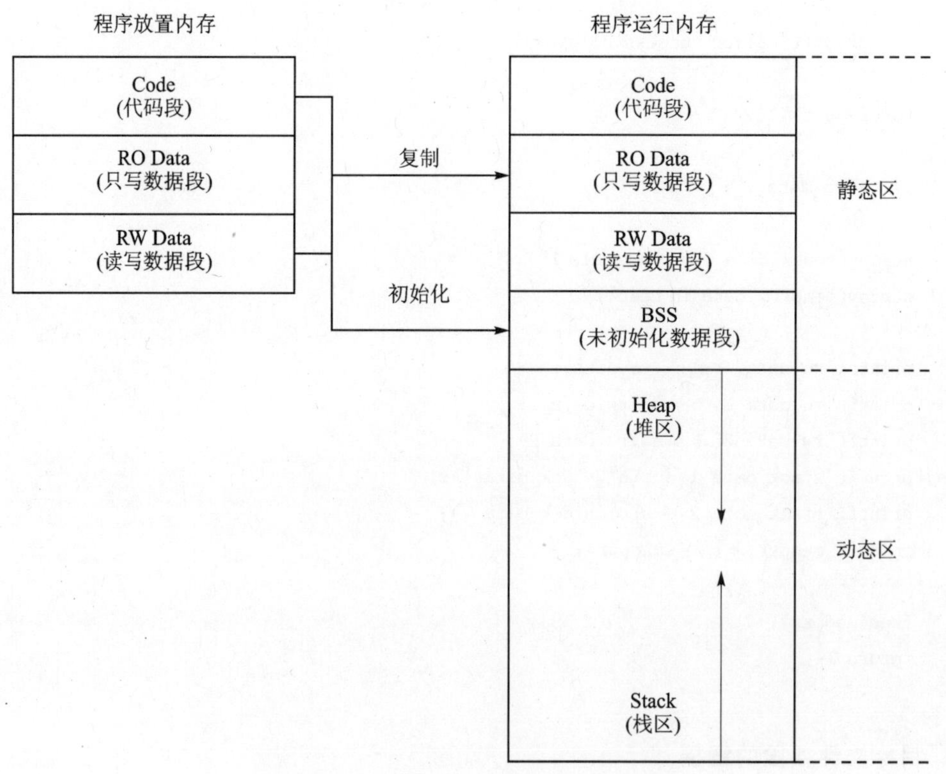

图 3-11 所有程序及数据在内存中运行

(2) 运行方式 2：本地运行，一般在 Flash 中

在这种方式中，只将需要改变的临时数据拷贝到内存中处理，而静态数据和代码直接在其存储空间中进行访问，如图 3-12 所示。这种方式可以减少对内存的需求，但是程序的执行速度会降低。因为代码段及只读数据段需要掉电保存，在下载时一般存放到非易失型存储器中，如 Flash、SD Card 等存储器，处理器对这些存储器的访问速度要低于访问内存的速度。

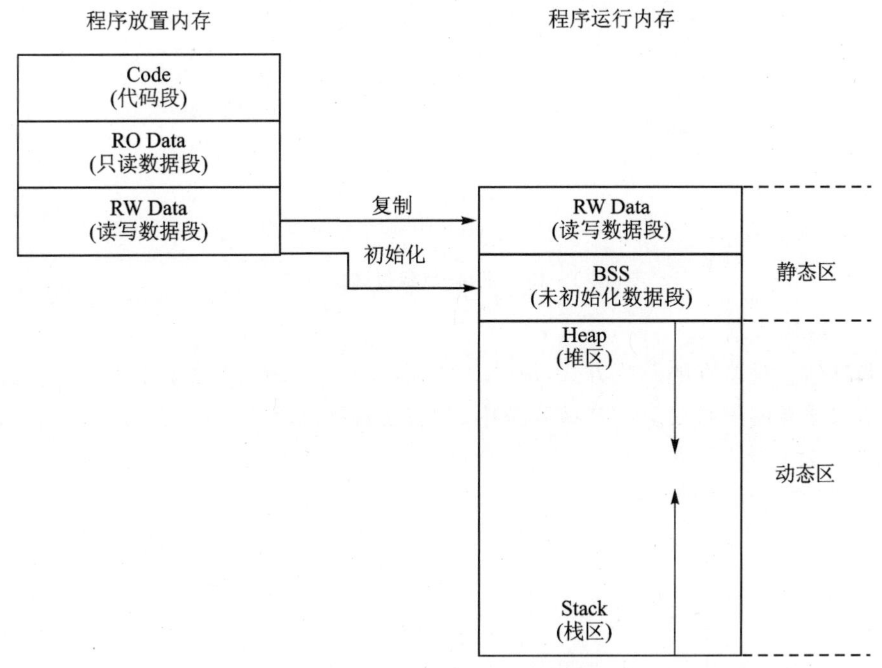

图 3-12　读写数据段在内存中执行

3.4.3　嵌入式软件调试方法

嵌入式应用代码的调试流程可以分为两类。第一类调试流程是回答“我的代码现在执行到哪里?”的问题。当开发者依靠打印语句或者 LED 的闪烁来指示应用程序执行到某个节点的调试方法时，往往就属于这种情形。如果开发工具支持这种调试方法，可以沿着应用程序应当执行的路径插入断点。第二类调试流程是帮助回答“我看到的这一数值是从哪里来的?”这一问题。在这种情况下，人们往往依靠寄存器显示窗口观察变量信息、处理器内存的内容。人们还可以尝试单步执行，并且观察所有这些数据窗口以了解某个寄存器状态何时出现错误，内存位置何时得到错误的数据，抑或指针何时出现了误用。

调试是嵌入式系统开发过程中必不可少的重要环节，通常计算机应用系统与嵌入式系统的调试环境存在明显差异：

- 通用计算机一般采用桌面操作系统，调试器与被调试的程序常常位于同一台计算机上，OS 也相同，调试器进程通过 OS 提供的调用接口(API)来控制被调试的进程；
- 嵌入式应用程序通常采用嵌入式操作系统，运行在嵌入式系统上，开发主机常采用通用计算机，开发机和目标机处于不同的机器中，程序在开发主机上开发(编辑、交叉编译、连接定位等)，然后下载到目标机(嵌入式系统)进行运行和调试(远程调试)。

1. 嵌入式调试的分类

通用计算机中，软件调试一般只需要在本机运行程序，然后根据需要对程序进行调整。在嵌入式系统中，调试的概念相对复杂。对于其调试过程，程序主体运行在目标机上，主机所起的作用是获得程序运行中的信息，并通过人工或者程序的方式分析这些信息。嵌入式调试的基础是需要一条从主机到目标机的通信通道，如图 3-13 所示。

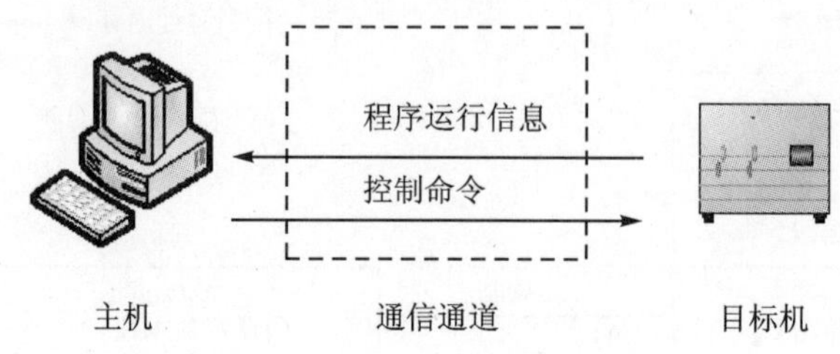

图 3-13 主机-目标机调试结构

(1) 打印调试信息

打印调试信息是基本的调试方式，printf()标准输出，在嵌入式系统中，这种输出的通信通道可能是串口或者网络协议。在某些系统中，没有实现标准输出，这就需要开发者自己开发调试手段。

例如，通过目标机的串口输出函数，在主机段使用 minicom 或者超级终端或者其他串口调试程序接收调试信息。该调试方式中，只能被动获取目标机发出的调试信息，不能控制目标及运行的程序。

(2) 片上调试

嵌入式系统中一种常用的硬件调试方法就是片上调试。片上调试方式是在 CPU 内部嵌入额外的硬件控制模块，当满足了特定的触发条件时进入某种特殊状态。在该状态下，被调试程序停止运行，主机的调试器可以通过 CPU 外部特设的通信接口来访问系统资源并执行指令。主机通信端口与目标板调试通信接口通过一块简单的信号转换电路板连接，典型结构如图 3-14 所示。内嵌的控制模块以监控器或纯硬件资源的形式存在，包括一些提供给用户的接口，如 JTAG 方式和 BDM 方式。

JTAG 是 Joint Test Action Group 的简称。JTAG 使用边界扫描(Boundary-Scan)的方式调试：在正常的运行状态下，这些边界扫描寄存器对于芯片是透明的；在调试的运行状态下，通过这些边界扫描寄存器单元，可以实现对芯片输入输出信号的观察和控制。

BDM(Background Debugging Mode)是摩托罗拉公司支持的一种 OCD(On-Chip Debugger)的调试模式。通过 BDM 接口可以完成基本的调试功能，例如：设置断点、读写内存、读写寄存器、下载程序、单步执行程序、运行程序、停止程序运行等。

(3) 监控器调试

在监控器调试中，调试器是运行在主机(host，桌面电脑)的应用程序，被调试的程序是运行在目标(target)上。它通过插桩(stub)的方式实现，即在目标操作系统和调试器内分别加入某些功能模块，两者应通过指定的通信端口并依据相同的远程调试协议来实现通信。在这种方式中，目标 OS 必须提供支持远程调试协议的通信模块和多任务调试接口，此外还需改写异常处理的有关部分。目标 OS 需要定义一个设置断点的函数。目标 OS 的所有异常处理最终

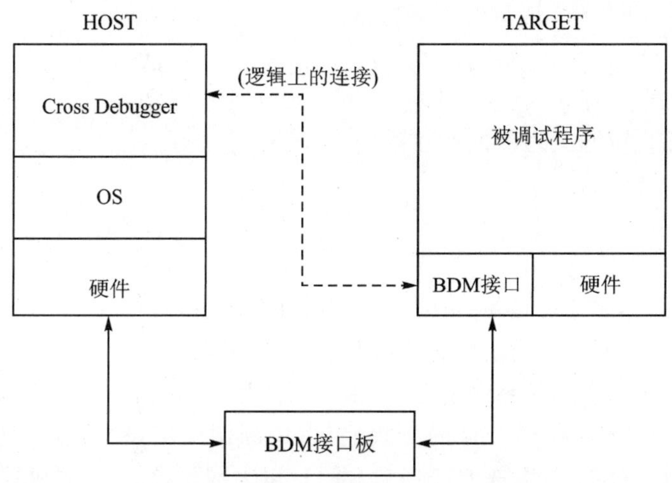

图 3-14　片上调试结构示意图

都必须转向通信模块，通知调试器此时的异常号，调试器再依据该异常号向用户显示被调试程序发生了哪一类型的异常现象。调试器控制及访问被调试程序的请求，实际上是通过访问调试程序的地址空间或目标平台的某些寄存器来实现的。

如在远程 GDB(GNU Project debugger)调试中，调试器与被调程序的通信：GDB 和调试 stub 通过 GDB 串行协议进行通信。目标机运行 GDB 服务器，GDB 服务器通过通信协议将被调试程序的运行信息发送至主机，主机对调试信息进行分析并控制程序的运行。

2. 常见的嵌入式调试方法

(1) 监控器调试

嵌入式目标系统平台一般缺少支持具有完整特性的调试器所需的资源，嵌入式系统调试器通过分离自身来避开这种限制。调试器的大部分驻留在主机中，余下部分驻留在目标机中，留在目标系统中的主要是调试代理，即 monitor。调试器的两部分(主机部分和目标机部分)通过串口/并口/以太网等端口相互通信。典型调试体系结构如图 3-15 所示。

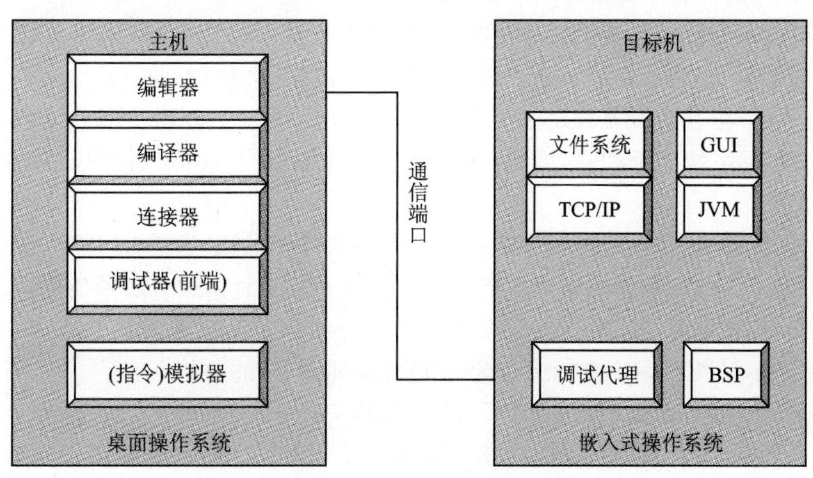

图 3-15　监控器调试结构示意图

在这种方式中，调试器一般具有以下功能：

- 设置断点；
- 从主机中加载程序；
- 显示或修改内存与处理器的寄存器；
- 从某地址开始运行；
- 单步执行；
- 多任务调试；
- 资源查看(包括多任务信箱、信号量、队列、任务状态等)；
- 远程调试内核功能与调试器前端的用户界面紧密配合；
- 调试代理需要两种目标系统资源：一是中断向量，二是软件中断。

调试代理以中断服务程序 ISR 的方式提供，中断源一般设置成高优先级中断，有时与 NMI 的中断优先级一样高，通常来自于串口/并口/以太网等设备，由主机控制中断发生与否，以保证调试器访问中断总能被处理到，否则如果某个应用程序关闭了所有中断，那么调试器就再也不能恢复对系统的控制了。

当主机发送命令给目标机，目标机就会立即停止应用软件代码的执行并进入调试代理 ISR，保存当前 CPU 的上下文，然后调试器就控制了目标系统。

(2) *在线仿真* ICE(In Circuit Emulator)

在线仿真是最直接的仿真调试方法。ICE 提供自己的 CPU 和 MEM，不再依赖目标系统的 CPU 和 MEM。电缆或特殊的连接器使 ICE 的 CPU 能代替目标系统的 CPU。ICE 的 CPU 一般与目标 CPU 相同。ICE 和目标系统通过连接器组合在一起，这个系统在调试时使用 ICE 的 CPU 和 MEM、目标板上的 I/O 接口。完成调试之后，再使用目标板上的 CPU 和 MEM 实时运行应用程序。

目标系统程序驻留在目标内存中，而调试代理存放在 ICE 的 MEM 中。当处于正常运行状态时，ICE 处理器从目标内存读取指令。当调试代理控制目标系统时，ICE 从自己的本地 MEM 中读取指令。这种设计确保 ICE 始终保持对系统运行的控制，甚至在目标系统崩溃后也是如此，保护调试代理不受目标系统错误的破坏。

当仿真器连接到目标系统上后，得到实时跟踪信息是一件很容易的事。只需将仿真器连接到所需处理器的三总线(地址总线、数据总线、控制/状态总线)上即可。

ICE 的连接器与目标系统的处理器引脚完全对应，ICE 与目标系统完成连接后，ICE 中的处理器代替了目标系统的处理器，因此，ICE 的控制电路必须要插入到 CPU 引脚与目标系统之间，连接如下：

1) 直接连接(适用于 ICE 的插座能很容易地插入目标系统)

如常用的 MCS-51 单片机的开发模式。其插座引脚设计与微处理器的引脚设计相匹配，实现轻松替换，方法是将目标系统上的 CPU 拔掉，插上 ICE 的仿真头。

2) 间接连接(适用于 ICE 的插座不能很轻易地插入目标系统)

其原理就是不拔走目标系统的 CPU，但使其所有引脚变成开路状态(三态)。某些处理器具有专用输入引脚，能使其进入关闭状态。调试人员就可以把带有仿真器信号的连接器作为覆盖物插入到目标系统中。

ICE 的优点是具有实时跟踪能力，缺点是价格较高，特别是高速 CPU 在线仿真器。一般

用于中低速系统中,如单片机仿真器。

(3) BDM

BDM 是 Motorola 公司的专有调试接口,该公司是第一个把具有 CPU 调试功能的特殊硬件放在 CPU 核心中的嵌入式微处理器厂商,BDM 开创了片上集成调试资源的趋势。硬件设计仅仅需要把 CPU 的调试引脚连接到专用连接器(n - wire 或 Wiggler)与调试工具上。

- n - wire 优点:机械连接较简单,与目标系统上的 CPU 一起运行,与 CPU 的变化无关,简化设计工具,低成本、可重用、简单。
- n - wire 缺点:大多数只提供运行控制,特性受限于芯片厂商,非常慢,不支持覆盖内存,不能访问其他总线。
- BDM 同时支持处理器控制和定时跟踪监视方式。
- 4 个二进制位 DDATA0～DDATA3 用于输入调试数据和控制命令。
- 4 个二进制位 PST0～PST3 用于在处理器运行时输出处理器状态。
- 通过分析来自 BDM 接口的信息流可以为开发人员提供关于处理器核心运行状态的重要信息。
- BDM 中的命令是 BDM 直接发送到 CPU,并且其操作独立于任何用户想要执行的代码(处理器指令系统中的代码)。

BDM 首先在 Motorola 公司的 683XX 系统上实现,使用在 ColdFire 系列处理器中。它包括一个安装在目标处理器板上的 26 针连接器。BDM 调试接口的引脚输出表如图 3 - 16 所示。

信号	引脚	引脚	信号
RESERVED	1	2	BREAKPOINT
GND	3	4	DSCLK
GND	5	6	RESERVED
RESET	7	8	DSI
+5V	9	10	DSO
GND	11	12	PST3
PST2	13	14	PST1
PST0	15	16	DDATA3
DDATA2	17	18	DDATA1
DDATA0	19	20	GND
RESERVED	21	22	RESERVED
GND	23	24	CLK_CPU
Vcc_CPU	25	26	TEA

图 3 - 16　BDM 调试硬件接口

(4) JTAG

从使用上看,JTAG 与 BDM 类似,支持 JTAG 调试的处理器上集成了符合 JTAG 协议的硬件调试接口。

JTAG 仿真器包括硬件和软件两部分。硬件有两个接口,一个接口连接到计算机上,有串口、并口、网络口、USB 口等;另一个接口与目标处理器的 JTAG 引脚相连。软件把调试命令和数据通过仿真器发送到目标处理器中,然后接收目标处理器的状态信息。通过分析状态信息,可以了解目标处理器的工作情况;通过 JTAG 命令,用户可以控制目标处理器的运行(单步、断点、寄存器检查等)。与 BDM 数据传输的并行方式不同,JTAG 采用串行方式传输数据,占用较少的引脚。

JTAG 是一种国际标准测试协议(IEEE 1149.1 兼容),不同于 BDM,JTAG 接口是一个开放标准。现在多数的高级器件都支持 JTAG 协议,如 DSP、FPGA 器件等。标准的 JTAG 接口是 4 线:TMS、TCK、TDI、TDO,分别为模式选择、时钟、数据输入和数据输出线。

JTAG 最初是用来对芯片进行测试的,基本原理是在器件内部定义一个 TAP(Test Access Port,测试访问口),通过专用的 JTAG 测试工具对内部节点进行测试。JTAG 测试允许多个器件通过 JTAG 接口串联在一起,形成一个 JTAG 链,能实现对各个器件分别测试。现在,JTAG 接口还常用于实现 ISP(In - System Programmable,在线编程),对 FLASH 等器件进行编程。

JTAG 编程方式是在线编程,它不同于传统生产流程中需要先对芯片进行预编程再装到板上,而是先固定器件到电路板上,再用 JTAG 编程,从而大大加快工程进度。JTAG 接口可对 PSD 芯片内部的所有部件进行编程。

JTAG 命令独立于处理器的指令系统,可以完全控制处理器的动作,因此 JTAG 调试方式是目前最有效的调试方式,与 ICE 相比成本低,与 monitor 方式相比功能强大,局限性小,可以查找硬件的故障点。

目前大多数嵌入式处理器厂商在其处理器上集成了 JTAG 接口,如 ARM。不管 ARM 内核的处理器来源于哪个厂家,其 JTAG 接口是兼容的。通过 JTAG 仿真器,用户能采样并修改寄存器组、存取内存,以及标准调试器所能做的任何事情。

由于 JTAG 采用串行协议,它只需要相对较少的微处理器 I/O 引脚就可以与调试器连接。数据流从进入 CPU 核心到输出 CPU 核心会形成一个很长的循环。

JTAG 标准仅仅定义了与处理器一起使用的通信协议,而 JTAG 循环如何连接到核心元件,以及作为运行控制或观察元件的命令集做什么,都由厂商自己决定,因此具体做法只有厂商或很少的合作伙伴知道。

(5) 软件仿真器

在嵌入式系统软件开发过程中,通常采用交叉编译调试方式,一般交叉编译调试流程如图 3 - 17 所示。

交叉开发方式存在如下缺点:

- 硬件支持:必须有目标机或评估板;
- 易使用性:普通编程人员不熟悉;
- 廉价性:成本高;
- 可移植性、可扩展性:不高;
- 团队开发:较难;
- 开发周期:较长。

软件仿真器即指令集模拟器(ISS),利用软件来模拟处理器硬件,模拟的硬件包括指令系统、外部设备、中断、定时器等。用户开发的应用软件像下载到目标系统硬件一样下载到软件

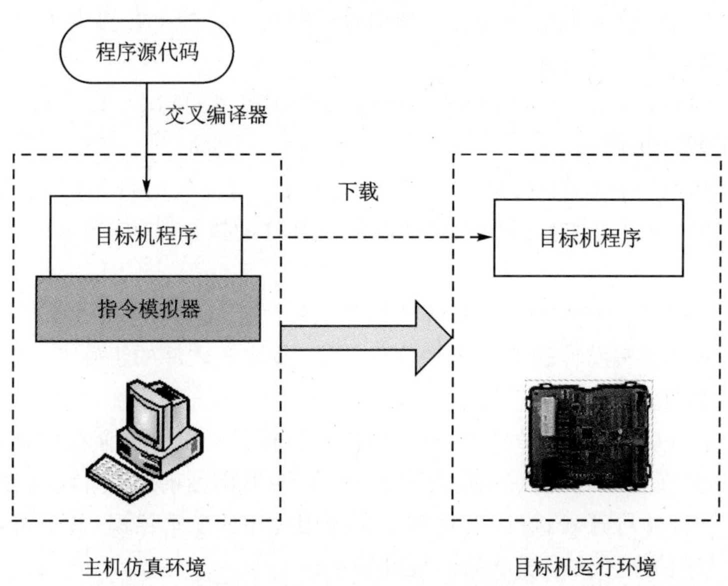

图 3-17　交叉编译调试示意图

仿真器中进行调试。软件仿真器在宿主机上创建一个虚拟的目标机环境，通过将源代码编译成目标机程序，再将应用系统下载到这个虚拟目标机上运行/调试。软件仿真可以仿真处理器、仿真外设、仿真环境，如图 3-18 所示。

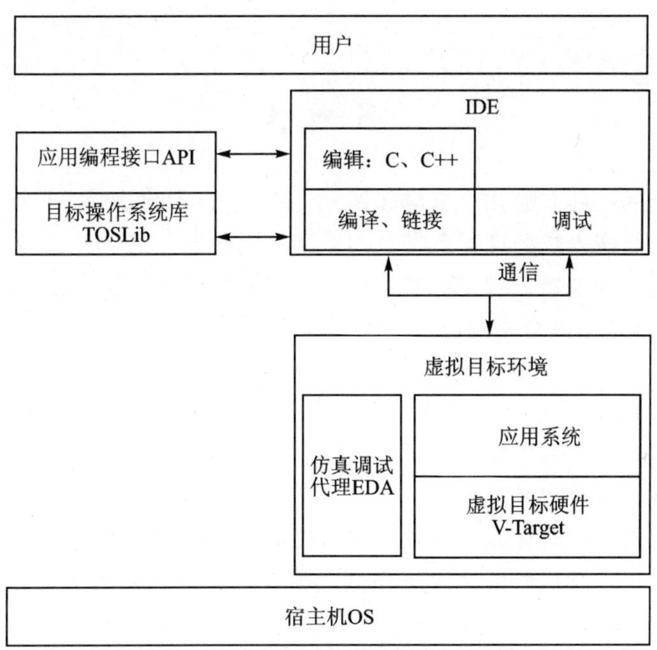

图 3-18　应用仿真开发环境示意图

功能强大的 ISS 可以仿真处理器的每一个细节，包括外设和中断；简单的 ISS 至少可以仿真 CPU 的指令系统。ISS 必须使应用程序认为自己运行在实际不存在的硬件上。应用程序的每一条被执行的指令都必须忠实地被 ISS 模拟。

低档 ISS 可能只简单地模仿一块芯片和内存的行为。有的 ISS 提供了对指令的执行时间的仿真。其使用的软件时钟有两种：

- 一是实时时钟，利用 CPU 的时钟运行嵌入式处理器的指令，只仿真指令的执行结果，不仿真执行时间；
- 另一种是仿真时钟，用户可以设置仿真时钟与处理器的时钟相同，不仅可以仿真指令的执行结果，也可以仿真指令的执行时间和软件的执行时间，如 ARM 公司的 AXD 仿真器。

高档仿真器可建立一个较大实时系统的模型，甚至能仿真不存在的硬件。因此开发者可以就一个硬件还没有开始设计的项目进行软件开发，并验证软件的正确性、实时性等指标。

1）软件仿真器优点

最大好处就是可以不用真正的目标机。可以在目标机环境并不存在的条件下开发目标机上的应用系统，并且在调试时可以利用 Host 资源提供更详细的错误诊断信息。可以使嵌入式系统的软件和硬件并行开发；可以发现和定位应用程序的逻辑错误，甚至可纠正某些与硬件相关的故障；可以评估嵌入式系统产品的设计性能。

2）软件仿真器缺点

软件仿真器和实际运行环境差别很大，对 Host 的资源要求较高。低档嵌入式系统结构简单，可以用软件仿真器仿真，而高档嵌入式处理器由于结构太复杂，只能进行正确性仿真，无法用软件仿真器仿真系统性能。软件仿真器只能仿真软件的正确性，无法仿真与时序有关的错误，其主要适用验证软件的算法，适用对时间特性没有严格要求、没有特殊外设、只需要验证逻辑正确的应用程序。

习题 3

1. 嵌入式系统的硬件有哪几个组成部件？

2. 通用处理器与嵌入式处理器有哪些相同和不同的地方？

3. 常用的嵌入式处理器、控制器、数字信号处理器有哪些？各自有什么特点，通常适用于哪些方面的应用？除了书上介绍的嵌入式处理器之外，你还能提供哪些嵌入式处理器（型号和制造商）？

4. 设计嵌入式系统时，选择嵌入式处理器需要考虑哪些因素？

5. 嵌入式操作系统有哪些特点，怎样选择嵌入式操作系统？

6. 嵌入式系统开发步骤有哪些？

7. 中间件的主要目的是什么？中间件技术的特点及优势有哪些？

8. 嵌入式软件可执行代码的生成流程分为哪几步？分别说出生成的对应的文件类型和使用的工具。

9. 嵌入式软件代码结构组成是怎样的？

10. 嵌入式软件调试方法主要有哪些？工作原理怎样？

第 4 章　ARM Cortex - M3 处理器体系结构

4.1　ARM 处理器的发展历程

本书中介绍的嵌入式系统设计都是围绕着 ARM Cortex - M3 处理器展开的，Cortex - M3 处理器是 ARM 处理器家族的一员，所以在这里对 ARM 处理器做一下简单描述。ARM 是 Advanced RISC Machines 的缩写，顾名思义，ARM 处理器自然也是一种典型的精简指令集处理器。ARM 处理器的核心技术来自于英国的一家 IC 软核设计公司——ARM 公司。

ARM 公司是为数不多的以嵌入式处理器 IP Core 设计起家而获得巨大成功的 IP Core 设计公司。自 20 世纪 90 年代成立以来，在 32 位 RISC CPU 开发领域不断取得突破，其结构已经从 V1 发展到 V7，从 V8 开始支持 64 位指令，其主频也已经超过 1 GHz。ARM 公司将其 IP Core 出售给各大半导体制造商，加上其设计的 IP Core 具有功耗低、成本低等显著优点，因此获得众多半导体厂家和整机厂商的大力支持。ARM 公司在 32 位嵌入式应用领域获得了巨大的成功，目前已经占有 75 %以上的 32 位嵌入式产品市场。现在设计、生产 ARM 芯片的国际大公司已经超过 50 多家，国内的很多知名企业包括中兴通信、华为通信、上海华虹、复旦微电子、杰得微电子等公司也都已经购买了 ARM 公司的 IP Core 用于通信专用芯片的设计。

ARM 公司除了获得了以上半导体厂家的大力支持外，同时也获得了许多实时操作系统(Real Time Operating System)供应商的支持，比较知名的有：Windows CE、Linux、Plam OS、Symbian OS、pSOS、VxWorks、Nucleus、EPOC、μC/OS、iOS 等。对于开发工程师来说，这些 RTOS 公司针对 ARM 处理器所提供的 BSP 对于迅速开始 ARM 平台上的开发至关重要。

1. ARM 处理器命名法

早期 ARM 按照如图 4 - 1 所示的命名规则来描述一个处理器。在“ARM”后的字母和数

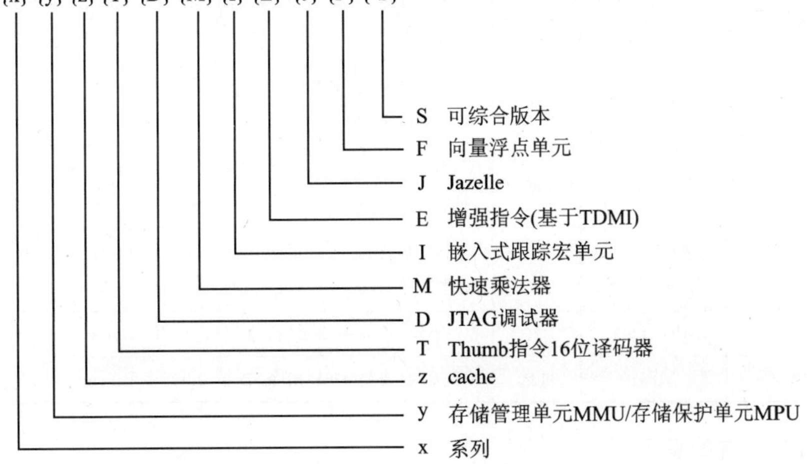

图 4 - 1　ARM 的命名法则

字表明了一个处理器的功能特性。以 ARM7TDMI 为例，T 代表 Thumb 指令集，D 表示支持 JTAG 调试，M 意指快速乘法器，I 则对应一个嵌入式 ICE 模块。后来，这 4 项基本功能成了任何新产品的标配，于是就统一不再标注这 4 个后缀。但是新的后缀不断加入，包括定义存储器接口的、定义高速缓存的以及定义“紧耦合存储器(TCM)”的，于是形成了一套新的命名法，这套命名法也是一直在使用的。

近年来 ARM 公司设计了许多处理器，它们可以根据使用的内核不同划分到各个系列中。系列划分是基于 ARM7、ARM9、ARM10、ARM11 和 Cortex 内核，由于 ARM8 开发出来以后很快就被取代了，故不被提及。

ARM7TDMI 之后的所有 ARM 内核性能比较见表 4－1。

表 4－1　ARM 处理器型号列表

CPU 核	MMU/MPU	Cache	ISA 指令集架构
ARM7TDMI	无	无	V4T 架构，不支持 DSP 指令，支持 Thumb 子指令集
ARM7EJ－S	无	无	V5TEJ 架构，支持 DSP 指令，支持 Thumb 子指令集，含 Jazelle 硬件支持 Java
ARM720T	MMU	有	V4T 架构，不支持 DSP 指令，支持 Thumb 子指令集
ARM920T	MMU	有	V4T 架构，不支持 DSP 指令，支持 Thumb 子指令集
ARM922T	MMU	有	V4T 架构，不支持 DSP 指令，支持 Thumb 子指令集
ARM926EJ－S	MMU	有	V5TEJ 架构，支持 DSP 指令，支持 Thumb 子指令集，含 Jazelle 硬件支持 Java
ARM940T	MPU	有	V4T 架构，不支持 DSP 指令，支持 Thumb 子指令集
ARM946E－S	MPU	有	V5TE 架构，支持 DSP 指令，支持 Thumb 子指令集
ARM966E－S	无	有	V5TE 架构，支持 DSP 指令，支持 Thumb 子指令集
ARM1020E	MMU	有	V5TE 架构，支持 DSP 指令，支持 Thumb 子指令集
ARM1022E	MMU	有	V5TE 架构，支持 DSP 指令，支持 Thumb 子指令集
ARM1026EJ－S	MMU	有	V5TE 架构，支持 DSP 指令，支持 Thumb 子指令集，含 Jazelle 硬件支持 Java
ARM1036J－S	MMU	有	V6 架构，支持 DSP 指令，支持 Thumb 和 Thumb－2 子指令集，含 Jazelle 硬件支持 Java
ARM1136JF－S	MMU	有	V6 架构，支持 DSP 指令，支持 Thumb 和 Thumb－2 子指令集，含 Jazelle 硬件支持 Java
Cortex－A8	MMU＋TrustZone	有	V7 架构，支持 DSP 指令，支持 Thumb 和 Thumb－2 子指令集，含 Jazelle 硬件支持 Java
Cortex－M3	MPU 可选	无	V7 架构，不支持 DSP 指令，只支持 Thumb－2 子指令集
Cortex－R4	MPU	可选	V7 架构，支持 DSP 指令，支持 Thumb 和 Thumb－2 子指令集

2. 指令系统的发展

为了增强和扩展指令系统的能力而奋斗，这多少年来一直是 ARM 锲而不舍的精神动力。从 ARM7TDMI 开始，ARM 处理器一直支持两种形式上相对独立的指令集，这两种指令集也

对应了两种处理器执行状态。它们分别是：

- 32 位的 ARM 指令集。对应处理器状态：ARM 状态。
- 16 位的 Thumb 指令集。对应处理器状态：Thumb 状态。

在程序的执行过程中，处理器可以动态地在两种执行状态之中切换。实际上，Thumb 指令集在功能上是 ARM 指令集的一个子集，但它能带来更高的代码密度，使目标代码精简。这对于成本要求比较严格的应用还是很经济的。

随着架构版本号的更新，新好指令不断地加入 ARM 和 Thumb 指令集中。Thumb－2 是 2003 年发布的指令集，部分兼容 Thumb 指令，它支持 16 位和 32 位指令，图 4－2 是 ARM 指令集的发展演进图。

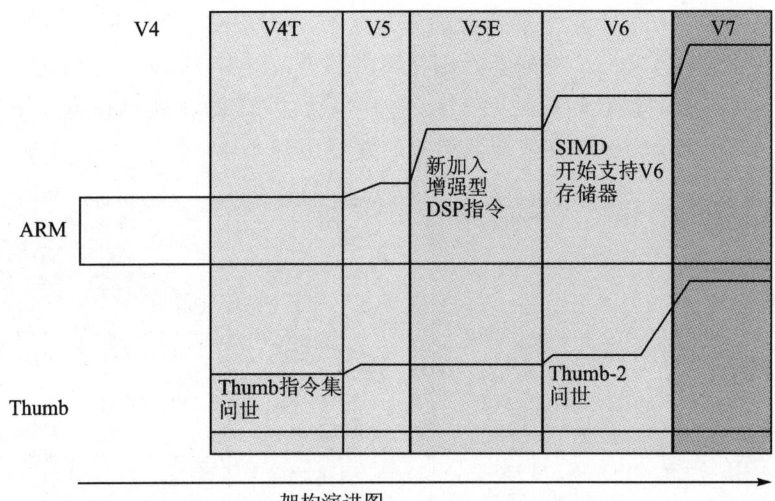

图 4－2　指令集演进图

图 4－3 显示了 Thumb 指令与 Thumb－2 指令之间的关系，从图中可以看出，Cortex－M3 没有采用 32 位 ARM 指令集，而是采用 Thumb－2 指令集。主要是由于 Cortex－M3 在内核水平上是为了适应单片机和小内存器件进行设计的，所以采用了更为简单的指令集 Thumb－2。这也意味着 Cortex－M3 作为新生代处理器，不是向后兼容的。因此，为 ARM7 写的 ARM 汇编语言程序不能直接移植到 Cortex－M3 上来。不过，Cortex－M3 支持绝大多数传统的 Thumb 指令。

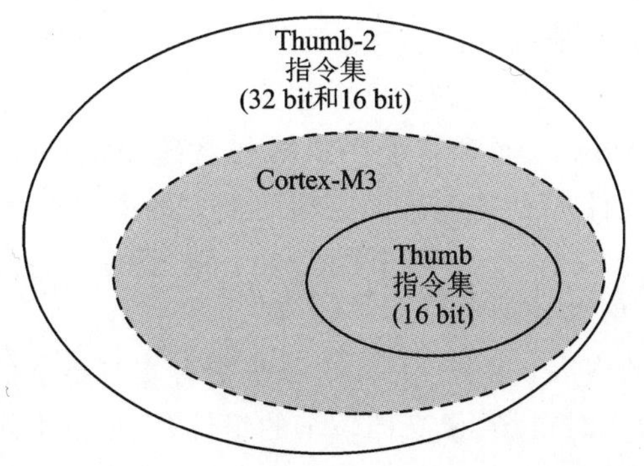

图 4－3　Thumb－2 指令集与 Thumb 指令集的关系

Cortex－M3 是 ARM v7 架构的掌上明珠。和 ARM7 相比，Cortex－M3 更具有优势。比如，硬件除法器被带到 Cortex－M3 中；乘法方面，添加了新的指令，用于提升 data－crunching（大批数据处理）的性能。ARM 公司还在 Cortex－M3 处理器中首次使用了“非对齐数据访问支持”技术。

3. ARM 处理器的发展

ARM 处理器当前主要有：ARM V4（ARM7、ARM920T、StrongARM）、ARM V5（ARM9E、ARM10E、XScale）、ARM V6（ARM11、Cortex－M0）、ARM V7（Cortex－M1～M3、Cortex－R、Cortex－A）以及 ARM V8－A 系列。ARM 公司还把 ARM IP Core 提供给其他芯片设计公司用于设计 ARM＋DSP、ARM＋FPGA 等 SOC 结构的芯片。现在用得比较多的如 TI 公司的 OMAP，达芬奇系列大部分是含有 ARM＋DSP 双核处理器的产品。Actel 公司带 M7 标识的 ProASIC3E 系列芯片则是 FPGA＋ARM7 的 SOC 系统芯片。XILINX 也推出了基于 Cortex－A9 的双硬核的 FPGA，这些多功能 IC 的发展也拓宽了 ARM 处理器的应用范围。图 4－4 所示为 ARM 处理器架构的发展历程。

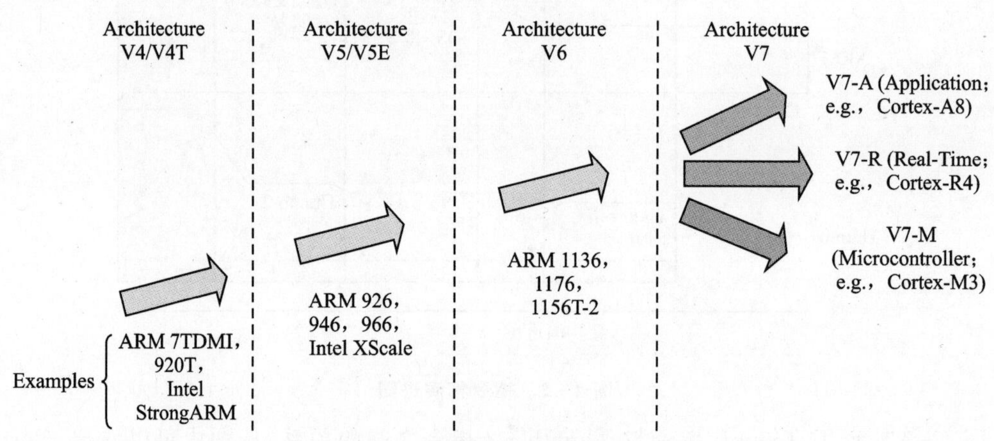

图 4－4 ARM 处理器架构进化史

ARM V6 的设计目标是通过对 ARM V6 能够灵活地配置和剪裁使之能适应从最低端的 MCU 到最高端的“应用处理器”等应用。最近的几年，基于从 ARM V6 开始的新设计理念，ARM 进一步扩展了它的 CPU 设计，成果就是 ARM V7 架构的 ARM 核。在这个版本中，内核架构首次从单一款式变成 3 种款式。

- 款式 A：设计用于高性能的“开放应用平台”——需要运行复杂应用程序的“应用处理器”。支持大型嵌入式操作系统（不一定实时），比如 Symbian（诺基亚智能手机用）、Linux、微软的 Windows CE 和智能手机操作系统 Android。这些应用需要强大的处理性能，并且需要硬件 MMU 实现的完整而强大的虚拟内存机制，还基本上会配有 Java 支持，有时还要求一个安全程序执行环境。典型的产品包括高端手机和手持仪器、电子钱包以及金融事务处理机。
- 款式 R：用于高端的嵌入式系统，尤其是那些带有实时要求的、硬实时且高性能的处理器。主要面向高端实时市场，像高档轿车的组件、大型发电机控制器、机器手臂控制器等，它们使用的处理器不但要很好很强大，还要极其可靠，对事件的反应也要极其

敏捷。

- 款式 M：用于深度嵌入的、单片机风格的系统中，专为单片机的应用而量身定制。在这些应用中，尤其是对于实时控制系统，低成本、低功耗、极速中断反应以及高处理效率，都是至关重要的。Cortex 系列是 V7 架构的第一次亮相，其中 Cortex－M3 就是按款式 M 设计的。

4.2　Cortex－M3 处理器体系结构

4.2.1　Cortex－M3 体系结构简介

1. Cortex－M3 的内核结构

Cortex－M3 是一个 32 位处理器内核，如图 4－5 所示。内部的数据路径是 32 位的，寄存器是 32 位的，存储器接口也是 32 位的。Cortex－M3 采用了哈佛结构，拥有独立的指令总线和数据总线，可以让取指与数据访问并行不悖。这样一来，数据访问不再占用指令总线，提高了数据与指令的访问速度。从而提升了性能。为实现这个特性，Cortex－M3 内部含有好几条总线接口，每个接口针对应用特点进行了优化，并且它们可以并行工作。在另一方面，虽然指令总线和数据总线是分开设计和访问的，但是它们共享同一个存储器空间，地址统一分配编址。

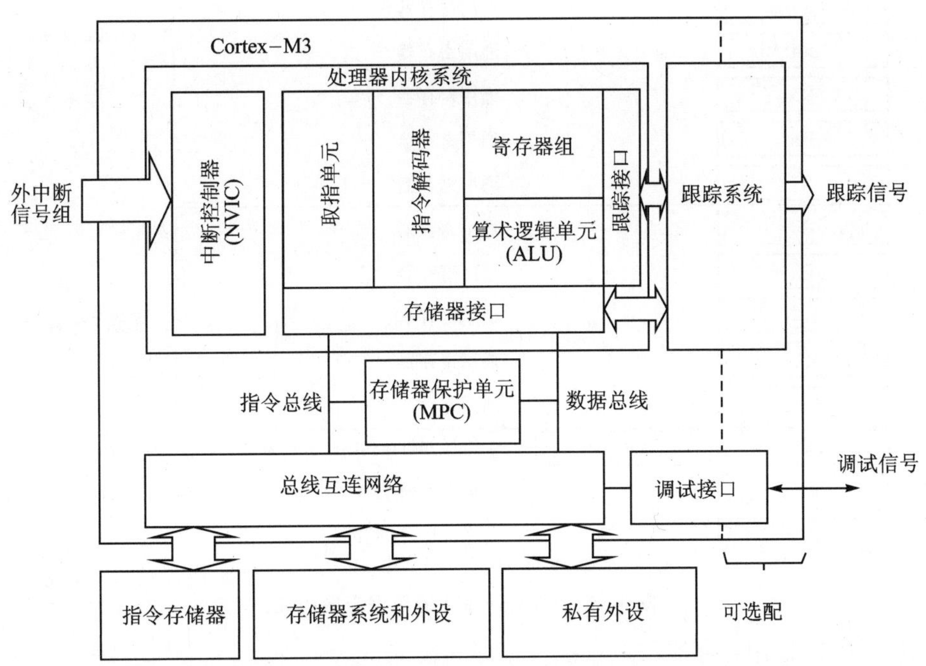

图 4－5　Cortex－M3 的一个简化视图

比较复杂的应用可能需要更多的存储系统功能，为此 Cortex－M3 提供一个可选的 MPU，而且在需要的情况下也可以使用外部的 Cache。Cortex－M3 还支持存储器小端模式和大端模式的选择。另外，Cortex－M3 内部提供了用于在硬件水平上支持调试操作，如指令

断点、数据观察点等。为支持更高级的调试,还有其他可选组件,包括指令跟踪和多种类型的调试接口。

Cortex-M3 处理器使用一个 3 级流水线。流水线的 3 个级分别是:取指、解码和执行,如图 4-6 所示。

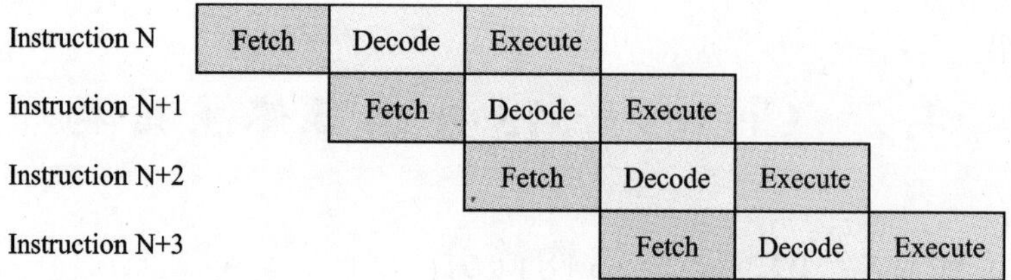

图 4-6 Cortex-M3 的 3 级流水线

2. Cortex-M3 的寄存器组织

(1) 通用寄存器组

Cortex-M3 处理器拥有 R0~R15 的寄存器组,如图 4-7 所示。

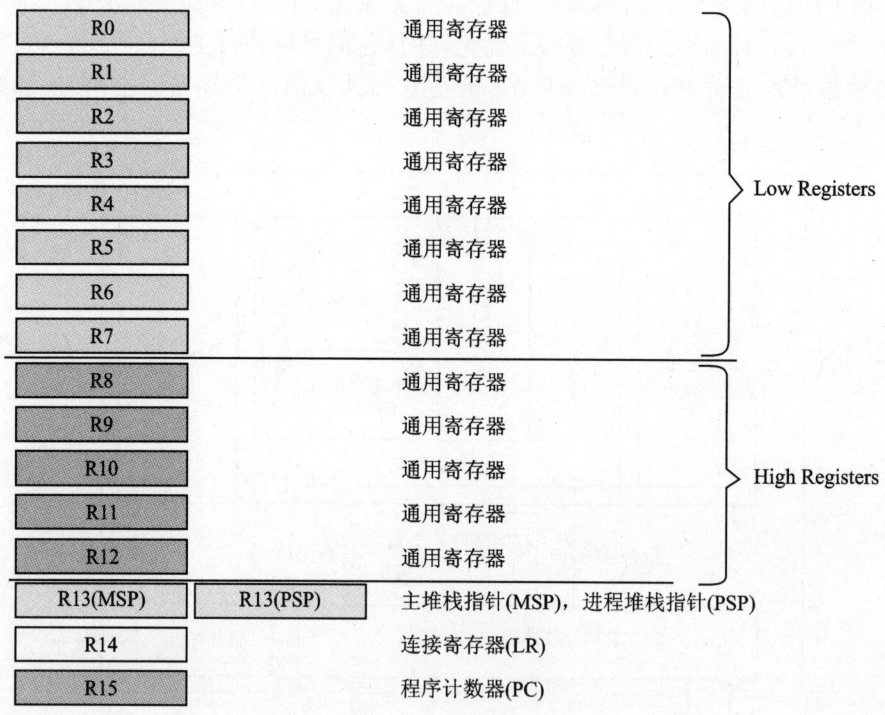

图 4-7 Cortex-M3 通用寄存器组成

1) R0~R12:通用寄存器

R0~R12 都是 32 位通用寄存器,用于数据操作。需要注意的是,绝大多数 16 位 Thumb 指令只能访问 R0~R7,而 32 位 Thumb-2 指令可以访问所有寄存器。

2) R13:堆栈指针寄存器

Cortex-M3 拥有两个堆栈指针,然而它们是 banked,因此任一时刻只能使用其中的

一个。

- 主堆栈指针(MSP):复位后缺省使用的堆栈指针,用于操作系统内核以及异常处理例程(包括中断服务例程)。
- 进程堆栈指针(PSP):由用户的应用程序代码使用。

堆栈指针的最低两位永远是 0,这意味着堆栈总是 4 字节对齐的。

3) R14:连接寄存器 LR

当呼叫一个子程序时,由 R14 存储返回地址。为了减少访问内存的次数(访问内存的操作往往要有 3 个以上指令周期,带 MMU 和 cache 的就更加不确定了),ARM 把返回地址直接存储在寄存器中。这样足以使很多只有 1 级子程序调用的代码无需访问内存(堆栈内存),从而提高了子程序调用的效率。如果多于 1 级,则需要把前一级的 R14 值压到堆栈里。在 ARM 上编程时,应尽量只使用寄存器保存中间结果,迫不得已时才访问内存。在 RISC 处理器中,为了强调访问操作越过了处理器的界线,并且带来了对性能的不利影响,给它取了一个专业的术语:溅出。

4) R15:程序计数寄存器 PC

指向当前的程序地址。如果修改它的值,就能改变程序的执行流。

(2) 特殊功能寄存器

Cortex - M3 还在内核水平上搭载了若干特殊功能寄存器,如图 4 - 8 所示。主要包括:程序状态寄存器组(PSRs 或 xPSR)、中断屏蔽寄存器组(PRIMASK、FAULTMASK、BASEPRI)、控制寄存器(CONTROL)。

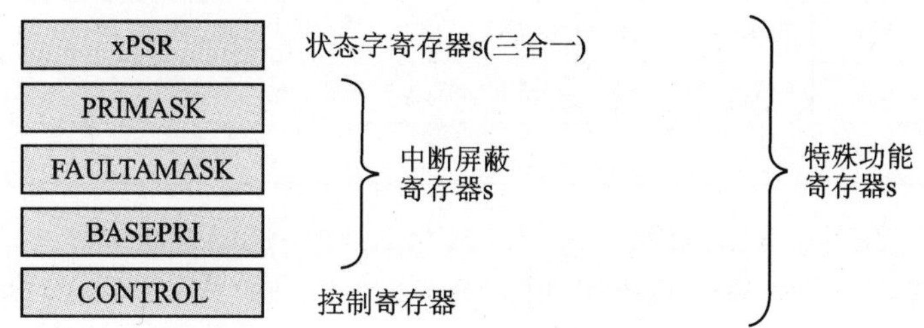

图 4 - 8　Cortex - M3 中的特殊功能寄存器集合

它们只能被专用的 MSR 和 MRS 指令访问,而且它们也没有存储器地址。以下是访问特殊功能寄存器的格式。

- MRS<gp_reg>,<special_reg>:读特殊功能寄存器的值到通用寄存器;
- MSR<special_reg>,<gp_reg>:写通用寄存器的值到特殊功能寄存器。

1) 程序状态寄存器(PSRs 或 xPSR)

程序状态寄存器在其内部又被分为 3 个子状态寄存器:应用程序 PSR(APSR)、中断号 PSR(IPSR)、执行 PSR(EPSR)。

通过 MRS/MSR 指令,这 3 个 PSRs 既可以单独访问,如图 4 - 9 所示,也可以组合访问(2 个组合,3 个组合都可以),如图 4 - 10 所示。当使用三合一的方式访问时,应使用名字"xPSR"或者"PSR"。

表 4 - 2 是 xPSR 寄存器中各个位的具体含义。

	31	30	29	28	27	26:25	24	23:20	19:16	15:10	9	8	7	6	5	4:0
APSR	N	Z	C	V	Q											
IPSR												Exception Number				
EPSR						ICI/IT	T			ICI/IT						

图 4-9 Cortex-M3 中的程序状态寄存器(xPSR)

	31	30	29	28	27	26:25	24	23:20	19:16	15:10	9	8	7	6	5	4:0
xPSR	N	Z	C	V	Q	ICI/IT	T			ICI/IT		Exception Number				

图 4-10 合体后的程序状态寄存器(xPSR)

表 4-2 xPSR 寄存器各个位含义

位	名 称	定 义
[31]	N	负数或小于标志。1:结果为负数或小于;0:结果为正数或大于
[30]	Z	零标志。1:结果为 0;0:结果为非 0
[29]	C	进位/借位标志。1:进位或借位;0:没有进位或借位
[28]	V	溢出标志。1:溢出;0:没有溢出
[27]	Q	粘着饱和(sticky saturation)标志
[26:0]	—	保留

2) 中断屏蔽寄存器(PRIMASK、FAULTMASK 和 BASEPRI)

这三个寄存器用于控制异常的使能和除能。表 4-3 是 Cortex-M3 的屏蔽寄存器及其功能描述。

表 4-3 屏蔽寄存器及其功能描述

寄存器	功 能
PRIMASK	这是个只有 1 个位的寄存器。当它置 1 时,就关掉所有可屏蔽的异常,只剩下 NMI 和硬 fault 可以响应。它的缺省值是 0,表示没有关中断
FAULTMASK	这是个只有 1 个位的寄存器。当它置 1 时,只有 NMI 才能响应,所有其他的异常,包括中断和 fault,通通不响应。它的缺省值也是 0,表示没有关异常
BASEPRI	这个寄存器最多有 9 位(由表达优先级的位数决定)。它定义了被屏蔽优先级的阈值。当它被设成某个值后,所有优先级号大于等于此值的中断都被关(优先级号越大,优先级越低)。但若被设成 0,则不关闭任何中断,0 也是缺省值

对于时间关键任务而言,PRIMASK 和 BASEPRI 于暂时关闭中断是非常重要的。而 FAULTMASK 则可以被 OS 用于暂时关闭 fault 处理机能,这种处理在某个任务崩溃时可能需要。因为在任务崩溃时,常常伴随着一大堆 faults。总之 FAULTMASK 就是专门留给 OS

用的。要访问 PRIMASK、FAULTMASK 以及 BASEPRI，同样要使用 MRS/MSR 指令，如：

```
MRS R0, BASEPRI          ;读取 BASEPRI 到 R0 中
MRS R0, FAULTMASK        ;读取 FAULTMASK 到 R0 中
MRS R0, PRIMASK          ;读取 PRIMASK 到 R0 中
MSR BASEPRI, R0          ;写入 R0 到 BASEPRI 中
MSR FAULTMASK, R0        ;写入 R0 到 FAULTMASK 中
MSR PRIMASK, R0          ;写入 R0 到 PRIMASK 中
```

只有在特权级下，才允许访问这 3 个寄存器。

其实，为了快速地开关中断，Cortex - M3 还专门设置了一条 CPS 指令，有 4 种用法：

```
CPSID I    ;PRIMASK=1,关中断
CPSIE I    ;PRIMASK=0,开中断
CPSID F    ;FAULTMASK=1,关异常
CPSIE F    ;FAULTMASK=0,开异常
```

3）控制寄存器(CONTROL)

控制寄存器用于定义特权级别，还用于选择当前使用哪个堆栈指针。CONTROL 寄存器各个位的含义如表 4 - 4 所列。

表 4 - 4 Cortex - M3 的 CONTROL 寄存器

位	功 能
CONTROL[1]	堆栈指针选择： 0＝选择主堆栈指针 MSP(复位后缺省值)； 1＝选择进程堆栈指针 PSP。 在线程或基础级(没有在响应异常时)，可以使用 PSP。在 handler 模式下，只允许使用 MSP，所以此时不得往该位写 1。在 Cortex - M3 的 handler 模式中，CONTROL[1]总是 0。在线程模式中则可以为 0 或 1。仅当处于特权级的线程模式下，此位才可写，其他场合下禁止写此位。改变处理器的模式也有其他的方式：在异常返回时，通过修改 LR 的位 2，也能实现模式切换
CONTROL[0]	0＝特权级的线程模式； 1＝用户级的线程模式。 Handler 模式永远都是特权级的。仅当在特权级下操作时才允许写该位。一旦进入了用户级，唯一返回特权级的途径，就是触发一个(软)中断，再由服务例程改写该位

CONTROL 寄存器也是通过 MRS 和 MSR 指令来操作的：

```
MRS R0, CONTROL          ;读 CONTROL 寄存器值到 R0 中
MSR CONTROL, R0          ;写 R0 到 CONTROL 寄存器中
```

3. 操作模式和特权级别

Cortex - M3 处理器支持两种处理器的操作模式，还支持两级特权操作。两种操作模式分别为：处理者模式(handler mode)和线程模式(thread mode)。引入两个模式的本意，是用于区别普通应用程序的代码和异常服务例程的代码，包括中断服务例程的代码。在复位和异常返回时，处理器进入线程模式。特权级和用户级下的代码均可在线程模式下运行。

Cortex - M3 的另一个特点则是特权的分级——特权级和用户级。这可以提供一种存储器访问的保护机制，使得普通的用户程序代码不能意外地、甚至是恶意地执行涉及到要害的操

作。处理器支持两种特权级，这也是一个基本的安全模型。

当处理器处在线程状态下时，既可以使用特权级，也可以使用用户级；而 handler 模式总是特权级的。在复位后，处理器进入线程模式+特权级。图 4－11 列出操作模式与特权级别的关系。

	特权级	用户级
异常handler的代码	Handler模式	错误的用法
主应用程序的代码	线程模式	线程模式

图 4－11　Cortex－M3 下的操作模式和特权级别

在线程模式+用户级下，对系统控制空间(SCS)的访问将被阻止——该空间包含了配置寄存器组以及调试组件的寄存器组。除此之外，还禁止使用 MSR 访问特殊功能寄存器——除 APSR 外。如果违反了这些规则，则会进入 fault。

在特权级下的代码可以通过置位 CONTROL[0]来进入用户级。不管是任何原因产生了任何异常，处理器都将以特权级来运行其服务例程，异常返回后将回到产生异常之前的特权级。用户级下的代码不能再试图修改 CONTROL[0]来回到特权级。它必须通过一个异常 handler，由该异常 handler 来修改 CONTROL[0]，才能在返回到线程模式后拿到特权级。图 4－12显示了合法的操作模式转换。

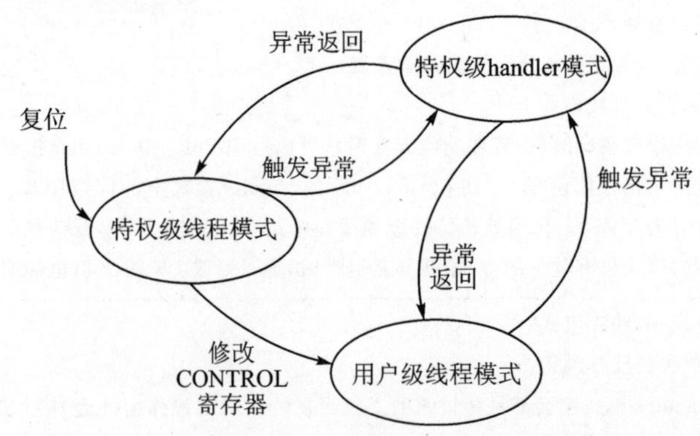

图 4－12　合法的操作模式转换图

在编写代码时，把代码按特权级和用户级分开对待，有利于使架构更加安全。例如，当某个用户代码出问题时，不会影响其他程序，因为用户级的代码是禁止写特殊功能寄存器和 NVIC(Nested Vectored Interrupt Controller，嵌套向量中断控制器)中寄存器的。另外，如果还配有 MPU，保护力度就更大，甚至可以阻止用户代码访问不属于它的内存区域。

为了避免系统堆栈因应用程序的错误使用而毁坏，你可以给应用程序专门配一个堆栈，不让它共享操作系统内核的堆栈。在这个管理制度下，运行在线程模式的用户代码使用 PSP，而异常服务例程则使用 MSP。这两个堆栈指针的切换是全自动的，就在出入异常服务例程时由硬件处理。

如前所述，特权等级和堆栈指针的选择均由 CONTROL 负责。当 CONTROL[0]=0 时，在异常处理的始末，只发生了处理器模式的转换，如图 4－13 所示。

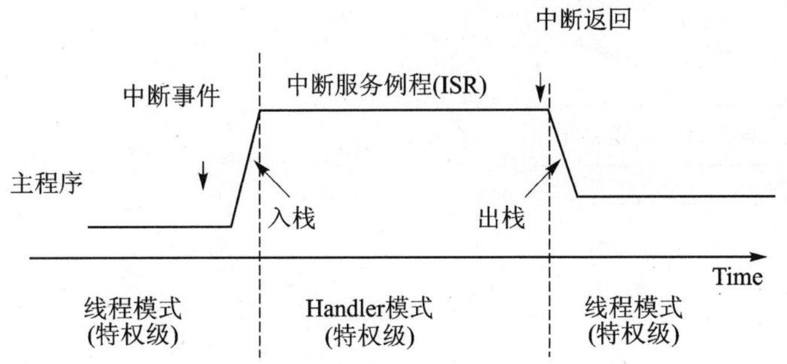

图 4 - 13　中断前后的状态转换

但若 CONTROL[0]＝1(线程模式＋用户级),则在中断响应的始末,处理器模式和特权等级都要发生变化,如图 4 - 14 所示。

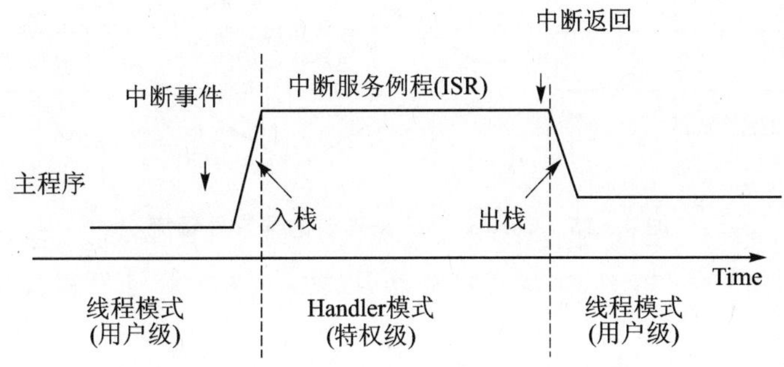

图 4 - 14　中断前后的状态转换＋特权等级切换

CONTROL[0]只有在特权级下才能访问。用户级的程序如想进入特权级,通常都是使用一条"系统服务呼叫指令(SVC)"来触发"SVC 异常",该异常的服务例程可以选择修改 CONTROL[0]。

4.2.2　Cortex - M3 异常管理

1. Cortex - M3 的异常简介

Cortex - M3 在异常处理方面有很大的改进,其异常响应时间为 12 个时钟周期。嵌套向量中断控制器是 Cortex - M3 处理器的紧耦合部件,它支持 11 种系统异常,外加 240 个外部中断输入。同时,抢占(pre - emption)、尾链(tail - chaining)、迟到(late - arriving)技术的使用,大大缩短了异常事件的响应时间。

异常或中断是处理器响应突发事件的一种机制。当异常发生时,Cortex - M3 通过硬件自动将程序计数器 PC、程序状态寄存器 xPSR、链接寄存器 LR 和 R0～R3、R12 等寄存器压栈。在数据总线保存处理器状态的同时,处理器通过指令总线从一个可以重定位的向量表中识别出异常向量,并获取 ISR 函数的地址,也就是保护现场取异常向量地址是并行处理的。一旦压栈和取值完成,中断服务程序 ISR 就开始执行。执行完 ISR,硬件进行出栈操作,中断前的程序恢复正常执行。图 4 - 15 是 Cortex - M3 处理器的异常处理流程。

和其他 ARM 芯片相比,Cortex - M3 在异常的分类和优先级上有很大的区别,表 4 - 5 所列为其支持的异常类型。有一定数量的系统异常是用于 fault 处理的,它们可以由多种错误条

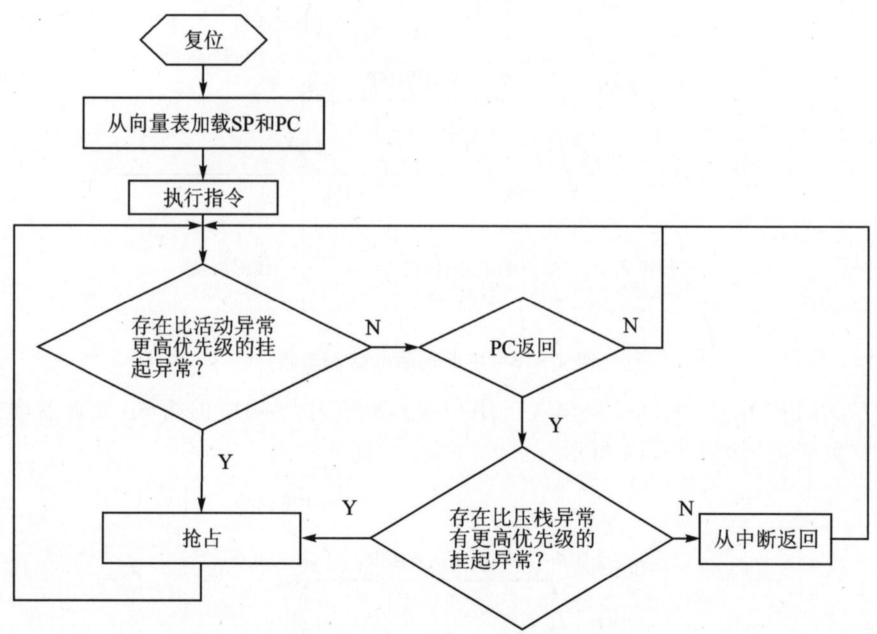

图 4-15 Cortex-M3 处理器的异常处理流程

件引发。NVIC 还提供了一些 fault 状态寄存器，以便于 fault 服务例程找出导致异常的具体原因。

表 4-5 Cortex-M3 中的异常类型

编 号	类 型	优先级	简 介
0	N/A	N/A	没有异常在运行，在复位时栈顶从向量表的第一个入口加载
1	复位	−3(最高)	复位
2	NMI	−2	不可屏蔽中断(来自外部 NMI 输入脚)，只有复位才能抢占
3	硬故障 (hard) fault	−1	所有被屏蔽的 fault，都将"上访"成硬故障。屏蔽的原因包括当前被禁用，或者被 PRIMASK 或 BASPRI 掩蔽
4	MemManage fault	可编程	存储器管理故障异常，MPU 访问犯规以及访问非法位置均可引发。企图在"非执行区"取指也会引发此异常
5	总线 fault	可编程	从总线系统收到了错误响应，原因可以是预取终止(Abort)或数据终止，或者企图访问协处理器
6	用法(usage) fault	可编程	由于程序错误导致的异常。通常是使用了一条无效指令，或者是非法的状态转换，例如尝试切换到 ARM 状态
7～10	保留	N/A	N/A
11	SVCall	可编程	执行系统服务调用指令(SVC)引发的异常
12	调试监视器	可编程	调试监视器(断点、数据观察点或者是外部调试请求)
13	保留	N/A	N/A
14	PendSV	可编程	为系统设备而设的"可挂起请求"(pendable request)

续表 4 - 5

编　号	类　型	优先级	简　介
15	SysTick	可编程	系统节拍定时器(也就是周期性溢出的时基定时器)
16	IRQ #0	可编程	外中断#0
17	IRQ #1	可编程	外中断#1
⋮	⋮	⋮	⋮
255	IRQ #239	可编程	外中断#239

Cortex - M3 支持大量异常,包括 16－5(保留)＝11 个系统异常,和最多 240 个外部中断 IRQ(Interrupt Request)。其中,0 为复位异常入口,1～15 对应其他系统异常,大于等于 16 的则全是外部中断。除了个别异常的优先级被定死外,其他异常的优先级都是可编程的。

在 Cortex - M3 支持的 240 个外部断源中,芯片设计与制造商可根据需要选择其中的部分进行芯片设计。在外部中断源中,由外设产生的中断信号,除了 SysTick 的之外,全都连接到 NVIC 的中断输入信号线。典型情况下,处理器一般支持 16～32 个中断,当然也有在此之外的。

作为中断功能的强化,NVIC 还有一条 NMI 输入信号线。NMI 究竟被拿去做什么,还要视处理器的设计而定。在多数情况下,NMI 会被连接到一个看门狗定时器,有时也会是电压监视功能块,以便在电压掉至危险级别后警告处理器。NMI 可以在任何时间被激活,甚至是在处理器刚刚复位之后。

2. 向量表

当 Cortex - M3 内核响应了一个发生的异常后,对应的异常服务例程(ESR)就会执行。为了决定 ESR 的入口地址,Cortex - M3 使用了“向量表查表机制”。这里使用一张向量表,如表 4 - 6 所列。向量表其实是一个 WORD(32 位整数)数组,每个下标对应一种异常,该下标元素的值则是该 ESR 的入口地址。向量表在地址空间中的位置是可以设置的,通过 NVIC 中的一个重定位寄存器来指出向量表的地址。在复位后,该寄存器的值为 0。因此,在地址 0 处必须包含一张向量表,用于初始时的异常分配。

表 4 - 6　向量表结构

异常类型	表项地址偏移量	异常向量
0	0x00	MSP 的初始值
1	0x04	复位
2	0x08	NMI
3	0x0C	硬 fault
4	0x10	MemManage fault
5	0x14	总线 fault
6	0x18	用法 fault
7～10	0x1C～0x28	保留
11	0x2C	SVC

续表 4-6

异常类型	表项地址偏移量	异常向量
12	0x30	调试监视器
13	0x34	保留
14	0x38	PendSV
15	0x3C	SysTick
16	0x40	IRQ #0
17	0x44	IRQ #1
18～255	0x48～0x3FF	IRQ #2～#239

所有能打断正常执行流的事件都称为异常。在本书中，经常混合使用术语“中断”与“异常”。实际上中断与异常的区别在于：那 240 个中断对 Cortex-M3 核来说都是“意外突发事件”，也就是说，该请求信号来自 Cortex-M3 内核的外面，来自各种片上外设和外扩的外设，对 Cortex-M3 来说是“异步”的；而异常则是因 Cortex-M3 内核的活动产生的，在执行指令或访问存储器时产生，因此对 Cortex-M3 来说是“同步”的。如不加说明，则强调的都是它们对主程序所体现出来的“中断”性质，与我们以前学单片机时所讲的概念是相同的。

因为芯片设计者可以修改 Cortex-M3 的硬件描述源代码，所以做成芯片后，支持的中断源数目常常不到 240 个，并且优先级的位数也由芯片厂商最终决定。

在 NVIC 的中断控制及状态寄存器中，有一个 VECTACTIVE 位段，还有一个特殊功能寄存器 IPSR。二者中，都记录了当前正服务的异常，给出了它的编号。

注意：这里所讲的中断号，都是指 NVIC 所使用的中断号。芯片一些引脚的名字也可能被取为类似“IRQ #”的名字，请不要混淆这两者，它们没有必然的映射关系。常见的情况是，NVIC 中编号最靠前的几个中断源被指定到片上外设，接下来的中断源才给外部中断引脚使用，因此还是要参阅芯片的数据手册来弄清楚。

如果一个发生的异常不能被即刻响应，就称它被“悬起”(pending)。不过，少数 fault 异常是不允许被悬起的。一个异常被悬起的原因，可能是系统当前正在执行一个更高优先级异常的服务例程，或者因相关掩蔽位的设置导致该异常被除能。对于每个异常源，在被悬起的情况下，都会有一个对应的“悬起状态寄存器”保存其异常请求。待到该异常能够响应时，执行其服务例程，这与传统的 ARM 是完全不同的。在以前，是由产生中断的设备保持住请求信号；Cortex-M3 则由 NVIC 的悬起状态寄存器来解决这个问题。于是，哪怕设备在后来已经释放了请求信号，曾经的中断请求也不会错失。我们在第二章的中断部分进行了相关的介绍。

3. 优先级的定义

NVIC 支持由软件指定优先级，通过对中断优先级寄存器的 PRI_N 区执行“写操作”，将中断优先级指定为 0～255 中的一级。硬件优先级随着中断号的增加而降低，“0”优先级最高，“255”优先级最低。软件优先级被指定后，硬件优先级无效。如将 INTISR[0]指定优先级为“1”，INTISR[31]指定优先级为“0”，则 INTISR[31]的优先级比 INTISR[0]高。

为了对具有大量中断的系统加强优先级控制，NVIC 支持优先级分组机制。软件可以使用复位控制寄存器中的 PRIGROUP 区来将每个 PRI_N 中的值分为“占先优先级区”和“次优先级区”。占先优先级又被称为“组优先级”。如果有多个挂起异常在同一异常优先级组中，则使用次优先级区来决定同组中的异常的优先级，这就是同组内的次优先级。组优先级和次优先级的结合就是通常所说的“优先级”。如果两个挂起异常具有相同的优先级，则挂起异常的编号越低优先级越高。

在 Cortex-M3 中，优先级对于异常来说是很关键的，它会决定一个异常是否能被掩蔽，以及在未掩蔽的情况下何时可以响应。优先级的数值越小，则优先级越高。Cortex-M3 支持中断嵌套，使得高优先级异常会抢占低优先级异常。有 3 个系统异常：复位、NMI 以及硬 fault，它们有固定的优先级，并且它们的优先级号是负数，从而高于所有其他异常。所有其他异常的优先级则都是可编程的。

原则上，Cortex-M3 支持 3 个固定的高优先级和多达 256 级的可编程优先级，并且支持 128 级抢占。但是，绝大多数 Cortex-M3 芯片都会精简设计，以致实际上支持的优先级数会更少，如 8 级、16 级、32 级等。它们在设计时会裁掉表达优先级的几个低端有效位，以减少优先级的级数。

举例来说，如果只使用了 3 个位来表达优先级，则优先级配置寄存器的结构会如图 4-16 所示。

Bit 7	Bit 6	Bit 5	Bit 4	Bit 3	Bit 2	Bit 1	Bit 0
用于表达优先级			没有实现，读回零				

图 4-16　使用 3 个位来表达优先级的情况

在图中，[4:0]没有被实现，所以读它们总是返回零，写它们则忽略写入的值。因此，对于 3 个位的情况，我们能够使用的 8 个优先级为：0x00(最高)、0x20、0x40、0x60、0x80、0xA0、0xC0 以及 0xE0。

如果使用更多的位来表达优先级，则可以使用的值也更多，同时需要的门也更多，从而带来更多的成本和功耗。Cortex-M3 允许的最少使用位数为 3 个位，亦即至少要支持 8 级优先级。

图 4-17 给出使用 3 个位表达优先级与使用 4 个位表达优先级的情况。

通过让优先级以 MSB 对齐，可以简化程序的跨器件移植。

为了使抢占机制变得更可控，Cortex-M3 还把 256 级优先级按位分成高低两段，分别称为抢占优先级和子优先级。NVIC 中有一个寄存器是“应用程序中断及复位控制寄存器”(内容见表 4-7)，它里面有一个位段名为“优先级组”。该位段的值对每一个优先级可配置的异常都有影响，把其优先级分为 2 个位段：MSB 所在的位段(左边的)对应抢占优先级，而 LSB 所在的位段(右边的)对应子优先级。

表 4-7　抢占优先级和子优先级的表达，位数与分组位置的关系

分组位置	MSB：表达抢占优先级的位段	LSB：表达子优先级的位段
0	[7:1]	[0:0]
1	[7:2]	[1:0]
2	[7:3]	[2:0]

续表 4-7

分组位置	MSB:表达抢占优先级的位段	LSB:表达子优先级的位段
3	[7:4]	[3:0]
4	[7:5]	[4:0]
5	[7:6]	[5:0]
6	[7:7]	[6:0]
7	无	[7:0](所有位)

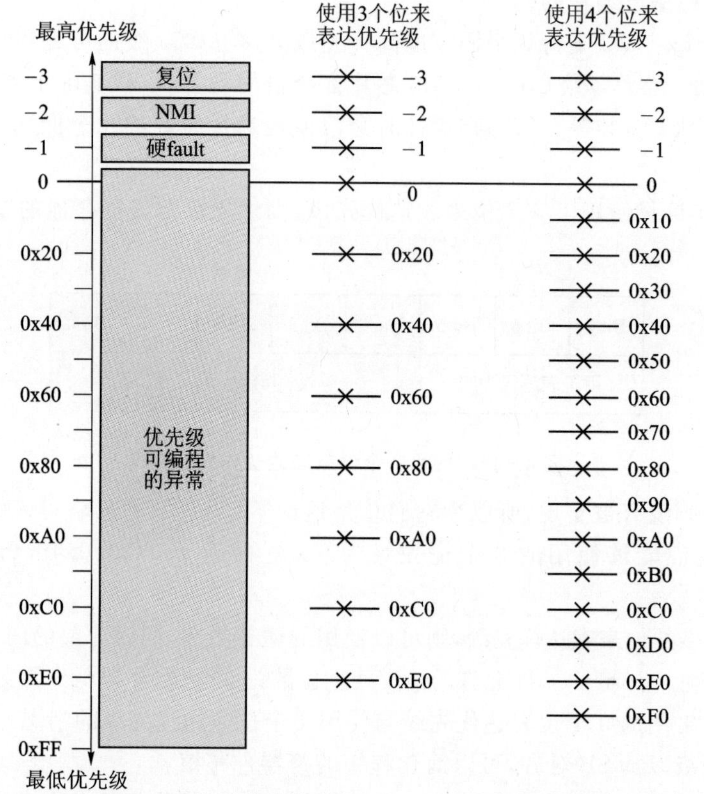

图 4-17　3 位表达的优先级与 4 位表达的优先级

在处理器的异常类型中,优先级决定了处理器如何以及怎样处理异常,系统可以通过软件指定异常优先级,并可以将优先级分组(分为占先优先级和次优先级)。不同的优先级,处理器处理的方式也不一样。表 4-8 列出了系统对不同优先级采取的不同动作。

表 4-8　异常优先级的动作

动　作	描　述
抢占	抢占是指具有高抢占式优先级的中断可以在具有低抢占式优先级的中断处理过程中被响应,即“中断嵌套”。当两个中断源的抢占式优先级相同时,这两个中断没有嵌套关系,当一个中断到来后,如果正在处理另一个中断,这个后到来的中断就要等到前一个中断处理完后才能被处理。如果这两个中断同时到达,则中断控制器根据它们的“次优先级”高低来决定先处理哪一个

续表 4－8

动　作	描　述
尾链	尾链是处理器用来加速中断响应的一种机制。机制能够在两个中断之间没有多余的状态保存和恢复指令的情况下实现"背对背处理(back－to－back processing)"。在退出 ISR 并进入另一个中断时，处理器略过 8 个寄存器的出栈和压栈操作，因为它对堆栈的内容没有影响。 在结束 ISR 时，如果存在一个挂起中断，其优先级高于正在返回的 ISR 或线程，那么就会跳过出栈操作，转而将控制权让给新的 ISR。如果当前挂起中断的优先级比所有被压栈的异常的优先级都高，则处理器执行末尾链锁机制。即省略压栈和出栈操作，处理器立即取出挂起中断的向量。在退出前一个 ISR 之后，立即执行被尾链的 ISR
返回	在没有挂起异常或没有比被压栈的 ISR 优先级更高的挂起异常时，处理器执行出栈操作，并返回到被压栈的 ISR 或线程模式。在响应 ISR 之后，处理器通过出栈操作自动将处理器状态恢复为进入 ISR 之前的状态。如果在状态恢复过程中出现一个新的中断，并且该中断的优先级比正在返回的 ISR 或线程更高，则处理器放弃状态恢复操作并将新的中断作为尾链来处理
迟到	迟到是处理器用来加速占先的一种机制。如果在保存前一个占先的状态时出现一个优先级更高的中断，则处理器转去处理优先级更高的中断，开始该中断的取向量操作。状态保存不会受到迟到的影响。因为被保存的状态对于两个中断都是一样的，状态保存继续执行不会被打断。处理器对迟到中断进行管理，直到 ISR 的第一条指令进入处理器流水线的执行阶段。然后，采用常规的尾链技术。 响应迟到中断时需要执行新的取向量地址和 ISR 预取操作。迟到中断不保存状态，因为状态保存已经被最初的中断执行过了，因此不需要重复执行

4. 异常堆栈操作

(1) Cortex－M3 的堆栈实现原理

Cortex－M3 使用的是"向下生长的满栈"模型。堆栈指针 SP 指向最后一个被压入堆栈的 32 位数值。在下一次压栈时，SP 先自减 4，再存入新的数值。在 Cortex－M3 中，除了可以使用 PUSH 和 POP 指令来处理堆栈外，内核还会在异常处理的始末自动地执行 PUSH 与 POP 操作。图 4－18 和图 4－19 为 PUSH 和 POP 指令执行示意图。

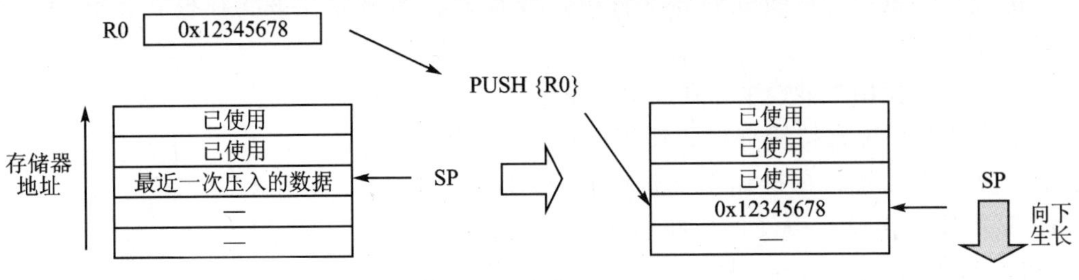

图 4－18　Cortex－M3 堆栈的 PUSH 实现方式

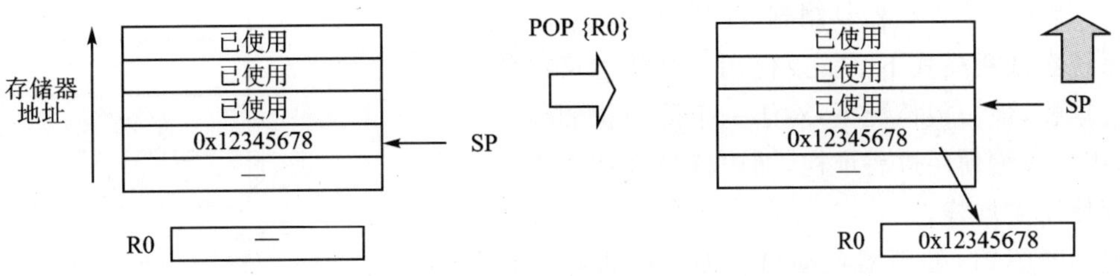

图 4－19　Cortex－M3 堆栈的 POP 实现方式

虽然 POP 后被压入的数值还保存在栈中，但它已经无效了，因为下次的 PUSH 将覆盖它的值！

在进入 ISR 时，Cortex - M3 会自动把一些寄存器压栈，这里使用的是发生本异常的瞬间正在使用的 SP 指针（MSP 或者是 PSP）。离开 ISR 后，只要 ISR 没有更改过 CONTROL[1]，就依然使用发生本次异常的瞬间正在使用的 SP 指针来执行出栈操作。

POP 操作刚好相反，先从 SP 指针处读出上一次被压入的值，再把 SP 指针自增 4。

(2) 堆栈的基本操作

笼统地讲，堆栈操作就是对内存的读写操作，但是访问地址由 SP 给出。寄存器的数据通过 PUSH 操作存入堆栈，以后用 POP 操作从堆栈中取回。在 PUSH 与 POP 的操作中，SP 的值会按堆栈的使用法则自动调整，以保证后续的 PUSH 不会破坏先前 PUSH 进去的内容。

堆栈的功能就是把寄存器的数据临时备份在内存中，以便将来能恢复之——在一个任务或一段子程序执行完毕后恢复。正常情况下，PUSH 与 POP 必须成对使用，而且参与的寄存器，不论是身份还是先后顺序都必须完全一致。当 PUSH/POP 指令执行时，SP 指针的值也跟着自减/自增。

PUSH 指令等效于使用 R13 作为地址指针的 STMDB 指令，而 POP 指令则等效于使用 R13 作为地址指针的 LDMIA 指令——STMDB/LDMIA 还可以使用其他寄存器作为地址指针。

(3) 异常进入处理

Cortex - M3 处理器支持两个独立的堆栈：进程堆栈（Process Stack）和主堆栈（Main Stack）。系统运行的任一时刻，进程堆栈或主堆栈只有一个是可见的。复位后进入线程模式默认使用主堆栈，也可以通过软件配置使用进程堆栈。当中断发生，系统进入 ISR 中断服务，程序使用主堆栈，并且后面所有的抢占中断都使用主堆栈。具体堆栈使用规则如下：

- 线程模式使用主堆栈还是进程堆栈取决于 CONTROL 寄存器中位[1]的值。该位可使用 MSR 或 MRS 指令访问，也可以在退出 ISR 时使用适当的 EXC_RETURN 的值来设置。抢占用户线程的异常将用户线程的状态保存在该线程模式正在使用的堆栈中。
- 所有异常使用主堆栈来保存局部变量。

大多数操作系统支持线程模式使用进程堆栈，异常模式使用主堆栈。在操作系统进行任务调度时，内核只需要保存没有被硬件压栈的 8 个寄存器 R4～R11，并将 SP_process 复制到线程控制块（TCB）中。如果处理器将状态保存在主堆栈中，则内核必须将 16 个寄存器复制到 TCB 中。

系统在线程模式下既可以使用主堆栈也可以使用线程堆栈，但一般情况下，对于一个受保护的线程模式，用户线程使用进程堆栈，而内核进程和中断服务程序使用主堆栈。

发生异常时，处理器自动将下面 8 个寄存器按图 4 - 20 的顺序压栈。

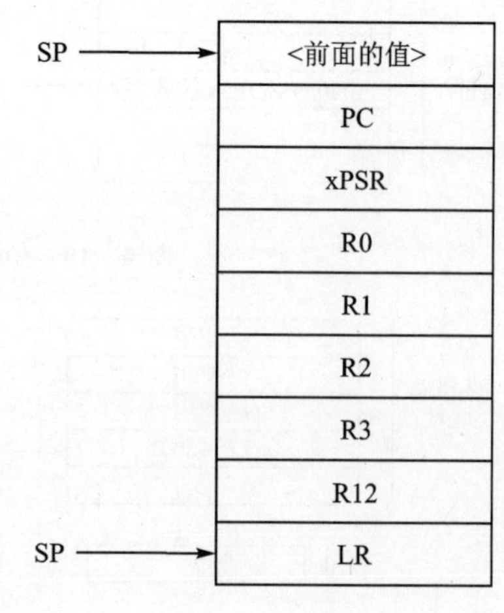

图 4 - 20　抢占之后堆栈中的内容

完成硬件压栈之后，SP 减少 8 个字。从 ISR 返回时，处理器将自动将保存的 8 个寄存器出栈。表 4－9 列出了 Cortex－M3 处理器进入异常的步骤。

表 4－9　Cortex－M3 处理器进入异常的步骤

动　作	是否可重启	说　明
8 个寄存器压栈	否	在所选的堆栈上将 PC、xPSR、R0、R1、R2、R3、R12、LR 压栈
读向量表	是，迟来异常能够引起重启操作	读储存器中的向量表，地址为向量表基址＋(异常号 4)。ICode 总线上的读操作能够与 DCode 总线上的寄存器压栈操作同时执行
从向量表中读 SP	否	只能在复位时，将 SP 更新为向量表中栈顶的值。选择堆栈，压栈和出栈之外的其他异常不能修改 SP
更新 PC	否	利用向量表读出的位置更新 PC，直到第一条指令开始执行时，才能处理迟来异常
加载流水线	是，占先从向量表中读出新的跳转向量，重新加载流水线	从向量表指向的位置加载指令。此操作与寄存器压栈操作同时执行
更新 LR	否	LR 设置为 EXC_RETURN，以便从异常中退出。EXC_RETURN 为 ARMV7－M 架构参考手册中定义的 16 个值之一

(4) 异常退出处理

中断服务程序 ISR 的最后一条指令是将进入服务程序时保存的 LR 加载到 PC。该操作实际上是向处理器表明 ISR 已经完成。之后，处理器自动启动异常退出序列。

当从异常返回时，处理器执行下列操作之一：

- 如果挂起异常的优先级比所有被压栈的异常的优先级都高，则处理器会“尾链”到一个挂起异常。
- 如果没有挂起异常，或者如果被压栈的异常的最高优先级比挂起异常的最高优先级要高，则处理器返回到上一个被压栈的 ISR。
- 如果没有挂起中断或被压栈的异常，则处理器返回线程模式。

表 4－10 列出了 Cortex－M3 处理器的异常退出步骤。

表 4－10　Cortex－M3 处理器异常退出步骤

动　作	说　明
8 个寄存器出栈	如果没有被抢占，则将 PC、xPSR、R0、R1、R2、R3、R12、LR 依次从所选的堆栈中出栈(堆栈由 EXC_RETURN 选择)，并调整 SP 寄存器
加载当前激活的中断号	加载来自被压栈的 IPSR 的位[8:0]中保存的当前激活的中断号。处理器用它来跟踪返回到哪个异常以及返回时清除激活位。当位[8:0]等于 0 时，处理器返回线程模式
选择 SP	如果返回到异常，堆栈寄存器 SP 为 SP_main，如果返回到线程模式，则 SP 为 SP_main 或 SP_process

值得注意的是，如果在保存值出栈过程中出现一个优先级更高的中断，则处理器放弃正在进行的出栈操作，堆栈指针退回到执行该次出栈前的状态，并将该异常看作尾链的情况来响应。

异常返回可以使用下面三种方式之一来实现将保存的 LR(0xFFFFFFFX)加载到 PC：

- POP 操作(包括加载 PC 的 LDM 操作)；
- LDR 操作，将 PC 作为目标寄存器；
- BX 操作，可使用任意寄存器作为操作寄存器。

当系统进入异常服务程序后，LR 的值被自动保存为特殊 EXC_RETURN 值，该值只有 bit[3:0]有意义，其余高 8 位均为 1。当异常服务程序将该值传递给 PC 寄存器时，系统自动启动处理器中断返回序列。EXC_RETURN 各比特位的具体含义见表 4-11。

因为 LR 的值是由系统自动设置的，所以建议用户不要轻易改动它。

表 4-11 EXC_RETURN 位段含义

位 段	含 义
[31:4]	EXC_RETURN 标识，全为 1
Bit3	0=返回后进入 Handler 模式； 1=返回后进入线程模式
Bit2	0=返回 ARM 模式； 1=返回 Thumb 状态，在 Cortex-M3 中必须为 1
Bit1	保留，必须为 0
Bit0	0=返回 ARM 状态； 1=返回 Thumb 状态，在 Cortex-M3 中必须为 1

如果在线程模式中，一旦将 EXC_RETURN 的值加载到 PC 寄存器，即将该值看作一个地址，而不是特殊的值时，将导致存储器管理故障。

4.2.3 Cortex-M3 复位异常

NVIC 与内核同时复位，并对内核从复位状态释放的行为进行控制。因此，复位的行为是可以预测的。表 4-12 列出了 Cortex-M3 处理器的复位行为。

表 4-12 Cortex-M3 处理器的复位行为

行 为	说 明
NVIC 复位，内核保持在复位状态	NVIC 的大部分寄存器清零。处理器处于线程模式，优先级为特权模式，堆栈设置为主堆栈
NVIC 将内核从复位状态释放	NVIC 将内核从复位状态释放
内核设置堆栈	内核从向量表开始处中读取最初的 SP，该 SP 为 MSP
内核设置 PC 和 LR	内核从向量表偏移位置中读取最初的 PC，LR 设置为 0xFFFFFFFF
运行复位程序	NVIC 的中断被禁止看，NMI 和硬故障异常开启

位于 0 地址的向量表，从低地址起依次存放：栈顶地址、复位程序的起始地址、NMI ISR 的起始地址、硬故障处理函数 ISR 的起始地址。如果使用 SVC 指令，还需要指定 SVCall ISR 的位置。

完整的向量表程序清单如下：

```
unsigned int stack_base[STACK_SIZE];
void ResetISR(void);
void NmiISR(void);
...
ISR_VECTOR_TABLE vector_table_at_0
{
    stack_base + sizeof(stack_base),
    ResetISR,
    NmiSR,
    FaultISR,
    0,               //如果使用 MemManage(MPU),在此添加它的 ISR
    0,               //如果使用总线故障,在此添加它的 ISR
    0,               //如果使用“使用故障”,在此添加它的 ISR
    0,0,0,0,         //保留
    SVCallISR,
    0,               //如果使用调试监控,在此添加它的 ISR
    0,               //保留
    0,               //如果使用响应请求可挂起功能,在此添加它的 ISR
    0,               //如果使用 SysTick,在此添加它的 ISR
                     //外部中断从这里开始
    Timer1ISR,
    GpioInISR,
    GpioOutISR,
    I2CISR
};
```

通常情况下,复位程序遵循表 4－13 中的步骤进行。C/C＋＋运行时将执行前三步,然后调用 main()。

表 4－13　Cortex－M3 处理器复位启动动作

行　为	说　明
初始化变量	必须设置所有的全局/静态变量。包括将 BBS(已初始化的变量)清零,并将变量的初值从 ROM 中复制到 RAM 中
设置堆栈	如果使用多个堆栈,另一个分组的 SP 必须进行初始化。当前的 SP 也可以从主堆栈变为进程堆栈
初始化所有运行时间	可选择调用 C/C＋＋运行时间的注册码,以允许使用堆(heap),浮点运算或其他功能。这通常可通过_main 调用 C/C＋＋库来完成
初始化所有外设	在中断使能之前设置外设。可以调用它来设置应用中使用的外设
切换 ISR 向量表	可选择将代码区 0 地址中的向量表转换到 SRAM 中。这样做只是为了优化性能或允许动态改变
设置可配置的故障	使能可配置的故障并设置它们的优先级
设置中断	设置中断优先级和屏蔽位

续表 4-13

行　为	说　明
使能中断	使能中断。使能 NVIC 的中断处理。如果不希望在中断刚使能时产生中断，则可通过 CPS 或 MSR 指令设置 PRIMASK 寄存器，在准备就绪之前屏蔽中断
改变优先级	如果有必要，线程模式的特权访问可变为用户访问。该操作通常通过调用 SVCall 处理程序来实现
循环(loop)	如果使能退出时进入睡眠功能(sleep-on-exit)，则在产生第一个中断/异常后，控制不会返回。可通过寄存器选择使能/禁止该功能，而 loop 能够处理清除操作和执行的任务。如果选择禁止该睡眠功能，则 loop 能够使用 WFI(现在睡眠)功能

在离开复位状态后，Cortex-M3 做的第一件事就是读取下列两个 32 位整数的值，如图 4-21 所示。

- 从地址 0x00000000 处取出 MSP 的初始值。
- 从地址 0x00000004 处取出 PC 的初始值——这个值是复位向量，LSB 必须是 1。然后从这个值所对应的地址处取指。

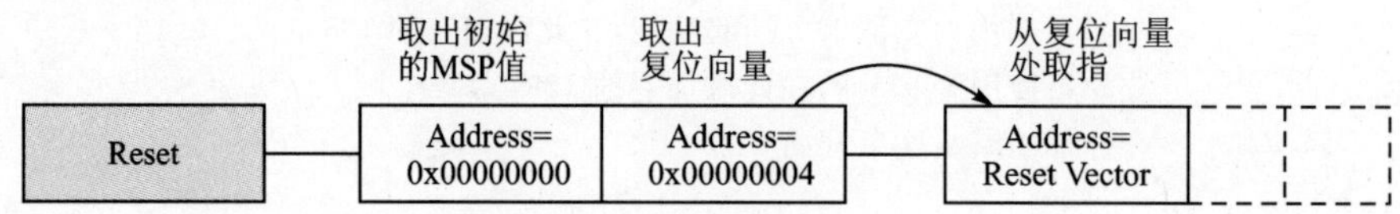

图 4-21　复位序列

注意：这与传统的 ARM 架构不同——其实也和绝大多数的其他单片机不同。传统的 ARM 架构总是从 0 地址开始执行第一条指令。它们的 0 地址处总是一条跳转指令。在 Cortex-M3 中，在 0 地址处提供 MSP 的初始值，然后紧跟着就是向量表(向量表在以后还可以被移至其他位置)。向量表中的数值是 32 位的地址，而不是跳转指令。向量表的第一个条目指向复位后应执行的第一条指令。

因为 Cortex-M3 使用的是向下生长的满栈，所以 MSP 的初始值必须是堆栈内存的末地址加 1。举例来说，如果你的堆栈区域在 0x20007C00～0x20007FFF 之间，那么 MSP 的初始值就必须是 0x20008000。

向量表跟随在 MSP 的初始值之后——也就是第 2 个表目。因为 Cortex-M3 是在 Thumb 态下执行，所以向量表中的每个数值都必须把 LSB 置 1(也就是奇数)。正是因为这个原因，图 4-22 中使用 0x101 来表达地址 0x100。当 0x100 处的指令得到执行后，就正式开始了程序的执行。在此之前初始化 MSP 是必需的，因为可能第 1 条指令还没来得及执行，就发生了 NMI 或是其他 fault。MSP 初始化好后就已经为它们的服务例程准备好了堆栈。

对于不同的开发工具，需要使用不同的格式来设置 MSP 初值和复位向量——有些则由开发工具自行计算并生成。如果想要获知细节，最快的办法就是参考开发工具提供的一个示例工程。

复位程序用来使能系统中断，并启动应用程序。下面介绍 3 种方法，可以在执行完中断处理后调用复位异常处理程序。

- 退出中断处理程序时，进入完全睡眠的复位程序。程序操作步骤如下：

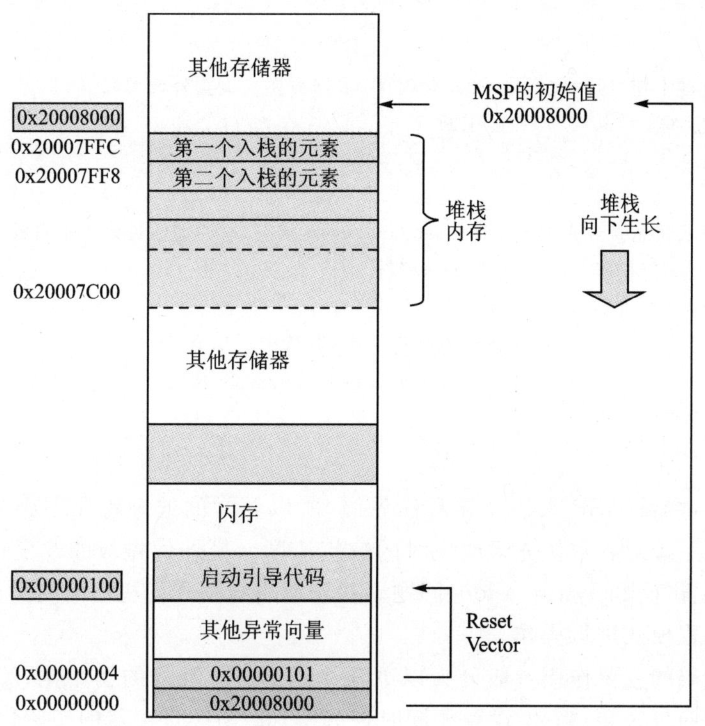

图 4－22　初始 MSP 及 PC 初始化的一个范例

```
void reset()
{
    //完成设置工作(初始化变量,初始化时间(根据需要)、设置外设等)
    nvic[INT_ENA] = 1;                          //使能中断
    nvic_regs[NV_SLEEP] = NVSLEEP_ON_EXIT;      //在第一个异常之后不会正常返回
    while(1)
    wfi();
}
```

● 使用 WFI 进入睡眠模式(可选的复位程序)。程序操作步骤如下:

```
void reset()
{
    extern volatile unsigned exc_req;
    //完成设置工作(初始化变量,初始化时间(根据需要)、设置外设等)
    nvic[INT_ENA] = 1;                          //使能中断
    while(1)
    {   //完成(exc_req = FALSE;exc_req = FALSE;)的部分工作
        wfi();                                  //现在进入睡眠状态,等待中断
        //完成部分商店自检异常的检验/清除
    }
}
```

● 所选的 Sleep－on－exit 功能被 ISR 取消的复位程序。程序操作步骤如下:

```
void reset()
{
    //完成设置工作(初始化变量,初始化时间(根据需要)、设置外设等)
    nvic[INT_ENA] = 1;     //使能中断
    while(1)
    {
    //处于睡眠状态直到有异常清除 sleep on reset 状态,这样能够处理上电自检/清除
    nvic_regs[NV_SLEEP] = NVSLEEP_ON_EXIT;
    while(nvic_regs[NV_SLEEP]&NVSLEEP_ON_EXIT)
    wfi();                 //现在进入睡眠状态,等待中断来清除
                           //完成部分上电自检异常的检验/清除
    }
}
```

因为可以通过激活 ISR 来改变异常优先级,所以异常的处理程序不必放在复位程序中。这样做可以保证系统对异常优先级改变时的响应速度。另外优先级的改变机制,解决了操作系统中优先级倒置(priority inversion)问题。对于使用线程和特权访问的操作系统来说,用户代码可以使用线程模式进行操作。

系统启动代码的主要作用一般分为以下几个部分:① 堆栈的初始化;② 向量表定义;③ 地址映射及中断向量表转移;④ 设置相同时钟频率;⑤ 系统寄存器的初始化;⑥ 进入 C 语言应用程序。在系统启动时,需要在向量表中依次填入对应异常处理的入口地址(即异常处理函数首地址),而异常处理函数可以采用汇编语言编写,也可以采用 C 语言编写。

下面对 Cortex-M3 微控制器的系统启动代码进行分析。

1. 堆和栈空间的初始化

对 MSP 的初始化主要是将分配好的堆栈地址空间的首地址赋给 MSP。首先需要开辟一块大小为 Stack_Size 的栈空间和 Heap_Size 的堆空间。

```
    Stack_Size    EQU    0x00000200                          ;定义 Stack_Size 为 0x00000200
    AREA  STACK, NOINIT, READWRITE, ALIGN = 3                ;定义栈,可初始为 0,8 字节对齐
Stack_Mem     SPACE   Stack_Size                             ;分配 0x200 个连续字节,并初始化为 0
__initial_sp                                                 ;汇编代码地址标号

    Heap_Size     EQU    0x00000000
    AREA     HEAP, NOINIT, READWRITE, ALIGN = 3              ;定义堆,可初始为 0,8 字节对齐
__heap_base
Heap_Mem        SPACE   Heap_Size
__heap_limit
```

2. 异常向量表

编译器需要把异常向量表映射到 0 地址开始的位置,主要通过代码段的声明来实现。

```
    AREA  RESET, DATA, READONLY       ;代码段声明,定义复位向量段,只读
    EXPORT   __Vectors                ;告诉编译器,此函数可以被外部调用
__Vectors  DCD    __initial_sp        ;给__initial_sp 分配 4 字节 32 位的地址 0x0
```

```
    DCD   Reset_Handler              ;给标号 Reset Handler 分配地址为 0x00000004
    DCD   NMI_Handler                ;给标号 NMI Handler 分配地址 0x00000008
    DCD   HardFault_Handler          ;Hard Fault Handler
    DCD   MemManage_Handler          ;MPU Fault Handler
    DCD   BusFault_Handler           ;Bus Fault Handler
    DCD   UsageFault_Handler         ;Usage Fault Handler
    DCD   0                          ;这种形式就是保留地址,不给任何标号分配
    …
    ; External Interrupts
    DCD   WWDG_IRQHandler            ;Window Watchdog
    DCD   PVD_IRQHandler             ;PVD through EXTI Line detect
    DCD   TAMPER_IRQHandler          ;Tamper
    DCD   RTC_IRQHandler             ;RTC
    DCD   FLASH_IRQHandler           ;Flash
          …
```

3. 复位异常向量表的转移

本部分代码主要为了实现将异常处理器函数便于管理,用 C 语言代码编写异常实现代码,需要编写异常转移代码。

```
AREA    |.text|, CODE, READONLY      ;代码段定义
; Reset Handler
Reset_Handler   PROC                 ;标记复位函数的开始
EXPORT  Reset_Handler  [WEAK]        ;/ * WEAK 选项表示当所有的源文件都没有定义这样一个标号
                                     ;时,编译器也不给出错误信息,在多数情况下将该标号置为 0,
                                     ;若该标号为 B 或 BL 指令引用,则将 B 或 BL 指令置为 NOP 操
                                     ;作。EXPORT 提示编译器标示符为外部文件引用。 * /
    IMPORT   SystemInit              ;通知编译器要使用的 SystemInit 在其他文件
    IMPORT   __main                  ;通知编译器要使用的__main 函数在其他文件
    LDR   R0, = SystemInit           ;系统初始化,如时钟、存储器和其他系统外设
    BLX   R0                         ;BLX 是子程序调用,需要返回
    LDR   R0, = __main               ;/ * 使用“ = ”表示 LDR 目前是伪指令不是标准指令。这里是
                                     ;把__main 的地址给 R0。 * /
    BX   R0                          ;BX 是 ARM 指令集和 THUMB 指令集之间程序的跳转,无返回
    ENDP
  ; Dummy Exception Handlers (infinite loops which can be modified)
NMI_Handler   m                      ;“m”其实就是 PROC 表示汇编函数的开始
    EXPORT   NMI_Handler [WEAK]
    B         .                      ; “.”代表 address of current instruction 也就是当前指令
                                     ;地址
                                     ;文中的(B.)表示缺省的意思,有点像 C 里面的 while(1);
    ENDP
HardFault_Handler\                   ;“\”是换行的意思
    PROC
    EXPORT   HardFault_Handler [WEAK]
    B         .
```

```
    ENDP
MemManage_Handler\
    PROC
    EXPORT  MemManage_Handler  [WEAK]
    B       .
    ENDP
    …
Default_Handler PROC
    EXPORT  WWDG_IRQHandler    [WEAK]     ;声明其他文件中的中断服务程序
    EXPORT  PVD_IRQHandler     [WEAK]
    EXPORT  TAMPER_IRQHandler  [WEAK]
    EXPORT  RTC_IRQHandler     [WEAK]
    EXPORT  FLASH_IRQHandler   [WEAK]
     …
WWDG_IRQHandler
PVD_IRQHandler
TAMPER_IRQHandler
RTC_IRQHandler
FLASH_IRQHandler
…
    B
    ENDP
```

4. 堆和栈的初始化

```
ALIGN
IF:DEF:__MICROLIB                        ;"DEF"的用法——:DEF:X 就是说 X 定义了则为真,否则为假
    EXPORT  __initial_sp
    EXPORT  __heap_base
    EXPORT  __heap_limit
ELSE
    IMPORT  __use_two_region_memory
    EXPORT  __user_initial_stackheap    ;声明为全局标示符,其他文件中的函数可以调用
__user_initial_stackheap
    LDR  R0, = Heap_Mem
    LDR  R1, = (Stack_Mem + Stack_Size)
    LDR  R2, = (Heap_Mem + Heap_Size)
    LDR  R3, = Stack_Mem
    BX   LR
ALIGN                                    ;填充字节使地址对齐
ENDIF
END                                      ;启动代码结束
```

建立中断向量表 Vectors,Cortex-M3 规定起始地址必须存放栈顶地址即__initial_sp,紧接着存放复位入口地址,这样内核复位后就会自动从起始地址的下 32 位取出复位地址执行复位中断服务函数。

DCD 指令：开辟内存空间，中断向量表建立中使用，相当于 C 语言中的函数指针，每个成员都是函数指针，指向各个中断服务函数。在该例中，有许多外部中断并没有实现代码，用户可以根据自己的需要添加相应的外部中断服务程序。

习题 4

1. ARM 处理器发展经历了哪几个阶段，对应的处理器分别具有什么特点？
2. 试说出 Cortex-M3 处理器的结构特点，其寄存器的组成包括哪些，分别的作用是什么？
3. Cortex-M3 的操作模式和特权级别分别有哪些？有什么区别？
4. 画出 Cortex-M3 处理器的异常处理器流程。
5. Cortex-M3 在异常处理时，其堆栈操作是怎样的？
6. Cortex-M3 处理器复位启动动作流程是怎样的？

第 5 章　嵌入式系统常用外设驱动编程实例

通过第 2 章的学习可以知道，嵌入式系统的硬件抽象层是系统软件层的基础。嵌入式系统要完成设计的功能，必须通过相应的外设来实现。嵌入式系统常用外设除了存储设备以外还包括：通信总线及接口（如 UART、USB、I^2C、SPI 等）、人机交互设备（如 LCD、键盘、触摸屏等）、其他输入/输出设备（如 A/D、D/A、PWM 等）。本章针对嵌入式系统中常用的一些设备及接口原理进行说明，然后以 STM32F103VET6 微控制器为例进行硬件电路及驱动编程设计，以便于读者能从中掌握常用外设的电路设计和驱动程序编写方法。

5.1　STM32F103VET6 简介

5.1.1　STM32F103VET6 概述

STM32F103VET6(LQFP100)是一款基于 ST（意法半导体）公司 STM32 系列处理器。CPU 主频为 72 MHz，广泛适用于各种应用场合。

主要特性如下：

- 内核：ARM 32 位的 Cortex - M3 CPU。
  - 最高 72 MHz 工作频率，在存储器的 0 等待周期访问时可达 1.25 DMips/MHz；
  - 单周期乘法和硬件除法。
- 存储器。
  - 从 256～512 KB 的闪存程序存储器；
  - 高达 64 KB 的 SRAM；
  - 带 4 个片选的静态存储器，支持 CF 卡、SRAM、PSRAM、NOR 和 NAN 存储器；
  - 并行 LCD 接口，兼容 8080/6800 模式。
- 时钟、复位和电源管理。
  - 2.0～3.6 V 供电和 I/O 引脚；
  - 上电/断电复位(POR/PDR)、可编程电压监测器(PVD)；
  - 4～16 MHz 晶体振荡器；
  - 内嵌经出厂调校的 8 MHz 的 RC 振荡器；
  - 内嵌带校准的 40 kHz 的 RC 振荡器；
  - 带校准功能的 32 kHz RTC 振荡器。
- 低功耗。
  - 睡眠、停机和待机模式；
  - VBAT 为 RTC 和后备寄存器供电。
- 3 个 12 位模数转换器，1 μs 转换时间（多达 21 个输入通道）。
  - 转换范围：0～3.6 V；
  - 三倍采样和保持功能；

- 温度传感器。

- 2 通道 12 位 D/A 转换器。
- DMA:12 通道 DMA 控制器。
  - 支持的外设:定时器、ADC、DAC、SDIO、I^2S、SPI、I^2C 和 USART。
- 调试模式。
  - 串行单线调试(SWD)和 JTAG 接口;
  - Cortex-M3 内嵌跟踪模块(ETM)。
- 80 个快速 I/O 端口。
  - 80 个多功能双向的 I/O 口,所有 I/O 口可以映像到 16 个外部中断;几乎所有端口均可容忍 5 V 信号。
- 多达 11 个定时器。
  - 多达 4 个 16 位定时器,每个定时器有多达 4 个用于输入捕获/输出比较/PWM 或脉冲计数的通道和增量编码器输入;
  - 2 个 16 位带死区控制和紧急刹车,用于电机控制的 PWM 高级控制定时器;
  - 2 个看门狗定时器(独立的和窗口型的);
  - 系统时间定时器:24 位自减型计数器;
  - 2 个 16 位基本定时器用于驱动 DAC。
- 多达 13 个通信接口。
  - 多达 2 个 I^2C 接口(支持 SMBus/PMBus);
  - 多达 5 个 USART 接口(支持 ISO7816、LIN、IrDA 接口和调制解调控制);
  - 多达 3 个 SPI 接口(18 Mbps),2 个可复用为 I^2S 接口;
  - CAN 接口(支持 2.0B);
  - USB 2.0 全速接口;
  - SDIO 接口。
- CRC 计算单元,96 位的芯片唯一代码。

5.1.2 引脚概述

STM32F103VET6 微控制器共有 100 个引脚(见图 5-1),总共有 80 个 I/O 口,除去 RTC 晶振占用的 2 个,还剩 78 个,其中大部分引脚具有 1 个以上的功能,有很多内置外设的输入/输出引脚都具有重映射的功能。

每个内置外设都有若干个输入/输出引脚,一般这些引脚的输出脚位都是固定不变的,为了让设计工程师可以更好地安排引脚的走向和功能,在 STM32 中引入了外设引脚重映射的概念,即一个外设的引脚除了具有默认的脚位外,还可以通过设置重映射寄存器的方式,把这个外设的引脚映射到其他的脚位。STM32 中的很多内置外设都具有重映射的功能,比如 USART、定时器、CAN、SPI、I^2C 等。

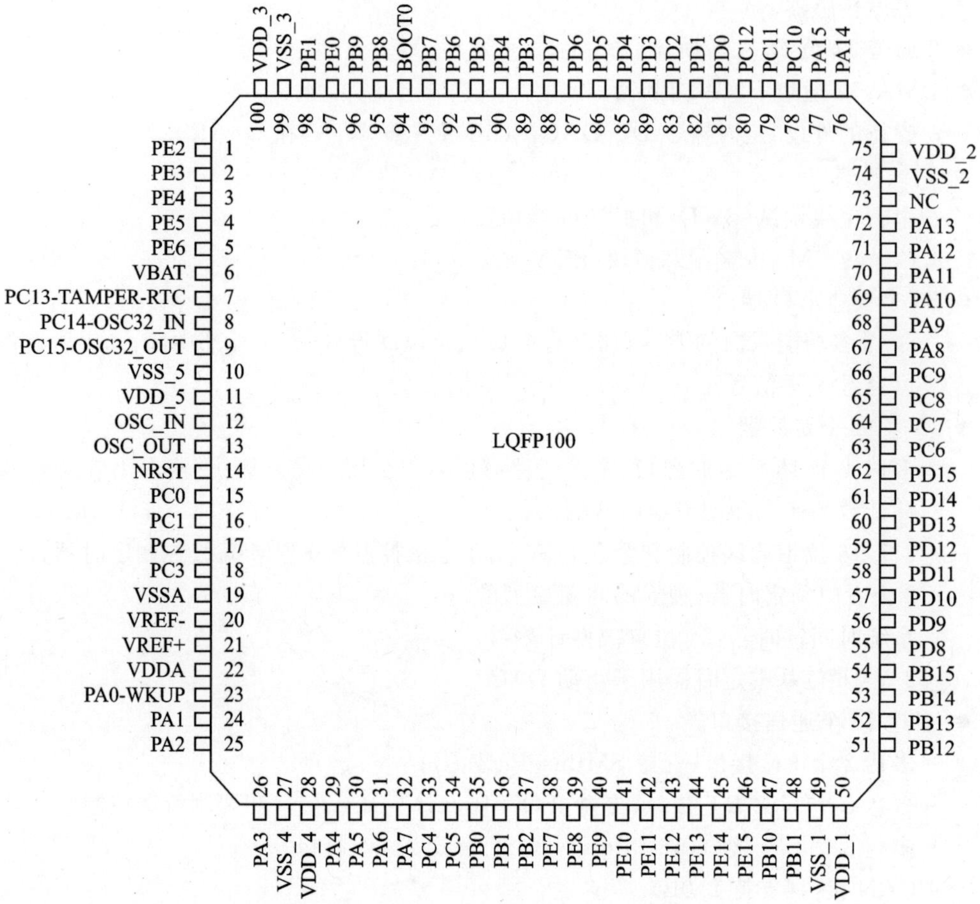

引脚	名称	引脚	名称	引脚	名称	引脚	名称
1	PE2	26	PA3	51	PB12	76	PA14
2	PE3	27	VSS_4	52	PB13	77	PA15
3	PE4	28	VDD_4	53	PB14	78	PC10
4	PE5	29	PA4	54	PB15	79	PC11
5	PE6	30	PA5	55	PD8	80	PC12
6	VBAT	31	PA6	56	PD9	81	PD0
7	PC13-TAMPER-RTC	32	PA7	57	PD10	82	PD1
8	PC14-OSC32_IN	33	PC4	58	PD11	83	PD2
9	PC15-OSC32_OUT	34	PC5	59	PD12	89	PD3
10	VSS_5	35	PB0	60	PD13	85	PD4
11	VDD_5	36	PB1	61	PD14	86	PD5
12	OSC_IN	37	PB2	62	PD15	87	PD6
13	OSC_OUT	38	PE7	63	PC6	88	PD7
14	NRST	39	PE8	64	PC7	89	PB3
15	PC0	40	PE9	65	PC8	90	PB4
16	PC1	41	PE10	66	PC9	91	PB5
17	PC2	42	PE11	67	PA8	92	PB6
18	PC3	43	PE12	68	PA9	93	PB7
19	VSSA	44	PE13	69	PA10	94	BOOT0
20	VREF-	45	PE14	70	PA11	95	PB8
21	VREF+	46	PE15	71	PA12	96	PB9
22	VDDA	47	PB10	72	PA13	97	PE0
23	PA0-WKUP	48	PB11	73	NC	98	PE1
24	PA1	49	VSS_1	74	VSS_2	99	VSS_3
25	PA2	50	VDD_1	75	VDD_2	100	VDD_3

LQFP100

图 5-1 STM32F103VET6 引脚分布图

5.2 GPIO 应用实例——LED 模块设计

GPIO 是 General Purpose Input Output（通用输入/输出）的缩写。在嵌入式处理器中存在数量不同的 GPIO，这些 GPIO 实现处理器与外设之间的互联、通信等操作。本节对 STM32 的 GPIO 进行介绍，让读者了解 GPIO 的主要功能。然后通过 GPIO 实现对 LED 等控制，让读者掌握如何配置 GPIO 实现需要的功能。

5.2.1 GPIO 简介

STM32F103VET6 的引脚数为 100，其中用作 GPIO 功能的引脚达 80 个。具体分配如下：

- PA 端口 16 个：23～26，29～32，67～72，76，77。
- PB 端口 16 个：35～37，89～93，95，96，47，48，51～54。
- PC 端口 16 个：15～18，33，34，63～66，78～80，7～9。
- PD 端口 16 个：55～62，81～88。

● PE 端口 16 个:97,98,1～5,38～46。

所有这些端口引脚作为通用 I/O 时,既可以作为输入引脚用来检测数字输入信号及边沿信号,也可以作为输出引脚输出高电平或低电平用于驱动 LED、其他的指示器或控制片外器件。

STM32 的 I/O 口相比 MCS51 单片机而言要复杂得多,所以使用起来也困难很多。首先 STM32 的 I/O 口可以由软件配置成如下 8 种模式,见表 5-1。

表 5-1　GPIO 引脚功能复用配置方式

<table>
<tr><th colspan="2">配置模式</th><th>CNF1</th><th>CNF0</th><th>MODE1</th><th>MODE0</th><th>PxODR 寄存器</th></tr>
<tr><td rowspan="2">通用输出</td><td>推挽式(Push-Pull)</td><td rowspan="2">0</td><td>0</td><td colspan="2" rowspan="4">01
10
11</td><td>0 或 1</td></tr>
<tr><td>开漏(Open-Drain)</td><td>1</td><td>0 或 1</td></tr>
<tr><td rowspan="2">复用功能输出</td><td>推挽式(Push-Pull)</td><td rowspan="2">1</td><td>0</td><td>不使用</td></tr>
<tr><td>开漏(Open-Drain)</td><td>1</td><td>不使用</td></tr>
<tr><td rowspan="4">输入</td><td>模拟输入</td><td rowspan="2">0</td><td>0</td><td colspan="2" rowspan="4">00</td><td>不使用</td></tr>
<tr><td>浮空输入</td><td>1</td><td>不使用</td></tr>
<tr><td>下拉输入</td><td rowspan="2">1</td><td rowspan="2">0</td><td>0</td></tr>
<tr><td>上拉输入</td><td>1</td></tr>
</table>

STM32 的每个 I/O 端口都有 7 个寄存器来控制。它们分别是:配置模式的 2 个 32 位的端口配置寄存器 GPIOx_CRL 和 GPIOx_CRH;2 个 32 位的数据寄存器 GPIOx_IDR 和 GPIOx_ODR;1 个 32 位的置位/复位寄存器 GPIOx_BSRR;1 个 16 位的复位寄存器 GPIOx_BRR;1 个 32 位的锁存寄存器 GPIOx_LCKR。每个 I/O 口可以自由编程,但 I/O 口寄存器必须要按 32 位字被访问(不允许半字或字节访问)。GPIOx_BSRR 和 GPIOx_BRR 寄存器允许对任何 GPIO 寄存器的读/更改的独立访问;这样,在读和更改访问之间产生 IRQ 时就不会发生危险。GPIOx_CRL 和 GPIOx_CRH 控制着每个 I/O 口的模式及输出速率。

1. 单独的位设置或位清除方法

当对 GPIOx_ODR 的个别位编程时,软件不需要禁止中断:在单次 APB2 写操作里,可以只更改一个或多个位。这是通过对“置位/复位寄存器”(GPIOx_BSRR,复位是 GPIOx_BRR)中想要更改的位写“1”来实现的。没被选择的位将不被更改。

2. 外部中断/唤醒线

所有端口都有外部中断能力。为了使用外部中断线,端口必须配置成输入模式。

3. GPIO 锁定机制

锁定机制允许冻结 I/O 配置。当在一个端口位上执行了锁定(LOCK)程序,在下一次复位之前,将不能再更改端口位的配置。

4. 输入配置方法

当 I/O 端口配置为输入时:

● 输出缓冲器被禁止;

● 施密特触发输入被激活;

● 根据输入配置(上拉、下拉或浮动)的不同,弱上拉和下拉电阻被连接;
● 出现在 I/O 脚上的数据在每个 APB2 时钟被采样到输入数据寄存器;
● 对输入数据寄存器的读访问可得到 I/O 状态。

5. 输出配置方法

当 I/O 端口被配置为输出时:

● 输出缓冲器被激活。
  ➢ 开漏模式:输出寄存器上的“0”激活 N－MOS,而输出寄存器上的“1”将端口置于高阻状态(PMOS 从不被激活)。
  ➢ 推挽模式:输出寄存器上的“0”激活 N－MOS,而输出寄存器上的“1”将激活 P－MOS。
● 施密特触发输入被激活。
● 弱上拉和下拉电阻被禁止。
● 出现在 I/O 脚上的数据在每个 APB2 时钟被采样到输入数据寄存器。
● 在开漏模式时,对输入数据寄存器的读访问可得到 I/O 状态。
● 在推挽模式时,对输出数据寄存器的读访问可得到最后一次写的值。

6. 复用功能配置方法

当 I/O 端口被配置为复用功能时:

● 在开漏或推挽式配置中,输出缓冲器被打开;
● 内置外设的信号驱动输出缓冲器(复用功能输出);
● 施密特触发输入被激活;
● 弱上拉和下拉电阻被禁止;
● 在每个 APB2 时钟周期,出现在 I/O 脚上的数据被采样到输入数据寄存器;
● 开漏模式时,读输入数据寄存器时可得到 I/O 口状态;
● 推挽模式下,读输出数据寄存器时可得到最后一次写的值。

7. 模拟输入配置方法

当 I/O 端口被配置为模拟输入配置时:

● 输出缓冲器被禁止;
● 禁止施密特触发输入,实现了每个模拟 I/O 引脚上的零消耗,施密特触发输出值被强置为“0”;
● 弱上拉和下拉电阻被禁止;
● 读取输入数据寄存器时数值为“0”。

5.2.2 GPIO 寄存器描述

各寄存器描述见表 5－2～表 5－8。

表 5-2　端口配置低寄存器(GPIOx_CRL,偏移地址:0x00,复位值:0x4444 4444)

位	描　述	访　问	复　位
31:30 27:26 23:22 19:18 15:14 11:10 7:6 3:2	CNFx[1:0],端口 x 配置位(x=0～7),软件通过这些位配置相应的 I/O 端口 在输入模式(MODE[1:0]=00)时: 00:模拟输入模式; 01:浮空输入模式(复位后的状态); 10:上位/下位输入模式; 11:保留 在输出模式(MODE[1:0]>00)时: 00:通用推挽输出模式; 01:通用开漏输出模式; 10:复用功能推挽输出模式; 11:复用功能开漏输出模式	R/W	01
29:28 25:24 21:20 17:16 13:12 9:8 5:4 1:0	MODEx[1:0],端口 x 配置位(x=0～7),软件通过这些位配置相应的 I/O 端口 00:输入模式(复位后的状态); 01:输出模式,最大速度 10 MHz; 10:输出模式,最大速度 2 MHz; 11:输出模式,最大速度 50 MHz	R/W	01

表 5-3　端口配置高寄存器(GPIOx_CRH,偏移地址:0x04,复位值:0x4444 4444)

位	描　述	访　问	复　位
31:30 27:26 23:22 19:18 15:14 11:10 7:6 3:2	CNFx[1:0],端口 x 配置位(x=8～15),软件通过这些位配置相应的 I/O 端口。 在输入模式(MODE[1:0]=00)时: 00:模拟输入模式; 01:浮空输入模式(复位后的状态); 10:上位/下位输入模式; 11:保留。 在输出模式(MODE[1:0]>00)时: 00:通用推挽输出模式; 01:通用开漏输出模式; 10:复用功能推挽输出模式; 11:复用功能开漏输出模式	R/W	01
29:28 25:24 21:20 17:16 13:12 9:8 5:4 1:0	MODEx[1:0],端口 x 配置位(x=8～15),软件通过这些位配置相应的 I/O 端口。 00:输入模式(复位后的状态); 01:输出模式,最大速度 10 MHz; 10:输出模式,最大速度 2 MHz; 11:输出模式,最大速度 50 MHz	R/W	01

表 5-4　端口输入数据寄存器(GPIOx_IDR,地址偏移:0x08,复位值:0x0000 0000)

位	描　述	访　问	复　位
31:16	保留	R	0
15:0	IDRx[15:0],端口输入数据(x=0～15)。 这些位为只读并只能以字(16 位)的形式读出,读出的值为对应 I/O 口的状态	R	0

表 5-5　端口输出数据寄存器(GPIOx_ODR,地址偏移:0x0C,复位值:00000000H)

位	描　述	访　问	复　位
31:16	保留	R/W	0
15:0	ODRx[15:0],端口输入数据(x=0～15)。 这些位为只读并只能以字(16 位)的形式操作	R/W	0

表 5-6　端口位设置/复位寄存器(GPIOx_BSRR,地址偏移:0x10,复位值:0x0000 0000)

位	描　述	访　问	复　位
31:16	BRx[31:16]:清除端口 x 的位(x=0～15)。 这些位为只读并只能以字(16 位)的形式操作: 0:对应的 ODRx 位不产生影响; 1:清除对应的 ODRx 位为 0	W	0
15:0	BSx[15:0]:设置端口 x 的位(x=0～15)。 这些位为只读并只能以字(16 位)的形式操作: 0:对应的 ODRx 位不产生影响; 1:设置对应的 ODRx 位为 1	W	0

表 5-7　端口位复位寄存器(GPIOx_BRR,地址偏移:0x14,复位值:0x0000 0000)

位	描　述	访　问	复　位
31:16	保留	W	0
15:0	BRx[15:0]:清除端口 x 的位(x=0～15)。 这些位为只读并只能以字(16 位)的形式操作: 0:对应的 ODRx 位不产生影响; 1:清除对应的 ODRx 位为 0	W	0

当执行正确的写序列设置了位 16(LCKK)时,该寄存器用来锁定端口位的配置。位[15:0]用于锁定 GPIO 端口的配置。在规定的写入操作期间,不能改变 LCKx[15:0]。当对相应的端口位执行了 LOCK 序列后,在下次系统复位之前将不能再更改端口位的配置。每个锁定位锁定控制寄存器(CRL, CRH)中相应的 4 个位。

表 5-8　端口配置锁定寄存器(GPIOx_LCKR,地址偏移:0x18,复位值:0x0000 0000)

位	描　述	访　问	复　位
31:17	保留		0
16	LCKK[16],锁键。 该位可随时读出,它只可通过锁键写入序列修改: 0:端口配置锁键位激活; 1:端口配置锁键位被激活,下次系统复位前 GPIOx_LCKR 寄存器被锁住。 锁键的写入序列: 写 1→写 0→写 1→读 0→读 1,最后一个读可省略,但可以用来确认锁键已被激活	R/W	0
15:0	BRx[15:0]:清除端口 x 的位(x=0～15)。 这些位可读可写,但只能在 LCKK 位为 0 时写入: 0:不锁定端口的配置; 1:锁定端口的配置	R/W	0

5.2.3　基于 GPIO 的 LED 灯控制

1. STM32 与 LED 的连接电路设计

LED 常用作电路板相应电路正常工作的指示灯,一般通过 GPIO 口直接进行控制。在硬件方面,不需要更复杂的电路,只需要将 3 个 LED 分别和 STM32 上的 PB5、PD6 以及 PD3 相连接,如图 5-2 所示。

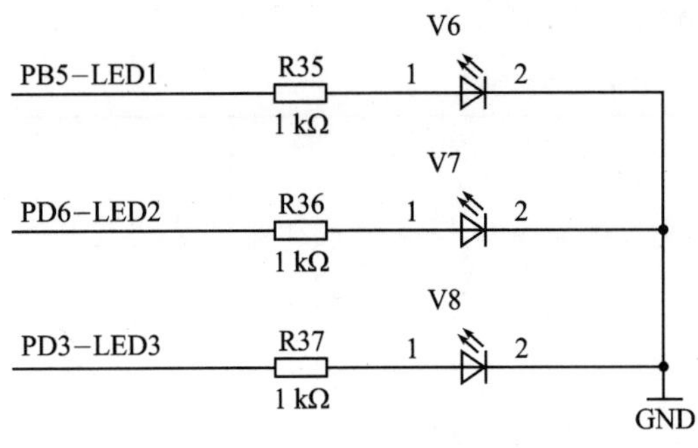

图 5-2　LED 电路原理图

2. LED 驱动程序设计

通过 I/O 口的高低电平控制,实现 LED1～LED3 的交替闪烁,实现类似于跑马灯的效果。关键在于如何控制 STM32 的 I/O 口输出。在跑马灯的驱动中,主要是对 I/O 口的配置,其配置流程图如图 5-3 所示。

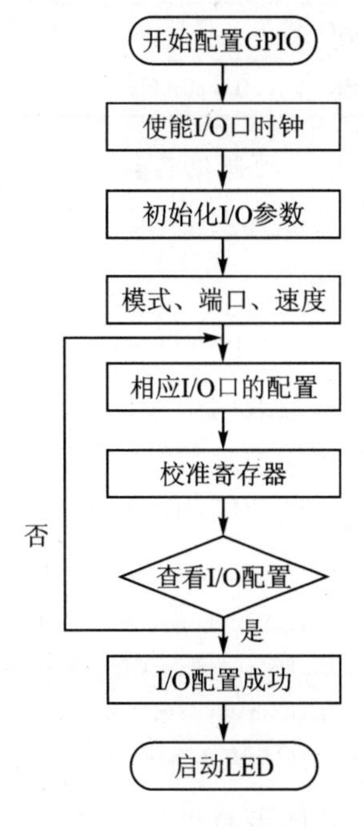

图 5-3　GPIO 配置流程

在 STM32 系列处理器中,GPIO 相关的函数和定义分布在固件库文件 stm32f10x_gpio.c 和头文件 stm32f10x_gpio.h 中。

在引脚初始化函数中定义了很多的函数，都是 STM32 系列库函数的一部分，关于 GPIO 的库函数如表 5-9 所列。

表 5-9　STM32 中 GPIO 设置相关的库函数

函数名	描　述
GPIO_DeInit	将外设 GPIOx 寄存器重设为缺省值
GPIO_AFIODeInit	将复用功能(重映射事件控制和 EXIT 设置)重设为缺省值
GPIO_Init	根据 GPIO_InitStruct 中指定的参数初始化外设 GPIOx 寄存器
GPIO_StructInit	把 GPIO_InitStruct 中的每一个参数按缺省值填入
GPIO_ReadInputDataBit	读取指定端口引脚的输入
GPIO_ReadInputData	读取指定的 GPIO 端口输入
GPIO_ReadOutputDataBit	读取指定端口引脚的输出
GPIO_ReadOutputData	读取指定的 GPIO 端口输出
GPIO_SetBits	设置指定的数据端口位
GPIO_ResetBits	清除指定的数据端口位
GPIO_WriteBits	设置或者清除指定的数据端口位
GPIO_Write	向指定 GPIO 数据端口写入数据
GPIO_PinLockConfig	锁定 GPIO 引脚设置寄存器
GPIO_EventOutputConfig	选择 GPIO 引脚用作事件输出
GPIO_EventOutputCmd	使能或者使能事件输出
GPIO_PinRemapConfig	改变指定引脚的映射
GPIO_EXTILineConfig	选择 GPIO 引脚用作外部中断线路

(1) I/O 初始化函数

在固件库开发中，操作寄存器 CRH 和 CRL 配置 I/O 口的模式和速度是通过 GPIO 初始化函数完成：

```
void GPIO_Init(GPIO_TypeDef * GPIOx, GPIO_InitTypeDef * GPIO_InitStruct)
```

这个函数有两个参数：第一个参数是用来指定 GPIO，取值范围为 GPIOA～GPIOG；第二个参数为初始化参数结构体指针，结构体类型为 GPIO_InitTypeDef。

通过初始化结构体初始化 GPIO 的常用格式是：

```
GPIO_InitTypeDef   GPIO_InitStructure;
GPIO_InitStructure.GPIO_Pin = GPIO_Pin_5;              //LED0 -- >PB.5 端口配置
GPIO_InitStructure.GPIO_Mode = GPIO_Mode_Out_PP;       //推挽输出
GPIO_InitStructure.GPIO_Speed = GPIO_Speed_50MHz;      //速度 50 MHz
GPIO_Init(GPIOB, &GPIO_InitStructure);                 //根据设定参数配置 GPIO
```

上面代码的意思是设置 GPIOB 的第 5 个端口为推挽输出模式，同时速度为 50 Mbps。从上面初始化代码可以看出，结构体 GPIO_InitStructure 的第一个成员变量 GPIO_Pin 用来设置是要初始化哪个或者哪些 I/O 口；第二个成员变量 GPIO_Mode 用来设置对应 I/O 端口的输入/输出模式，在 MDK 中是通过一个枚举类型定义 8 个模式：

```
typedef enum
{
    GPIO_Mode_AIN = 0x0,                //模拟输入
    GPIO_Mode_IN_FLOATING = 0x04,       //浮空输入
    GPIO_Mode_IPD = 0x28,               //下拉输入
    GPIO_Mode_IPU = 0x48,               //上拉输入
    GPIO_Mode_Out_OD = 0x14,            //开漏输出
    GPIO_Mode_Out_PP = 0x10,            //通用推挽输出
    GPIO_Mode_AF_OD = 0x1C,             //复用开漏输出
    GPIO_Mode_AF_PP = 0x18              //复用推挽
}GPIOMode_TypeDef;
```

第三个参数是 I/O 口速度设置，有三个可选值，在 MDK 中同样是通过枚举类型定义：

```
typedef enum
{
    GPIO_Speed_10MHz = 1,
    GPIO_Speed_2MHz,
    GPIO_Speed_50MHz
}GPIOSpeed_TypeDef;
```

初始化 GPIO 引脚：

```
void GPIO_Init(GPIO_TypeDef * GPIOx, GPIO_InitTypeDef * GPIO_InitStruct)
{
  uint32_t currentmode = 0x00, currentpin = 0x00, pinpos = 0x00, pos = 0x00;
  uint32_t tmpreg = 0x00, pinmask = 0x00;
  /* --------------------------- GPIO 模式配置 ----------------------*/
  currentmode = ((uint32_t)GPIO_InitStruct->GPIO_Mode) & ((uint32_t)0x0F);
  if ((((uint32_t)GPIO_InitStruct->GPIO_Mode) & ((uint32_t)0x10)) != 0x00)
  {
    currentmode |= (uint32_t)GPIO_InitStruct->GPIO_Speed;       /* 输出模式 */
  }
/* ------------- GPIO CRL 寄存器配置，主要负责端口的低 8 位引脚 -------------*/
  if (((uint32_t)GPIO_InitStruct->GPIO_Pin & ((uint32_t)0x00FF)) != 0x00)
  {
    tmpreg = GPIOx->CRL;
    for (pinpos = 0x00; pinpos<0x08; pinpos++)
    {
      pos = ((uint32_t)0x01)<<pinpos;
      currentpin = (GPIO_InitStruct->GPIO_Pin) & pos;   /* 获取需要配置的端口引脚位置 */
      if (currentpin == pos)
      {
        pos = pinpos<<2;
        pinmask = ((uint32_t)0x0F)<<pos;
```

```
            tmpreg &= ~pinmask;                              /* 清除需要设置的位 */
            tmpreg |= (currentmode<<pos);                    /* 写入需要配置的值到相应的位 */
            if (GPIO_InitStruct->GPIO_Mode == GPIO_Mode_IPD)  /* 复位 ODR 需要设置的位 */
            {
              GPIOx->BRR = (((uint32_t)0x01) << pinpos);
            }
            else
            {
              if (GPIO_InitStruct->GPIO_Mode == GPIO_Mode_IPU) /* 设置 ODR 寄存器相应的位 */
              {
                GPIOx->BSRR = (((uint32_t)0x01) << pinpos);
              }
            }
          }
        }
        GPIOx->CRL = tmpreg;
      }
    /* ------------- GPIO CRH 寄存器配置,主要负责端口的高 8 位引脚 ------------- */
      if (GPIO_InitStruct->GPIO_Pin > 0x00FF)
      {
        tmpreg = GPIOx->CRH;
        for (pinpos = 0x00; pinpos < 0x08; pinpos++)
        {
          pos = (((uint32_t)0x01) << (pinpos + 0x08));
          currentpin = ((GPIO_InitStruct->GPIO_Pin) & pos);/* 获取需要配置的端口引脚位置 */
          if (currentpin == pos)
          {
            pos = pinpos << 2;
            pinmask = ((uint32_t)0x0F) << pos;
            tmpreg &= ~pinmask;                              /* 清除需要设置的位 */
            tmpreg |= (currentmode << pos);                  /* 写入需要配置的值到相应的位 */

            if (GPIO_InitStruct->GPIO_Mode == GPIO_Mode_IPD)    /* 复位 ODR 需要设置的位 */
            {
              GPIOx->BRR = (((uint32_t)0x01) << (pinpos + 0x08));
            }
            if (GPIO_InitStruct->GPIO_Mode == GPIO_Mode_IPU)    /* 设置 ODR 寄存器相应的位 */
            {
              GPIOx->BSRR = (((uint32_t)0x01) << (pinpos + 0x08));
            }
          }
        }
        GPIOx->CRH = tmpreg;
      }
    }
```

(2) 端口读取输入数据函数

IDR 是一个端口输入数据寄存器，只用了低 16 位。该寄存器为只读寄存器，并且只能以 16 位的形式读出。位 31:16 保留，始终读为 0；位 15:0 为只读，以字(16 位)的形式读出，读出的值为相应 I/O 口的状态。要想知道某个 I/O 口的电平状态，只要读这个寄存器，再看某个位的状态就可以了。

在固件库中操作 IDR 寄存器读取 I/O 端口数据是通过 GPIO_ReadInputDataBit 函数实现的：

```
uint8_t GPIO_ReadInputDataBit(GPIO_TypeDef * GPIOx, uint16_t GPIO_Pin)
{
  uint8_t bitstatus = 0x00;
  if ((GPIOx->IDR & GPIO_Pin) != (uint32_t)Bit_RESET)
  {
    bitstatus = (uint8_t)Bit_SET;
  }
  else
  {
    bitstatus = (uint8_t)Bit_RESET;
  }
  return bitstatus;
}
```

比如要读 GPIOA.5 的电平状态，那么方法是：

```
GPIO_ReadInputDataBit(GPIOA, GPIO_Pin_5);
```

返回值是 1(Bit_SET)或者 0(Bit_RESET)。

(3) 端口输出数据函数

ODR 是一个端口输出数据寄存器，也只用了低 16 位。该寄存器为可读写，从该寄存器读出来的数据可以用于判断当前 I/O 口的输出状态。而向该寄存器写数据，则可以控制某个 I/O 口的输出电平。

在固件库中设置 ODR 寄存器的值来控制 I/O 口的输出状态是通过函数 GPIO_Write 来实现的：

```
void GPIO_Write(GPIO_TypeDef * GPIOx, uint16_t PortVal);
{
  GPIOx->ODR = PortVal;
}
```

该函数一般用来一次性对一组 GPIO 的多个引脚设值。

(4) I/O 口的输入状态设置函数

```
void GPIO_SetBits(GPIO_TypeDef * GPIOx, uint16_t GPIO_Pin)

{
  GPIOx->BSRR = GPIO_Pin;
}
```

比如要设置 GPIO B.5 输入 1,那么方法为:

```
GPIO_SetBits(GPIOB, GPIO_Pin_5);
```

(5) I/O 口的输出状态函数

```
void GPIO_ResetBits(GPIO_TypeDef * GPIOx, uint16_t GPIO_Pin)
{
  GPIOx->BRR = GPIO_Pin;
}
```

如果要设置 GPIO B.5 输出位 0,方法为:

```
GPIO_ResetBits (GPIOB, GPIO_Pin_5);
```

3. 主函数

main 函数非常简单,系统在启动的时候会调用 system_stm32f10x.c 中的函数 SystemInit 对系统时钟进行初始化,以及对 LED 初始化,然后系统进入死循环,在里面实现 LED1 、LED2 和 LED3 交替闪烁。

(1) LED 控制函数宏定义

由于 LED 控制非常简单,在完成 LED 控制的对应 GPIO 端口设置后,直接对相应的寄存器赋值就可以控制 LED 的开关。为了更好地调用 LED 控制函数,我们把 LED 控制函数声明为宏。

```
#define LED1_ON GPIO_SetBits(GPIOB, GPIO_Pin_5);
#define LED1_OFF GPIO_ResetBits(GPIOB, GPIO_Pin_5);
#define LED2_ON GPIO_SetBits(GPIOD, GPIO_Pin_6);
#define LED2_OFF GPIO_ResetBits(GPIOD, GPIO_Pin_6);
#define LED3_ON GPIO_SetBits(GPIOD, GPIO_Pin_3);
#define LED3_OFF GPIO_ResetBits(GPIOD, GPIO_Pin_3);
```

(2) LED 配置函数

为了程序更加简洁,将与 LED 控制端口配置相关的程序放在一个函数中,便于进行管理,所以设置一个 LED 配置函数。主要包括总线时钟配置、I/O 方向控制、I/O 工作模式设置以及总线速率设置等程序代码如下:

```
void LED_Configuration (void){
  RCC_APB2PeriphClockCmd(RCC_APB2Periph_GPIOB | RCC_APB2Periph_GPIOD , ENABLE);
  GPIO_InitStructure.GPIO_Pin = GPIO_Pin_5;               //LED1 是通过端口 B 输出控制的
  GPIO_InitStructure.GPIO_Mode = GPIO_Mode_Out_PP;        //将 V6、V7、V8 配置为通用推挽输出
  GPIO_InitStructure.GPIO_Speed = GPIO_Speed_50MHz;       //端口状态变化频率为 50 MHz
  GPIO_Init(GPIOB, &GPIO_InitStructure);

  GPIO_InitStructure.GPIO_Pin = GPIO_Pin_6|GPIO_Pin_3;  //LED2、LED3 是通过端口 D 进行控制的
  GPIO_Init(GPIOD, &GPIO_InitStructure);
}
```

(3) 主函数实现

在主函数中,首先对系统时钟进行配置,然后通过调用 LED 配置函数对 LED 控制端口进

行初始化，最后对 LED 进行相关的控制。

```
int main(void)
{
  RCC_Configuration();                //系统时钟配置，外接晶振采用 8 MHz，经过片内频率合成，
                                      //9 倍频，设置为 72 MHz 的时钟
  LED_ Configuration ();              //LED 控制配置
  while (1)
  {
    LED1_ON; LED2_OFF; LED3_OFF;      //LED1 亮，LED2、LED3 灭
    Delay(0xAFFFF);                   //延时函数
    LED1_OFF; LED2_ON; LED3_OFF;      //LED2 亮，LED1、LED3 灭
    Delay(0xAFFFF);
    LED1_OFF; LED2_OFF; LED3_ON;      //LED3 亮，LED1、LED2 灭
    Delay(0xAFFFF);
  }
}
```

5.3　STM32 外部中断及键盘应用实例

5.3.1　STM32 外部中断简介

1. STM32 外部中断寄存器描述

ARM Cortex－M3 内核支持 256 个中断(16 个内核＋240 个外部)和可编程 256 级中断优先级的设置，与其相关的中断控制和中断优先级控制寄存器(NVIC、SYSTICK 等)也都属于 Cortex－M3 内核的部分。STM32 采用了 Cortex－M3 内核，所以这部分仍旧保留使用，但 STM32 并没有使用 Cortex－M3 内核全部的东西(如内存保护单元 MPU 等)，因此它的 NVIC 是 Cortex－M3 内核的 NVIC 的子集。下面主要对 STM32 外部中断进行说明。

STM32 的 EXTI 控制器支持 19 个外部中断/事件请求，每个中断设有状态位，每个中断/事件都有独立的触发和屏蔽设置。目前 STM32 只支持边沿触发，不支持电平触发。

STM32 的 19 个外部中断对应着 19 路中断线，分别是 EXTI0～EXTI18。80 个通用 I/O 端口以图 5－4 的方式连接到 19 个外部中断/事件线的线 0～15。

另外 3 种其他的外部中断/事件控制器的连接如下：

- 线 16：连接到 PVD 输出；
- 线 17：连接到 RTC 闹钟事件；
- 线 18：连接到 USB 唤醒事件。

内部结构如图 5－5 所示。

如要产生中断，中断线必须事先配置好并被激活。根据需要通过设置 2 个触发寄存器和在中断屏蔽寄存器的相应位写“1”来允许中断请求。当检测到脉冲边沿信号在外部中断线上发生时，将产生一个中断请求，对应的挂起位也随之被置 1。通过写“1”到挂起寄存器，可以清除该中断请求。

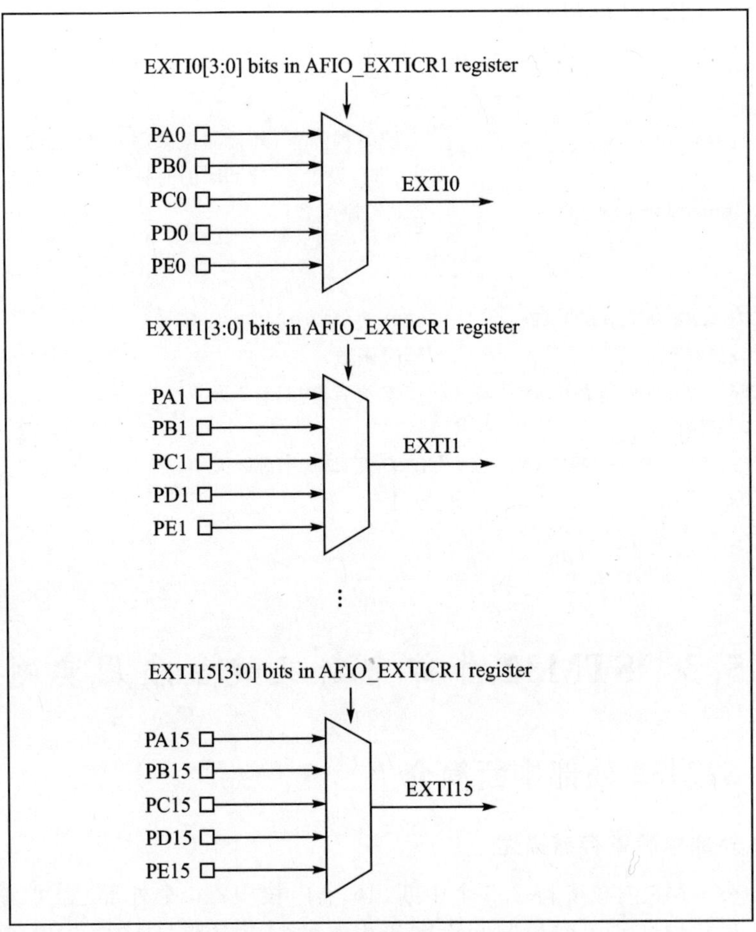

图 5-4　外部中断通用 I/O 映像

通过下面的过程来配置 19 个线路作为中断源：

- 配置 19 个中断线的屏蔽位(EXTI_IMR)；
- 配置所选中断线的触发选择位(EXTI_RTSR 和 EXTI_FTSR)；
- 配置那些控制映像到外部中断控制器(EXTI)的 NVIC 中断通道的使能和屏蔽位，使得 19 个中断线中的请求可以被正确地响应。

硬件事件选择通过下面的过程，可以配置 19 个线路为事件源：

- 配置 19 个事件线的屏蔽位(EXTI_EMR)；
- 配置事件线的触发选择位(EXTI_RTSR 和 EXTI_FTSR)。

软件中断/事件选择的 19 个线路可以被配置成软件中断/事件线。下面是产生软件中断的过程：

- 配置 19 个中断/事件线屏蔽位(EXTI_IMR，EXTI_EMR)；
- 设置软件中断寄存器的请求位(EXTI_SWIER)。

各外部中断寄存器描述见表 5-10～表 5-15。

在使用中断之前，还需要对与中断相关的 I/O 的功能复用进行配置，配置为中断工作模式。与中断相关的复用功能 I/O 和调试配置寄存器如表 5-16～表 5-19 所列。

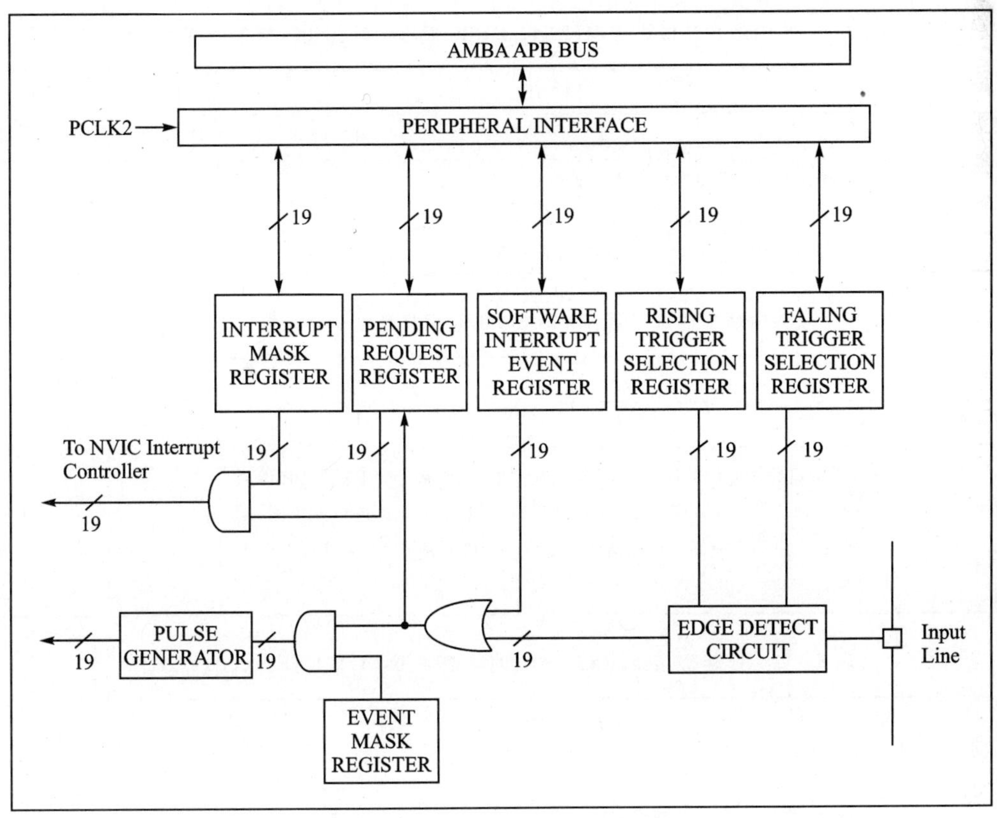

图 5-5　外部中断/事件控制器框图

表 5-10　中断屏蔽寄存器(EXTI_IMR,偏移地址:0x00,复位值:0000 0000H)

位	描　述	访　问	复位值
31:19	保留		0
18:0	MRx:线 x 上的中断屏蔽。 0:线 x 上的中断请求被屏蔽; 1:线 x 上的中断请求不被屏蔽	R/W	0

表 5-11　事件屏蔽寄存器(EXTI_EMR,偏移地址:0x04, 复位值:0000 0000h)

位	描　述	访　问	复位值
31:19	保留		0
18:0	MRx:线 x 上的事件屏蔽。 0:线 x 上的事件请求被屏蔽; 1:线 x 上的事件请求不被屏蔽	R/W	0

表 5-12　上升沿触发选择寄存器(EXTI_RTSR,偏移地址:0x08,复位值:0000 0000H)

位	描　述	访　问	复位值
31:19	保留		0
18:0	TRx:线 x 上的上升沿触发事件配置位。 0:禁止输入线 x 上的上升沿触发(中断和事件); 1:允许输入线 x 上的上升沿触发(中断和事件)	R/W	0

表 5-13　下降沿触发选择寄存器(EXTI_FTSR,偏移地址:0x0C,复位值:0000 0000H)

位	描　述	访　问	复位值
31:19	保留		0
18:0	Rx:线 x 上的下降沿触发事件配置位。 0:禁止输入线 x 上的下降沿触发(中断和事件); 1:允许输入线 x 上的下降沿触发(中断和事件)	R/W	0

表 5-14　软件中断事件寄存器(EXTI_SWIER,偏移地址:0x10,复位值:0000 0000H)

位	描　述	访　问	复位值
31:19	保留		0
18:0	SWIERx:线 x 上的软件中断,当该位为 0 时,写 1 将设置 EXTI_PR 中相应的挂起位。如果在 EXTI_IMR 和 EXTI_EMR 中允许产生该中断,则此时将产生一个中断。通过清除 EXTI_PR 的对应位(写入 1),可以清除该位为 0	R/W	0

表 5-15　挂起寄存器(EXTI_PR,偏移地址:0x14,复位值:xxxx xxxxH)

位	描　述	访　问	复位值
31:19	保留		0
18:0	PRx:挂起位。 0:没有发生触发请求; 1:发生了选择的触发请求。 当在外部中断线上发生了选择的边沿事件时,该位被置 1。在该位中写入 1 可以清除它,也可以通过改变边沿检测的极性清除。 注:如果在进入停机模式前的一个周期发生了一个中断,则 EXTI_PR 寄存器将只在系统从停机模式退出后才被修改,并在 EXTI_IMR 寄存器中未屏蔽该中断时产生中断请求	R/W	0

表 5-16　外部中断配置寄存器 1(AFIO_EXTICR1,地址偏移:0x08,复位值:0000H)

位	描　述	访　问	复位值
31:16	保留		0
15:0	EXTIx[3:0]:EXTIx 配置(x=0～3),其中 x=1 时选择低 4 位,x=2,选择 4 到 7 位,以此类推。这些位可由软件读/写,用于选择 EXTIx 外部中断的输入源。 0000:PA[x]脚; 0001:PB[x]脚; 0010:PC[x]脚; 0011:PD[x]脚; 0100:PE[x]脚	R/W	0

表 5-17　外部中断配置寄存器 2(AFIO_EXTICR2,地址偏移:0x0C,复位值:0000H)

位	描　述	访　问	复位值
31:16	保留		0
15:0	EXTIx[3:0]:EXTIx 配置(x=4~7),其中 x=1 时选择低 4 位,x=2,选择 4 到 7 位,以此类推。这些位可由软件读/写,用于选择 EXTIx 外部中断的输入源。 0000:PA[x]脚; 0001:PB[x]脚; 0010:PC[x]脚; 0011:PD[x]脚; 0100:PE[x]脚	R/W	0

表 5-18　外部中断配置寄存器 3(AFIO_EXTICR3,地址偏移:0x10,复位值:0000H)

位	描　述	访　问	复位值
31:16	保留		0
15:0	EXTIx[3:0]:EXTIx 配置(x=8~11),其中 x=1 时选择低 4 位,x=2,选择 4 到 7 位,以此类推。这些位可由软件读/写,用于选择 EXTIx 外部中断的输入源。 0000:PA[x]脚; 0001:PB[x]脚; 0010:PC[x]脚; 0011:PD[x]脚; 0100:PE[x]脚	R/W	0

表 5-19　外部中断配置寄存器 4(AFIO_EXTICR4,地址偏移:0x14,复位值:0000H)

位	描　述	访　问	复位值
31:16	保留		0
15:0	EXTIx[3:0]:EXTIx 配置(x=12~15),其中 x=1 时选择低 4 位,x=2,选择 4 到 7 位,以此类推。这些位可由软件读/写,用于选择 EXTIx 外部中断的输入源。 0000:PA[x]脚; 0001:PB[x]脚; 0010:PC[x]脚; 0011:PD[x]脚; 0100:PE[x]脚	R/W	0

2. STM32 外部中断分组

每一个 GPIO 都能配置成一个外部中断触发源,STM32 根据引脚的序号不同将众多中断触发源分成不同的组,比如:PA0、PB0、PC0、PD0、PE0、PF0、PG0 为第一组,以此类推,一共有 16 组见表 5-20。STM32 规定,每一组中同时只能有一个中断触发源工作,因此最多工作的

也就是 16 个外部中断。

表 5-20　STM32 分组和对应中断处理函数分配

引　脚	中断标志	中断处理分配
PA0～PG0	EXTI0	EXTI0_IROHandler
PA1～PG1	EXTI1	EXTI1_IROHandler
PA2～PG2	EXTI2	EXTI2_IROHandler
PA3～PG3	EXTI3	EXTI3_IROHandler
PA4～PG4	EXTI4	EXTI4_IROHandler
PA5～PG5	EXTI5	EXTI9_5_IROHandler
PA6～PG6	EXTI6	EXTI9_5_IROHandler
PA7～PG7	EXTI7	EXTI9_5_IROHandler
PA8～PG8	EXTI8	EXTI9_5_IROHandler
PA9～PG9	EXTI9	EXTI9_5_IROHandler
PA10～PG10	EXTI10	EXTI15_10_IROHandler
PA11～PG11	EXTI11	EXTI15_10_IROHandler
PA12～PG12	EXTI12	EXTI15_10_IROHandler
PA13～PG13	EXTI13	EXTI15_10_IROHandler
PA14～PG14	EXTI14	EXTI15_10_IROHandler
PA15～PG15	EXTI15	EXTI15_10_IROHandler

3. NVIC 介绍

在处理器处理异常时，优先级决定了处理器何时以及如何进行异常处理。可以给中断设置软件优先级以及对其进行分组。优先级 NVIC 支持通过软件设置的优先级。通过写中断优先级寄存器的 PRI_N 字段可以设置优先级，范围为 0～255。硬件优先级随着中断号的增加而减小，优先级 0 为最高优先级，255 为最低优先级。

通过软件设置的优先级权限高于硬件优先级。例如，如果设置 IRQ[0]的优先级为 1，IRQ[31]的优先级为 0，则 IRQ[31]的优先级比 IRQ[0]的高。但通过软件设置的优先级，对复位、不可屏蔽中断和硬件故障没有影响。

当多个中断具有相同的优先级时，拥有最小中断号的挂起中断优先执行。例如，IRQ[0]和 IRQ[1]的优先级都为 1，则 IRQ[0]优先执行。

为了更好地对大量的中断进行优先级管理和控制，NVIC 支持优先级分组。通过设定应用中断和复位中断控制寄存器的 PRIGROUP 字段，可以将 PRI_N 字段分成 2 个部分：抢占优先级和次要优先级，如下：

- 最高 1 位用于指定抢占式优先级，最低 7 位用于指定响应优先级；
- 最高 2 位用于指定抢占式优先级，最低 6 位用于指定响应优先级；
- 最高 3 位用于指定抢占式优先级，最低 5 位用于指定响应优先级；
- 最高 4 位用于指定抢占式优先级，最低 4 位用于指定响应优先级；

● 最高 5 位用于指定抢占式优先级，最低 3 位用于指定响应优先级。

4. NVIC 寄存器介绍

表 5-21 中是寄存器的相关描述。

表 5-21　NVIC 寄存器

通用名称	描　述	访　问	复位值	PORTn 寄存器名称和地址
SETENAs	中断使能寄存器，一共 8 个，每一个 SETENA 控制 32 个中断号	R/W	0	SETENAs：0xE000E100～0xE000E11C
CLRENAs	中断除能寄存器，一共 8 个，每一个 SETENA 控制 32 个中断号	R/W	0	CLRENAs：0xE000E180～0xE000E19C
SETPENDs	中断悬起寄存器，一共 8 个，每一个 SETENA 控制 32 个中断号	R/W	0	SETPENDs：0xE000E200～0xE000E21C
CLRPENDs	中断解悬起寄存器，一共 8 个，每一个 SETENA 控制 32 个中断号	R/W	0	CLRPENDs：0xE000E280～0xE000E29C
PRI_x	外中断＃x 的优先级	R/W	0(8 位)	PRI_x：0xE000E400～0xE000E4EF
ACTIVEs	中断活动状态寄存器，一共 8 个，每一个 SETENA 控制 32 个中断号		0	ACTIVEs：0xE000E300～0xE000E31C

5. 中断配置步骤

① 初始化 I/O 口为输入，这一步设置要作为外部中断输入的 I/O 口的状态 。

② 开启 I/O 口复用时钟，设置 I/O 口与中断线的映射关系，STM32 的 I/O 口与中断线的对应关系需要配置外部中断配置寄存器 EXTICR。

③ 开启与该 I/O 口相对的线上中断/事件，设置触发条件。我们要配置中断产生的条件，STM32 可以配置成上升沿触发、下降沿触发。

④ 配置中断分组，并使能中断。

⑤ 编写中断服务函数。这是中断设置的最后一步，中断服务函数，是必不可少的。

5.3.2　嵌入式键盘工作原理

在嵌入式应用中，人机交互对话最通用的方法就是通过键盘、触摸屏和 LCD 显示进行的，操作者可以通过键盘向系统发送各种指令或置入必要的数据信息。键盘模块设计的好坏，直接关系到系统的可靠性和稳定性。

在嵌入式应用系统中，键盘扫描只是系统的工作之一，当处理器在忙于各项工作任务时，如何兼顾键盘的输入，则取决于键盘的工作方式。键盘工作方式的选取原则是既要保证能及时响应按键操作，又要不过多占用处理器的工作时间。

常用按键接口可分为独立式按键接口、行列式按键接口和专用芯片式等。具体采用哪种方式，可根据所设计系统的实际情况而定。下面分别介绍这几种接口方式的优缺点及适用场合。

1. 独立式按键接口

独立式按键接口设计的优点是电路配置灵活，软件实现简单。但缺点也很明显，每个按键需要占用一根引脚,若按键数量较多,资源浪费将比较严重,电路结构也变得复杂。因此本方法主要用于按键较少或对操作速度要求较高的场合,软件实现时,可以采用中断方式,也可采用查询方式,示意图如图 5-6 所示。

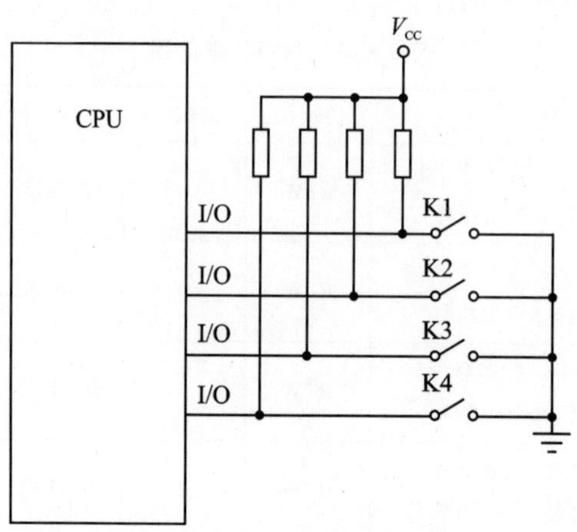

图 5-6 独立式键盘结构

2. 行列式按键接口

行列式按键接口示意图如图 5-7 所示,其使用原理将在下节详细讲述。行列式按键接口适应于按键数量较多,又不想使用专用键盘芯片的场合。这种方式的按键接口由行线和列线组成,按键位于行、列的交叉点上。这种方式的优点就是相对于独立接口方式可以节省很多 I/O 资源,相对于专用芯片键盘可以节省成本,且更为灵活;缺点就是需要用软件处理消抖、重键等。

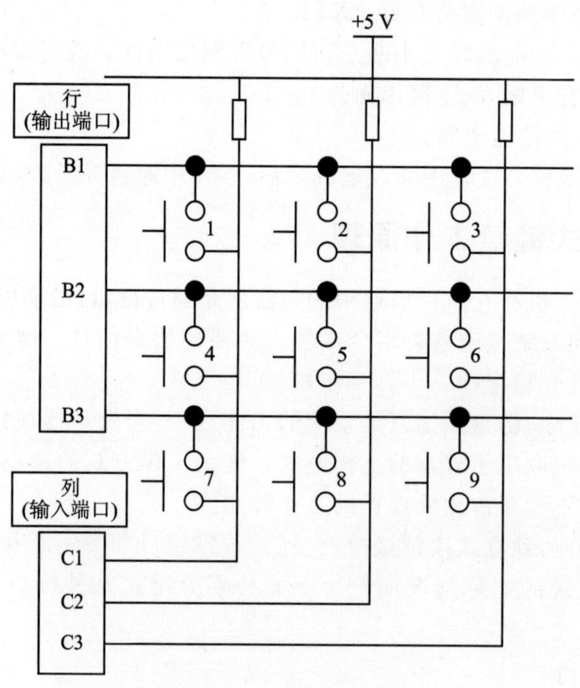

图 5-7 行列式键盘结构

行列式按键接口是一种老式的键盘接口，其键扫描方法是几乎所有 PC 键盘所采用的方法。它的行线与按键的一个引脚相连，列线与按键的另一个引脚相连。平时行线被置成低电平，没有按键被按下时，列线保持高电平；而有按键被按下时，列线被拉成低电平。这时候控制器知道有按键被按下，但只能判断出在哪一列，不能判断出在哪一行，因此接下来就要进行键盘扫描，以确定具体是哪个按键被按下。

一个瞬时接触开关(按钮)放置在行线与列线的交叉点。每一行由一个输出端口的一位驱动，而每一列由一个电阻器上拉且连接到一个输入端口引脚。键盘扫描过程就是让微处理器按有规律的时间间隔查看键盘矩阵，以确定是否有键被按下。每个键被分配一个称为扫描码的唯一标识符。应用程序利用该扫描码，根据按下的键来判定应该采取什么行动。

当键 9 被按下时，其扫描过程如表 5-22 所列。

表 5-22　键 9 按下时扫描过程

扫描次数	输出(行)	输入(列)
键刚按下时	000	110
第一次扫描	011	111
第二次扫描	101	111
第三次扫描	110	110

除此之外，如果处理器 I/O 接口自带上拉电阻，可以采用反转法进行矩阵键盘识别，具体的方法是：先让矩阵键盘的行输出全为低电平，列作为输入，当有键按下时，会在列线上表现为低电平。读取该列的电平状态值，再将行作为输入，列输出全为低电平，这时按下的键会在行线上表现为低电平。读取该行的电平状态值，与上次从列线上读取的状态值进行逻辑运算后，即可得到该按键的代码值。

3. 专用芯片式设计

专用键盘处理芯片一般功能比较完善，芯片本身能完成对按键的编码、扫描、消抖和重键等问题的处理，甚至还集成了显示接口功能。专用键盘处理芯片的优点很明显，可靠性高，接口简单，使用方便，适合处理按键较多的情况。但在很多应用场合，考虑成本因素，可能并不是最佳选择。

5.3.3　基于中断的键盘应用实例

本节主要介绍嵌入式系统中常用的行列式键盘电路的硬件设计、键盘扫描及键盘测试。行列式键盘适应于按键数量较多，又不想使用专用键盘芯片的场合。

在本实例中，我们设计一个 15 个按键的矩阵式键盘，其电路原理图如图 5-8 所示。通过例程所用到的列扫描线：PC0～PC3 作为矩阵键盘的 4 根行线，PC4～PC7 作为 4 根列扫描线。列线默认情况是输入高电平，而行线是输出线，默认是低电平。为了更快地响应键盘按键，将 PC4～PC7 连接到一个与门 74LS21 后接到 PE1 引脚。设置 PE1 引脚为上升沿触发中断，当有按键按下时，对应的行线被拉高，从而使 PE1 引脚的电平也拉高，此时 PE1 引脚就会触发一次外部中断。当 PE1 产生中断后，进入 PE1 中断服务程序，在中断服务程序中，调用键盘扫描程序，得到具体的按键值。然后在主函数中通过比较键值，控制不同的 LED 灯。

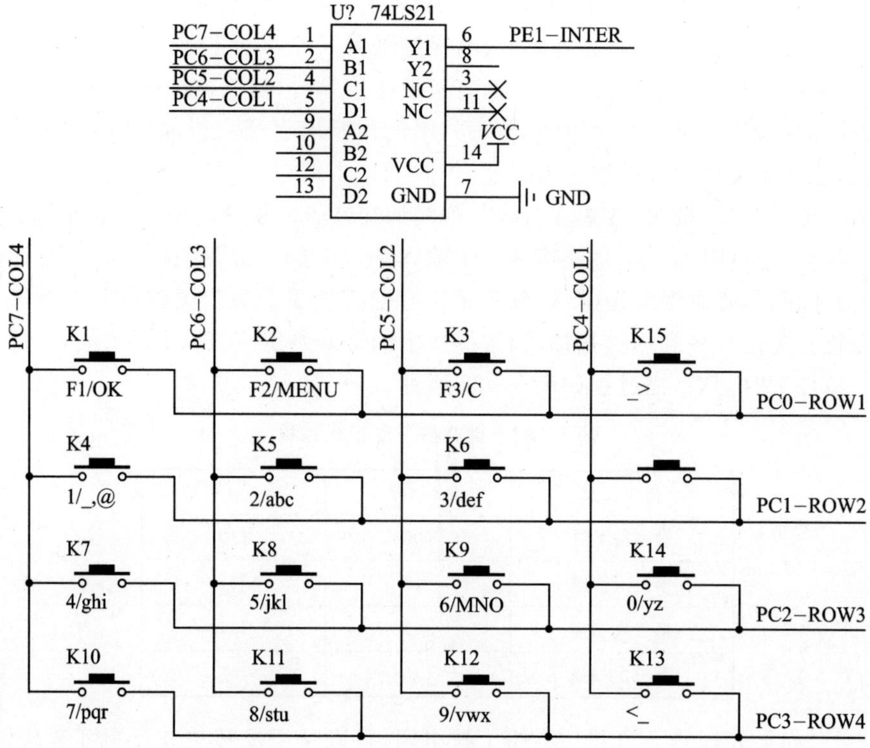

图 5-8 键盘电路连接图

键盘扫描的过程是将行线逐行置成低电平，剩余行线置为高电平，然后读取列线的状态，直到列线中出现低电平，这时可知哪一行是低电平，即哪一行被按下；然后将行线和列线的状态装入键码寄存器，进行按键译码，还需要配合相应的键盘去抖才能正确地识别按键，不会发生重键和错误判断等情况。把这行和列线对应电平状态合并在一起，则这个值就是按键值代码。通过这种方法，就可以得到其他按键的不同键值代码。键值表如表 5-23 所列。

表 5-23 4×4 矩阵键盘键值代码表

键　符	PC7～PC0	十六进制值	键　符	PC7～PC0	十六进制值
1	0111 1101	0x7D	9	1101 0111	0xD7
2	1011 1101	0xBD	0	1110 1011	0xEB
3	1101 1101	0xDD	F1	0111 1110	0x7E
4	0111 1011	0x7B	F2	1011 1110	0xBE
5	1011 1011	0xBB	F3	1101 1110	0xDE
6	1101 1011	0xDB	→	1110 1110	0xEE
7	0111 0111	0x77	←	1110 0111	0xE7
8	1011 0111	0xB7			

4×4 矩阵键盘的识别过程与独立按键识别过程是一样的，也由以下几个步骤构成：

- 判断按键是否按下。
- 若有键按下，则延时 5～30 ms，消除按键抖动。
- 再判断按键是否真的按下。
- 若确实有键按下，则执行该按键的功能事件。
- 判断按键是否释放，若没有释放，则等待按键释放。

在这里判断某个按键是否按下或释放，只要判断行或列的输入线是否不完全为高电平即可。键盘驱动程序主要包括键盘初始化函数、键盘扫描函数、键盘去抖函数以及按键判断函数等。下面分别针对这些函数进行说明。

1. 初始化 I/O 口

主要对 PC0～PC7 输入/输出方向、工作模式、最大输出频率及推挽输出进行配置；同时，还需要对 PE1 引脚进行中断工作方式配置。由于 PC4～PC7 为输入，默认为高电平，所以应设置为输入上拉。而输出 PC0～PC3 默认为低电平，并且在按键接触时需要控制 PC4～PC7 电压为低，只有推挽方式可以驱动。而中断引脚根据电路可知，在默认情况下，电平为高，当有按键按下时，变为低电平，因此需要设置为上拉或者悬空。

```
void GPIO_Configuration(void)
{
  /* 配置按键行扫描线 PC0～PC3 */
    GPIO_InitTypeDef GPIO_InitStructure;
    GPIO_InitStructure.GPIO_Pin = GPIO_Pin_0| GPIO_Pin_1| GPIO_Pin_2|GPIO_Pin_3; //选择引脚 0～3
    GPIO_InitStructure.GPIO_Speed = GPIO_Speed_50MHz;        //输出频率最大 50 MHz
    GPIO_InitStructure.GPIO_Mode = GPIO_Mode_Out_PP;         //通用推挽输出
    GPIO_Init(GPIOC,&GPIO_InitStructure);
    /* 配置按键列扫描线 PC4～PC7 */
    GPIO_InitStructure.GPIO_Pin =  GPIO_Pin_4| GPIO_Pin_5| GPIO_Pin_6|GPIO_Pin_7; //选择引脚 4～7
    GPIO_InitStructure.GPIO_Mode = GPIO_Mode_IPU;            //输入上拉
    GPIO_Init(GPIOC,&GPIO_InitStructure);
    /* 配置按键中断线 PE1 */
    GPIO_InitStructure.GPIO_Pin = GPIO_Pin_1;
    GPIO_InitStructure.GPIO_Mode = GPIO_Mode_IPU;            //输入上拉
    GPIO_Init(GPIOE, &GPIO_InitStructure);
}
```

2. 外部中断初始化

```
void EXTI_SET()

{
    EXTI_InitTypeDef EXTI_InitStructure;
      //清空中断标志
    EXTI_ClearITPendingBit(EXTI_Line1);
    EXTI_InitStructure.EXTI_Line = EXTI_Line1;                   //选择中断线路 1
    EXTI_InitStructure.EXTI_Mode = EXTI_Mode_Interrupt;          //设置为中断请求，非事件请求
    EXTI_InitStructure.EXTI_Trigger = EXTI_Trigger_Rising ;      //设置中断触发方式为上沿触发
    EXTI_InitStructure.EXTI_LineCmd = ENABLE;                    //外部中断使能
```

```
    EXTI_Init(&EXTI_InitStructure);
}
```

3. 配置中断分组(NVIC)

```
void NVIC_SET()
{
    NVIC_InitTypeDef NVIC_InitStructure;
    NVIC_PriorityGroupConfig(NVIC_PriorityGroup_2);                //选择中断分组 2
    NVIC_InitStructure.NVIC_IRQChannel  = EXTI1_IRQn;              //选择中断通道 1
    NVIC_InitStructure.NVIC_IRQChannelPreemptionPriority = 0;      //抢占式中断优先级设置为 0
    NVIC_InitStructure.NVIC_IRQChannelSubPriority = 0;             //响应式中断优先级设置为 0
    NVIC_InitStructure.NVIC_IRQChannelCmd = ENABLE;                //使能中断
    NVIC_Init(&NVIC_InitStructure);
}
```

4. 键盘扫描程序

首先设置 PC0～PC3 输出为 0,在没有键按下的情况下 PC4～PC7 输入为高电平 1。当有键按下时,键盘扫描程序将按键的行和列值读出,并从映射表中找到对应键值。扫描原理见上节所述。当有键按下时,通过扫描查程序扫描,当 PC 端口数据寄存器中 PC4～PC7 对应的位值为零值时,该列即为按键按下的列。然后根据扫描原理,按如表 5-24 所列的顺序设置 PC0～PC3 的输出,比较每次扫描 PC4～PC7 的列输入值是否等于键刚被按下的输入值,如果相等,则说明是该行被按下,找出输出为零的行。

PC0～PC3 经锁存器从 0xFE 值开始输出,然后依次左移一位循环输出,通过判断移位的次数和 PC4～PC7 中的有变为低电平的列时来确定被按下的行号,该行号可以通过对 PC0～PC3 输出值直接取反获得。键盘扫描程序流程图如图 5-9 所示。

表 5-24　PC0～PC3 扫描输出值

扫描次数	输出(行) PC0～PC3
第一次扫描	1110
第二次扫描	1101
第三次扫描	1011
第四次扫描	0111

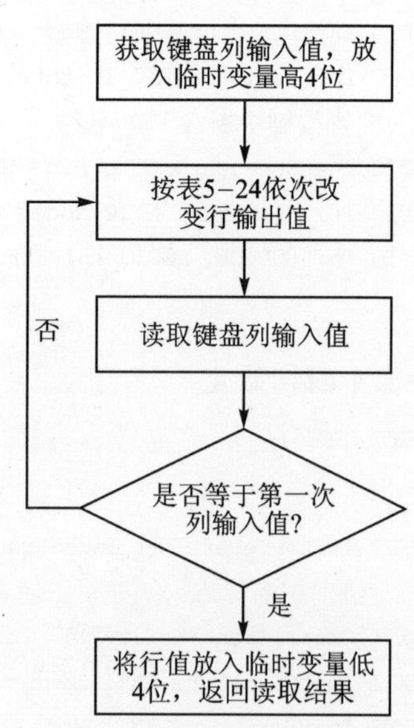

图 5-9　键盘扫描程序流程图

下面通过具体程序来说明。

```
unsigned char GetKey()                          //键盘扫描子程序
{
    unsigned char i, keytemp;
    uint16_tdata;
    keytemp = GPIO_ReadInputData (GPIOC)&0xF0;  //将列的值存入 keytemp 的高 4 位
    for(i = 1; i< = 4; i<< = 1)
    {
        data = ～i&0x0F;                        //输出低 4 位
        GPIO_Write (GPIOC, data);
        if((GPIO_ReadInputData (GPIOC)&0x F0) = = keytemp)  //比较是否有低电平输入
        {
            keytemp = (～keytemp&0xF0)|i;        //将行的值存入 keytemp 的低 4 位
            break;
        }
    }
    return keytemp;
}
```

当然这只是最基本的键盘扫描子程序。当扫描到键号以后还要根据其他一些具体条件来进行相应的译码,才能决定最后按下的键代表什么具体值。键值有功能键、数字键和字母键。每种键值都有不同的译码处理。键盘扫描子程序是与硬件结构相对应的,因此考虑到端口资源的充分利用。

5. 键盘去抖函数

由于在键盘扫描过程中有可能出现外界因素引起的键盘抖动造成按键瞬间接触的情况,如果不进行去抖可能造成按键的误输入。因此在获取键值的时候根据抖动具有接触时间短的特点和正常操作输入的一定时延性质来排除抖动的影响。通常是采用程序延时来消抖,如图 5－10 所示,重新读键盘值和第一次读的键盘值进行比较,如果相等则读入正确,否则该次键盘输入无效。

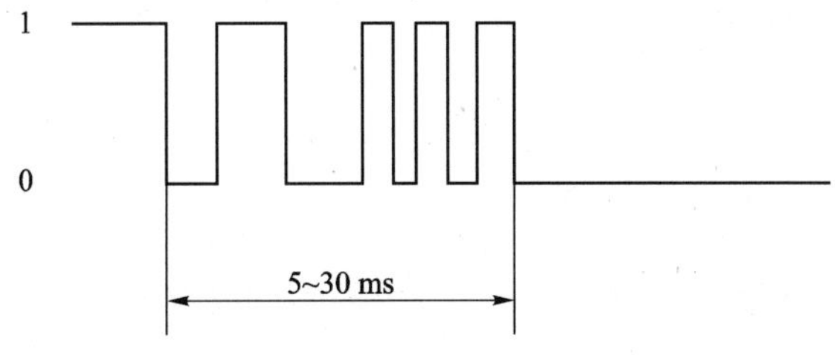

图 5－10　键盘消抖原理

```
unsigned char ScanKey()        //该函数通过延时重读键值判断是否是真的按键,消除抖动影响
{
    unsigned char key;
    key = GetScanKey();
    Delay(1000);               //延时
```

```
    if(key! = GetScanKey())   //延时
        return 0;             //返回错误代码
    return key;               //返回按键值
}
```

在每个键的译码处理中，只要根据相应键值映射表即可得到需要的键值。如果还有组合键，则需要对组合键值进行扫描，然后在键值映射表中加入组合键码。

6. 中断服务函数

在中断服务程序中读取键盘值，存储在全局变量 keycode 中，以便于在主函数中使用。如果采用了操作系统，则可以通过信号量传递按键消息，把键盘扫描放在任务里来进行处理。可以参考第 8 章的同步信号量应用实例。一般情况下，中断服务程序采用专门的文件进行管理，在 STM32 应用中，中断服务程序一般放在 stm32f10x_it. c 文件中。

```
void EXTI1_IRQHandler(void)
{
    keycode = ScanKey();
    EXTI_ClearITPendingBit(EXTI_Line1);            //清除中断标志
}
```

7. 主函数

在主函数中，我们通过键盘上的 F1、F2 和 F3 键分别控制 5.2 节中的 3 个 LED 灯 V6、V7 和 V8。当按一次键时，对应灯亮；按第二次键时，灯灭，依次交互进行控制。每个 LED 灯的状态通过一个变量来表示，默认为 0。其中 a 表示 LED1 的状态，b 表示 LED2 的状态，c 表示 LED3 的状态。矩阵键盘实例的主程序流程图如图 5-11 所示。

```
int main()
{
    unsigned char a = 0,b = 0,c = 0;
    RCC_Configuration();                    //系统时钟设置及外设时钟使能
    GPIO_Configuration();
    LED_ Configuration ();                  //LED 控制配置
    NVIC_SET();
    EXTI_SET();
    while(1)
    {
        if(keycode == 0x77&&a == 0){ LED1_ON;a = 1; keycode = 0;}              //F1 按下作处理
        else if(keycode == 0x77&&a == 1){ LED2_OFF; a = 0; keycode = 0;}

        if(keycode == 0xB7&&b == 0){ LED2_ON; b = 1; keycode = 0;}             //F2 按下作处理
        else if(keycode == 0xB7&&b == 1){ LED2_OFF; b = 0; keycode = 0;}

        if(keycode == 0xD7&&c == 0){ LED3_ON; c = 1; keycode = 0;}             //F3 按下作处理
        else if(keycode  == 0xD7&&c == 1){ LED3_OFF; c = 0; keycode = 0;}
    }
}
```

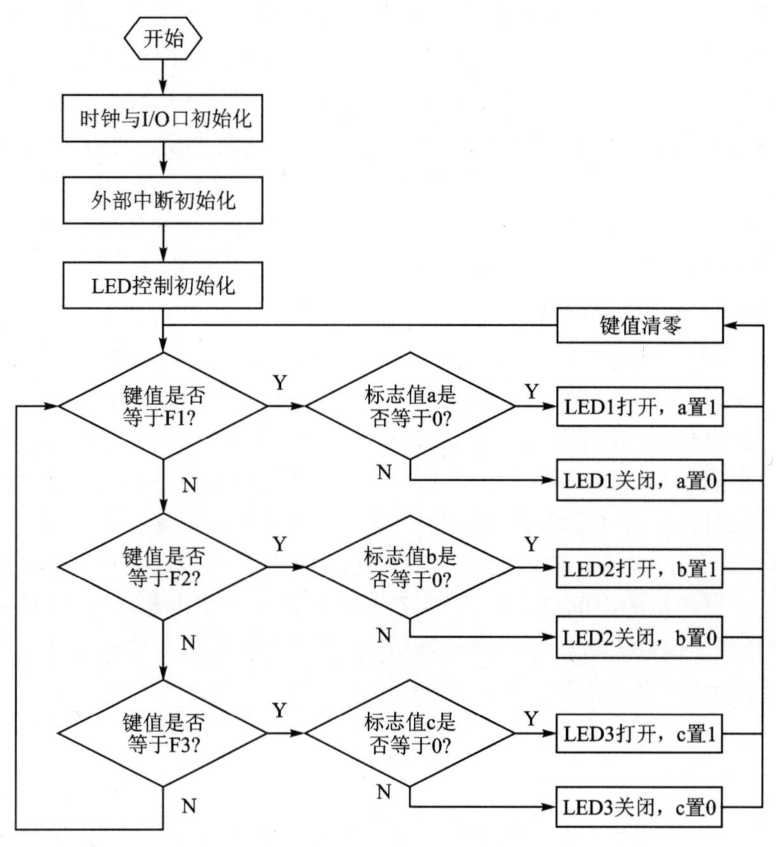

图 5-11 主函数流程图

5.4 STM32 UART 串口应用实例

5.4.1 异步串行通信概述

异步串行通信被广泛应用于微计算机系统和嵌入式设备中，主要采用 UART(Universal Asynchronous Receiver and Transmitter，通用异步收发器)接口。异步串行通信包括了 RS232、RS499、RS423、RS422 和 RS485 等物理接口标准规范和总线标准规范，即 UART 是异步串行通信口的总称。而 RS232、RS499、RS423、RS422 和 RS485 等，是对应各种异步串行通信口的接口标准和总线标准，它规定了通信口的电气特性、传输速率、连接特性和接口的机械特性等内容。实际上是属于通信网络中的物理层(最底层)的概念，与通信协议没有直接关系。而异步串口通信协议，是属于通信网络中的数据链路层(上一层)的概念。

1. 异步串行通信协议

异步串行方式是将传输数据的每个字符一位接一位(例如先低位、后高位)地传送。数据的各不同位可以分时使用同一传输通道，因此串行 I/O 可以减少信号连线，最少用一对线即可进行。接收方对于同一根线上一连串的数字信号，首先要分割成位，再按位组成字符。为了恢复发送的信息，双方必须协调工作。在异步通信系统的数据传输过程中，接收器时钟与发送时钟不是同步的。一般而言，异步传输表示数据是以独立字节方式传输的。每个字节前有一个起始信号，终止于一个或多个终止信号；为了保证同步，接收器使用起始至终止信号；通过传输线在标记位置(二进制 1)时处于空闲状态；当每个字节开始传输时，它的前面有一个起始位，起始位是从标记到空白(二进制 0)的一个迁移。这个迁移表明一个字节开始传输，接收装置检测到起始位和组成字节的数据位，在字节传输的最后，利用一个或多个停止位使传输线回到标记状态。这时，发送方准备发送下一个字节。起始位和终止允许接收装置与发送方保持字节同步。字节从最低有效位开始传输，同时，要传输的数据中的每个字节要求至少 2 比特用于保证同步，因此同步的比特数增加了超过 20 %的开销。

图 5-12 给出异步串行通信中一个字符的传送格式。开始前，线路处于空闲状态，送出连续"1"。传送开始时首先发一个"0"作为起始位，然后出现在通信线上的是字符的二进制编码数据。每个字符的数据位长可以约定为 5 位、6 位、7 位或 8 位，一般采用 ASCII 编码。后面是奇偶校验位，根据约定，用奇偶校验位将所传字符中为"1"的位数凑成奇数个或偶数个。也可以约定不要奇偶校验，这样就取消奇偶校验位。最后是表示停止位的"1"信号，这个停止位可以约定持续 1 位、1.5 位或 2 位的时间宽度。至此一个字符传送完毕，线路又进入空闲，持续为"1"。经过一段随机的时间后，下一个字符开始传送才又发出起始位。每一个数据位的宽度等于传送波特率的倒数。微机异步串行通信中，常用的波特率为 50、95、110、150、300、600、1 200、2 400、4 800、9 600、115 200 等。

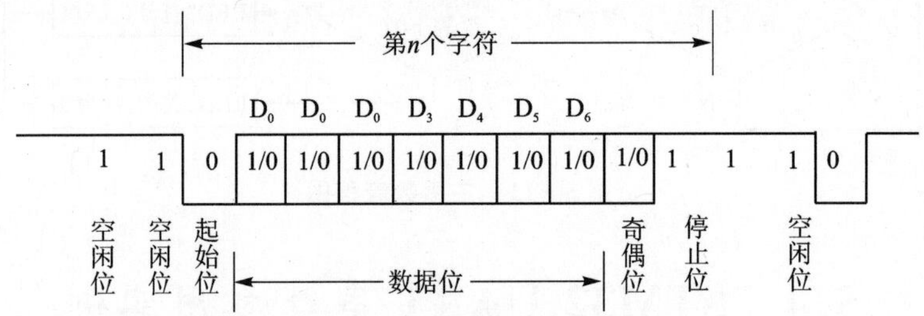

图 5-12 异步串行通信字符的传送格式

接收方按约定的格式接收数据，并进行检查，一般可以查出以下三种错误：

① 奇偶错：在约定奇偶检查的情况下，接收到的字符奇偶状态和约定不符。

② 帧格式错：一个字符从起始位到停止位的总位数不对。

③ 溢出错：若先接收的字符尚未被微机读取，后面的字符又传送过来，则产生溢出错。每一种错误都会给出相应的出错信息，提示用户处理。

2. 异步串行通信接口定义

一般 UART 接口定义四根引脚，分别如下：

① RxD(Transmit Data)——数据接收引脚，用于串行通信数据接收；

② TxD(Receive Data)——数据发送引脚，用于串行通信数据发送；

③ RTS(Request to Send)——请求数据发送引脚，用于标明接收设备有没有准备好接收数据，即当终端要发送数据时，使该信号有效；

④ CTS(Clear to Send)——允许数据发送引脚，用于 CTS 来起动和暂停来自计算机的数据流，用来表示从设备准备好接收主设备发来的数据，是对请求发送信号 RTS 的响应信号。

UART 设备要进行正常的通信，必须将一个设备的 TxD 引脚和另一个设备的 RxD 引脚相连，如图 5－13 所示。在数据通信的开始，常用硬件流 RTS/CTS 来对数据流进行控制，硬件流控制必须将相应的电缆线连上，用 RTS/CTS（请求发送/清除发送）流控制时，应将通信两端的 RTS、CTS 线对应相连，数据终端设备使用 RTS 来起始数据通信设备的数据流，而数据通信设备则用 CTS 来起动和暂停来自计算机的数据流。这种硬件握手方式的过程为：根据接收端缓冲区大小设置一个高位标志（可为缓冲区大小的 75 %）和一个低位标志（可为缓冲区大小的 25 %），当缓冲区内数据量达到高位时，在接收端将 CTS 线置低电平（送逻辑 0），当发送端的程序检测到 CTS 为低后，就停止发送数据，直到接收端缓冲区的数据量低于低位而将 CTS 置高电平。RTS 则用来标明接收设备有没有准备好接收数据。

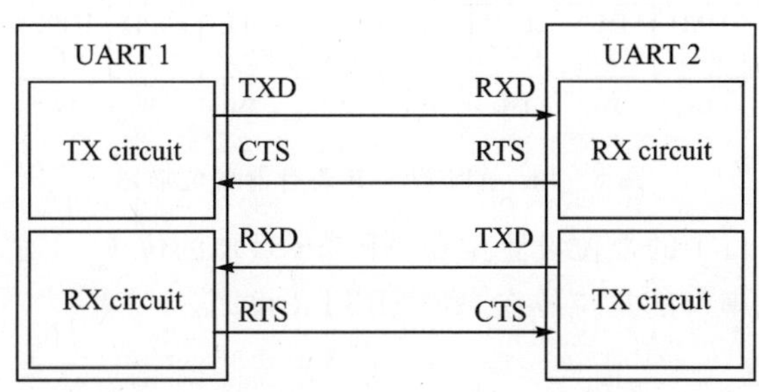

图 5－13　UART 通信接口连接示意图

3. 异步串行通信的应用

由于异步串行通信具有接口统一、连接方便等优点，被广泛应用于计算机设备的模块扩展（如 GPS 模块、蓝牙通信模块、GSM 等）和通信（如调制解调器）。

5.4.2　STM32 UART 串口简介

在 STM32 的参考手册中，串口被描述成通用同步异步收发器（USART），它提供了一种灵活的方法与使用工业标准 NRZ 异步串行数据格式的外部设备之间进行全双工数据交换。USART 利用分数波特率发生器提供宽范围的波特率选择。它支持同步单向通信和半双工单线通信，也支持 LIN（局部互联网）、智能卡协议和 IrDA（红外数据组织）SIR ENDEC 规范，以及调制解调器（CTS/RTS）操作。它还允许多处理器通信，还可以使用 DMA 方式，实现高速数据通信。

STM32F103ZET6 内置最多可提供 5 路串口，有分数波特率发生器、支持单线光通信和半双工单线通信、支持 LIN、智能卡协议和 IrDASIR ENDEC 规范（仅串口 3 支持）、具有 DMA 等。

串口最基本的设置，就是波特率的设置。STM32 的串口使用，开启了串口时钟，并设置相应 IO 口的模式，然后配置一下波特率、数据位长度、奇偶校验位等信息，就可以使用了。以下介绍与串口基本配置直接相关的寄存器。

1. 串口时钟使能

串口作为 STM32 的一个外设，其时钟由外设时钟使能寄存器控制，这里我们使用的串口 1 是在 APB2ENR 寄存器的位 14。除了串口 1 的时钟使能在 APB2ENR 寄存器，其他串口的时钟使能位都在 APB1ENR。

2. 串口复位

当外设出现异常的时候可以通过复位寄存器里面的对应位设置，实现该外设的复位，然后重新配置这个外设达到让其重新工作的目的。一般在系统刚开始配置外设的时候，都会先执行复位该外设的操作。串口 1 的复位是通过配置 APB2RSTR 寄存器的位 14 来实现的。APB2RSTR 寄存器的各位描述如图 5-14 所示。

31	30	29	28	27	26	25	24	23	22	21	20	19	18	17	16
保留															

15	14	13	12	11	10	9	8	7	6	5	4	3	2	1	0
ADC3 RST	USART1 RST	TIM8 RST	SPI1 RST	TIM1 RST	ADC2 RST	ADC1 RST	IOPG RST	IOPF RST	IOPE RST	IOPD RST	IOPC RST	IOPB RST	IOPA RST	保留	AFIO RST
rw	rw	rw	rw	rw	rw	rw	rw	rw	rw	rw	rw	rw	rw	res	rw

图 5-14 APB2RSTR 寄存器各位描述

从图 5-14 可知串口 1 的复位设置位在 APB2RSTR 的位 14。通过向该位写 1 复位串口 1，写 0 结束复位。其他串口的复位位在 APB1RSTR 里面。

3. 串口波特率设置

每个串口都有一个自己独立的波特率寄存器 USART_BRR，通过设置该寄存器就可以达到配置不同波特率的目的。接收器和发送器(Rx 和 Tx)的波特率在 USARTDIV 的整数和小数寄存器中的值应设置成相同。波特率设置公式如下所示。

$$\text{Tx/Rx 波特率} = \frac{f_{\text{PCLKx}}}{(16 \times \text{USARTDIV})}$$

这里的 f_{PCLKx}（x＝1、2）是给外设的时钟（PCLK1 用于 USART2、3，PCLK2 用于 USART1）。USARTDIV 是一个无符号的定点数。这 12 位的值设置在 USART_BRR 寄存器，如表 5-25 所列。

表 5-25 USARTx_BRR 寄存器位描述

位	描　述
31:16	保留位，硬件强制为 0
15:4	DIV_Mantissa[11:0]：USARTDIV 的小数部分 这 12 位定义了 USART 分频器除法因子(USARTDIV)的小数部分
3:0	DIV_Fraction[3:0]：USARTDIV 的整数部分 这 4 位定义了 USART 分频器除法因子(USARTDIV)的整数部分

例如，要求 USARTDIV＝25.62d(d 指十进制数)，就有：

DIV_Fraction＝16×0.62d＝9.92d，近似等于 10d＝0x0A

DIV_Mantissa＝mantissa (25.620d)＝25d＝0x19

于是，USART_BRR＝0x19A。

4. 串口控制

STM32 的每个串口都有 3 个控制寄存器 USART_CR1～3，串口的很多配置都是通过这 3 个寄存器来设置的。这里我们只要用到 USART_CR1 就可以实现我们的功能了，该寄存器

的各位描述如图 5－15 所示。

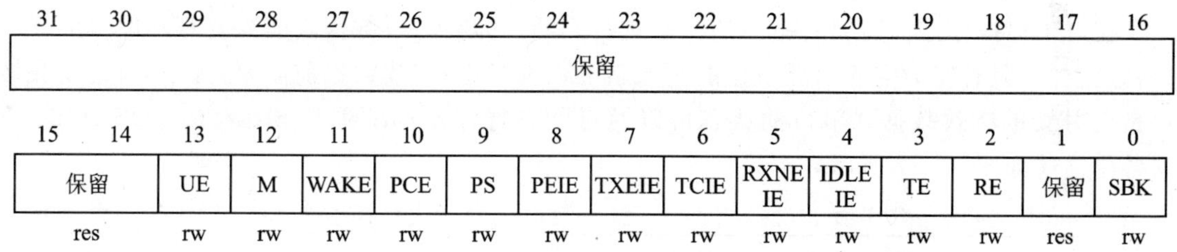

图 5－15　USART_CR 寄存器各位描述

该寄存器的高 18 位没有用到，低 14 位用于串口的功能设置。UE 为串口使能位，通过该位置 1，以使能串口。M 为字长选择位，当该位为 0 的时候设置串口为 8 个字长外加 n 个停止位，停止位的个数（n）是根据 USART_CR2 的[13：12]位设置来决定的，默认为 0。PCE 为校验使能位，设置为 0，则禁止校验，否则使能校验。PS 为校验位选择，设置为 0 则为偶校验，否则为奇校验。TXEIE 为发送缓冲区空中断使能位，设置该位为 1，当 USART_SR 中的 TXE 位为 1 时，将产生串口中断。TCIE 为发送完成中断使能位，设置该位为 1，当 USART_SR 中的 TC 位为 1 时，将产生串口中断。RXNEIE 为接收缓冲区非空中断使能，设置该位为 1，当 USART_SR 中的 ORE 或者 RXNE 位为 1 时，将产生串口中断。TE 为发送使能位，设置为 1，将开启串口的发送功能。RE 为接收使能位，用法同 TE。

5. 数据发送与接收

STM32 的发送与接收是通过数据寄存器 USART_DR 来实现的，这是一个双寄存器，包含了 TDR 和 RDR。当向该寄存器写数据的时候，串口就会自动发送，当收到收据的时候，也是存在该寄存器内。该寄存器的各位描述如图 5－16 所示。

图 5－16　USART_DR 寄存器各位描述

可以看出，虽然是一个 32 位寄存器，但是只用了低 9 位（DR[8：0]），其他都是保留。DR[8：0]为串口数据，包含了发送或接收的数据。由于它是由两个寄存器组成的，一个给发送用（TDR），一个给接收用（RDR），该寄存器兼具读和写的功能。TDR 寄存器提供了内部总线和输出移位寄存器之间的并行接口。RDR 寄存器提供了输入移位寄存器和内部总线之间的并行接口。

当使能校验位（USART_CR1 中 PCE 位被置位）进行发送时，写到 MSB 的值（根据数据的长度不同，MSB 是第 7 位或者第 8 位）会被后来的校验位取代。当使能校验位进行接收时，读到的 MSB 位是接收到的校验位。

6. 串口状态

在对串口操作之前需要对串口的状态进行判断。如在写入数据之前需要判断串口的缓存是否是空的,只有在为空的情况下才能写入新的数据发送;在读数据前需要判断串口的接收缓存是否有新的有效数据。串口的状态可以通过状态寄存器 USART_SR 读取。USART_SR 的各位描述如图 5-17 所示。

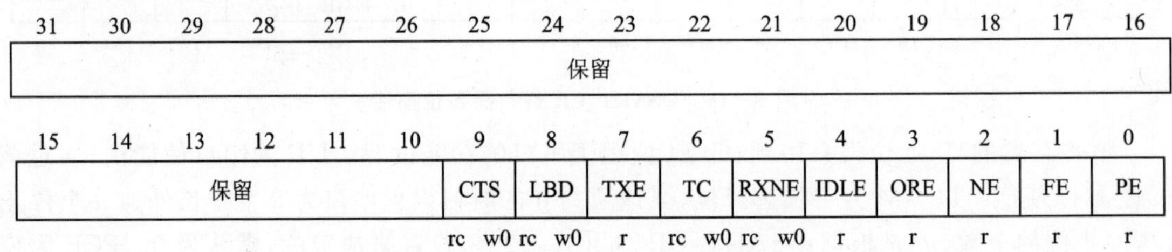

图 5-17　USART_SR 寄存器各位描述

RXNE(读数据寄存器非空),当该位被置 1 的时候,就是提示已经有数据被接收到了,并且可以读出来了。这时候我们要做的就是尽快去读取 USART_DR,通过读 USART_DR 可以将该位清零,也可以向该位写 0,直接清除。

TC(发送完成),当该位被置位的时候,表示 USART_DR 内的数据已经被发送完成了。如果设置了这个位的中断,则会产生中断。该位也有两种清零方式:一种是读 USART_SR,写 USART_DR,另一种是直接向该位写 0。

5.4.3　STM32 UART 应用实例

在本实例中,主要通过串口 USART1 和 PC 机进行通信。在收发数据时,控制 LED1 闪烁指示正在工作。LED1 控制采用 5.2 节中的控制方法,本节主要针对 USART1 的通信进行说明。

1. 硬件电路设计

任何 USART 双向通信至少需要 2 个引脚:接收数据输入(RX)和发送数据输出(TX)。

RX:接收数据串行输入。通过采样技术来区别数据和噪音,从而恢复数据。

TX:发送数据输出。当发送器被禁止时,输出引脚恢复到它的 I/O 端口配置。当发送器被激活,并且不发送数据时,TX 引脚处于高电平。在单线和智能卡模式里,此 I/O 口被同时用于数据的发送和接收。

如图 5-18 所示,只需要将 RS232 串口线连接板子的串口 1 到 PC 的串口上,如果 PC 上没有串口,可以用 USB 转串口线连接到板子上。

2. 软件程序设计

USART 一般有两种工作方式:查询和中断。

① 查询:串口程序不断地循环查询,看看当前有没有数据要它传送。

② 中断:平时串口只要打开中断即可。如果发现有一个中断来,则意味着要它帮助传输数据——它就马上进行数据的传送。同样,可以从 PC 到 STM32 板子,也可以从 STM32 板子到 PC。

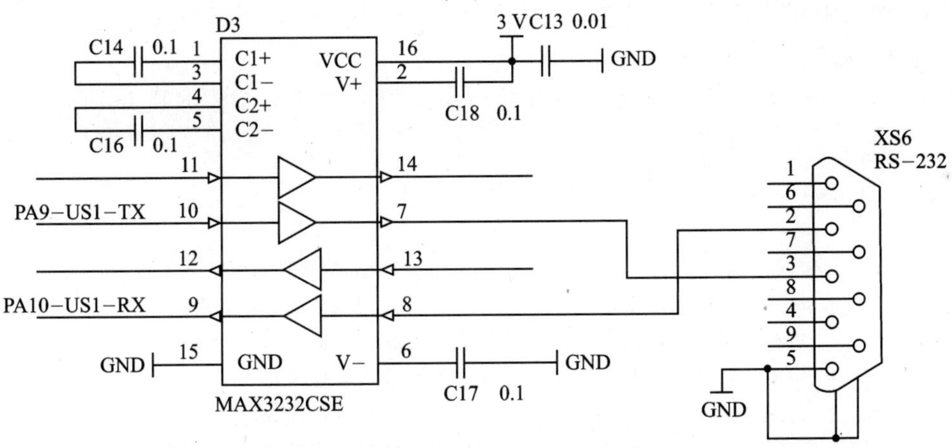

图 5-18　USART 串口电路连接图

在本实例中，STM32 端在发送数据时，采用查询方式；接收数据采用中断方式。

在串口应用时，由于串口引脚是功能复用引脚，在使用串口前，需要进行 I/O 口功能属性配置，还要设置串口相应的参数。因此，对串口的操作主要有以下几个方面：I/O 口复用功能配置、串口初始化、写串口操作、读串口操作。

此外，如果需要用到中断来收发数据，还需要编写对应的中断服务程序。要使串口工作更加稳定和完善，还需要对工作过程的异常和错误进行相应的处理。

下面分别对串口应用实例中基本的函数设计进行说明。

(1) I/O 配置

I/O 配置主要是配置需要使用的各个 I/O 口的功能属性及参数。在本实例中，主要对 LED1 控制的 PB5 口、USART1 串口通信的 PA9 和 PA10 进行配置。具体配置代码参考如下。

```
void GPIO_Configuration(void)
{
    GPIO_InitStructure.GPIO_Pin = GPIO_Pin_5;                    //LED1 控制 -- PB5
    GPIO_InitStructure.GPIO_Mode = GPIO_Mode_Out_PP;             //推挽输出
    GPIO_InitStructure.GPIO_Speed = GPIO_Speed_50MHz;
    GPIO_Init(GPIOB, &GPIO_InitStructure);

    GPIO_InitStructure.GPIO_Pin = GPIO_Pin_9;                    //USART1 TX
    GPIO_InitStructure.GPIO_Mode = GPIO_Mode_AF_PP;              //复用推挽输出
    GPIO_Init(GPIOA, &GPIO_InitStructure);                       //A 端口

    GPIO_InitStructure.GPIO_Pin = GPIO_Pin_10;                   //USART1 RX
    GPIO_InitStructure.GPIO_Mode = GPIO_Mode_IN_FLOATING;        //复用开漏输入
    GPIO_Init(GPIOA, &GPIO_InitStructure);                       //A 端口
}
```

(2) USART1 初始化

对串口常用的参数进行初始化。主要包括波特率、数据位长度、停止位、奇偶校验位、串口

工作模式、串口中断参数等进行设置。在本实例中,我们采用 STM32 自带的 USART 初始化数据结构进行处理。

在 stm32f10x_usart.h 中定义了串口初始化参数数据结构 USART_InitTypeDef,如下所示。

```
typedef struct
{
    uint32_t USART_BaudRate;                /* 通信波特率,按照波特率公式进行计算 */
    uint16_t USART_WordLength;              /* 指定传送或接受的数据长度 */
    uint16_t USART_StopBits;                /* 指定停止位个数 */
    uint16_t USART_Parity;                  /* 设置奇偶校验位 */
    uint16_t USART_Mode;                    /* 设置串口的工作模式 */
    uint16_t USART_HardwareFlowControl;     /* 指定硬件控制流模式使能或禁止 */
} USART_InitTypeDef;
```

这些参数的配置方法在上一节的寄存器介绍部分已经说明,这里不再介绍。这些配置参数已经通过宏定义的方式在 stm32f10x_usart.h 中进行了声明,在初始化时可以直接引用。

USART 初始化函数如下所示,在该函数中把需要配置的参数通过配置参数结构体变量 USART_InitStructure 传递到 USART_Init 函数,USART_Init 函数根据指定的串口号,写入前面介绍的 USART_CR1~CR3、USART_BRR 等寄存器中。另外,为了能够正常使用 USART 的接收中断,需要配置对应的中断参数,主要是对寄存器 USART_CR1 中的 RXNEIE 和 TXEIE 位进行设置。在 stm32f10x_usart.c 中提供了 USART_ITConfig 函数用于串口的中断配置,需要传递串口编号,串口中断标志对应位以及中断配置状态参数。在这些参数配置完成后,通过设置 USART_CR1 中的 UE 位启动串口工作。

```
void USART_Config(USART_TypeDef * USARTx)
{
    USART_InitStructure.USART_BaudRate = 115200;                        //速率 115 200 bps
    USART_InitStructure.USART_WordLength = USART_WordLength_8b;         //数据位 8 位
    USART_InitStructure.USART_StopBits = USART_StopBits_1;              //停止位 1 位
    USART_InitStructure.USART_Parity = USART_Parity_No;                 //无校验位
    USART_InitStructure.USART_HardwareFlowControl = USART_HardwareFlowControl_None;
                                                                        //无硬件流控
    USART_InitStructure.USART_Mode = USART_Mode_Rx | USART_Mode_Tx;     //收发模式
    /* 初始化配置 USART1 */
    USART_Init(USARTx, &USART_InitStructure);                           //配置串口参数函数
    /* 使能 USART1 接收和发送中断 */
    USART_ITConfig(USART1, USART_IT_RXNE, ENABLE);                      //使能接收中断
    USART_ITConfig(USART1, USART_IT_TXE, ENABLE);                       //使能发送缓冲空中断
    /* 使能 USART1 */
    USART_Cmd(USART1, ENABLE);
}
```

(3) USART1 发送字符函数

发送字符的时候,是从串口的 DR 寄存器中的 TDR 寄存器写入需要发送的数据。单从发

送数据来讲非常简单,但是如果要正确地发送数据,需要先判断状态寄存器中对应的发送状态标识位 TXE 是否有效。

```
void USART_SendData(USART_TypeDef * USARTx, uint16_t Data)
{
    /* Transmit Data */
     USARTx->DR = (Data & (uint16_t)0x01FF);
     while(USART_GetFlagStatus(USART1, USART_FLAG_TXE) == RESET); //等待发送完毕
}
```

(4) USART1 接收字符函数

接收字符的时候,是从串口的 DR 寄存器读取数据。和发送数据一样,单从读数据来讲非常简单,但是如果要正确地读出数据,需要先判断状态寄存器中对应的接收状态标识位 RXNE 是否有效。

```
uint16_t USART_ReceiveData(USART_TypeDef * USARTx)
{
    /* Receive Data */
     while(USART_GetFlagStatus(USART1, USART_FLAG_RXNE) == RESET); //等待接收标志有效
     return (uint16_t)(USARTx->DR & (uint16_t)0x01FF);
}
```

(5) USART1 中断服务程序

因为我们使用到了串口的中断接收,需要配置中断使能,以及开启串口 1 的 NVIC 中断。这里我们把串口 1 中断放在组 0,优先级设置为 0。中断源的配置方法在前面章节已经介绍了,这里不再讲解。

串口 1 的中断服务函数 USART1_IRQHandler,该函数的名字不能自己定义了,MDK 已经给每个中断都分配了一个固定的函数名,我们直接用就可以了。具体这些函数的名字是什么,我们可以在 MDK 提供的例子里面,找到 stm32f10x_it.c,该文件里面包含了 STM32 所有的中断服务函数。USART1_IRQHandler 的代码如下,为了更方便数据处理,我们定义了一个全局的接收缓存数组 RxBuffer1 和发送缓存,分别用于存放接收到的数据和需要发送的数据,数组大小可以根据需要进行设置。当接收到结束标志时,将接收的数据拷贝到发送缓存中去,并清空接收缓存的计数,以便于下一次接收数据。中断服务程序 USART1_IRQHandler 参考如下。

```
void USART1_IRQHandler(void)                                    //串口 1 中断服务程序
{
    unsigned int i;
    if(USART_GetITStatus(USART1, USART_IT_RXNE) != RESET)  //判断读寄存器是否非空
    {
        RxBuffer1[RxCounter1 ++ ] = USART_ReceiveData(USART1);
                                                                //将接收的数据存到接收缓冲区里
        if(RxBuffer1[RxCounter1 - 2] == 0x0d&&RxBuffer1[RxCounter1 - 1] == 0x0a)
                                                                //判断结束标志
        {
```

```
            //将接收缓冲器的数据转到发送缓冲区,准备转发
            for(i = 0; i< RxCounter1; i++ ) TxBuffer1[i] = RxBuffer1[i];
            rec_f = 1;                                          //接收成功标志
            TxBuffer1[RxCounter1] = 0;                          //发送缓冲区结束符
            RxCounter1 = 0;
        }
    }
}
```

(6) USART1 字符串发送程序

为了更好地处理字符串的发送,可以编写一个字符串发送处理函数。在该函数中需要比较判断字符串格式,如结束符、换行符等,然后进行相应的操作。该函数实例如下,需要传递的参数包括串口号和需要发送的字符串。

```
void USART_OUT(USART_TypeDef * USARTx, uint8_t *Data,...){
    const char *s;
    int d;
    char buf[16];
    va_list ap;
    va_start(ap, Data);
    while( * Data! = 0){                          //判断是否到达字符串结束符
        if( * Data == 0x5c){                      //'\'
            switch ( * ++ Data){
                case 'r':                         //回车符
                    USART_SendData(USARTx, 0x0d);
                    Data ++ ;
                    break;
                case 'n':                         //换行符
                    USART_SendData(USARTx, 0x0a);
                    Data ++ ;
                    break;
                default:
                    Data ++ ;
                    break;
            }
        }
        else if( * Data == '%'){  //
            switch ( * ++ Data){
                case 's':                         //字符串
                    s = va_arg(ap, const char * );
                    for ( ; *s; s++ ) {
                        USART_SendData(USARTx, *s);
                    }
                    Data ++ ;
                    break;
                case 'd':                         //十进制
```

```
                d = va_arg(ap, int);
                itoa(d, buf, 10);
                for (s = buf; * s; s ++ ) {
                    USART_SendData(USARTx, * s);
                }
                Data ++ ;
                break;
            default:
                Data ++ ;
                break;
        }
    }
    else USART_SendData(USARTx, * Data ++ );
  }
}
```

(7) 主函数

在主函数中，主要通过串口 USART1 和 PC 机交互字符串。和其他应用例程一样，在正常使用 USART1 前需要调用相应的配置函数对 USART1 用到的端口进行配置，主要包括 I/O总线时钟、功能参数配置、USART1 的初始化、USART1 中断配置等。然后调用 USART 驱动函数进行数据接收和数据发送。

```
int main(void)
{

    uint8_t   a = 0;
    /* System Clocks Configuration */
    RCC_Configuration();                         //系统时钟设置
    /*嵌套向量中断控制器配置，USART1 抢占优先级级别 0(最多 1 位),子优先级级别 0(最多 7 位)*/
    NVIC_Configuration();                        //中断源配置
    GPIO_Configuration();                        //端口初始化
    USART_Config(USART1);                        //串口 1 初始化

    //向串口 1 发送开机字符。
    USART_OUT(USART1,"*                                           *\r\n");
    USART_OUT(USART1,"*   以 HEX 模式输入一串数据,以 16 进制 0d 0a 作为结束   *\r\n");
    USART_OUT(USART1,"*                                           *\r\n");
    USART_OUT(USART1,"*******************************************\r\n");
    USART_OUT(USART1,"                                             \r\n");
    while (1)
    {
        if(rec_f == 1){                          //判断是否收到一帧有效数据
            rec_f = 0;
            USART_OUT(USART1,"\r\n 您发送的信息为: \r\n");
            USART_OUT(USART1,&TxBuffer1[0]);
            if(a == 0) {GPIO_SetBits(GPIOB, GPIO_Pin_5); a = 1;}  //LED1 明暗闪烁
```

```
            else {GPIO_ResetBits(GPIOB, GPIO_Pin_5);a = 0;  }
        }
    }
}
```

5.5 DMA 及 A/D 转换器应用实例

5.5.1 DMA 工作原理

1. DMA 的基本概念

DMA 即直接内存访问模式。在一般情况下，总线控制权在 CPU“手上”，外设无权直接访问内存，需要 CPU 参与。DMA 模式就是绕开 CPU 对总线的控制，从 CPU 那“偷出”几个时钟来控制总线，让外设可以直接访问内存，这样外设的读写就不需要 CPU 参与，降低了 CPU 的占用率。在支持 DMA 操作的处理器中，需要提供 DMA 控制器来处理各种外设的 DMA 请求，同时也需要外设提供 DMA 操作的相关功能才能实现 DMA 功能。

如图 5-19 所示，当 CPU 对外设正常访问时，需要通过系统总线从外设的寄存器中读出数据存放到内存中。如果是 DMA 模式下工作，DMA 控制器向 CPU 申请总线控制权，然后从外设中读取数据直接存储在内存中。从这一点来说，DMA 可以算是 CPU 的一个协处理器。

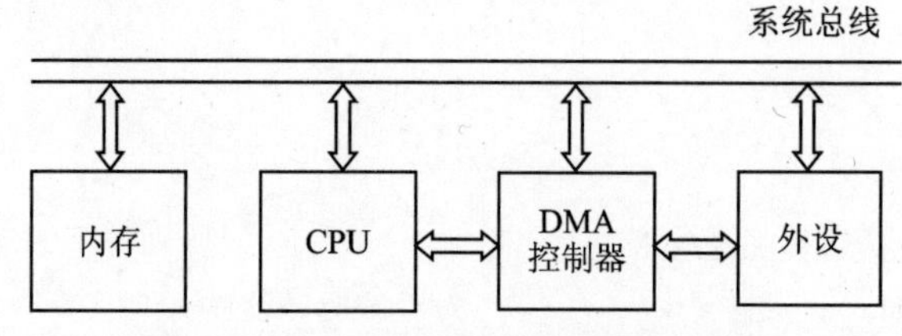

图 5-19 带 DMA 的处理器系统结构

DMA 控制器是一种在系统内部转移数据的独特外设，可以将其视为一种能够通过一组专用总线将内部和外部存储器与每个具有 DMA 能力的外设连接起来的控制器。它之所以属于外设，是因为它是在处理器的编程控制下来执行传输的。值得注意的是，通常只有数据流量较大(kBps 或者更高)的外设才需要支持 DMA 能力，这些应用方面典型的例子包括视频、音频和网络接口。

2. DMA 的工作步骤

DMA 工作主要包括以下几个步骤：

(1) DMA 请求

CPU 对 DMA 控制器初始化，并向 I/O 接口发出操作命令，I/O 接口提出 DMA 请求。

(2) DMA 响应

DMA 控制器对 DMA 请求判别优先级及屏蔽，向总线裁决逻辑提出总线请求。当 CPU 执行完当前总线周期即可释放总线控制权。此时，总线裁决逻辑输出总线应答，表示 DMA 已经响应，通过 DMA 控制器通知 I/O 接口开始 DMA 传输。

(3) DMA 传输

DMA 控制器获得总线控制权后，CPU 即刻挂起或只执行内部操作，由 DMA 控制器输出读写命令，直接控制 RAM 与 I/O 接口进行 DMA 传输。

在 DMA 控制器的控制下，存储器和外部设备之间直接进行数据传送，传送过程中不需要中央处理器的参与。开始时需提供要传送的数据的起始位置和数据长度。

(4) DMA 结束

当完成规定的成批数据传送后，DMA 控制器即释放总线控制权，并向 I/O 接口发出结束信号。当 I/O 接口收到结束信号后，一方面停止 I/O 设备的工作，另一方面向 CPU 提出中断请求，使 CPU 从不介入的状态解脱，并执行一段检查本次 DMA 传输操作正确性的代码。最后，带着本次操作结果及状态继续执行原来的程序。

由此可见，DMA 传输方式无需 CPU 直接控制传输，也没有像中断处理方式那样保留现场和恢复现场的过程，通过硬件为 RAM 与 I/O 设备开辟一条直接传送数据的通路，使 CPU 的效率大为提高。

3. DMA 控制器编程

在使用 DMA 功能之前，需要对 DMA 控制器进行参数配置。对于任何类型的 DMA 传输，我们都需要规定数据的起始源和目标地址。对于外设 DMA 的情况来说，外设的 FIFO 可以作为数据源或者目标端。当外设作为源端时，某个存储器的位置（内部或外部）则成为目标端地址。当外设作为目标端，存储的位置（内部或者外部）则成为源端地址。即 DMA 不能进行外设和外设的传输。

在最简单的 DMA 情况中，我们需要告诉 DMA 控制器源端地址、目标端地址和待传送的字的个数。采用外设 DMA 的情况下，我们规定数据的源端或者目标端，具体则取决于传输的方向。每次传输的字的大小可以是 8、16 或者 32 位。这种类型的事务代表了简单的 1 维（“1D”）统一“跨度”(unity stride) 的传输。作为这一传输机制的一部分，DMA 控制器连续跟踪不断增加的源端和目标端地址。采用这种传输方式时，8 位的传输产生 1 字节的地址增量，而 16 位传输产生的增量为 2 字节，32 位传输则产生 4 字节的增量。

5.5.2　STM32 的 DMA 控制器

在 STM32103F 系列处理器中，两个 DMA 控制器有 12 个通道（DMA1 有 7 个通道，DMA2 有 5 个通道），每个通道专门用来管理来自于一个或多个外设对存储器访问的请求。还有一个仲裁器来协调各个 DMA 请求的优先权。

1. DMA 主要特性

- 12 个独立的可配置的通道（请求）：DMA1 有 7 个通道，DMA2 有 5 个通道。
- 每个通道都直接连接专用的硬件 DMA 请求，每个通道都同样支持软件触发。这些功能通过软件来配置。
- 在同一个 DMA 模块上，多个请求间的优先权可以通过软件编程设置（共有四级：很高、高、中等和低），优先权设置相等时由硬件决定（请求 0 优先于请求 1，依此类推）。
- 独立数据源和目标数据区的传输宽度（字节、半字、全字），模拟打包和拆包的过程。源和目标地址必须按数据传输宽度对齐。

- 支持循环的缓冲器管理。
- 每个通道都有 3 个事件标志(DMA 半传输、DMA 传输完成和 DMA 传输出错),这 3 个事件标志逻辑或成为一个单独的中断请求。
- 存储器和存储器间的传输。
- 外设和存储器、存储器和外设之间的传输。
- 闪存、SRAM、外设的 SRAM、APB1、APB2 和 AHB 外设均可作为访问的源和目标。
- 可编程的数据传输数目:最大为 65 535。

2. DMA 通道

每个通道都可以在有固定地址的外设寄存器和存储器地址之间执行 DMA 传输。DMA 传输的数据量是可编程的,最大达到 65 535。包含要传输的数据项数量的寄存器,在每次传输后递减。

(1) 可编程的数据量

外设和存储器的传输数据量可以通过 DMA_CCRx 寄存器中的 PSIZE 和 MSIZE 位编程。

(2) 指针增量

通过设置 DMA_CCRx 寄存器中的 PINC 和 MINC 标志位,外设和存储器的指针在每次传输后可以有选择地完成自动增量。当设置为增量模式时,下一个要传输的地址将是前一个地址加上增量值,增量值取决于所选的数据宽度为 1、2 或 4。第一个传输的地址是存放在 DMA_CPARx /DMA_CMARx 寄存器中地址。在传输过程中,这些寄存器保持它们初始的数值,软件不能改变和读出当前正在传输的地址(它在内部的当前外设/存储器地址寄存器中)。当通道配置为非循环模式时,传输结束后(即传输计数变为 0)将不再产生 DMA 操作。要开始新的 DMA 传输,需要在关闭 DMA 通道的情况下,在 DMA_CNDTRx 寄存器中重新写入传输数目。在循环模式下,最后一次传输结束时,DMA_CNDTRx 寄存器的内容会自动地被重新加载为其初始数值,内部的当前外设/存储器地址寄存器也被重新加载为 DMA_CPARx/DMA_CMARx 寄存器设定的初始基地址。

(3) 通道配置过程

下面是配置 DMA 通道 x 的过程(x 代表通道号):

- 在 DMA_CPARx 寄存器中设置外设寄存器的地址。发生外设数据传输请求时,这个地址将是数据传输的源或目标。
- 在 DMA_CMARx 寄存器中设置数据存储器的地址。发生外设数据传输请求时,传输的数据将从这个地址读出或写入这个地址。
- 在 DMA_CNDTRx 寄存器中设置要传输的数据量。在每个数据传输后,这个数值递减。
- 在 DMA_CCRx 寄存器的 PL[1:0]位中设置通道的优先级。
- 在 DMA_CCRx 寄存器中设置数据传输的方向、循环模式、外设和存储器的增量模式、外设和存储器的数据宽度、传输一半产生中断或传输完成产生中断。
- 设置 DMA_CCRx 寄存器的 ENABLE 位,启动该通道。一旦启动了 DMA 通道,它即可响应连到该通道上的外设的 DMA 请求。当传输一半的数据后,半传输标志(HTIF)被置 1,当设置了允许半传输中断位(HTIE)时,将产生一个中断请求。在数

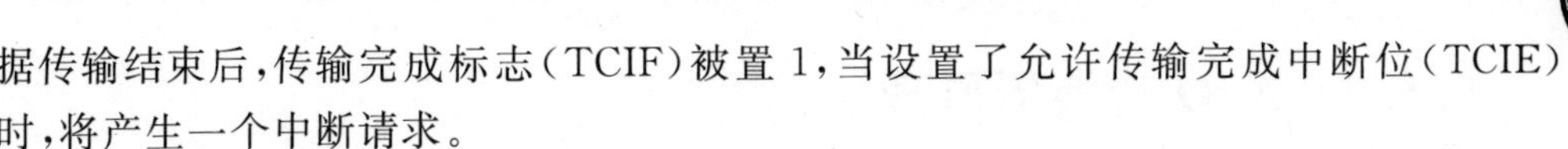

据传输结束后，传输完成标志（TCIF）被置 1，当设置了允许传输完成中断位（TCIE）时，将产生一个中断请求。

3. DMA 数据传递模式

（1）循环模式

循环模式用于处理循环缓冲区和连续的数据传输（如 ADC 的扫描模式）。在 DMA_CCRx 寄存器中的 CIRC 位用于开启这一功能。当启动了循环模式，数据传输的数目变为 0 时，将会自动地被恢复成配置通道时设置的初值，DMA 操作将会继续进行。

（2）存储器到存储器模式

在这种模式下，DMA 通道的操作可以在没有外设请求的情况下进行，这种操作就是存储器到存储器模式。当设置了 DMA_CCRx 寄存器中的 MEM2MEM 位之后，在软件设置了 DMA_CCRx 寄存器中的 EN 位启动 DMA 通道时，DMA 传输将马上开始。当 DMA_CNDTRx 寄存器变为 0 时，DMA 传输结束。存储器到存储器模式不能与循环模式同时使用。

4. DMA 寄存器描述

DMA 寄存器描述见表 5-26。

表 5-26　DMA 寄存器

名　称	描　述	访　问	复位值	地址偏移
DMA_ISR	DMA 中断状态寄存器。主要包括通道 x 的传输错误标志 TEIFx、半传输事件标志 HTIFx、传输完成标志 TCIFx、全局中断标志 GIFx 的状态	R	0x0000 0000	0x00
DMA_IFCR	DMA 中断标志清除寄存器。该寄存器用于清除 DMA_ISR 寄存器中的对应 TEIFx、HTIFx、TCIFx、GIFx 标志	R/W	0x0000 0000	0x04
DMA_CCRx (x=1～7)	DMA 通道 x 配置寄存器。该寄存器用于设置存储器到存储器模式 MEM2MEM、通道优先级 PL[1:0]、存储器数据宽度 MSIZE[1:0]、外设数据宽度 PSIZE[1:0]、存储器地址增量模式 MINC、外设地址增量模式 PINC、循环模式 CIRC、数据传输方向 DIR、允许传输错误中断 TEIE、允许半传输中断 HTIE、允许传输完成中断 TCIE、通道开启 EN 等参数	R/W	0x0000 0000	0x08+20x (通道编号-1)
DMA_CNDTRx (x=1～7)	DMA 通道 x 传输数量寄存器。该寄存器用于设置数据传输数量 NDT[15:0]，数据传输数量为 0 至 65 535。数据传输结束后，寄存器的内容或者变为 0；或者当该通道配置为自动重加载模式时，寄存器的内容将被自动重新加载为之前配置时的数值。当寄存器的内容为 0 时，无论通道是否开启，都不会发生任何数据传输	R/W	0x0000 0000	0x0C+20x (通道编号-1)
DMA_CPARx (x=1～7)	DMA 通道 x 外设地址寄存器。该寄存器用于设置外设数据寄存器的基地址 PA[31:0]，作为数据传输的源或目标	R/W	0x0000 0000	0x10+20x (通道编号-1)
DMA_CMARx (x=1～7)	DMA 通道 x 存储器地址寄存器。该寄存器用于设置存储器地址 MA[31:0]，作为数据传输的源或目标	R/W	0x0000 0000	0x14+20x (通道编号-1)

5.5.3 A/D 转换器原理

现实生活中所遇到的信号大多是连续变化的模拟量，如温度、压力、流量、速度、位移等物理量，这些物理量都是通过各种传感器转换成模拟物理量的电信号，即模拟电信号，这时就需要一个接口电路把模拟量转换成数字量，送进计算机。能完成这项任务的接口部件就是 A/D 模数转换器。而处理器数据采集的精度及速度，在很大程度上也取决于 A/D 转换器。

1. A/D 转换器的类型

A/D 转换器有以下类型：逐位比较型、积分型、计数型、并行比较型、电压—频率型，主要应根据使用场合的具体要求，按照转换速度、精度、价格、功能以及接口条件等因素来决定选择何种类型。常用的有以下两种：

(1) 双积分型的 A/D 转换器

双积分式也称二重积分式，其实质是测量和比较两个积分的时间，一个是对模拟输入电压积分的时间 T_0，此时间往往是固定的；另一个是以充电后的电压为初值，对参考电源 V_{REF} 反向积分，积分电容被放电至零所需的时间 T_1。模拟输入电压 V_{IN} 与参考电压 V_{REF} 之比，等于上述两个时间之比。由于 V_{REF}、T_0 固定，而放电时间 T_1 可以测出，因而可计算出模拟输入电压的大小（V_{REF} 与 V_{IN} 符号相反），如图 5-20 所示。

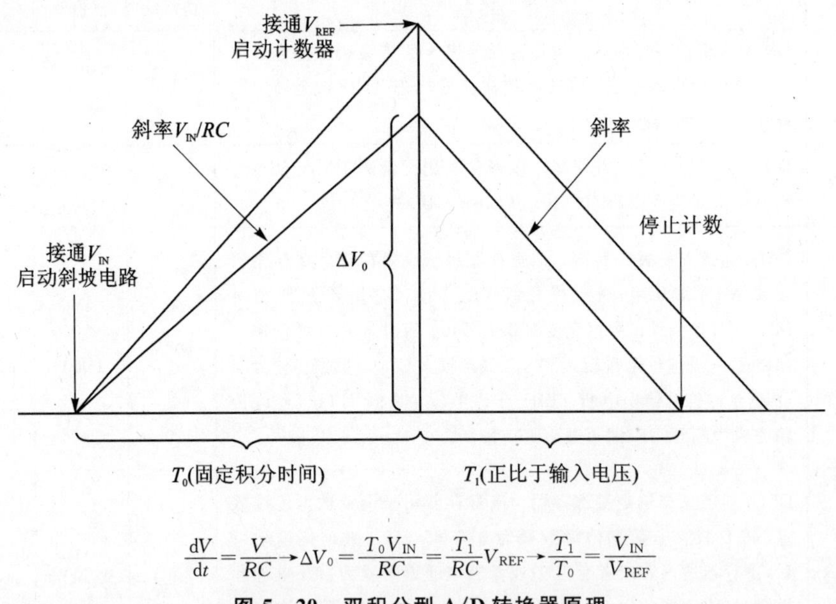

$$\frac{dV}{dt}=\frac{V}{RC}\rightarrow\Delta V_0=\frac{T_0V_{IN}}{RC}=\frac{T_1}{RC}V_{REF}\rightarrow\frac{T_1}{T_0}=\frac{V_{IN}}{V_{REF}}$$

图 5-20 双积分型 A/D 转换器原理

由于 T_0、V_{REF} 为已知的固定常数，因此反向积分时间 T_1 与输入模拟电压 V_{IN} 在 T_0 时间内的平均值成正比。输入电压 V_{IN} 愈高，ΔV_0 愈大，T_1 就愈长。在 T_1 开始时刻，控制逻辑同时打开计数器的控制门开始计数，直到积分器恢复到零电平时，计数停止。则计数器所计出的数字即正比于输入电压 V_{IN} 在 T_0 时间内的平均值，于是完成了一次 A/D 转换。

由于双积分型 A/D 转换是测量输入电压 V_{IN} 在 T_0 时间内的平均值，所以对常态干扰（串模干扰）有很强的抑制作用，尤其对正负波形对称的干扰信号，抑制效果更好。

(2) 逐次逼近型的 A/D 转换器

逐次逼近型(也称逐位比较式)的 A/D 转换器,应用比积分型更为广泛,其原理框图如图 5-21 所示,主要由逐次逼近寄存器 SAR、D/A 转换器、比较器以及时序和控制逻辑等部分组成。它的实质是逐次把设定的 SAR 寄存器中的数字量经 D/A 转换后得到电压 V_c与待转换模拟电压 V_0进行比较。比较时,先从 SAR 的最高位开始,逐次确定各位的数码应是 1 还是 0,其工作过程如下:

当计算机发出"启动转换"命令时清除 SAR 寄存器,控制电路先设定 SAR 中的最高位为 1,其余位为 0,此预测数据送往 D/A 转换器,转换成电压 V_f,然后 V_f和输入模拟电压 V_x在比较器中进行比较,若 $V_x > V_f$,说明预置结果正确,应予保留,若 $V_x \leqslant V_f$,则预置结果错误,应予清除。然后按上述方法继续对次高位及后续各位依次进行预置、比较和判断,决定该位是 1 还是 0,直至确定 SAR 最低位为止。这个过程完成后,状态线改变,最后 SAR 中的内容即为转换结果。

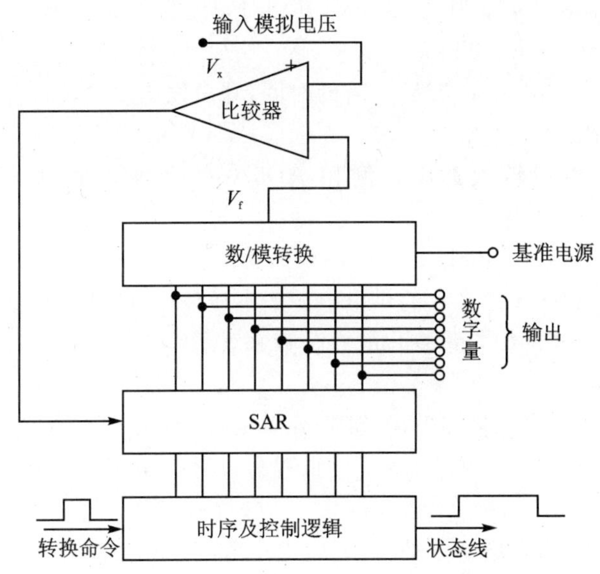

图 5-21　逐次逼近型的 A/D 转换器结构图

逐次逼近式的 A/D 转换器的主要特点是:

- 转换速度较快,在 1～100/μs 以内,分辨率可以达 18 位,特别适用于工业控制系统。
- 转换时间固定,不随输入信号的变化而变化。
- 抗干扰能力相对积分型的差。例如,对模拟输入信号采样过程中,若在采样时刻有一个干扰脉冲叠加在模拟信号上,则采样时,包括干扰信号在内,都被采样和转换为数字量,这就会造成较大的误差,所以有必要采取适当的滤波措施。

2. A/D 转换的重要指标

(1) 分辨率(Resolution)

分辨率反映 A/D 转换器对输入微小变化响应的能力,通常用数字输出最低位(LSB)所对应的模拟输入的电平值表示。n 位 A/D 能反应 $1/2^n$满量程的模拟输入电平。由于分辨率直接与转换器的位数有关,所以一般也可简单地用数字量的位数来表示分辨率,即 n 位二进制

数,最低位所具有的权值,就是它的分辨率。

(2) 精度(Accuracy)

精度有绝对精度(Absolute Accuracy)和相对精度(Relative Accuracy)两种表示方法。

1) 绝对精度

绝对精度用绝对误差来表示,在一个转换器中,对应于一个数字量的实际模拟输入电压和理想的模拟输入电压之差并非是一个常数。我们把它们之间的差的最大值,定义为“绝对误差”。通常以数字量的最小有效位(LSB)的分数值来表示绝对误差,例如:±1LSB 等。绝对误差包括量化误差和其他所有误差。

2) 相对精度

相对精度用相对误差来表示,是指整个转换范围内,任一数字量所对应的模拟输入量的实际值与理论值之差,用模拟电压满量程的百分比表示。

例如,满量程为 10 V,10 位 A/D 芯片,若其绝对精度为±1/2LSB,则其最小有效位的量化单位为 9.77 mV,其绝对精度为 4.88 mV,其相对精度为 4.88/104=0.048 %。

(3) 转换时间(Conversion Time)

转换时间是指完成一次 A/D 转换所需的时间,即由发出启动转换命令信号到转换结束信号开始有效的时间间隔。

转换时间的倒数称为转换速率。例如 AD570 的转换时间为 25 μs,其转换速率为 40 kHz。

(4) 电源灵敏度(power supply sensitivity)

电源灵敏度是指 A/D 转换芯片的供电电源的电压发生变化时,产生的转换误差。一般用电源电压变化 1 %时相当的模拟量变化的百分数来表示。

(5) 量　程

量程是指所能转换的模拟输入电压范围,分单极性、双极性两种类型。例如,单极性量程为 0～+5 V,0～+10 V,0～+20 V;双极性量程为-5～+5 V,-10～+10 V。

(6) 输出逻辑电平

多数 A/D 转换器的输出逻辑电平与 TTL 电平兼容。在考虑数字量输出与微处理的数据总线接口时,应注意是否要三态逻辑输出,是否要对数据进行锁存等。

(7) 工作温度范围

由于温度会对比较器、运算放大器、电阻网络等产生影响,故只在一定的温度范围内才能保证额定精度指标。一般 A/D 转换器的工作温度范围为 0～70 ℃,军用品的工作温度范围为-55～+125 ℃。

3. A/D 转换过程

A/D 转换过程分为 4 个阶段,即采样、保持、量化和编码。

采样是将一个时间上连续变化的信号转换成时间上离散的信号,根据奈奎斯特采样定理 $f_s \geq 2f_h$,如果采样信号频率大于或等于 2 倍的模拟信号的最高频率,则可以将采样后的信号无失真地重建恢复原始信号。考虑到模数转换器件的非线性失真、量化噪声及接收机噪声等因素的影响,采样频率一般取 2.5～3 倍的最高频率成分。

要把一个采样信号准确地数字化,就需将采样所得的瞬时模拟信号保持一段时间,这就是保持过程。保持是将时间离散、数值连续的信号变成时间连续、数值离散信号,虽然逻辑上保持器是一个独立单元，但是，实际上保持器总是和采样器集成到一起，两者合称采样保持器。而 A/D 则起着进行量化和编码的功能。图 5－22 给出了 A/D 采样电路的采样时序图，采样输出的信号在保持期间即可进行量化和编码。

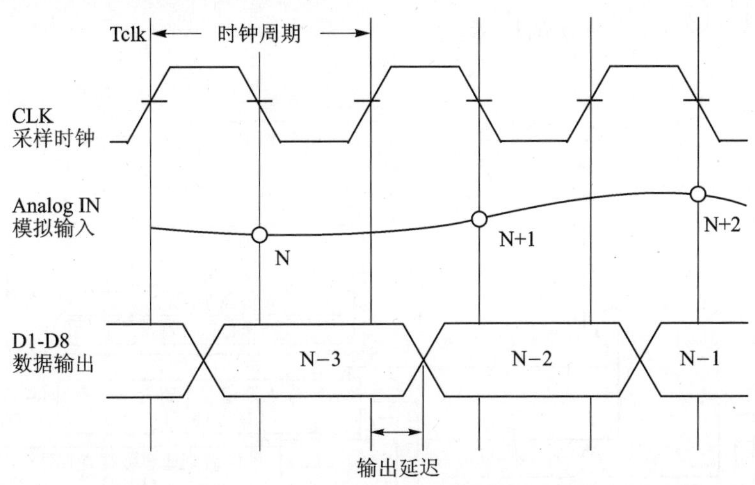

图 5－22　A/D 采样电路的采样时序图

5.5.4　STM32 A/D 转换器介绍

1. STM32 A/D 转换器特点

STM32 微控制器内置 1～3 个 12 位 A/D 转换器。它有多达 18 个通道，可测量 16 个外部和 2 个内部信号源。该 12 位 A/D 转换器采用逐次逼近式原理实现模拟量的转换。其主要特征如下：

- 12 位逐次逼近式模/数转换器；
- 转换结束、注入转换结束和发生模拟看门狗事件时产生中断；
- 单次和连续转换模式；
- 从通道 0 到通道 n 的自动扫描模式；
- 自校准；
- 带内嵌数据一致性的数据对齐；
- 采样间隔可以按通道分别编程；
- 规则转换和注入转换均有外部触发选项；
- 间断模式；
- 双重模式(带 2 个或以上 ADC 的器件)；
- ADC 转换时间：

  STM32F103xx 增强型产品：时钟为 56 MHz 时为 1 μs(时钟为 72 MHz 为 1.17 μs)；

  STM32F101xx 基本型产品：时钟为 28 MHz 时为 1 μs(时钟为 36 MHz 为 1.55 μs)；

  STM32F102xx USB 型产品：时钟为 48 MHz 时为 1.2 μs；

  STM32F105xx 和 STM32F107xx 产品：时钟为 56 MHz 时为 1 μs；
- ADC 供电要求：2.4～3.6 V；

- ADC 输入范围：$V_{REF-} \leqslant V_{IN} \leqslant V_{REF+}$；
- 规则通道转换期间有 DMA 请求产生。

2. ADC 功能描述

图 5－23 为一个 ADC 模块的框图。

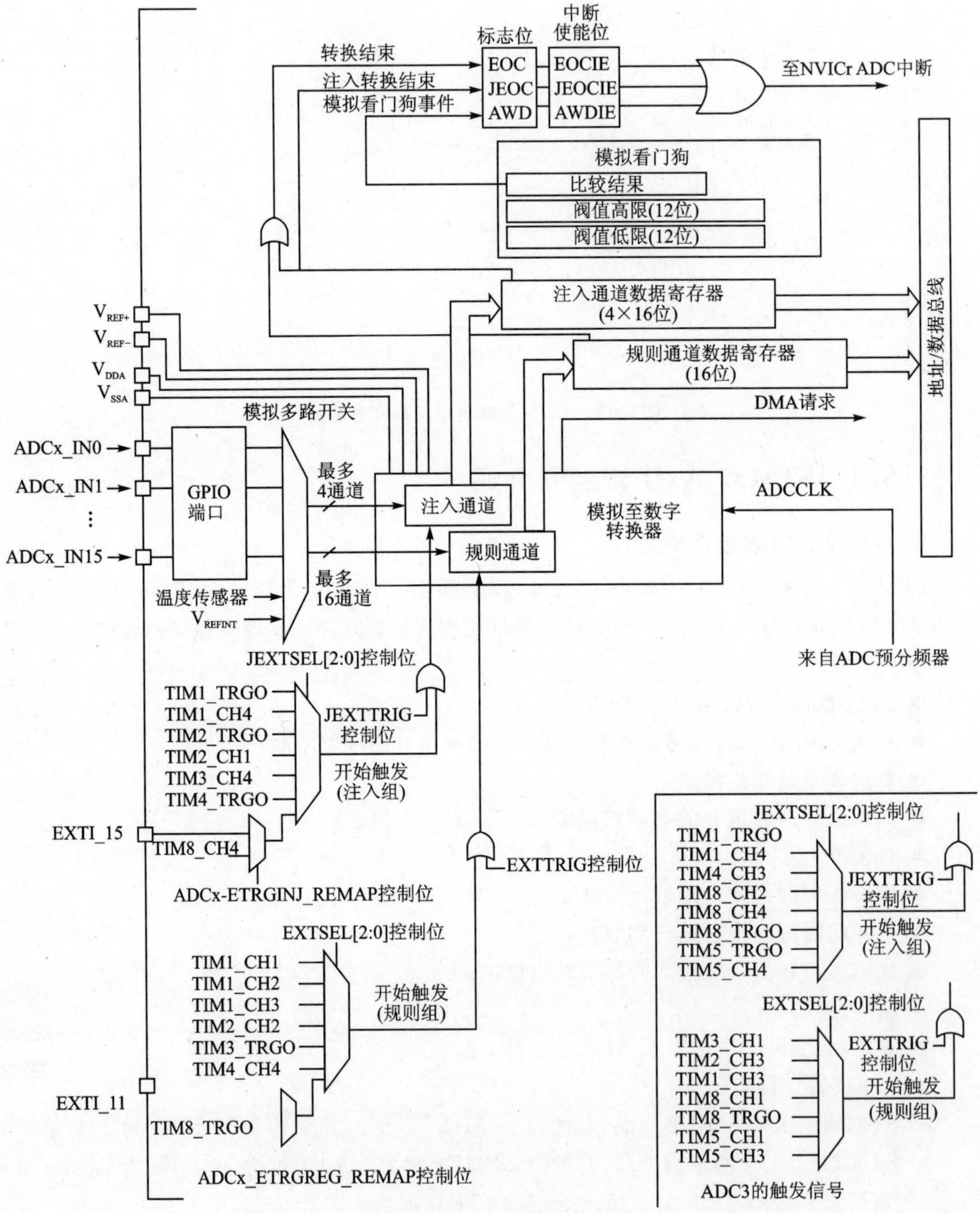

图 5－23　单个 ADC 框图

(1) ADC 开关控制

通过设置 ADC_CR2 寄存器的 ADON 位可给 ADC 上电。当第一次设置 ADON 位时，它将 ADC 从断电状态下唤醒。

ADC 上电延迟一段时间后(t_{STAB})，再次设置 ADON 位时开始进行转换。

通过清除 ADON 位可以停止转换，并将 ADC 置于断电模式。在这个模式中，ADC 几乎不耗电(仅几个 μA)。

(2) ADC 时钟

由时钟控制器提供的 ADCCLK 时钟和 PCLK2(APB2 时钟)同步。RCC 控制器为 ADC 时钟提供一个专用的可编程预分频器。

(3) 通道选择

有 16 个多路通道。可以把转换分成两类：规则组和注入组。其中，规则组是指按照指定的顺序，逐个转换这组通道，转换结束后，再从头循环。但是实际应用中，有可能需要临时中断规则组的转换，对某些通道进行转换，这些需要中断规则组而进行转换的通道组，就称为注入组。这样一来就可以在任意多个通道上以任意顺序构成转换组转换。例如，可以如下顺序完成转换：通道 3、通道 8、通道 2、通道 2、通道 0、通道 2、通道 2、通道 15。

规则组由多达 16 个转换组成。规则通道和它们的转换顺序在 ADC_SQRx 寄存器中选择。规则组中转换的总数应写入 ADC_SQR1 寄存器的 L[3:0]位中。

注入组由多达 4 个转换组成。注入通道和它们的转换顺序在 ADC_JSQR 寄存器中选择。注入组里的转换总数目应写入 ADC_JSQR 寄存器的 L[1:0]位中。

如果 ADC_SQRx 或 ADC_JSQR 寄存器在转换期间被更改，当前的转换被清除，一个新的启动脉冲将发送到 ADC 以转换新选择的组。看门狗的温度传感器/ VREFINT 内部通道温度传感器和通道 ADC1_IN16 相连接，内部参照电压 VREFINT 和 ADC1_IN17 相连接。可以按注入或规则通道对这两个内部通道进行转换。温度传感器和 VREFINT 只能出现在主 ADC1 中。

(4) 单次转换模式

单次转换模式下，ADC 只执行一次转换。该模式既可通过设置 ADC_CR2 寄存器的 ADON 位启动(只适用于规则通道)也可通过外部触发启动(适用于规则通道或注入通道)，这时 CONT 位为 0。一旦选择通道的转换完成：

- 如果一个规则通道被转换：
  转换数据被储存在 16 位 ADC_DR 寄存器中；
  EOC(转换结束)标志被设置；
  如果设置了 EOCIE，则产生中断。
- 如果一个注入通道被转换：
  转换数据被储存在 16 位的 ADC_DRJ1 寄存器中；
  JEOC(注入转换结束)标志被设置；
  如果设置了 JEOCIE 位，则产生中断。

然后 ADC 停止。

(5) 连续转换模式

在连续转换模式中，当前面 ADC 转换一结束马上就启动另一次转换。此模式可通过外部

触发启动或通过设置ADC_CR2寄存器上的ADON位启动,此时CONT位是1。每个转换后:

- 如果一个规则通道被转换:
  转换数据被储存在16位的ADC_DR寄存器中;
  EOC(转换结束)标志被设置;
  如果设置了EOCIE,则产生中断。
- 如果一个注入通道被转换:
  转换数据被储存在16位的ADC_DRJ1寄存器中;
  JEOC(注入转换结束)标志被设置;
  如果设置了JEOCIE位,则产生中断。

(6) 模拟看门狗

如果被ADC转换的模拟电压低于低阀值或高于高阀值,AWD模拟看门狗状态位被设置。阀值位于ADC_HTR和ADC_LTR寄存器的最低12个有效位中。通过设置ADC_CR1寄存器的AWDIE位以允许产生相应中断。

阀值独立于由ADC_CR2寄存器上的ALIGN位选择的数据对齐模式,电压的比较是在对齐之前完成的。通过配置ADC_CR1寄存器,模拟看门狗可以作用于1个或多个通道,具体设置请参考数据手册。

(7) 扫描模式

此模式用来扫描一组模拟通道。扫描模式可通过设置ADC_CR1寄存器的SCAN位来选择。一旦这个位被设置,ADC扫描所有被ADC_SQRX寄存器(对规则通道)或ADC_JSQR寄存器(对注入通道)选中的所有通道。在每个组的每个通道上执行单次转换。在每个转换结束时,同一组的下一个通道被自动转换。如果设置了CONT位,转换不会在选择组的最后一个通道上停止,而是再次从选择组的第一个通道继续转换。如果设置了DMA位,在每次EOC后,DMA控制器把规则组通道的转换数据传输到SRAM中。而注入通道转换的数据总是存储在ADC_JDRx寄存器中。

(8) 注入通道管理

触发注入清除ADC_CR1寄存器的JAUTO位,并且设置SCAN位,即可使用触发注入功能。利用外部触发或通过设置ADC_CR2寄存器的ADON位,启动一组规则通道的转换。如果在规则通道转换期间产生一外部注入触发,当前转换被复位,注入通道序列被以单次扫描方式进行转换。然后,恢复上次被中断的规则组通道转换。如果在注入转换期间产生一规则事件,注入转换不会被中断,但是规则序列将在注入序列结束后被执行。图5-24是其延时图。

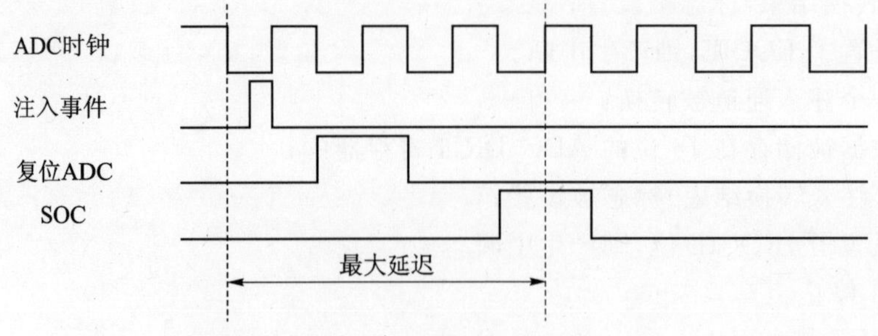

图5-24 注入转换延时

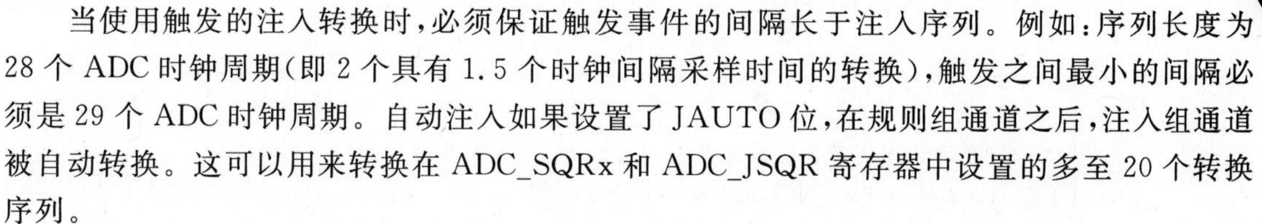

当使用触发的注入转换时，必须保证触发事件的间隔长于注入序列。例如：序列长度为 28 个 ADC 时钟周期(即 2 个具有 1.5 个时钟间隔采样时间的转换)，触发之间最小的间隔必须是 29 个 ADC 时钟周期。自动注入如果设置了 JAUTO 位，在规则组通道之后，注入组通道被自动转换。这可以用来转换在 ADC_SQRx 和 ADC_JSQR 寄存器中设置的多至 20 个转换序列。

在此模式里，必须禁止注入通道的外部触发。如果除 JAUTO 位外还设置了 CONT 位，规则通道至注入通道的转换序列被连续执行。对于 ADC 时钟预分频系数为 4 至 8 时，当从规则转换切换到注入序列或从注入转换切换到规则序列时，会自动插入 1 个 ADC 时钟间隔；当 ADC 时钟预分频系数为 2 时，则有 2 个 ADC 时钟间隔的延迟。不可能同时使用自动注入和间断模式。

(9) 间断模式

规则组模式通过设置 ADC_CR1 寄存器上的 DISCEN 位激活。它可以用来执行一个短序列的 n 次转换($n \leqslant 8$)，此转换是 ADC_SQRx 寄存器所选择的转换序列的一部分。数值 n 由 ADC_CR1 寄存器的 DISCNUM[2:0]位给出。

一个外部触发信号可以启动 ADC_SQRx 寄存器中描述的下一轮 n 次转换，直到此序列所有的转换完成为止。总的序列长度由 ADC_SQR1 寄存器的 L[3:0]定义。

举例：$n=3$，被转换的通道为 0、1、2、3、6、7、9、10；

第一次触发：转换的序列为 0、1、2；

第二次触发：转换的序列为 3、6、7；

第三次触发：转换的序列为 9、10，并产生 EOC 事件；

第四次触发：转换的序列为 0、1、2。

这里要注意当以间断模式转换一个规则组时，转换序列结束后不自动从头开始。

当所有子组被转换完成，下一次触发启动第一个子组的转换。在上面的例子中，第四次触发重新转换第一子组的通道 0、1 和 2。

注入组模式通过设置 ADC_CR1 寄存器的 JDISCEN 位激活。在一个外部触发事件后，该模式按通道顺序逐个转换 ADC_JSQR 寄存器中选择的序列。

一个外部触发信号可以启动 ADC_JSQR 寄存器选择的下一个通道序列的转换，直到序列中所有的转换完成为止。总的序列长度由 ADC_JSQR 寄存器的 JL[1:0]位定义。

举例：$n=1$，被转换的通道为 1、2、3；

第一次触发：通道 1 被转换；

第二次触发：通道 2 被转换；

第三次触发：通道 3 被转换，并且产生 EOC 和 JEOC 事件；

第四次触发：通道 1 被转换。

这里要注意：① 当完成所有注入通道转换，下个触发启动第 1 个注入通道的转换。在上述例子中，第四个触发重新转换第 1 个注入通道 1。② 不能同时使用自动注入和间断模式。③ 必须避免同时为规则和注入组设置间断模式。间断模式只能作用于一组转换。

3. 寄存器描述

要准确地使用 A/D 转换器，就需要对 A/D 转换器相关寄存器功能有所了解。A/D 转换器所包含的寄存器如表 5-27 所列。

表 5-27 A/D 转换器寄存器

名 称	描 述	访 问	复位值	地址偏移
ADC_SR	A/D 转换器状态寄存器。该寄存器包含所有 A/D 通道的 DONE 标志和 OVERRUN 标志以及 A/D 中断标志	rc w0	0x0000 0000	0x00
ADC_CR1	ADC 状态寄存器 1。该寄存器用于设置模拟看门狗、双模式选择、扫描模式设置、间断模式通道计数、注入通道上的间断模式设置、规则通道上的间断模式、自动的注入通道组转换、单一的通道上使用看门狗、设置模拟看门狗中断、模拟看门狗通道选择位、设置 EOC 中断等操作	R/W	0x0000 0000	0x04
ADC_CR2	ADC 控制寄存器 2。温度传感器和 VREFINT 使能、设置规则通道转换、设置注入通道转换、外部触发转换模式、外部触发规则通道组、注入通道的外部触发转换模式、外部触发注入通道组转换、直接存储器访问模式、设置数据对齐、复位校准、A/D 校准、设置连续转换、开/关 A/D 转换器	R/W	0x0000 0000	0x08
ADC_SMPR1	ADC 采样时间寄存器 1。选择通道 x 的采样时间	R/W	0x0000 0000	0x0C
ADC_SMPR2	ADC 采样时间寄存器 2。选择通道 x 的采样时间	R/W	0x0000 0000	0x10
ADC_JOFRx	ADC 注入通道数据偏移寄存器 x。注入通道 x 的数据偏移	R/W	0x0000 0000	0x14～0x20
ADC_HTR	ADC 看门狗高阀值寄存器。模拟看门狗高阀值	R/W	0x0000 0000	0x24
ADC_LRT	ADC 看门狗低阀值寄存器。模拟看门狗低阀值	R/W	0x0000 0000	0x28
ADC_SQR1	ADC 规则序列寄存器 1。规则通道序列长度、规则序列中的第 16、15、14、13 个转换	R/W	0x0000 0000	0x2C
ADC_SQR2	ADC 规则序列寄存器 2。规则通道序列长度、规则序列中的第 12、11、10、9、8、7 个转换	R/W	0x0000 0000	0x30
ADC_SQR3	ADC 规则序列寄存器 3。规则通道序列长度、规则序列中的第 6、5、4、3、2、1 个转换	R/W	0x0000 0000	0x34
ADC_JSQR	ADC 注入序列寄存器。注入通道序列长度、注入序列中的第 4、3、2、1 个转换	R/W	0x0000 0000	0x38
ADC_JDRx (x=1～4)	ADC 注入数据寄存器 x。注入转换的数据	RO	0x0000 0000	0x3C～0x48
ADC_DR	ADC 规则数据寄存器。ADC2 转换的数据、规则转换的数据	RO	0x0000 0000	0x4C

5.5.5 STM32 A/D 转换器应用实例

在本实例中，主要介绍 STM32 中 ADC 的驱动编程方法及应用举例。读取 ADC 转换结果，然后通过串口把采样值发送到 PC 端进行显示。为了提高 ADC 的效率，这个例程采用 DMA 传递方式将 ADC 转换结果，无须 CPU 任何干预，这就节省了 CPU 的资源来做其他操作。在 DMA 模式下，只需要设置好 DMA 访问的存储空间首地址，ADC 就可以自动向该地址写入转换结果，然后主程序直接可以从该地址读取数据，而不必访问 ADC 的数据寄存器。在本实例中通过串口 1 延时间隔发送 ADC1 的测量结果。

在 STM32 中，ADC 通道选择有两种方式，一种是规则组，一种是注入组。规则组设置后，可以按照设置的通道顺序对各通道进行依次采集，方便于对多路 ADC 通道的自动采集。注入组最多设置 4 个通道，需要外部触发才能采集设置的通道 ADC 值。本实例采用规则组，设置了一个通道进行自动采集。

ADC 驱动程序设计主要包括初始化程序、获取 ADC 转换结果函数以及启动和停止 ADC 转换函数。

1. ADC 初始化

由于 ADC 的通道 1 输入引脚与 PC1 口功能复用，在 ADC 的初始化过程中，需要配置I/O 端口引脚功能，同时还需要配置 DMA、ADC 工作参数。在 DMA 配置中，需要对 DMA 的目的存储器起始地址、外设传送起始地址、传送方向、传送内存大小、传送内存地址增长方向、外设数据宽度、目的存储器数据宽度、工作模式、通道优先级等进行配置。在 ADC 的初始化中，需要配置 ADC 的工作方式，比如是独立工作还是双 ADC 工作方式，模数转换工作在多通道扫描模式还是单通道模式，模数转换工作在连续转换模式还是单次模式，转换由软件还是外部触发启动，ADC 数据是左对齐还是右对齐，规则转换的 ADC 通道的数目等，还需要配置通道采样时间周期，然后设置 ADC1 的 DMA 及初始化 ADC1 校准寄存器。整个初始化流程如图 5-25 所示。在初始化过程中调用了 STM32 固件函数库中的函数。下面主要针对如何调用固件库函数进行初始化进行说明。

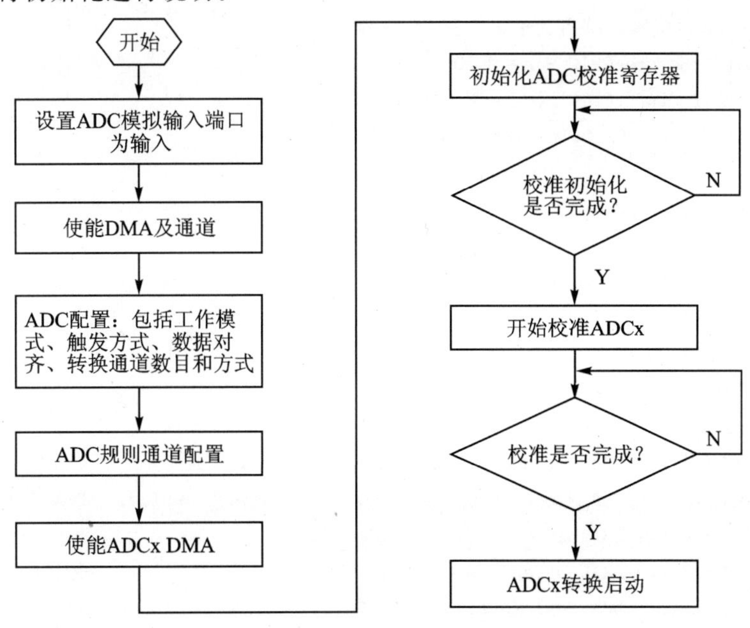

图 5-25　带 DMA 的 ADC 初始化流程

在文件 stm32f10x_dma.h 中定义了 DMA 初始化参数结构体数据类型，该结构体中包括了 DMA 需要初始化参数。只要通过声明一个参数结构体变量，就可以对参数进行配置，然后通过 DMA 初始化函数 DMA_Init ()把 DMA 通道参数和对应通道的配置参数传递给对应的寄存器进行初始化，对 DMA 相应的配置寄存器进行设置就完成了 DMA 的初始化。工作模式、传送方向、外设地址增加使能、传送内存地址增加使能、外设数据宽度、目的存储器数据宽度、通道优先级、存储器间访问使能等在 CCR 寄存器中设置，DMA 缓存大小在 CNDTR 寄存器中配置，外设传送起始地址在 CPAR 寄存器中配置，目的存储器存储起始地址在 CMAR 寄存器中配置。

同样，在文件 stm32f10x_adc.h 中定义了 ADC 初始化参数结构体数据类型，该结构体中包括了 ADC 需要初始化参数。只要通过声明一个参数结构体变量，就可以对参数进行配置，然后通过 ADC 初始化函数 ADC_Init()把 ADC 通道和配置参数传递下去，对相应 ADC 通道的配置寄存器进行设置就完成了 ADC 的初始化。扫面转换规则及扫描模式是通过 ADCx 的 CR1 寄存器配置，ADC 转换启动触发条件、转换是连续还是单次、数据对齐方式、ADC 的 DMA 配置、ADC 的开关控制、校准等是通过 CR2 寄存器配置，规则信道序列长度是在 SQR1～3 寄存器中配置，ADC 的规则模式通道配置、通道 1 采样时间设置在 SMPR1 寄存器中配置。

而 I/O 的初始化过程在前面的实例中已经学习，这里不再介绍。

```
void ADC_Configuration(void)
{
    ADC_InitTypeDef ADC_InitStructure;
    GPIO_InitTypeDef GPIO_InitStructure;
    DMA_InitTypeDef DMA_InitStructure;

      //设置 AD 模拟输入端口为输入 1 路 AD 规则通道
    GPIO_InitStructure.GPIO_Pin = GPIO_Pin_1;
    GPIO_InitStructure.GPIO_Mode = GPIO_Mode_AIN;
    GPIO_Init(GPIOC, &GPIO_InitStructure);

    RCC_AHBPeriphClockCmd(RCC_AHBPeriph_DMA1, ENABLE);   /* 使能 DMA 时钟 */

    RCC_APB2PeriphClockCmd(RCC_APB2Periph_ADC1 , ENABLE);/* 使能 ADC1 和 GPIOC 时钟 */

    /* DMA 通道配置,使用通道 1  */
    //使能 DMA
    DMA_DeInit(DMA1_Channel1);
    DMA_InitStructure.DMA_PeripheralBaseAddr = ADC1_DR_Address;        //DMA 通道 1 的地址
    DMA_InitStructure.DMA_MemoryBaseAddr = (u32)&ADC_ConvertedValue; //DMA 传送地址
    DMA_InitStructure.DMA_DIR = DMA_DIR_PeripheralSRC;               //传送方向
    DMA_InitStructure.DMA_BufferSize = 1;                            //传送内存大小,1 个 16 位
    DMA_InitStructure.DMA_PeripheralInc = DMA_PeripheralInc_Disable; //外设地址递增禁止
    DMA_InitStructure.DMA_MemoryInc = DMA_MemoryInc_Enable;          //传送内存地址递增
    DMA_InitStructure.DMA_PeripheralDataSize = DMA_PeripheralDataSize_HalfWord;
```

```
                                                                //ADC1 数据是 16 位
    DMA_InitStructure.DMA_MemoryDataSize = DMA_MemoryDataSize_HalfWord;//传送目的地址是 16 位
    DMA_InitStructure.DMA_Mode = DMA_Mode_Circular;         //循环模式
    DMA_InitStructure.DMA_Priority = DMA_Priority_High;  //DMA 通道优先级设置为高
    DMA_InitStructure.DMA_M2M = DMA_M2M_Disable;            //存储器间访问禁止
    DMA_Init(DMA1_Channel1, &DMA_InitStructure);


    DMA_ITConfig(DMA1_Channel1,DMA_IT_TC, ENABLE);          //允许 DMA1 通道 1 传输结束中断
    DMA_Cmd(DMA1_Channel1, ENABLE);                         //使能 DMA 通道 1

    /* ADC 配置 */
    ADC_InitStructure.ADC_Mode = ADC_Mode_Independent;  //ADC1 工作在独立模式
    ADC_InitStructure.ADC_ScanConvMode = ENABLE;        //模数转换工作在多通道扫描模式
    ADC_InitStructure.ADC_ContinuousConvMode = ENABLE;  //模数转换工作在连续转换模式
    ADC_InitStructure.ADC_ExternalTrigConv = ADC_ExternalTrigConv_None;//转换由软件触发启动
    ADC_InitStructure.ADC_DataAlign = ADC_DataAlign_Right;  //ADC 数据右对齐
    ADC_InitStructure.ADC_NbrOfChannel = 1;           //规定了顺序进行规则转换的 ADC 通道的数目
    ADC_Init(ADC1, &ADC_InitStructure);

    /* ADC1 规则模式通道配置,通道 1 采样时间 55.5 周期 */
    ADC_RegularChannelConfig(ADC1, ADC_Channel_1, 1, ADC_SampleTime_55Cycles5);
    ADC_DMACmd(ADC1, ENABLE);                               //使能 ADC1 DMA
    ADC_Cmd(ADC1, ENABLE);                                  //使能 ADC1
    ADC_ResetCalibration(ADC1);                             //初始化 ADC1 校准寄存器
    while(ADC_GetResetCalibrationStatus(ADC1));             //检测 ADC1 校准寄存器初始化是否完成
    ADC_StartCalibration(ADC1);                             //开始校准 ADC1
    while(ADC_GetCalibrationStatus(ADC1));                  //检测是否完成校准
    ADC_SoftwareStartConvCmd(ADC1, ENABLE);                 //ADC1 转换启动
}
```

2. 主函数

在主函数中,周期性地从 DMA 指定的内存空间读取 ADC 转换结果,然后通过串口发送到 PC 终端进行显示。具体代码参考如下。用户可以根据具体需要设置存储空间的大小,如果设置的存储空间大于 1,需要对存储空间的地址增长使能,便于依次存储数据到不同的位置。

```
int main(void)
{
    RCC_Configuration();                //设置内部时钟及外设时钟使能
    Usart1_Init();                      //串口 1 初始化
    ADC_Configuration();                //ADC 初始化
    USART_OUT(USART1,"\r\n USART1 print AD_value --------------------\r\n");
    while(1)
    {
```

```
        if (ticks++ >= 900000) {      //间隔时间显示转换结果
            ticks   = 0;
            Clock1s = 1;
        }
        if (Clock1s) {
            Clock1s = 0;
            USART_OUT(USART1,"The current AD value = %d \r\n", ADC_ConvertedValue);
        }
    }
}
```

5.6 LCD 应用实例

5.6.1 LCD 工作原理

液晶显示是一种被动的显示，它不能发光，只能使用周围环境的光。它显示图案或字符只需很小能量。液晶显示所用的液晶材料是一种兼有液态和固体双重性质的有机物，它的棒状结构在液晶盒内一般平行排列，但在电场作用下能改变其排列方向。

1. LCD 显示原理

LCD 显示原理主要分为 TN 型、STN 型、TFT 型。下面就这三种 LCD 的显示原理进行简单介绍。

(1) TN 型液晶显示原理

TN 型的液晶显示技术是液晶显示器中最基本的，之后其他种类的液晶显示器是以 TN 型为原点来加以改良。其显像原理是将液晶材料置于两片贴附光轴垂直偏光板之透明导电玻璃间，液晶分子会依配向膜的细沟槽方向依序旋转排列，如果电场未形成，光线会顺利地从偏光板射入，依液晶分子旋转其行进方向，然后从另一边射出。当加入电场的情况时，每个液晶分子的光轴转向与电场方向一致，液晶层因此失去了旋光的能力，结果来自入射偏光片的偏光，其偏光方向与另一偏光片的偏光方向成垂直的关系，并无法通过，电极面因此呈现黑暗的状态，如图 5-26 所示。

如果在两片导电玻璃通电之后，两片玻璃间会造成电场，进而影响其间液晶分子的排列，使其分子棒进行扭转，光线便无法穿透，进而遮住光源。这样所得到光暗对比的现象，叫做扭转式向列场效应，简称 TNFE(twisted nematic field effect)。在电子产品中所用的液晶显示器，几乎都是用扭转式向列场效应原理所制成。

对于负性 TN-LCD，当未加电压到电极时，LCD 处于"ON"态，光能透过 LCD 呈白态；当在电极上加上电压，LCD 处于"OFF"态，液晶分子长轴方向沿电场方向排列，光不能透过 LCD，呈黑态。有选择地在电极上施加电压，就可以显示出不同的图案。TN 液晶显示器本身只有明暗两种情形(或称黑白)。

(2) STN 型液晶显示原理

STN 型的显示原理与 TN 型相类似，不同的是 TN 扭转式向列场效应的液晶分子是将入

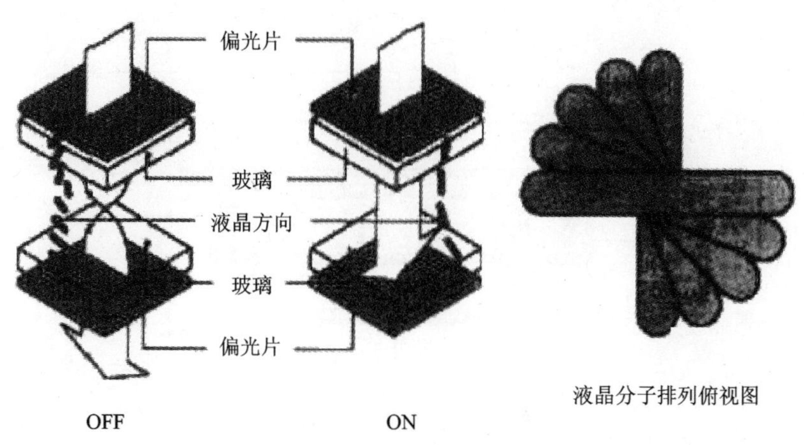

图 5-26　液晶显示原理

射光旋转 90°，而 STN 超扭转式向列场效应是将入射光旋转 180°～270°。单纯的 TN 液晶显示器本身只有明暗两种情形(或称黑白)，并没有办法做到色彩的变化。而 STN 液晶显示器由于其液晶材料的关系，以及光线的干涉现象，显示的色调都以淡绿色与橘色为主。如果在传统单色 STN 液晶显示器加上一彩色滤光片，并将单色显示矩阵之任一像素分成三个子像素，分别通过彩色滤光片显示红、绿、蓝三原色，再经由三原色比例之调和，也可以显示出全彩模式的色彩。另外，TN 型液晶显示器屏幕做的越大，其屏幕对比度就会显得较差，而 STN 的改良技术，可以弥补对比度不足的情况。

(3) TFT 型液晶显示原理

TFT 型的液晶显示器较为复杂，主要的构成包括了荧光管、导光板、偏光板、滤光板、玻璃基板、配向膜、液晶材料、薄模式晶体管等。液晶显示器必须先利用背光源，也就是荧光灯管投射出光源，这些光源会先经过一个偏光板然后再经过液晶，这时液晶分子的排列方式进而改变穿透液晶的光线角度。接下来这些光线还必须经过前方的彩色的滤光膜与另一块偏光板。因此我们只要改变刺激液晶的电压值就可以控制最后出现的光线强度与色彩，并进而能在液晶面板上变化出有不同深浅的颜色组合了。

(4) 三种液晶显示器的比较

① TN 型液晶显示器因技术层次较低，价格低廉，应用范围多在 3 英寸以下的小尺寸产品，而且仅能呈现出黑白单色及做一些简单文字、数字的显示，主要应用于电子表、计算器、简单的掌上游戏机等消费性电子产品。

② STN 型液晶显示器较 TFT 型工艺简单，成品率较高、价格相对便宜，面向对比强烈与画面转换反应时间较快的商品，因此多应用于信息处理设备。如果在液晶面板前加一片彩色滤光片，则可显示多种色彩，甚全可达全彩化程度。此种产品多使用于文字、数字及绘图功能的显示，例如低档的笔记本电脑、掌上电脑、股票机和个人数字助理(PDA)等便携式产品。

③ TFT 液晶显示器因为显示反应速度更快，适用于动画及显像显示，故广泛应用于数码相机、液晶投影仪、笔记本电脑、桌上型液晶显示器。由于其在色彩品质及反应速度方面较 STN 型产品为佳，因此也是目前市场上的主流产品。

2. LCD 显示方式

反射型 LCD 的底偏光片后面加了一块反射板，它一般在户外和光线良好的办公室使用，

如图 5－27 所示。

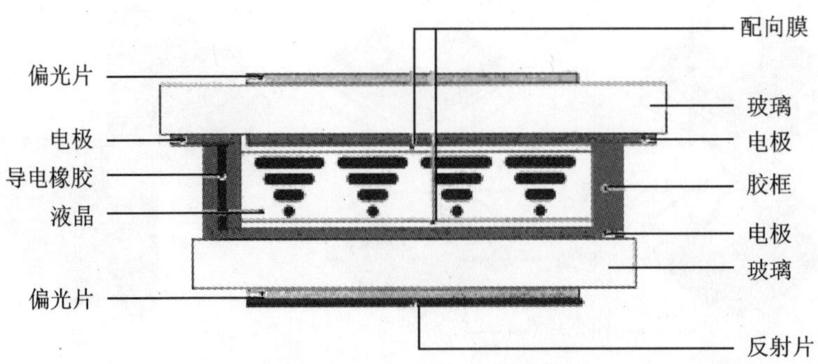

图 5－27　反射型 LCD 的结构

透射型 LCD 的底偏光片是透射偏光片，它需要连续使用背光源，一般在光线差的环境使用。

透反射型 LCD 是处于以上两者之间，底偏光片能部分反光，一般也带背光源，光线好的时候，可关掉背光源；光线差时，可点亮背光源使用 LCD。

3. LCD 彩色显示方式

上面已经提及 LCD 彩色显示工作原理，即将单色显示矩阵之任一像素分成三个子像素，分别通过彩色滤光片显示红、绿、蓝三原色，再经由三原色比例之调和，也可以显示出全彩模式的色彩。这三种颜色的控制是通过加在液晶分子上的电场来控制其扭转角度进而控制光线的折射角度实现的，因此怎样控制 LCD 每个像素上的电压是调节颜色的手段。通常将一个像素电压控制单元按数据位的长度来进行划分，如像素的控制数据位长度为 8 位，颜色的变化范围就从 0～255 进行变化，俗称 256 色，单色数据位的分配一般是 Red(3)、Green(2)、Blue(3)。如果像素的控制数据位长度为 24 位，我们称之为 24 位色，颜色变化范围从 0～16 777 215，单色数据位的分配一般是 Red(8)、Green(8)、Blue(8)。每个像素对应一个存储单元，这些存储单元总称为显示存储器，简称显存。显存存储单元的长度就是像素的控制数据位长度，显存的大小和显示器的分辨率是对应的。

4. LCD 的显示控制

市面上出售的 LCD 有两种类型：一种是带有驱动电路的 LCD 显示模块，这种 LCD 可以方便地与各种低档单片机进行接口，如 8051 系列单片机，但是由于硬件驱动电路的存在，体积比较大。这种模式常常使用总线方式来驱动。另一种是 LCD 显示屏，没有驱动电路，需要与驱动电路配合使用。其特点是体积小，但却需要另外的驱动芯片，也可以使用带有 LCD 驱动能力的高档 MCU 驱动，如 ARM 系列的 S3C2410。

LCD 与处理器的连接方式有两种，一种是处理器自带 LCD 控制器，只需要将 LCD(此时 LCD 不需要控制器)直接连接到控制器接口，处理器对 LCD 操作时，只需要对自带 LCD 控制器的寄存器进行操作，如图 5－28(a)所示。另一种是微处理器不带 LCD 控制器，和 LCD 连接时需要带控制器的 LCD，LCD 此时作为一个外设和处理器的地址/数据总线连接，如图 5－28(b)所示。

从系统结构上来讲，由于显示器模块中已经有显示存储器，显存中的每一个单元对应

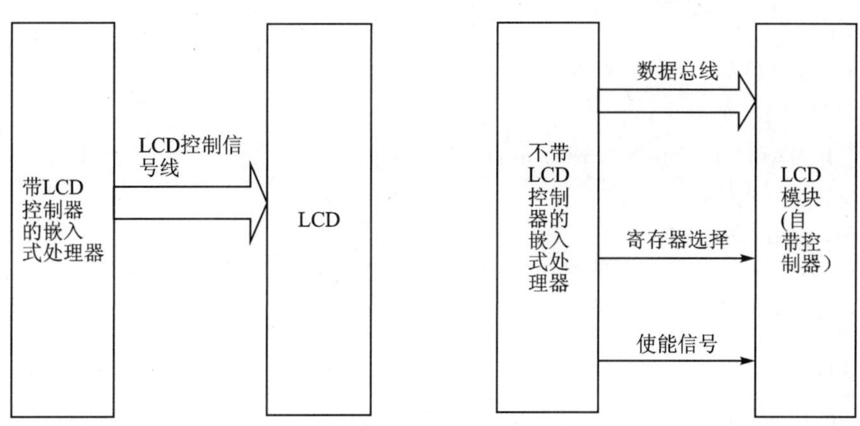

图 5－28　LCD 和处理器的连接示意图

LCD 上的一个点，只要显存中的内容改变，显示结果便进行刷新。于是便存在两种刷新：

● 直接根据系统要求对显存进行修改，一种是只需修改相应的局部就可以，不需要判断覆盖等；另一种就是有覆盖问题，计算起来比较复杂，而且每做一点小的屏幕改变就进行刷新，将增加系统负担。

● 专门开辟显示内存，在需要刷新时由程序进行显示更新，如图 5－29 所示。这样，不但可以减轻总线负荷，而且也比较合理，在有需要的时候进行统一的显示更新，界面也可以比较美观，不致由于无法预料的刷新动作导致显示界面闪烁。

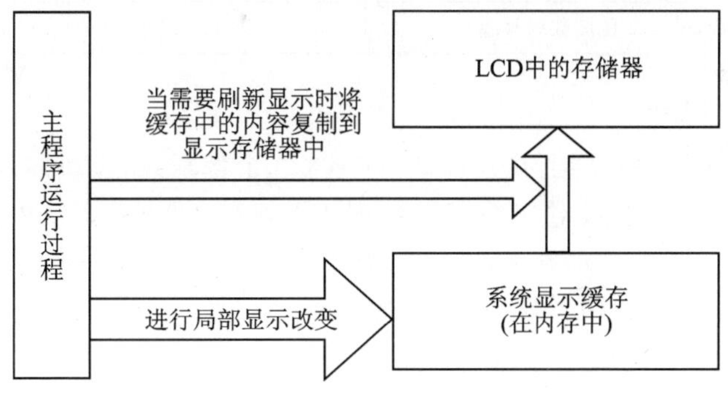

图 5－29　前后台双重显示缓存的显示模块结构

5.6.2　TFT 型 LCD 显示屏及接口简介

为了更好地理解 LCD 的工作原理与编程，本节以 2.4 英寸 TFT 屏作为实例进行学习。实际上 LCD 屏是通过 LCD 控制器来实现 LCD 的显示的，在控制器上包含有用于 LCD 工作参数配置的寄存器和存储 LCD 图像显示数据的显示存储器。下面针对 ILI9325 型 LCD 控制器为例来学习如何控制 LCD 工作。

1. ILI9325 驱动器简介

2.4 英寸 TFT LCD 是真彩 LCD 模块，具有丰富多彩的接口，编程方便，易于拓展。内置专用驱动和控制 IC ILI9325，并且驱动 IC 集成显示缓存，无需外部显示缓存。该显示模块的

基本参数如下：

- 显示点阵数：240×320 RGB；
- LCD尺寸：2.4英寸；
- 像素尺寸：0.147 mm×0.147 mm；
- 总线：16位的Intel 80总线；
- 背光：4个白色LED；
- 驱动IC：ILI9325；
- 颜色数：262 K。

2. 模块结构

2.4英寸TFT LCD显示模块实际上是将2.4英寸的TFT LCD显示屏连接在PCB电路板上，并在PCB电路板上加入了白光LED背光的升压电路，将TFT LCD显示屏多的FPC接口通过PCB电路板连接到单排针直插的接口上，以方便用户调试和测试之用。表5-28为2.4英寸TFT LCD显示模块的24脚单排针引脚说明。

表5-28　2.4英寸TFT LCD显示模块接口引脚说明

序　号	引　脚	说　明	序　号	引　脚	说　明
1	CS	片选信号，低电平有效	21	RST	复位信号，低电平有效
2	RS		22	PWM	背光亮度调节信号
3	WR	写信号，低电平有效	23	GND	电源地
4	RD	读信号，低电平有效	24	VCC	电源+3.3 V
5～20	DB0～DB15	16位的数据总线			

3. 显示RAM区映射

2.4英寸TFT LCD显示屏上共分布着240×320个像素点，模块内部的TFT LCD驱动控制芯片内置有与这些像素点对应的显示数据RAM区（即显存）。由于该2.4英寸TFT LCD显示模块支持18位的显示颜色，若取每个像素点16位的数据来表示该点的RGB颜色信息，则内置的显存共需要240×320×16位的空间。

要改变某一个像素点的颜色，只需要对该点所对应的16位显存进行操作即可。为了方便索引操作，2.4英寸TFT LCD显示屏将所有的现存地址分为X轴地址和Y轴地址，分别可寻址的范围为：X轴地址为0～239；Y轴地址为0～319。X轴地址和Y轴地址交叉对应着一个显存单元，这样只要对某一个X、Y轴地址对应的显存寄存器单元进行操作，便可对2.4英寸TFT LCD显示屏上对应的像素点进行操作了。

2.4英寸TFT LCD显示屏内置一个显存地址累加器AC，用于读写显存时实现显存地址的自动累加，这有利于对显示屏进行累加操作，此外，AC累加器可以设置为各种方向的累加方式：如通常情况下为X轴地址累加方式，具体为当一累加到一行的尽头时切换到下一行的开始累加；还可以为Y轴地址累加方式，具体为当一累加到一列的尽头时切换到下一个Y轴地址所对应的列开始累加。

另外，2.4英寸TFT LCD显示屏还提供了窗口操作功能，可以对显示屏上的某一个矩形区域进行连续操作。

4. 操作时序

2.4 英寸 TFT LCD 显示屏的写和读操作时序分别如图 5－30 和图 5－31 所示。

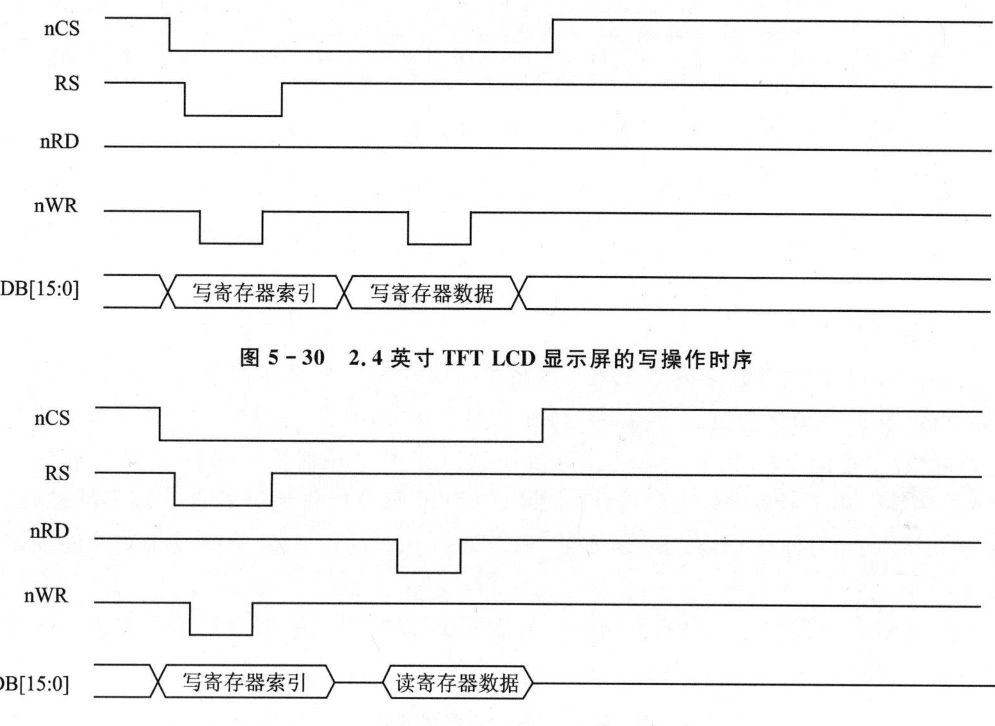

图 5－30　2.4 英寸 TFT LCD 显示屏的写操作时序

图 5－31　2.4 英寸 TFT LCD 显示屏的读操作时序

5. 控制方法

2.4 英寸 TFT LCD 显示模块的操作主要分为两种：对控制寄存器的读/写操作以及对显存的读/写操作。这两种操作实际上都是通过对 TFT LCD 控制器(ILI9325)的寄存器进行操作完成的。ILI9325 提供了一个索引寄存器，对该索引寄存器的写入操作可以指定操作的寄存器索引，以便完成控制寄存器、显存操作寄存器的读/写操作。TFT LCD 显示模块提供了 RS 控制线，用于区分当前操作的是控制寄存器还是数据寄存器。当 RS 为低电平时，表示当前是对索引寄存器进行操作，即指明接下去的寄存器操作是针对哪一个寄存器的；当 RS 为高电平时，表示对寄存器操作。

对控制寄存器进行操作前，需要先对索引寄存器进行写入操作，以指明接下去的寄存器读/写操作是针对哪一个寄存器的。操作的步骤如下：

① 在 RS 为低电平的状态下，写入一个 16 位的数据，高 8 位为零，低 8 位为寄存器索引值；

② 在 RS 为高电平的状态下，写入一个 16 位的数据。

2.4 英寸 TFT LCD 显示模块的显存操作也是通过寄存器操作来完成的，即对 0x22 寄存器进行操作时，就是对当前位置点的显示进行读/写操作。

在 2.4 英寸 TFT LCD 显示模块的控制寄存器中，除了对显存操作的 0x22 寄存器外，最常被调用的还有当前显存地址的寄存器 AC。AC 一共由两个寄存器组成，分别存放 X 轴地址和 Y 轴地址，表示当前对显存数据的读/写操作是针对该地址所指向的显存单元的。每个单元有 16 位，最高的 5 位为 R(红)的分量，最低的 5 位为 B(蓝)的分量，中间 6 位为 G(绿)的分量，如图 5-32 所示。

R					G						B				
D15	D14	D13	D12	D11	D10	D9	D8	D7	D6	D5	D4	D3	D2	D1	D0

图 5-32　显示单元示意图

所以，当需要对 LCD 显示面板上某一点(X,Y)进行操作时，需要先设置 AC 以指向需要操作的点所对应的显存地址，然后连续写入或者读出数据，从而完成对该点的显存单元的数据操作。

6. 显存地址指针

2.4 英寸 TFT LCD 模块的 ILI9325 控制器内部含有一个对显存单元地址自动索引的显存地址指针 AC，该指针会根据当前用户操作的显存单元，在用户完成一次显存单元的写操作后进行调整，以指向下一个显存单元。可以通过对相关寄存器控制位的设置来选择合适的 AC 调整特性。用于设置 AC 调整特性(实际上也就是显存操作地址的自动调整特性)的位分别是：AM (R03h 的位 3)、ID0(R03h 的位 4)、ID1(R03h 的位 5)。下面将说明这些控制位的特性。

配合 AM 位的设置可以得到多种 AC 调整方式，以适应不同用户的不同需求。可以通过表 5-29 了解具体设置对应的特性。

表 5-29　AC 调整方式

	I/D[1:0]=00 水平方向：递减 垂直方向：递减	I/D[1:0]=01 水平方向：递增 垂直方向：递减	I/D[1:0]=10 水平方向：递减 垂直方向：递增	I/D[1:0]=11 水平方向：递增 垂直方向：递增
AM=0 水平方向	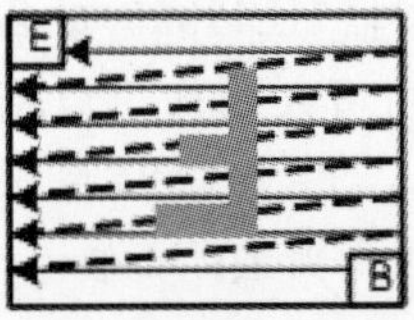 E B	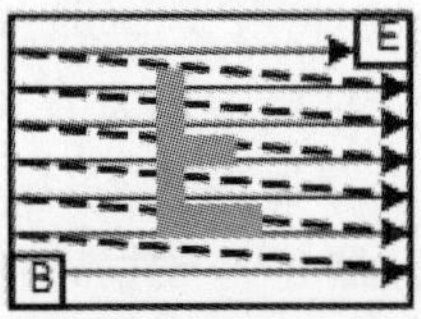 E B	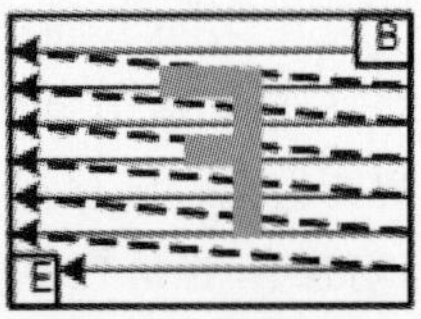 B E	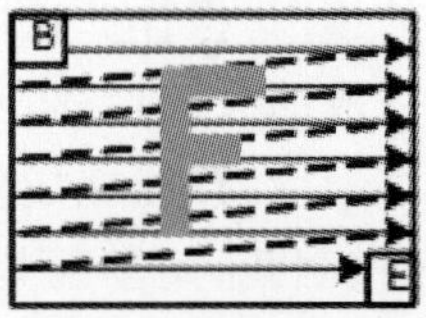 B E
AM=1 垂直方向	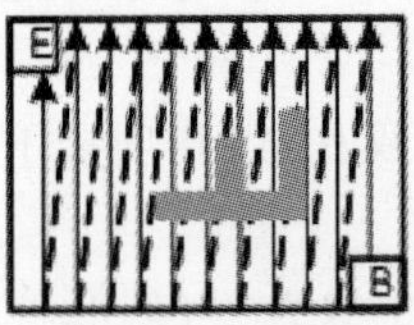 E B	 E B	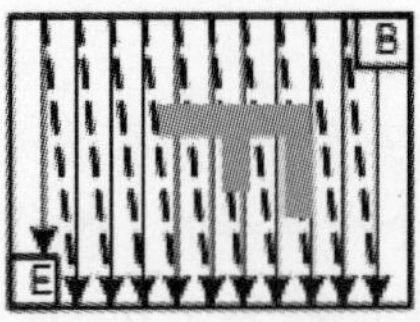 B E	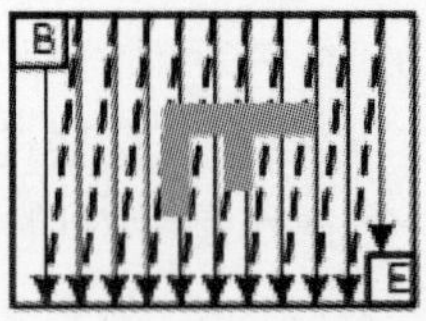 B E

7. 显存的窗口工作模式

ILI9325 控制器除了全屏的工作模式外，还提供了一种局部的窗口工作模式，这可以简化对局部显示区域的读/写操作。窗口工作模式允许用户对显存操作时仅对所设置的局部显示区域对应的显存进行读/写操作。设置 ORG(R03h 的位 7 为 1)时，可以启动窗口工作模式，这时再对显存进行读/写操作的话，AC 将只会在所设置的局部显示区域(简称窗口)进行调整。局部区域可以通过设置 R50 来确定窗口的最小 X 轴地址，设置 R51 来确定窗口的最大 X

轴地址，设置 R52 来确定窗口的最小 Y 轴地址，设置 R53 来确定窗口的最大 Y 轴地址。

8. 常用寄存器

ILI9325 控制器提供了 100 多个常用的寄存器，用于设置电压、伽玛校正等。表 5－30 为常用的寄存器以及功能描述。

表 5－30　常用寄存器及功能描述

地　址	寄存器描述	地　址	寄存器描述
00h	16 位的索引寄存器	50h	16 位的窗口水平起始位置设置寄存器
03h	16 位的系统模式设置寄存器	51h	16 位的窗口水平结束位置设置寄存器
20h	16 位的水平方显存地址设置寄存器	52h	16 位的窗口垂直起始位置设置寄存器
21h	16 位的垂直方显存地址设置寄存器	53h	16 位的窗口垂直结束位置设置寄存器
22h	16 位的显存操作寄存器		

5.6.3　TFT 型 LCD 应用实例

1. STM32 FSMC 简介

FSMC 全称“静态存储器控制器”。使用 FSMC 控制器后，可以把 FSMC 提供的 FSMC_A[25:0]作为地址线，而把 FSMC 提供的 FSMC_D[15:0]作为数据总线。

① 当存储数据设为 8 位时，FSMC_NANDInitStructure. FSMC_MemoryDataWidth＝FSMC_MemoryDataWidth_8b，地址各位对应 FSMC_A[25:0]，数据位对应 FSMC_D[7:0]。

② 当存储数据设为 16 位时，FSMC_NANDInitStructure. FSMC_MemoryDataWidth＝FSMC_MemoryDataWidth_16b，地址各位对应 FSMC_A[24:0]，数据位对应 FSMC_D[15:0]。

FSMC 包括 4 个模块：

① AHB 接口（包括 FSMC 配置寄存器）。

② NOR 闪存和 PSRAM 控制器（驱动 LCD 的时候，LCD 就好像一个 PSRAM 的里面只有 2 个 16 位的存储空间，1 个是 DATA RAM，1 个是 CMD RAM）。

③ NAND 闪存和 PC 卡控制器。

④ 外部设备接口。

注：FSMC 可以请求 AHB 进行数据宽度的操作。如果 AHB 操作的数据宽度大于外部设备（NOR 或 NAND 或 LCD）的宽度，此时 FSMC 将 AHB 操作分割成几个连续的较小的数据宽度，以适应外部设备的数据宽度。

如图 5－33 所示，FSMC 对外部设备的地址映像从 0x6000 0000 开始，到 0x9FFF FFFF 结束，共分 4 个地址块，每个地址块 256 M 字节。可以看出，每个地址块又分为 4 个分地址块，大小 64 M。对 NOR 的地址映像来说，可以通过选择 HADDR[27:26]来确定当前使用的是哪个 64 M 的分地址块，如表 5－31 所列。而这 4 个分存储块的片选，则使用 NE[4:1]来选择。数据线/地址线/控制线是共享的。

若 NE1 连接，则每小块 NOR/PSRAM 64 M。

第一块：6000 0000h～63ff ffffh（DATA 长度为 8 位情况下，由地址线 FSMC_A[25:0]决定；DATA 长度为 16 位情况下，由地址线 FSMC_A[24:0]决定）；

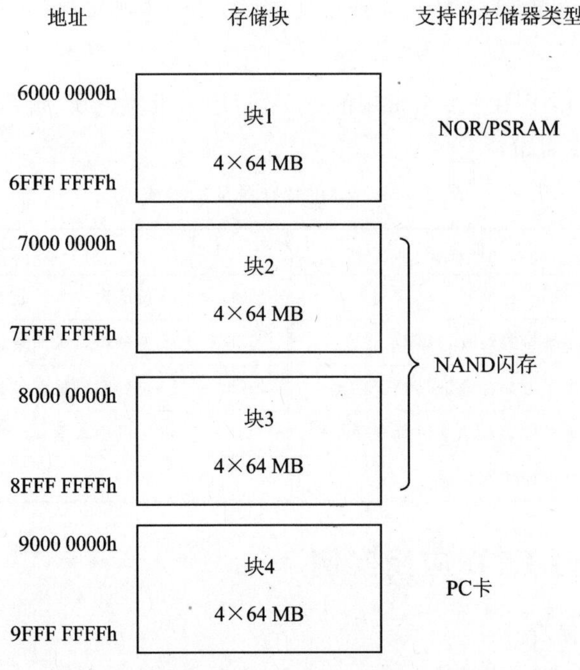

图 5-33 FSMC 地址映射

第二块：6400 0000h～67FF FFFFH；

第二块：6800 0000h～6BFF FFFFH；

第三块：6C00 0000h～6FFF FFFFH。

表 5-31 分地址块选择

HADDR[27:26]	选择存储块
00	存储块 1 NOR/PSRAM 1
01	存储块 1 NOR/PSRAM 2
10	存储块 1 NOR/PSRAM 3
11	存储块 1 NOR/PSRAM 4

FSMC 提供了所有的 LCD 控制器的信号：

- FSMC_D[15:0]：16bit 的数据总线。
- FSMC NEx：分配给 NOR 的 256 M，再分为 4 个区，每个区用来分配一个外设，这 4 个外设的片选分为是 NE1～NE4，对应的引脚为：PD7—NE1，PG9—NE2，PG10—NE3，PG12—NE4。
- FSMC NOE：输出使能，连接 LCD 的 RD 脚。
- FSMC NWE：写使能，连接 LCD 的 RW 脚。
- FSMC Ax：用在 LCD 显示 RAM 和寄存器之间进行选择的地址线，即该线用于选择 LCD 的 RS 脚，该线可用地址线的任意一根线，范围：FSMC_A[25:0]。

注：RS=0 时，表示读写寄存器；RS=1 时，表示读写数据 RAM。

举例 1：选择 NOR 的第一个存储区，并且使用 FSMC_A16 来控制 LCD 的 RS 引脚，则访问 LCD 显示 RAM 的基址为 0x6002 0000，访问 LCD 寄存器的地址为 0x6000 0000。因为数据长度为 16bit，所以 FSMC_A[24:0]对应 HADDR[25:1]，所以显示 RAM 的基址＝0x6000 0000＋2^16×2＝0x6000 0000＋0x2 0000＝0x6002 0000。

举例 2：选择 NOR 的第四个存储区，使用 FSMC_A0 控制 LCD 的 RS 脚，则访问 LCD 显示 RAM 的基址为 0x6C00 0002，访问 LCD 寄存器的地址为 0x6C00 0000。

举例 3：当 FSMC_D[15:0]连 16bit 数据线，FSMC_NE1 连接片选时，只有 bank1 可用，FSMC NOE 连接 LCD 的输出使能，FSMC NEW 连接 LCD 的写使能，FSMC Ax 连接 LCD 的 RS，可用范围 FSMC_A[24:0]。

一般使用模式 B 来做 LCD 的接口控制，不适用外扩模式。并且读/写操作的时序一样。此种情况下，我们需要使用三个参数：ADDSET、DATAST、ADDHOLD。这三个参数在位域 FSMC_TCRx 中设置。

FSMC 寄存器组主要包含 FSMC 接口的存储器工作模式、时序等参数的设置，以确保 FSMC 接口与连接的 LCD 工作时序一致，如表 5-32 所列。

表 5-32　FSMC 寄存器

名　称	描　述	访　问	复位值	地址偏移
FSMC_BCR1～4	SRAM/NOR 闪存片选控制寄存器。这个寄存器包含了每个存储器块的控制信息，可以用于 SRAM、ROM、异步或成组传输的 NOR 闪存存储器。该寄存器主要用于配置成组写使能、扩展模式使能、等待使能、写使能、配置等待时序、支持非对齐的成组模式、等待信号极性、成组模式使能、闪存访问使能、存储器数据总线宽度、存储器类型、地址/数据复用使能位、存储器块使能等操作	R/W	0x0000 30DX	0xA000 0000＋8×(x－1)，x＝1～4
FSMC_BTR1～4	SRAM/NOR 闪存片选时序寄存器。这个寄存器包含了每个存储器块的控制信息，可以用于 SRAM、ROM 和 NOR 闪存存储器。如果 FSMC_BCRx 寄存器中设置了 EXTMOD 位，则有两个时序寄存器分别对应读(本寄存器)和写操作(FSMC_BWTRx 寄存器)。该寄存器主要用于配置访问模式、数据保持时间、时钟分频比、总线恢复时间、数据保持时间、地址保持时间、地址建立时间等参数	R/W	0x0FFF FFFF	0xA000 0000＋0x04＋8×(x－1)，x＝1～4
FSMC_BWTR1～4	SRAM/NOR 闪存写时序寄存器 1～4。这个寄存器包含了每个存储器块的控制信息，可以用于 SRAM、ROM 和 NOR 闪存存储器。如果 FSMC_BCRx 寄存器中设置了 EXTMOD 位，则这个寄存器对应写操作。该寄存器用于设置访问模式、数据保持时间、时钟分频比、数据保持时间、地址保持时间、地址建立时间	R/W	0x0FFF FFFF	0xA000 0000＋0x104＋8×(x－1)，x＝1～4

2. STM32 与 LCD 的连接电路设计

在 STM32 中，用 I/O 直接控制 LCD 显得效率很低。STM32 有 FSMC(其实其他芯片基本都有类似的总线功能)，FSMC 的好处就是你一旦设置好之后，WR、RD、DB0～DB15 这些控制线和数据线，都是 FSMC 自动控制的。

FSMC 会自动执行一个写的操作，其对应主控芯片的 WE、RD 引脚就会呈现出写的时序出来（即 WE=0，RD=1），数据 val 的值也会通过 DB0～15 自动呈现出来（即 FSMC-D0:D15=val）。地址 0x6000 0000 会被呈现在数据线上（即 A0～A25=0，地址线的对应最麻烦，要根据具体情况来，参考 FSMC 手册）。

在硬件上面，我们需要做的，仅仅是 MCU 和 LCD 控制芯片的连接关系：

- WE-WR，均为低电平有效；
- RD-RD，均为低电平有效；
- FSMC D0～15 接 LCD DB0～15。

连接好之后，读写时序都会被 FSMC 自动完成。但是还有一个很关键的问题，就是 RS 没有接，CS 没有接。因为在 FSMC 里面，根本就没有对应 RS 和 CS 的脚。怎么办呢？这个时候，有一个好方法，就是用某一根地址线来接 RS。我们选择了 A16 这根地址线来接，当我们要写寄存器的时候，需要把 RS（也就是 A16）置高。那么在软件中将 FSMC 要写的地址改成 0x6002 0000，如下：

```
*(volatile unsigned short int *)(0x60020000) = val;
```

A16 在执行其他 FSMC 的同时会被拉高，因为 A0～A18 要呈现出地址 0x6002 0000。0x6002 0000 里面的 Bit17=1，就会导致 A16 为 1。

当要读数据时，地址由 0x6002 0000 改为了 0x6000 0000，这个时候 A16 就为 0 了。

带 ILI9325 控制器的 TFT LCD 模块接口与 STM32 的连接图如图 5-34 所示。

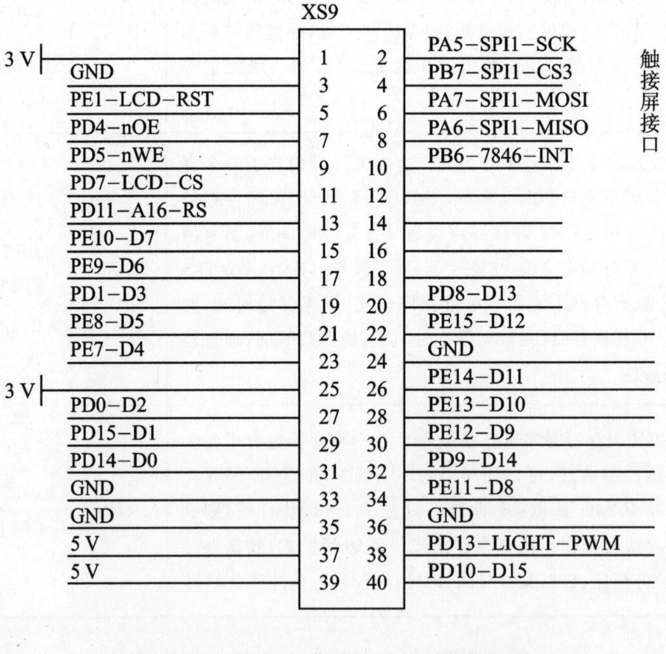

XS9

信号	引脚	引脚	信号
3 V	1	2	PA5-SPI1-SCK
GND	3	4	PB7-SPI1-CS3
PE1-LCD-RST	5	6	PA7-SPI1-MOSI
PD4-nOE	7	8	PA6-SPI1-MISO
PD5-nWE	9	10	PB6-7846-INT
PD7-LCD-CS	11	12	
PD11-A16-RS	13	14	
PE10-D7	15	16	
PE9-D6	17	18	
PD1-D3	19	20	PD8-D13
PE8-D5	21	22	PE15-D12
PE7-D4	23	24	GND
3 V	25	26	PE14-D11
PD0-D2	27	28	PE13-D10
PD15-D1	29	30	PE12-D9
PD14-D0	31	32	PD9-D14
GND	33	34	PE11-D8
GND	35	36	GND
5 V	37	38	PD13-LIGHT-PWM
5 V	39	40	PD10-D15

触接屏接口

图 5-34　TFT LCD 与 STM32 的接口图

在图中，除了 LCD 相关的引脚连接外，还有 LCD 背光的控制，在本实例中采用 PWM 来控制背光的亮度。

3. LCD 驱动程序编写

要实现 LCD 的正常操作，必须编写对 LCD 控制器访问的相关函数，这些函数主要通过 STM32 的总线接口访问 LCD 控制器中的相关寄存器与显存空间，这和其他外设的访问方式一样，只不过访问的寄存器要相对多和更复杂。

TFT LCD 显示需要的相关设置步骤如下：

● 设置 STM32 与 TFT LCD 模块相连接的 I/O 属性

这一步，先将我们与 TFT LCD 模块相连的 I/O 口设置为输出，具体使用哪些 I/O 口，这里需要根据连接电路以及 TFT LCD 模块的设置来确定。在本实例中，需要设置 FSMC 相关的接口属性，配置这些接口为 FSMC 功能。同时需要配置背光控制的 I/O 功能。

● 初始化 TFT LCD 模块

通过向 TFT LCD 写入一系列的设置参数，来启动 TFT LCD 的显示。为后续显示字符和数字做准备。

● 编写基本的 LCD 控制函数

编写一些基本的 LCD 控制函数，如清屏、设置像素点颜色、字符显示、图像显示等。

下面针对实现 LCD 基本的驱动接口函数进行说明。

(1) LCD 控制接口初始化

在该函数中，对 LCD 接口功能进行配置，主要包括 FSMC、PWM 功能配置。根据电路接口图可以看出，需要对 PD0、PD1、PD4、PD5、PD7～PD11、PD13～PD15、PE1、PE7～ PE15 进行配置。其中 PD13 配置为输出功能用于控制背光开关，其他的配置为 FSMC 功能。同时还需要配置 LCD 在 FSMC 模式下的工作区工作方式。

```
void FSMC_LCD_Init(void)
{
    FSMC_NORSRAMInitTypeDef  FSMC_NORSRAMInitStructure;
    FSMC_NORSRAMTimingInitTypeDef  p;
    GPIO_InitTypeDef  GPIO_InitStructure;

    RCC_AHBPeriphClockCmd(RCC_AHBPeriph_FSMC, ENABLE);     //使能 FSMC 接口时钟

    GPIO_InitStructure.GPIO_Pin = GPIO_Pin_13;              //背光控制
    GPIO_InitStructure.GPIO_Mode = GPIO_Mode_Out_PP;        //通用推挽输出模式
    GPIO_InitStructure.GPIO_Speed = GPIO_Speed_50MHz;       //输出模式最大速度 50 MHz
    GPIO_Init(GPIOD, &GPIO_InitStructure);
    GPIO_SetBits(GPIOD, GPIO_Pin_13);                       //打开背光

    GPIO_InitStructure.GPIO_Pin = GPIO_Pin_1;               //TFT 复位脚
    GPIO_InitStructure.GPIO_Mode = GPIO_Mode_Out_PP;        //通用推挽输出模式
    GPIO_InitStructure.GPIO_Speed = GPIO_Speed_50MHz;       //输出模式最大速度 50 MHz
    GPIO_Init(GPIOE, &GPIO_InitStructure);

    /* 启用 FSMC 复用功能，定义 FSMC D0～D15 及 nWE, nOE 对应的引脚  */
    /* 设置 PD.00(D2), PD.01(D3), PD.04(nOE), PD.05(nWE), PD.08(D13), PD.09(D14), PD.10(D15),
```

```
  PD.14(D0), PD.15(D1)为复用上拉 */
GPIO_InitStructure.GPIO_Pin = GPIO_Pin_0 | GPIO_Pin_1 | GPIO_Pin_4 | GPIO_Pin_5 |
                              GPIO_Pin_8 | GPIO_Pin_9 | GPIO_Pin_10 | GPIO_Pin_14 |
                              GPIO_Pin_15;
GPIO_InitStructure.GPIO_Speed = GPIO_Speed_50MHz;      //最大速度 50 MHz
GPIO_InitStructure.GPIO_Mode = GPIO_Mode_AF_PP;        //复用模式
GPIO_Init(GPIOD, &GPIO_InitStructure);

/* 设置 PE.07(D4), PE.08(D5), PE.09(D6), PE.10(D7), PE.11(D8), PE.12(D9), PE.13(D10),
  PE.14(D11), PE.15(D12) 为复用上拉 */
GPIO_InitStructure.GPIO_Pin = GPIO_Pin_7 | GPIO_Pin_8 | GPIO_Pin_9 | GPIO_Pin_10 |
                              GPIO_Pin_11 | GPIO_Pin_12 | GPIO_Pin_13 | GPIO_Pin_14 |
                              GPIO_Pin_15;
GPIO_Init(GPIOE, &GPIO_InitStructure);

/* FSMC  NE1 配置 PD7 */
GPIO_InitStructure.GPIO_Pin = GPIO_Pin_7;
GPIO_Init(GPIOD, &GPIO_InitStructure);

/* FSMC RS 配置 PD11 - A16 */
GPIO_InitStructure.GPIO_Pin = GPIO_Pin_11 ;
GPIO_Init(GPIOD, &GPIO_InitStructure);

p.FSMC_AddressSetupTime = 0x02;
p.FSMC_AddressHoldTime = 0x00;
p.FSMC_DataSetupTime = 0x05;
p.FSMC_BusTurnAroundDuration = 0x00;
p.FSMC_CLKDivision = 0x00;
p.FSMC_DataLatency = 0x00;
p.FSMC_AccessMode = FSMC_AccessMode_B;

FSMC_NORSRAMInitStructure.FSMC_Bank = FSMC_Bank1_NORSRAM1;
FSMC_NORSRAMInitStructure.FSMC_DataAddressMux = FSMC_DataAddressMux_Disable;
FSMC_NORSRAMInitStructure.FSMC_MemoryType = FSMC_MemoryType_NOR;
FSMC_NORSRAMInitStructure.FSMC_MemoryDataWidth = FSMC_MemoryDataWidth_16b;
FSMC_NORSRAMInitStructure.FSMC_BurstAccessMode = FSMC_BurstAccessMode_Disable;
FSMC_NORSRAMInitStructure.FSMC_WaitSignalPolarity = FSMC_WaitSignalPolarity_Low;
FSMC_NORSRAMInitStructure.FSMC_WrapMode = FSMC_WrapMode_Disable;
FSMC_NORSRAMInitStructure.FSMC_WaitSignalActive = FSMC_WaitSignalActive_BeforeWaitState;
FSMC_NORSRAMInitStructure.FSMC_WriteOperation = FSMC_WriteOperation_Enable;
FSMC_NORSRAMInitStructure.FSMC_WaitSignal = FSMC_WaitSignal_Disable;
FSMC_NORSRAMInitStructure.FSMC_ExtendedMode = FSMC_ExtendedMode_Disable;
FSMC_NORSRAMInitStructure.FSMC_WriteBurst = FSMC_WriteBurst_Disable;
FSMC_NORSRAMInitStructure.FSMC_ReadWriteTimingStruct = &p;
FSMC_NORSRAMInitStructure.FSMC_WriteTimingStruct = &p;
```

```
    FSMC_NORSRAMInit(&FSMC_NORSRAMInitStructure);

    /* 使能 FSMC BANK1_SRAM 模式 */
    FSMC_NORSRAMCmd(FSMC_Bank1_NORSRAM1, ENABLE);
}
```

(2) LCD 寄存器配置函数

在 LCD 的其他函数中需要对 LCD 的寄存器进行操作，控制 LCD 进行相应的动作，因此需要提供向 LCD 寄存器写入参数的函数。为了便于控制不同的寄存器，需要传递寄存器的偏移地址和控制参数，因此在该函数中需要传递两个参数，具体代码参考如下。

```
void LCD_WR_CMD(unsigned int index, unsigned int val)
{
    *(__IO uint16_t *) (Bank1_LCD_C) = index;
    *(__IO uint16_t *) (Bank1_LCD_D) = val;
}
```

其中 Bank1_LCD_D 是显示器显存基地址，Bank1_LCD_C 是显示器寄存器基地址。

(3) LCD 显存写数据函数

在对 LCD 的像素进行操作时，实际上是对 LCD 像素对应的显存操作。也就是通过对显存写入相应的像素值就可以改变该像素的颜色，因此需要设计一个显存数据写入函数。在 LCD 数据写入时，可以设置连续写入地址自增模式，因此只需要在第一次写入时设置写入地址即可。具体代码参考如下。

```
void LCD_WR_Data(unsigned int val)
{
    *(__IO uint16_t *) (Bank1_LCD_D) = val;
}
```

(4) LCD 参数初始化

LCD 的初始化主要是对 LCD 的工作参数进行配置。主要包括 LCD 的工作电压配置、伽玛曲线设置、显示区域设置、局部显示控制、清屏等操作，为 LCD 的正常工作打好基础。由于 LCD 配置的寄存器和参数较多，这里就不叙述具体的配置过程，请参考 ILI9325 控制器数据手册。

```
void LCD_Init(void)
{
    unsigned int i;
    //lcd_rst();
    GPIO_ResetBits(GPIOE, GPIO_Pin_1);          //硬件复位
    Delay(0xAFFf);
    GPIO_SetBits(GPIOE, GPIO_Pin_1 );
    Delay(0xAFFf);
    //************** 启动初始化序列 **********//
    LCD_WR_CMD(0x0001, 0x0100);                 // set SS and SM bit
    LCD_WR_CMD(0x0002, 0x0700);                 // set 1 line inversion
```

```
LCD_WR_CMD(0x0003, 0x1030);              // set GRAM write direction and BGR = 1.
LCD_WR_CMD(0x0004, 0x0000);              // Resize register
LCD_WR_CMD(0x0008, 0x0207);              // set the back porch and front porch
LCD_WR_CMD(0x0009, 0x0000);              // set non - display area refresh cycle ISC[3:0]
LCD_WR_CMD(0x000A, 0x0000);              // FMARK function
LCD_WR_CMD(0x000C, 0x0000);              // RGB interface setting
LCD_WR_CMD(0x000D, 0x0000);              // Frame marker Position
LCD_WR_CMD(0x000F, 0x0000);              // RGB interface polarity
//************* 电压控制配置 ****************//
LCD_WR_CMD(0x0010, 0x0000);              // SAP, BT[3:0], AP, DSTB, SLP, STB
LCD_WR_CMD(0x0011, 0x0007);              // DC1[2:0], DC0[2:0], VC[2:0]
LCD_WR_CMD(0x0012, 0x0000);              // VREG1OUT voltage
LCD_WR_CMD(0x0013, 0x0000);              // VDV[4:0] for VCOM amplitude
LCD_WR_CMD(0x0007, 0x0001);
Delay(12000); // Dis - charge capacitor power voltage
LCD_WR_CMD(0x0010, 0x1490);              // SAP, BT[3:0], AP, DSTB, SLP, STB
LCD_WR_CMD(0x0011, 0x0227);              // DC1[2:0], DC0[2:0], VC[2:0]
Delay(15500); // Delay 50ms
LCD_WR_CMD(0x0012, 0x001C);              // Internal reference voltage = Vci;
Delay(15000); // Delay 50ms
LCD_WR_CMD(0x0013, 0x1A00);              // Set VDV[4:0] for VCOM amplitude
LCD_WR_CMD(0x0029, 0x0025);              // Set VCM[5:0] for VCOMH
LCD_WR_CMD(0x002B, 0x000C);              // Set Frame Rate
Delay(15000); // Delay 50ms
LCD_WR_CMD(0x0020, 0x0000);              // GRAM horizontal Address
LCD_WR_CMD(0x0021, 0x0000);              // GRAM Vertical Address

// ----------- 调整伽玛曲线 ----------//
LCD_WR_CMD(0x0030, 0x0000);
LCD_WR_CMD(0x0031, 0x0506);
LCD_WR_CMD(0x0032, 0x0104);
LCD_WR_CMD(0x0035, 0x0207);
LCD_WR_CMD(0x0036, 0x000F);
LCD_WR_CMD(0x0037, 0x0306);
LCD_WR_CMD(0x0038, 0x0102);
LCD_WR_CMD(0x0039, 0x0707);
LCD_WR_CMD(0x003C, 0x0702);
LCD_WR_CMD(0x003D, 0x1604);

//------------------ 设置 LCD 显存区域 ----------------//
LCD_WR_CMD(0x0050, 0x0000);              //行起始地址
LCD_WR_CMD(0x0051, 0x00EF);              //行终止地址
LCD_WR_CMD(0x0052, 0x0000);              //列起始地址
LCD_WR_CMD(0x0053, 0x013F);              //列终止地址
LCD_WR_CMD(0x0060, 0xA700);              //Gate Scan Line
```

```
    LCD_WR_CMD(0x0061, 0x0001);                  //NDL,VLE, REV
    LCD_WR_CMD(0x006A, 0x0000);                  //设置滚动行
    //--------------- 局部显示控制 ----------//
    LCD_WR_CMD(0x0080, 0x0000);
    LCD_WR_CMD(0x0081, 0x0000);
    LCD_WR_CMD(0x0082, 0x0000);
    LCD_WR_CMD(0x0083, 0x0000);
    LCD_WR_CMD(0x0084, 0x0000);
    LCD_WR_CMD(0x0085, 0x0000);
    //--------------- 显示屏控制 --------------------//
    LCD_WR_CMD(0x0090, 0x0010);
    LCD_WR_CMD(0x0092, 0x0600);
    LCD_WR_CMD(0x0007, 0x0133);                  //262K color and display ON

    LCD_WR_CMD(32, 0);
    LCD_WR_CMD(33, 0);
    *(__IO uint16_t *)(Bank1_LCD_C) = 34; //准备写数据显示区
    for(i = 0;i<76800;i++)
    {
        LCD_WR_Data(0xffff);                     //用黑色清屏
    }
}
```

(5) LCD 清屏函数

LCD 清屏实际上就是向显存有效范围写入代表白色的显示数据，因此需要指定显示屏的有效范围(注：显示屏的有效坐标并不是从 LCD 的控制器初始位置开始的)，然后写入代表白色的像素数据。

```
void TFT_CLEAR(u8 x,u16 y,u8 len,u16 wid)
{
    u32 n,temp;
    LCD_WR_CMD(0x0050, x);                          //窗口的起始 X 坐标
    LCD_WR_CMD(0x0051, x + len - 1);                //窗口的结束 X 坐标
    LCD_WR_CMD(0x0052, y);                          //窗口的起始 Y 坐标
    LCD_WR_CMD(0x0053, y + wid - 1);                //窗口的结束 Y 坐标
    LCD_WR_CMD(32, 0);                              //起始坐标 X 坐标
    LCD_WR_CMD(33, 30);                             //起始坐标 Y 坐标
    LCD_WR_REG(34);
    temp = (u32)len * wid;
    for(n = 0;n<temp;n++)LCD_WR_Data(0xffff);    //用白色清除
}
```

(6) LCD 像素颜色设置函数

和清屏函数类似，LCD 像素颜色的设置实际上就是向给像素点对应的显存写入颜色数据。因此需要给定像素点的坐标和设置的颜色。这个函数主要用于对单个像素点的颜色设置，如果要对一片连续的区域设置颜色，只需要给出起始点坐标和终止点坐标，然后采用填充

的方法连续写入颜色数据即可。

```
void TFT_DrawPoint(u8 x,u16 y, u16 color)
{
    LCD_WR_CMD(0x0050, x);                          //窗口的起始 X
    LCD_WR_CMD(0x0051, x);                          //窗口的结束 X
    LCD_WR_CMD(0x0052, y);                          //窗口的起始 Y
    LCD_WR_CMD(0x0053, y);                          //窗口的结束 Y
    LCD_WR_CMD(32, x);                              //起始坐标 X
    LCD_WR_CMD(33, y);                              //起始坐标 Y
    LCD_WR_REG(34);
    LCD_WR_Data(color);
}
```

(7) 在指定位置显示一个字符

显示字符是根据字符所占的窗口写入字符各个像素的颜色值。因此需要知道字符的显示的起始地址、字符的大小、字符各个像素点的颜色值。我们可以通过字符点阵转换工具把字符转换成点阵像素表示,然后将点阵值按照坐标位置依次读入到指定的显存起始位置进行显示。实际上是一种数据拷贝过程,本显示函数是对像素点为 12×6 的字符进行显示,如果要显示不同大小的字符,还需要传递一个字符点阵行和列的参数,读者可以自己写一个这样的函数。

```
void TFT_ShowChar(u8 x,u16 y,u8 num)
{
    #define MAX_CHAR_POSX 232
    #define MAX_CHAR_POSY 304
    u8 temp;
    u8 pos,t;
    if(x>MAX_CHAR_POSX||y>MAX_CHAR_POSY)return;
    //设定一个字符所占的窗口大小
    LCD_WR_CMD(0x0050, x);                              //窗口的起始 X
    LCD_WR_CMD(0x0051, x+5);                            //窗口的结束 X
    LCD_WR_CMD(0x0052, y);                              //窗口的起始 Y
    LCD_WR_CMD(0x0053, y+11);                           //窗口的结束 Y
    LCD_WR_CMD(32, x);
    LCD_WR_CMD(33, y);
    LCD_WR_REG(34);
    num=num-' ';                                        //得到偏移后的值
    for(pos=0;pos<12;pos++){
        temp=asc2_1206[num][pos];                       //获得字模数组的值
        for(t=0;t<6;t++)
        {
            if(temp&0x01)LCD_WR_Data(POINT_COLOR);      //位为 1 用指定颜色写入到像素
            else LCD_WR_Data(0xffff);                   //位为 0 用白色写入到像素
            temp>>=1;
        }
    }
}
```

(8) 在指定位置显示字符串

在字符串显示函数中，依次读入字符串中各个字符的点阵值，调用字符显示函数拷贝到对应的显存位置显示。

```
void TFT_ShowString(u8 x,u16 y,const u8 *p)
{
    while(*p!='\0')
    {
        if(x>MAX_CHAR_POSX){x=0;y+=12;}
        if(y>MAX_CHAR_POSY){y=x=0;TFT_CLEAR(0,0,240,320);}
        TFT_ShowChar(x,y,*p);
        x+=6;
        p++;
    }
}
```

(9) 在指定位置显示一幅图片

显示图片函数和字符显示函数类似，实际上也是显示数据的拷贝过程。首先需要获得显示图片的各个像素点的颜色值，然后依次拷贝到显存中指定起始位置的区域。本实例中的显示函数只能显示最多 16 位色彩的图像，如果需要显示超过 16 位色彩的图像，还需要对图像值进行处理，转换成 16 位方式才能正确显示。

```
void TFT_ShowBmp(u8 x,u16 y,u8 lenth,u16 wide,const u8 *p)
{
    u32 size,temp;
    //设定一个图片所占的窗口大小
    LCD_WR_CMD(0x0050, x);                  //窗口的起始 X
    LCD_WR_CMD(0x0051, (u16)x+lenth-1);     //窗口的结束 X
    LCD_WR_CMD(0x0052, y);                  //窗口的起始 Y
    LCD_WR_CMD(0x0053, y+wide-1);           //窗口的结束 Y
    LCD_WR_CMD(32, x);
    LCD_WR_CMD(33, y);
    LCD_WR_REG(34);
    temp=(u32)lenth*wide*2;
    for(size=0;size<temp;size++)LCD_WR_Data_8(p[size]);
}
```

(10) 在指定矩形框填充颜色函数

该函数主要用于给指定矩形框填充颜色。和图像显示函数不同的是，给指定区域填充单一颜色，和清屏函数类似。

```
void FillColor(u8 x,u16 y, u8 x1, u16 y1, u16 color)
{
    u16 a,b;
    for(a=0; a<(y1-y); a++){
        for(b=0; b<(x1-x); b++){
```

```
            TFT_DrawPoint(x + b,y + a,color);
        }
    }
}
```

除此之外，在这些函数的基础上还可以提供其他功能函数，比如说 LCD 的开/关操作、画线、局部显示等。本节只针对上述基本功能函数进行设计，其他函数都是基于这些基本功能函数进行设计的。

4. LCD 应用举例

在主函数中调用填充函数和字符串显示函数，延时填充不同的显示区域。并在每次显示时清除上一次的填充区域，字符串用于显示填充的颜色，而字符串本身用红色显示。

```
int main(void)
{
    unsigned short a;
    RCC_Configuration();                        //系统时钟初始化及端口外设时钟使能
    FSMC_LCD_Init();                            //FSMC TFT 接口初始化
    LCD_Init();                                 //LCD 初始化代码
    TFT_CLEAR(0,0,240,320);                     //清屏
    while(1)
    {
        POINT_COLOR = RED;                      //为字符串指定显示颜色
        TFT_CLEAR(0,0,240,320);                 //清屏
        FillColor(0,0,30,30,RED);               /* 在屏幕的指定区域显示红色 */
        TFT_ShowString(220,0,"RED");
        Delay(100000);
        TFT_CLEAR(0,0,240,320);                 //清屏
        FillColor(30,0,60,30,BLUE);
        TFT_ShowString(220,0,"BLUE");
        Delay(100000);
        TFT_CLEAR(0,0,240,320);                 //清屏
        FillColor(60,0,90,30,GREEN);
        TFT_ShowString(220,0,"GREEN");
        Delay(100000);
        TFT_CLEAR(0,0,240,320);
        FillColor(90,0,120,30,GRED);
        TFT_ShowString(220,0,"GRED");
        Delay(100000);
        TFT_CLEAR(0,0,240,320);
        FillColor(120,0,150,30,BRED);
        TFT_ShowString(220,0,"BRED");
        Delay(100000);
        TFT_CLEAR(0,0,240,320);
        Delay(100000);
    }
}
```

5.7　SPI 总线及触摸屏应用实例

触摸屏作为一种最新的电脑输入设备，它是目前最简单、方便、自然的一种人机交互方式。触摸屏具有坚固耐用、反应速度快、节省空间、易于交流等许多优点。利用这种技术，我们用户只要用手指轻轻地碰计算机显示屏上的图符或文字就能实现对主机操作，从而使人机交互更为直截了当，这种技术大大方便了那些不懂电脑操作的用户，广泛应用于工业控制、军事指挥、电子游戏、点歌点菜、多媒体教学、手持设备等领域。

5.7.1　触摸屏原理及有关技术

1. 触摸屏原理

触摸屏按其工作原理的不同可分为表面声波屏、电容屏、电阻屏和红外屏几种。常见的有电阻触摸屏和电容屏。电阻触摸屏的屏体部分是一块与显示器表面非常配合的多层复合薄膜，如图 5-35 所示，由一层玻璃或有机玻璃作为基层，表面涂有一层透明的导电层，上面再盖有一层外表面硬化处理、光滑防刮的塑料层，它的内表面也涂有一层透明导电层，在两层导电层之间有许多细小(小于千分之一英寸)的透明隔离点把它们隔开绝缘。

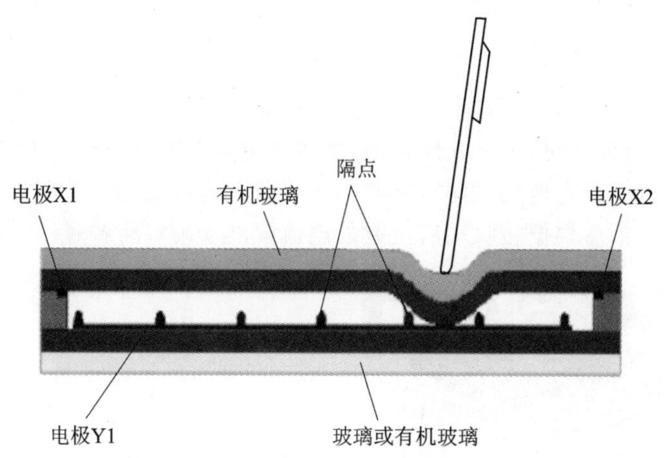

图 5-35　电阻式触摸屏结构示意图

如图 5-36 所示，当手指或笔触摸屏幕时，平常相互绝缘的两层导电层就在触摸点位置有了一个接触，因其中一面导电层(顶层)接通 X 轴方向的 5 V 均匀电压场，而 Y 方向电极对上不加电压时，在 X 平行电压场中，触点处的电压值可以在 Y+(或 Y-)电极上反映出来，使得检测层(底层)的电压由零变为非零，控制器侦测到这个接通后，进行 A/D 转换，并将得到的电压值与 5 V 相比即可得触摸点的 X 轴坐标为(原点在靠近接地点的那端)：

$$X_i = L_x \times V_i / V$$

同理得出 Y 轴的坐标，这就是所有电阻触摸屏共同的最基本原理。

电容技术触摸屏 CTP(Capacity Touch Panel)是利用人体的电流感应进行工作的。电容屏是一块四层复合玻璃屏，玻璃屏的内表面和夹层各涂一层 ITO(纳米铟锡金属氧化物)，最

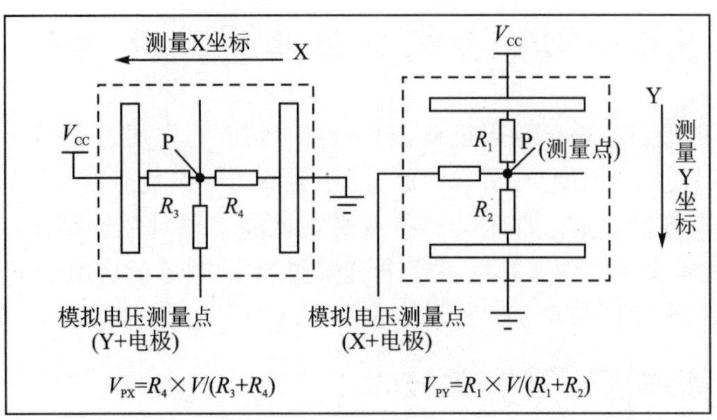

图 5-36 电阻式触摸屏坐标识别原理图

外层是只有 0.0015 mm 厚的矽土玻璃保护层，夹层 ITO 涂层作工作面，四个角引出四个电极，内层 ITO 为屏层以保证工作环境。当用户触摸电容屏时，人体电场、用户手指和工作面形成一个耦合电容，因为工作面上接有高频信号，于是手指吸收走一个很小的电流，这个电流分别从屏的四个角上的电极中流出，且理论上流经四个电极的电流与手指头到四角的距离成比例，控制器通过对四个电流比例的精密计算，得出位置。电容屏可以达到 99 %的精确度，具备小于 3 ms 的响应速度。

电容屏主要有自电容屏与互电容屏两种，以现在较常见的互电容屏为例，内部由驱动电极与接收电极组成，如图 5-37 所示，驱动电极发出低电压高频信号投射到接收电极形成稳定的电流，当人体接触到电容屏时，由于人体接地，手指与电容屏就形成一个等效电容，而高频信号可以通过这一等效电容流入地线，这样，接收端所接收的电荷量减小，而当手指越靠近发射端时，电荷减小越明显，最后根据接收端所接收的电流强度来确定所触碰的点。

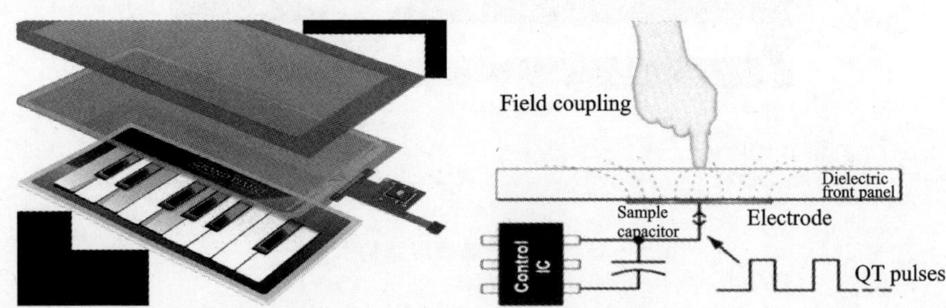

图 5-37 电容屏结构及工作原理

电容屏要实现多点触控，靠的就是增加互电容的电极，简单地说，就是将屏幕分块，在每一个区域里设置一组互电容模块都是独立工作，所以电容屏就可以独立检测到各区域的触控情况，进行处理后，简单地实现多点触控。

电容屏较电阻屏的优势在于，电容屏是人体静电驱动原理，电阻屏是作用力驱动原理，电容屏在高温、高湿、低温等恶劣条件下都可以使用，而电阻屏的使用会受到气候环境的影响。

多点触摸屏有别于传统的单点触摸屏，多点触摸屏的最大特点在于可以两只手、多个手指甚至多个人同时操作屏幕的内容，更加方便与人性化。多点触摸技术也叫多点触控技术。与

电阻屏相比，电容触屏比较容易实现多点触摸技术，目前多点触控技术已在电容屏上基本实现。

虽然电容屏拥有诸多优点，但是其材料特殊、工艺精湛、造价较高。一般来说电容屏的价格会比电阻屏贵 15 %到 40 %，这些额外成本对旗舰级产品可能影响较小，但是对于中、低等价位智能手机确实高门槛，所以目前市场上的多数智能手机价格不菲，其中很多一部分原因是其使用了电容屏的缘故。

2. 电阻触摸屏的有关技术

电阻触摸屏的主要部分是一块与显示器表面非常配合的电阻薄膜屏，这是一种多层的复合薄膜，由一层玻璃或有机玻璃作为基层，表面涂有一层叫 ITO 的透明导电层，上面再盖有一层外表面硬化处理、光滑防刮的塑料层，它的内表面也涂有一层导电层(ITO 或镍金)。电阻触摸屏的两层 ITO 工作面必须是完整的，在每个工作面的两条边线上各涂一条银胶，一端加 5 V 电压，一端加 0 V，就能在工作面的一个方向上形成均匀连续的平行电压分布。在侦测到有触摸后，立刻 A/D 转换测量接触点的模拟量电压值，根据 5 V 电压下的等比例公式就能计算出触摸点在这个方向上的位置。

透明的导电涂层材料有两种：

① ITO。氧化钢，弱导电体，特性是当厚度降到 1800 埃以下时会突然变得透明，透光度为 80 %，再薄下去透光率反而下降，到 300 埃厚度时又上升到 80 %。但遗憾的是 ITO 在这个厚度下非常脆，容易折断产生裂纹。ITO 是所有电阻触摸屏及电容触摸屏都用到的主要材料，实际上电阻和电容触摸屏的工作面就是 ITO 涂层。

② 镍金涂层。五线电阻触摸屏的外层导电层使用的是延展性极好的镍金涂层材料，外导电层由于频繁触摸，使用延展性好的镍金材料可以延长使用寿命，但是成本较高。镍金导电层虽然延展性好，但是只能作透明导体，不适合作为电阻触摸屏的工作面，因为它导电性太好，不宜作精密电阻测量，而且金属不易做到厚度非常均匀。

第一代四线触摸屏两层 ITO 工作面工作时都加上 5 V 到 0 V 的均匀电压分布场：一个工作面加竖直方向的，一个工作面加水平方向的，如图 5－38 所示。引线至控制器总共需要四根电缆。因为四线电阻触摸屏靠外的那层塑胶及 ITO 涂层被经常触动，一段时间后外层薄薄的 ITO 涂层就会产生细小的裂纹，导电工作面一旦有了裂纹，电流就会绕之而过，工作面上的电压场分布也就不可能再均匀，这样，在裂纹附近触摸屏漂移严重，裂纹增多后，触摸屏有些区域可能就再也触摸不到了。

四线电阻触摸屏的基层大多数是有机玻璃，不仅存在透光率低、风化、老化的问题，并且存在安装风险，这是因为有机玻璃刚性差，安装时不能捏边上的银胶，以免薄薄的 ITO 和相对厚实的银胶脱裂，不能用力压或拉触摸屏，以免拉断 ITO 层。有些四线电阻触摸屏安装后显得不太平整就是因为这个原因。

ITO 是无机物，有机玻璃是有机物，有机物和无机物是不能良好结合的，时间一长就容易剥落。如果能够生产出曲面的玻璃板，玻璃是无机物，能和 ITO 非常好的结合为导电玻璃，这样电阻触摸屏的寿命能够大大延长。

第二代五线电阻触摸屏的基层使用的就是这种导电玻璃，不仅如此，五线电阻技术把两个方向的电压场通过精密电阻网络都加在玻璃的导电工作面上，我们可以简单地理解为两个方向的电压场分时加在同一工作面上，而外层镍金导电层仅仅用来当作纯导体，有触摸后靠既检

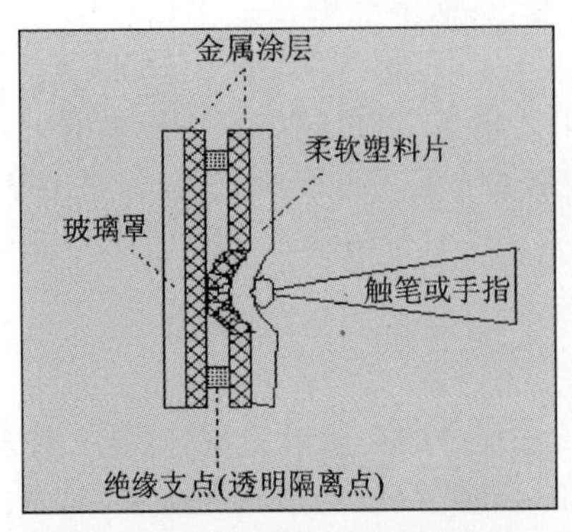

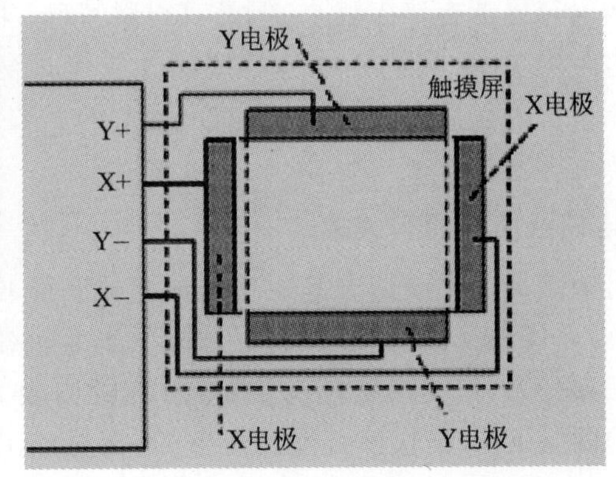

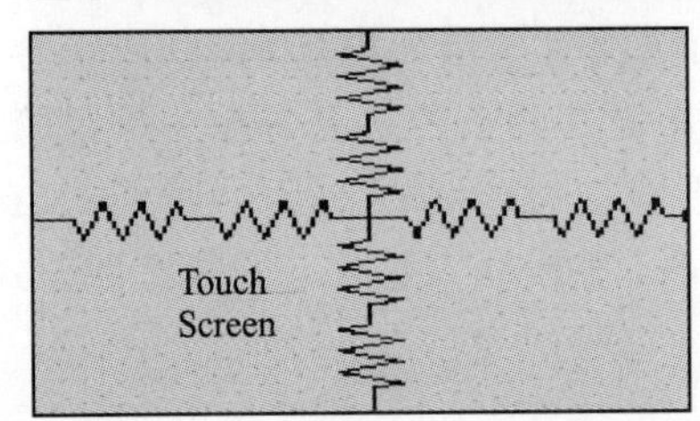

图 5-38　四线电阻触摸屏结构

测内层ITO接触点电压又检测导通电流的方法测得触摸点的位置。五线电阻触摸屏内层ITO需4条引线,外层只作导体仅仅1条,至控制器总共需要5根电缆。五线电阻屏的外层镍金导电层不仅延展性好,而且只作导体,只要它不断成两半,就仍能继续完成作为导体的使命,而身负重任的内层ITO直接与基层玻璃结合为一体成为导电玻璃,导电玻璃自然没有了有机玻璃作基层的种种弊端,因此,五线电阻屏的使用寿命和透光率与四线电阻屏相比有了一个飞跃:五线电阻屏的触摸寿命是3 500万次,四线电阻屏则小于100万次,且五线电阻触摸屏没有安装风险,同时五线电阻屏的ITO层能做得更薄,因此透光率和清晰度更高,几乎没有色彩失真。

不管是四线电阻触摸屏还是五线电阻触摸屏,它们都是一种对外界完全隔离的工作环境,不怕灰尘、水汽和油污,它可以用任何物体来触摸,可以用来写字画画,比较适合工业控制领域及办公室使用。电阻触摸屏共同的缺点是因为复合薄膜的外层采用塑胶材料,不知道的人太用力或使用锐器触摸可能划伤整个触摸屏而导致报废。不过,在限度之内,划伤只会伤及外导电层,外导电层的划伤对于五线电阻触摸屏来说没有关系,而对四线电阻触摸屏来说是致命的。

5.7.2　触摸屏驱动芯片ADS7843简介

本系统触摸屏的控制使用的是ADS7843/7846芯片,它是四线电阻触摸屏转换接口芯片。该芯片和XPT2046、TSC2046、AK4182芯片兼容。该芯片具有同步串行接口的12位取样模数转换器,在125 kHz吞吐速率和2.7 V电压下的功耗为750 μW,而在关闭模式下的功耗仅为0.5 μW。因此,ADS7843以其低功耗和高速率等特性,被广泛应用在采用电池供电的小型手持设备上。ADS7843采用SSOP-16引脚封装形式,引脚定义描述如表5-33所列。温度范围是−40～85 ℃。

表 5－33　ADS7843 引脚定义

PIN	NAME	DESCRIPTION	PIN	NAME	DESCRIPTION
1	＋VCC	电源电压:2.7～5 V	9	VREF	参考电压输入
2	X＋	X＋位置输入,ADC 输入通道 1	10	＋VCC	电源电压, 2.7～5 V
3	Y＋	Y＋位置输入,ADC 输入通道 2	11	PENIRQ	触点中断,中断输出引脚(要求 10～100 kW 外部上拉电阻)
4	X－	X－位置输入	12	DOUT	串行数据输出。数据在时钟 DCLK 的下降沿被移出。当 CS 为高时,输出呈高阻状态
5	Y－	Y－位置输入	13	BUSY	忙状态引脚。当 CS 为高时,输出呈高阻状态
6	GND	地	14	DIN	串行数据输入。如果 CS 为低,数据在时钟 DCLK 的上升沿到达
7	IN3	辅助输入通道 1,ADC 输入通道 3	15	CS	片选引脚。控制转换时序和使能串行输入/输出寄存器
8	IN4	辅助输入通道 2,ADC 输入通道 4	16	DCLK	外部时钟引脚。该时钟用于串行数据的同步

为了完成一次电极电压切换和 A/D 转换,需要先通过串口往 ADS7843 发送控制字,见表 5－34,转换完成后再通过串口读出电压转换值。标准的一次转换需要 24 个时钟周期。由于串口支持双向同时进行传送,并且在一次读数与下一次发控制字之间可以重叠,所以转换速率可以提高到每次 16 个时钟周期,转换/输出时序图如图 5－39 所示。如果条件允许,CPU 可以产生 15 个 CLK 的话(比如 FPGAs 和 ASICs),转换速率还可以提高到每次 15 个时钟周期。

表 5－34　控制字功能描述

BIT	NAME	功能描述
7	S	启动位。一个新的控制字在 12 位转换时需要 15 个时钟周期,在 8 位转换模式下需要 12 个时钟周期
6～4	A2～A0	通道选择位。和 ER/DFR 位一起设置,这些位控制多路输入设置、开关和参考输入
3	MODE	12/8 位转换选择位。该位用于控制转换模式选择:0 为 12 位转换,1 为 8 位转换
2	SER/DFR	单端/差分参考输入选择位。和 A2～A0 一起配置,该位控制多路输入设置、开关和参考输入
1～0	PD1～PD0	省电模式选择位

参考:采样 x 轴坐标 A2～A0 为 101,采样 y 轴坐标 A2～A0 为 001;12 位转换结果;参考电压输入模式为差分模式(值 0);允许省电模式。

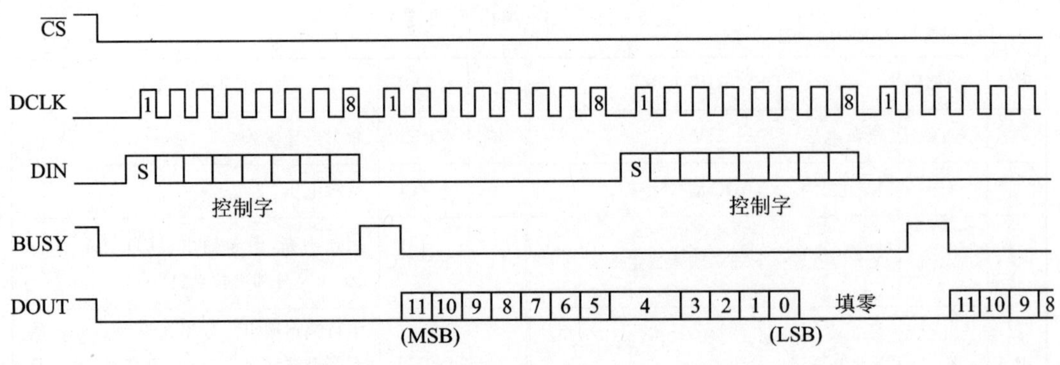

图 5-39　转换/输出时序(需要 16 个时钟周期)

5.7.3　SPI 总线工作原理

SPI(Serial Parallel Bus)总线是 Motorola 公司提出的一个同步串行外设接口,允许 CPU 与各种外围接口器件以串行方式进行通信、交换信息。SPI 接口主要用于中央处理器和外围低速器件之间进行同步串行数据传输,可以实现全双工通信,其数据出数速度总体来说要比 I^2C 总线快,速度可以达到几 Mbps。

1. SPI 设备通信连接方式

SPI 设备通信连接结构如图 5-40 所示。

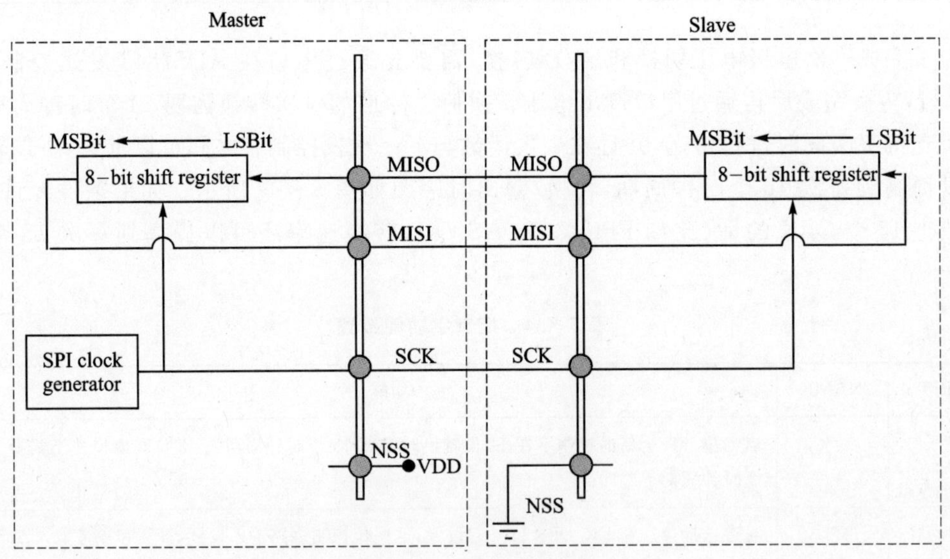

图 5-40　主、从机通信图

图中 NSS 如果是由软件控制,则该引脚需空置。

SPI 接口的内部硬件实际上是两个简单的一位寄存器,传输数据为 8 位,在主设备产生的从器件使能信号和移位时钟信号的同步作用下,按位传输。SPI 总线接口包括以下 4 根信号线:

● SCLK——串行时钟信号,由主控制器产生;

● MISO——主设备输入/从设备输出线；

● MOSI——主设备输出/从设备输入线；

● /SS——从设备低电平有效地使能信号线，由主设备产生。

这样，仅需 3～4 根数据线和控制线即可扩展具有 SPI 接口的各种 I/O 器件，SPI 连接从设备的数量与主设备中的从设备使能信号线的多少相关。其典型结构如图 5-41 所示。

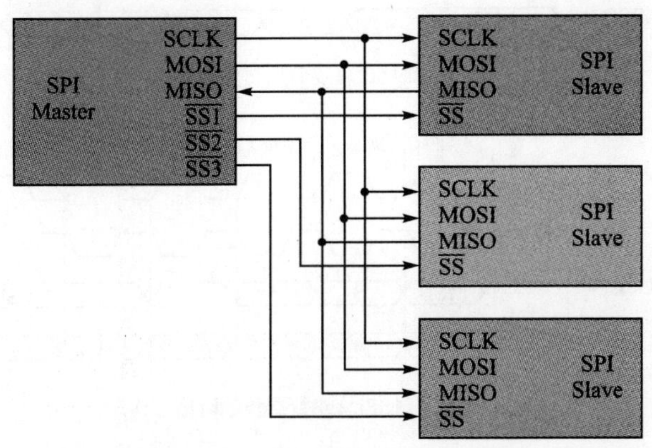

图 5-41　SPI 总线主从设备结构

SPI 总线具有以下结构特点：

① 连线较少，简化电路设计。并行总线扩展方法通常需要 8 根数据线、8～16 根地址线、2～3 根控制线。而这种设计，仅需 4 根数据和控制线即可完成并行扩展所实现的功能。

② 器件统一编址，并与系统地址无关，操作 SPI 独立性好。

③ 器件操作遵循统一的规范，使系统软硬件具有良好的通用性。

2. SPI 总线通信协议

① 在 SPI 通信中，在全双工模式下，发送和接收是同时进行的。

② 数据传输的时钟来自主控制器的时钟脉冲；摩托罗拉没有定义任何通用的 SPI 时钟的规范，最常用的时钟设置是基于时钟极性 CPOL 和时钟相位 CPHA 两个参数。

● CPOL＝0，表示时钟的空闲状态为低电平。

● CPOL＝1，表示时钟的空闲状态为高电平。

● CPHA＝0，表示同步时钟的第一个边沿（上升或者下降）数据被采样。

● CPHA＝1，表示同步时钟的第二个边沿（上升或者下降）数据被采样。

即 CPOL 和 CPHA 的设置决定了数据采样的时钟沿。SPI 总线接口时序如图 5-42 所示。在传输过程中，高位在前，低位在后，在工作方式 SPI0 时，在同步串行时钟的下降沿数据改变，同时一位数据被存入移位寄存器中。

③ 在多个从设备的系统中，每个设备需要独立的使能信号，硬件比 I^2C 系统复杂。

④ 没有应答机制确定是否收到数据，没有 I^2C 总线系统安全。

⑤ SPI 主机和与之通信的从机的时钟极性和相位应该一致。

● 主设备 SPI 时钟和极性的配置由从机来决定。

● 主设备的 SDO、SDI 和从设备的 SDO、SDI 一致。

● 主从设备是在 SCLK 的控制下，同时发送和接收数据，并通过两个双向移位寄存器来

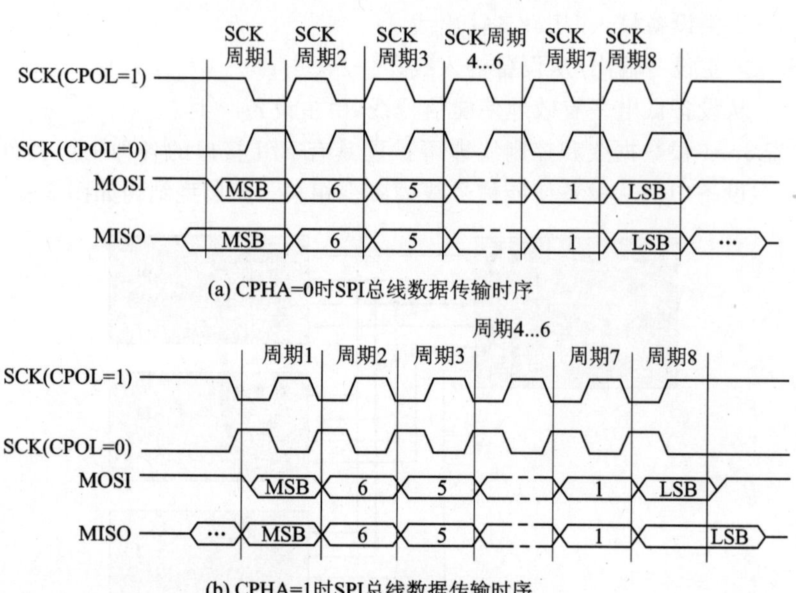

(a) CPHA=0时SPI总线数据传输时序

(b) CPHA=1时SPI总线数据传输时序

图 5-42 SPI 总线接口时序

交换数据。

● 工作原理如下：上升沿输出数据，下降沿输入数据。

⑥ SPI 的四种工作模式设置。

根据 SPI 总线协议可知，需要配置 SPI 的数据发送与接收模式，工作模式是通过时钟极性 CPOL 和时钟相位 CPHA 两个参数未进行选择的，如表 5-35 所列。在有些 SPI 控制器中，支持 CPOL 和 CPHA 的软件设置，可以通过对相应寄存器配置来实现。

SPI 通信是串行发送或接收数据的，即一位一位的发送和接收，且传输一般是高位 MSB 在前，低位 LSB 在后。

表 5-35 SPI 主机配置位表

SPI 主机配置位		
CPOL	CPHA	模式
0	0	0
0	1	1
1	0	2
1	1	3

3. SPI 总线主要应用

SPI 总线设备具有可以同时发出和接收串行数据、可以当作主设备或从设备工作、提供频率可编程时钟、发送结束中断标志、写冲突保护、总线竞争保护等特点，被广泛应用于微型计算机系统中连接不同的板上设备，如：EEPROM、A/D 转换器、D/A 转换器 、TC（Real Time Clock）、LCD、多媒体卡、SD 内存卡等。

5.7.4 STM32 SPI 简介

1. SPI 特征

● 3 线全双工同步传输；

● 带或不带第三根双向数据线的双线单工同步传输；

● 8 或 16 位传输帧格式选择；

● 主或从操作；

- 支持多主模式；
- 8 个主模式波特率预分频系数(最大为 $f_{PCLK}/2$)；
- 从模式频率(最大为 $f_{PCLK}/2$)；
- 主模式和从模式的快速通信；
- 主模式和从模式下均可以由软件或硬件进行 NSS 管理：主/从操作模式的动态改变；
- 可编程的时钟极性和相位；
- 可编程的数据顺序，MSB 在前或 LSB 在前；
- 可触发中断的专用发送和接收标志；
- SPI 总线忙状态标志；
- 支持可靠通信的硬件 CRC：
  在发送模式下，CRC 值可以被作为最后一个字节发送；
  在全双工模式中对接收到的最后一个字节自动进行 CRC 校验；
- 可触发中断的主模式故障、过载以及 CRC 错误标志；
- 支持 DMA 功能的 1 字节发送和接收缓冲器：产生发送和接受请求。

2. SPI 功能描述

STM32 SPI 功能方框图见图 5－43。

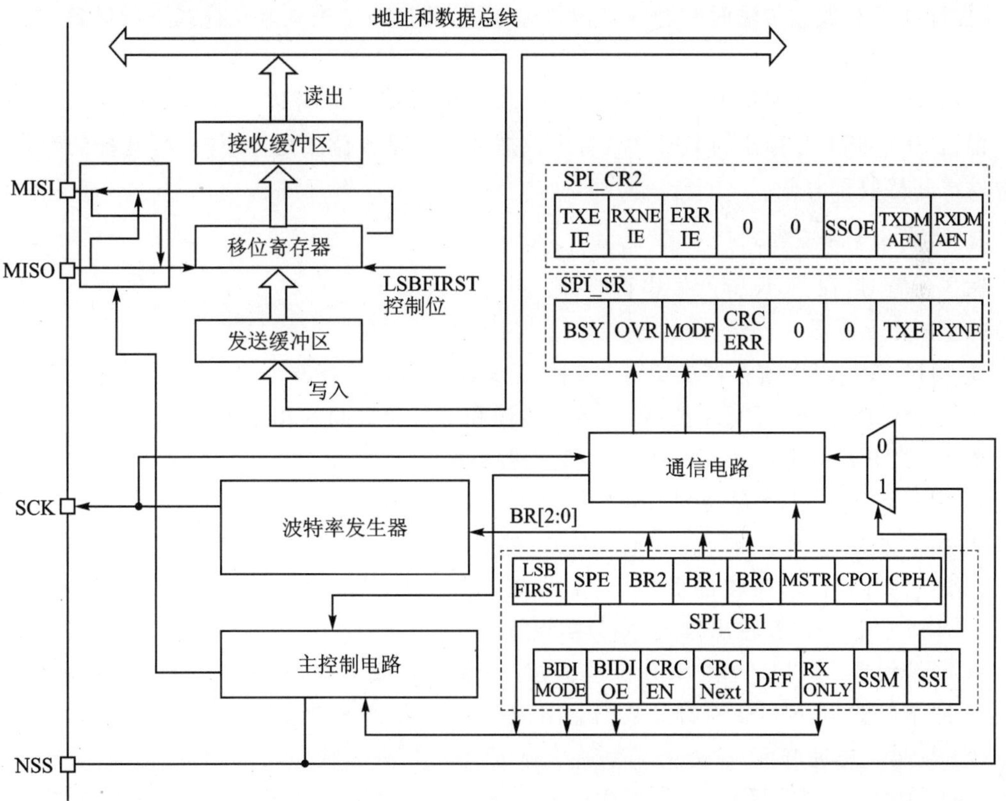

图 5－43　STM32 SPI 功能方框图

(1) 引脚关系

通常 SPI 通过 4 个引脚与外部器件相连：

- MISO:主设备输入/从设备输出引脚。
- MOSI:主设备输出/从设备输入引脚。
- SCK:串口时钟。
- NSS:从设备选择。

(2) NSS 模式

- 软件 NSS 模式:可以通过设置 SPI_CR1 寄存器的 SSM 位来使能这种模式(见图 5-43)。在这种模式下 NSS 引脚可以用作他用,而内部 NSS 信号电平可以通过写 SPI_CR1 的 SSI 位来驱动。
- 硬件 NSS 模式,分两种情况:当 STM32F10xxx 工作为主 SPI,并且 NSS 输出已经通过 SPI_CR2 寄存器的 SSOE 位使能,这时 NSS 引脚被拉低,所有 NSS 引脚与这个主 SPI 的 NSS 引脚相连并配置为硬件 NSS 的 SPI 设备,将自动变成从 SPI 设备。当一个 SPI 设备需要发送广播数据,它必须拉低 NSS 信号,以通知所有其他的设备它是主设备;如果它不能拉低 NSS,这意味着总线上有另外一个主设备在通信,这时将产生一个硬件失败错误(Hard Fault)。

(3) 时钟信号的相位和极性

SPI_CR 寄存器的 CPOL 和 CPHA 位,能够组合成四种可能的时序关系。CPOL(时钟极性)位控制在没有数据传输时时钟的空闲状态电平,此位对主模式和从模式下的设备都有效。

(4) 数据帧格式

根据 SPI_CR1 寄存器中的 LSBFIRST 位,输出数据位时可以 MSB 在先也可以 LSB 在先。根据 SPI_CR1 寄存器的 DFF 位,每个数据帧可以是 8 位或是 16 位。所选择的数据帧格式对发送和接收都有效。

3. 配置 SPI 为主模式

在主配置时,在 SCK 脚产生串行时钟。

(1) 配置步骤

- 通过 SPI_CR1 寄存器的 BR[2:0]位定义串行时钟波特率。
- 选择 CPOL 和 CPHA 位,定义数据传输和串行时钟间的相位关系。
- 设置 DFF 位来定义 8 位或 16 位数据帧格式。
- 配置 SPI_CR1 寄存器的 LSBFIRST 位定义帧格式。
- 如果需要 NSS 引脚工作在输入模式,硬件模式下,在整个数据帧传输期间应把 NSS 脚连接到高电平;在软件模式下,需设置 SPI_CR1 寄存器的 SSM 位和 SSI 位。如果 NSS 引脚工作在输出模式,则只需设置 SSOE 位。
- 必须设置 MSTR 位和 SPE 位(只当 NSS 脚被连到高电平,这些位才能保持置位)。在这个配置中,MOSI 引脚是数据输出,而 MISO 引脚是数据输入。

(2) 数据发送过程

当写入数据至发送缓冲器时,发送过程开始。在发送第一个数据位时,数据字被并行地(通过内部总线)传入移位寄存器,而后串行地移出到 MOSI 脚上;MSB 在先还是 LSB 在先,取决于 SPI_CR1 寄存器中的 LSBFIRST 位的设置。数据从发送缓冲器传输到移位寄存器时 TXE 标志将被置位,如果设置了 SPI_CR1 寄存器中的 TXEIE 位,将产生中断。

(3) 数据接收过程

对于接收器来说,当数据传输完成时:

- 传送移位寄存器里的数据到接收缓冲器,并且 RXNE 标志被置位。
- 如果设置了 SPI_CR2 寄存器中的 RXNEIE 位,则产生中断。

在最后采样时钟沿,RXNE 位被设置,在移位寄存器中接收到的数据字被传送到接收缓冲器。读 SPI_DR 寄存器时,SPI 设备返回接收缓冲器中的数据。读 SPI_DR 寄存器将清除 RXNE 位。

一旦传输开始,如果下一个将发送的数据被放进了发送缓冲器,就可以维持一个连续的传输流。在试图写发送缓冲器之前,需确认 TXE 标志应该为"1"。

注:在 NSS 硬件模式下,从设备的 NSS 输入由 NSS 引脚控制或另一个由软件驱动的 GPIO 引脚控制。

其他请参考 STM32 数据手册。

4. 寄存器描述

SPI 总线寄存器描述见表 5-36。

表 5-36　SPI 总线寄存器

名　称	描　述	访　问	复位值	地址偏移
SPI_CR1	SPI 控制寄存器 1。该寄存器用于使能双向数据模式(0:双线双向,1:单线双向)、单线模式下的输出方向设置、硬件 CRC 校验使能、下一个发送 CRC、数据帧格式、双线双向模式下的传输方向设置、软件从设备管理、内部从设备选择、帧格式、SPI 格式、波特率控制、主设备选择、时钟极性、时钟相位	R/W	0x0000	0x00
SPI_CR2	SPI 控制寄存器 2。该寄存器用于使能 TXE 发送缓冲区空中断、RXNEIE 接收缓冲区非空中断、错误中断、SS 输出、发送缓冲区 DMA、接收缓冲区 DMA	R/W	0x0000	0x04
SPI_SR	SPI 状态寄存器。该寄存器用于设置忙标志位、溢出标志位、模式错误标志位、CRC 错误标志位、下溢标志位、声道标志位(0:左声道,1:右声道)、发送缓冲标志位、接收缓冲标志位	R	0x0002	0x08
SPI_DR	SPI 数据寄存器。待发送或者已经收到的数据。 数据寄存器对应两个缓冲区:一个用于写(发送缓冲);另外一个用于读(接收缓冲)。写操作将数据写到发送缓冲区;读操作将返回接收缓冲区里的数据	R/W	0x0000	0x0C
SPI_CRCPR	SPI_CRC 多项式寄存器。该寄存器包含了 CRC 计算时用到的多项式	R	0x0007	0x10
SPI_RXCRCR	SPI_Rx_CRC 寄存器。RXCRC[15:0]中包含了依据收到的字节计算的 CRC 数值	R	0x0000	0x14
SPI_TXCRCR	SPI_Tx_CRC 寄存器。TXCRC[15:0]中包含了依据将要发送的字节计算的 CRC 数值	R	0x0000	0x18

5.7.5 触摸屏应用实例

1. 电路连接

除触摸屏芯片的电源、接地和空引脚外，其他的引脚均与 STM32F103 的具有 I/O 功能的引脚相连。触摸屏接口采用 STM32 的 SPI1 接口，触摸电路的中断申请线由 PB6 接收。触摸屏控制芯片与 STM32F103 中的连接方法如图 5-44 所示。

以选择分离的 X/Y 轴坐标转换模式或者自动(连续的)X/Y 轴坐标转换模式来获取触摸点的 X/Y 坐标。设置触摸屏接口为等待中断模式(注意，等待的是 INT_TC 中断)。如果中断(INT_TC)发生，那么立即激活相应的 AD 转换(分离的 X/Y 轴坐标转换或者自动(连续的)X/Y 轴坐标转换)。在得到触摸点的 X/Y 轴坐标值后，返回到等待中断模式。

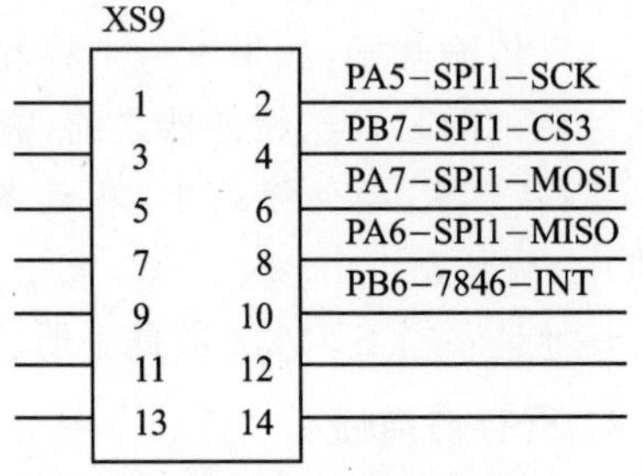

图 5-44 触摸屏电路

为了完成一次电极电压切换和 A/D 转换，需要先通过串口往触摸屏发送控制字转换完成后再通过串口读出电压转换值。标准的一次转换需要 24 个时钟周期。由于串口支持双向同时进行传送，并且在一次读数与下一次发控制字之间可以重叠，所以转换速率可以提高到每次 16 个时钟周期。如果条件允许，CPU 可以产生 15 个 CLK 的话(比如 FPGAs 和 ASICs)，转换速率还可以提高到每次 15 个时钟周期。

2. 触摸屏驱动程序设计

要实现触摸屏的正常工作，还需提供操作触摸屏的相关函数，主要包括触摸屏初始化函数、触摸屏坐标值读取函数和触摸屏动作判断函数，触摸屏一般与 LCD 配合使用，因此还需提供一个与显示器的坐标转换的函数。

(1) 触摸屏初始化

与触摸屏连接的实际上就是一个 A/D 转换器，对触摸屏的操作实际上就是对 ADC 寄存器的控制，该 ADC 操作较为简单，直接通过表 5-29 的控制字就可以实现，不需要初始化。因此，触摸屏的初始化主要就是包含连接端口的初始化。在本实例中，触摸屏控制器 FM7843 通信端口连接到 STM32F103 中的 SPI1 口，中断引脚连接到 PB6，因此需要对这些端口进行功能配置。将 PA5、PA6、PA7 分别配置为复用输出，在复用功能时，输入输出的方向完全由内部 SPI1 控制为 SCK、MISO、MOSI 功能，将 PB7 配置为 SPI1 的 CS 引脚。然后打开 GPIO 和 SPI1 的时钟，对 SPI1 进行初始化，初始化其时钟频率、工作模式、传输模式、数据的传输位、数据格式、时钟极性、NSS 软件还是硬件、CRC 等参数。

```
void  TP_Config(void)
{
    GPIO_InitTypeDef  GPIO_InitStructure;
    SPI_InitTypeDef   SPI_InitStructure;

    /* SPI1 时钟使能 */
    RCC_APB2PeriphClockCmd(RCC_APB2Periph_SPI1,ENABLE);
```

```
    /* SPI1 SCK(PA5)、MISO(PA6)、MOSI(PA7) 设置 */
    GPIO_InitStructure.GPIO_Pin = GPIO_Pin_5 | GPIO_Pin_6 | GPIO_Pin_7;
    GPIO_InitStructure.GPIO_Speed = GPIO_Speed_50MHz;  //口线速度 50 MHz
    GPIO_InitStructure.GPIO_Mode = GPIO_Mode_AF_PP;    //复用模式
    GPIO_Init(GPIOA, &GPIO_InitStructure);

    /* SPI1 触摸芯片的片选控制设置 PB7 */
    GPIO_InitStructure.GPIO_Pin = GPIO_Pin_7;
    GPIO_InitStructure.GPIO_Speed = GPIO_Speed_50MHz;  //口线速度 50 MHz
    GPIO_InitStructure.GPIO_Mode = GPIO_Mode_Out_PP;   //推挽输出模式
    GPIO_Init(GPIOB, &GPIO_InitStructure);

    /* 由于 SPI1 总线上挂接了 4 个外设，所以在使用触摸屏时，需要禁止其余 3 个 SPI1 外设，才能正
       常工作 */
    GPIO_InitStructure.GPIO_Pin = GPIO_Pin_4;          //SPI1 SST25VF016B 片选
    GPIO_Init(GPIOC, &GPIO_InitStructure);
    GPIO_InitStructure.GPIO_Pin = GPIO_Pin_12;         //SPI1 VS1003 片选
    GPIO_Init(GPIOB, &GPIO_InitStructure);
    GPIO_InitStructure.GPIO_Pin = GPIO_Pin_4;          //SPI1 网络模块片选
    GPIO_Init(GPIOA, &GPIO_InitStructure);
    GPIO_SetBits(GPIOC, GPIO_Pin_4);//SPI CS1
    GPIO_SetBits(GPIOB, GPIO_Pin_12);//SPI CS4
    GPIO_SetBits(GPIOA, GPIO_Pin_4);//SPI NSS

    /* SPI1 总线 配置 */
    SPI_InitStructure.SPI_Direction = SPI_Direction_2Lines_FullDuplex;  //全双工
    SPI_InitStructure.SPI_Mode = SPI_Mode_Master;       //主模式
    SPI_InitStructure.SPI_DataSize = SPI_DataSize_8b;   //8 位
    SPI_InitStructure.SPI_CPOL = SPI_CPOL_Low;          //时钟极性 空闲状态时，SCK 保持低电平
    SPI_InitStructure.SPI_CPHA = SPI_CPHA_1Edge;     //时钟相位 数据采样从第一个时钟边沿开始
    SPI_InitStructure.SPI_NSS = SPI_NSS_Soft;           //软件产生 NSS
    SPI_InitStructure.SPI_BaudRatePrescaler = SPI_BaudRatePrescaler_128;
                                                        //波特率控制 SYSCLK/64
    SPI_InitStructure.SPI_FirstBit = SPI_FirstBit_MSB;  //数据高位在前
    SPI_InitStructure.SPI_CRCPolynomial = 7;            //CRC 多项式寄存器初始值为 7
    SPI_Init(SPI1, &SPI_InitStructure);

    /* SPI1 使能 */
    SPI_Cmd(SPI1,ENABLE);
}
```

在该函数中，通过调用 SPI_Init()函数对 SPI 进行初始化操作。在 SPI_Init()函数中，通过在 SPIxCR1 寄存器配置 SPI 的数据传送方向、工作模式、数据宽度、CPOL 和 CPHA、时钟频率等参数，在 SPIx 对应的 I2SCFGR 寄存器中配置接口为 SPI 工作方式等。

(2) 触摸屏坐标读取

读取触摸屏坐标值主要通过 INT_TC 中断来判断是否有触摸屏按下,如果有,则启动 ADC 转换,依次将 X 和 Y 坐标值转换完成,然后保存到相应的变量中。读取触摸屏坐标值的程序流程图如图 5-45 所示。

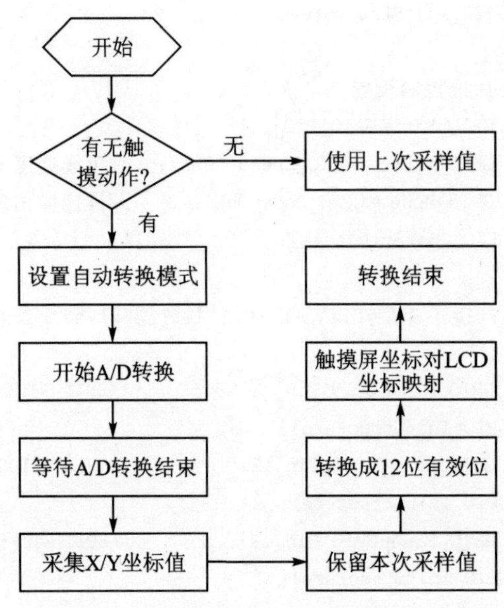

图 5-45 读取触摸屏坐标值的程序流程图

从触摸屏控制器获得的 X 与 Y 值仅是对当前触摸点的电压值的 A/D 转换值,它不具有实用价值。这个值的大小不但与触摸屏的分辨率有关,而且也与触摸屏与 LCD 贴合的情况有关。而且,LCD 分辨率与触摸屏的分辨率一般来说是不一样,坐标也不一样,因此,如果想得到体现 LCD 坐标的触摸屏位置,还需要在程序中进行转换。转换公式如下:

```
x = (x - TchScr_Xmin) * LCDWIDTH/(TchScr_Xmax - TchScr_Xmin)
y = (y - TchScr_Ymin) * LCDHEIGHT/(TchScr_Ymax - TchScr_Ymin)
```

其中,TchScr_Xmax、TchScr_Xmin、TchScr_Ymax 和 TchScr_Ymin 是触摸屏返回电压值 x、y 轴的范围,LCDWIDTH、LCDHEIGHT 是液晶屏的宽度(像素点个数)与高度(像素点个数)。

```
void  TPReadXY (u16 *x, u16 *y)
{
    /* 读 X 坐标 */
    TP_CS();                           //选择 ADS7843
    Delay(20);                         //延时
    SPI_WriteByte(0xD0);               //设置 X 轴读取标志
    Delay(20);                         //延时
    *x = SPI_WriteByte(0x00);          //连续读取 16 位的数据
    *x<<=8;
    *x+ = SPI_WriteByte(0x00);
```

```
    Delay(20);                          //延时
    TP_DCS();                           //禁止 ADS7843
    Delay(1);                           //延时
    /*读 Y 坐标*/
    TP_CS();                            //选择 ADS7843
    SPI_WriteByte(0x90);                //设置 Y 轴读取标志
    Delay(20);                          //延时
    *y = SPI_WriteByte(0x00);           //连续读取 16 位的数据
    *y<<=8;
    *y+ = SPI_WriteByte(0x00);
    Delay(20);
    TP_DCS();                           //禁止 ADS7843
    *x= *x>>3;                          //移位换算成 12 位的有效数据 0~4 095
    *y= *y>>3;                          //移位换算成 12 位的有效数据 0~4 095
    *x = ( *x - TchScr_Xmin) * LCDWIDTH/(TchScr_Xmax - TchScr_Xmin);
    *y = ( *y - TchScr_Ymin) * LCDHEIGHT/(TchScr_Ymax - TchScr_Ymin);

}
```

3. 触摸屏应用举例

在本实例中,通过获取触摸点对触摸屏坐标进行校正,结合 LCD 驱动程序,在校正点绘制一个大点。和其他应用实例一样,在正常使用 LCD 和触摸屏之前,需要对 LCD 与触摸屏相关的 I/O 口进行功能配置,然后分别对 LCD 和触摸屏进行初始化。在本实例中还使用了一个时钟中断功能用于定时。

```
int main(void)
{
    unsigned short a;
    RCC_Configuration();                        //系统时钟初始化及端口外设时钟使能
    GPIO_Configuration();                       //状态 LED1 的初始化
    TP_Config();                                //SPI1 触摸电路初始化
    FSMC_LCD_Init();                            //FSMC TFT 接口初始化
    LCD_Init();                                 //LCD 初始化代码
    TFT_CLEAR(0,0,240,320);                     //清屏
    SysTick_Config(720);                        //时钟节拍中断时 10 μs 一次　用于定时
    TFT_ShowString(80,40,"Touch First Point");  //用于第一个触摸屏校正的提示
    for(a = 0; a<10; a++){                      //在竖屏模式下,左上角显示第一个校正点点击
                                                //区域

        drawbigpoint(0,0 + a);
        drawbigpoint(a,0);
    }
    while (1)                                   //等待点击第一个触摸校正点
    {
        if(PEN == 0){                           //点击第一个校正点 等待触摸检测电平变低
            Delay_us(34000);                    //延时 340 ms 消除抖动
```

```
            if(PEN == 0){                               //检测触摸中断线是否可靠点击
                while(PEN == 0){                        //点击未松开,持续读取触摸坐标
                    Delay_us(1);
                    Read_ADS7843();                     //读取触摸坐标
                    Xs = X; Ys = Y;                     //获得第一个校正点的 X、Y
                    Delay_us(34000);                    //延时 340 ms 消除抖动
                }
                break;
            }
        }
    }
    TFT_CLEAR(0,0,240,320);                             //清屏
    TFT_ShowString(80,40,"Touch Second Point");         //用于第二个触摸屏校正的提示
    for(a = 0; a<20; a++){                              //在竖屏模式下,左上角显示第二个校正点点击
                                                        //区域
        drawbigpoint(120,150 + a);
        drawbigpoint(110 + a,160);
    }
    while (1)                                           //等待点击第二个触摸校正点
    {
        if(PEN == 0){                                   //点击第二个校正点 等待触摸检测电平变低
            Delay_us(34000);                            //延时 340 ms 消除抖动
            if(PEN == 0){                               //检测触摸中断线是否可靠点击
                while(PEN == 0){                        //点击未松开,持续读取触摸坐标
                    Delay_us(1);
                    Read_ADS7843();                     //读取触摸坐标
                    Xe = X; Ye = Y;                     //获得第二个校正点的 X,Y
                    Delay_us(34000);                    //延时 340 ms 消除抖动
                }
                break;
            }
        }
    }
    /* 根据第一个校正点和第二个校正点的数据计算出屏幕上一个像素对应的触摸 X、Y 变化值,为保
       持精度,此值是浮点数 */
    X2 = Xe - Xs; X2 = X2/120;
    Y2 = Ye - Ys; Y2 = Y2/160;
    dw = 1;                                             //校正完成标志
    POINT_COLOR = RED;                                  //文字显示的颜色默认值
    TFT_CLEAR(0,0,240,320);                             //清屏
    while (1)                                           //等待中断到来
    {
        if(PEN == 0){
            Delay_us(5000);                             //延时 50 ms 用于触笔消抖
            while(PEN == 0){                            //未抬起触笔的情况下画图
```

```
                Read_ADS7843();
            }
        }
    }
}
```

习题 5

1. 说明 UART 串口的工作原理。
2. 说明逐次逼近型 A/D 工作原理转换器的性能指标。
3. 简述矩阵键盘的扫描原理。
4. 简述四线制电阻式触摸屏的工作原理。
5. 简述 LCD 显示原理及显示控制。

第 6 章　嵌入式操作系统基础知识

本章主要对操作系统的功能及结构进行介绍，重点介绍嵌入式操作系统的一些基本概念，为后续章节学习操作系统的应用和移植打下基础。

6.1　操作系统基础知识

6.1.1　操作系统的基本概念

1. 操作系统的定义

操作系统(operating system)是计算机系统中的一个系统软件，它是这样一些程序模块的集合：它们能有效地组织和管理计算机系统中的硬件及软件资源，合理地组织计算机工作流程，控制程序的执行，并向用户提供各种服务功能和友好的接口，使得用户能够灵活、方便和有效地使用计算机，使整个计算机系统能高效地运行。其主要表现在两个方面：

① 操作系统是计算机系统的资源管理者，它含有对系统软硬件资源实施管理的一组程序，其作用是通过 CPU 管理、文件管理、存储管理、设备管理等对各种资源进行合理的分配，改善资源的共享和利用程度，最大限度地发挥计算机系统的工作效率。

② 操作系统改善人机界面，为用户提供友好的工作环境。综合起来也可以这样表达，操作系统不仅是计算机硬件与软件之间的接口，也是用户与计算机之间的接口。

操作系统是用户和计算机之间的界面，一方面管理计算机的所有系统资源，另一方面为用户提供了一个抽象概念上的计算机。操作系统避免了对计算机系统硬件的直接操作，使得计算机系统的使用和管理更加方便，资源的利用效率更高。

对计算机系统而言，操作系统是对所有系统资源进行管理的程序集合；对用户而言，操作系统提供了对系统资源进行有效利用的简单抽象方法。

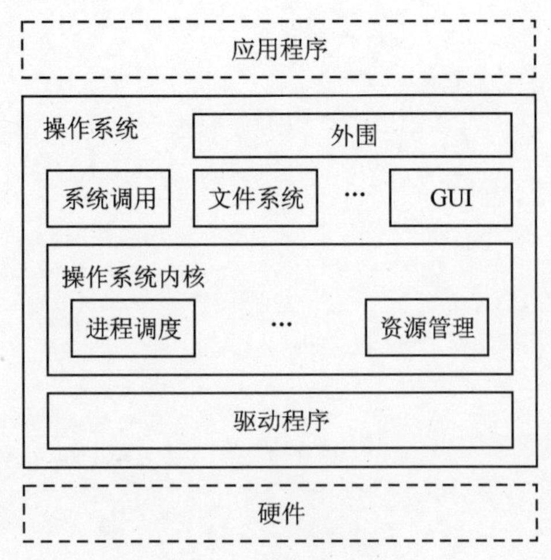

图 6-1　操作系统结构

2. 操作系统的结构

操作系统结构框图如图 6-1 所示，操作系统理论上可以分为四大部分：

① 驱动程序：最底层的、直接控制和监视各类硬件的部分，隐藏硬件的具体细节，并向其他部分提供一个抽象的、通用的接口。

② 内核：操作系统最核心的部分，通常运行在最高特权级，负责提供基础性、结构性的功能，如资源管理、进程调度与管理等。

③ 接口库：将系统所提供的基本服务包装成应用程序所能够使用的编程接口(API)，是

最靠近应用程序的部分。例如，GNU C 运行库就属于此类，它把各种操作系统的内部编程接口包装成 ANSI C 和 POSIX 编程接口的形式。

④ 外围：指操作系统中除以上三类以外的所有其他部分，通常是用于提供特定高级服务的部件。例如，在微内核结构中，大部分系统服务以及 UNIX/Linux 中各种守护进程都通常被划归此列。

操作系统的四层结构并不是强制性的，因为很多商用操作系统都没有清晰的整体结构，系统中的各个部件混杂在一起。这些操作系统往往是由很小的实验性的项目逐步演化而来的，因而宏观结构非常模糊。MS-DOS 就是一个很好的例子，在设计之初，MS-DOS 的设计目标是在比较有限的硬件资源上运行比较有限的应用程序，因而模块之间的相对独立性几乎被忽略。

内核是操作系统最基本的部分，为应用程序提供对计算机硬件的安全访问。内核的结构可以分为单内核(monolithic kernel)、微内核(micro kernel)、超微内核(nano kernel)以及外核(exokernel)等。

单内核结构是操作系统中各核心部件混合的形态，该结构始于 20 世纪 60 年代，历史最长，是操作系统内核与外围分离时的最初形态。

微内核结构是 20 世纪 80 年代产生出来的较新的内核结构，强调结构性部件与功能性部件的分离。20 世纪末，基于微内核结构，理论界中又发展出了超微内核与外内核等多种结构。尽管自 20 世纪 80 年代起，大部分理论研究都集中在以微内核为首的"新兴"结构之上，然而，在应用领域之中，以单内核结构为基础的操作系统却一直占据着主导地位。

在众多常用操作系统之中，除了 QNX 和基于 Mach 的 UNIX 等个别系统外，几乎全部采用单内核结构，例如大部分的 Unix、Linux 以及 Windows。微内核和超微内核结构主要用于研究性操作系统，还有一些嵌入式系统使用外核。

6.1.2　操作系统的主要功能

操作系统主要有五大管理功能：进程管理、文件管理、存储管理、设备管理和作业管理。

1. 进程与 CPU 管理

在早期的计算机系统或者 8 位、16 位嵌入式操作系统中，由于任务简单，因而可以采用单任务。但是随着软硬件技术的提高，操作系统往往要支持多任务环境。操作系统以进程(又称任务)为基本单位对 CPU 资源进行分配和运行。任务通常为进程(process)和线程(thread)的统称。进程由代码、数据、堆栈和进程控制块(包含进程状态、CPU 寄存器、调度信息、内存管理信息和 I/O 状态信息等)共同构成。操作系统对进程的管理包含如下几个方面：

① 进程控制：创建任务、撤销任务以及控制任务在运行过程中的状态转换。

② 任务调度：从任务就绪队列中，按照一定的算法选择一个任务，使其得到 CPU 控制权，开始运行。在任务完成后，放弃 CPU。

③ 任务同步：设置任务同步机制，协调各任务的运行。

④ 任务通信：提供任务间通信的各种机制。

2. 存储器管理

存储器管理的主要任务是为多任务的运行提供高效稳定的运行环境。一般包含：

① 地址重定位：在多任务环境下，每个任务动态创建，任务的逻辑地址必须转换为主存的物理地址。

② 内存分配：为每个任务分配内存空间，使用完毕后收回分配的内存。

③ 内存保护：保证每个任务都在自己的内存空间内运行，各程序互不侵犯，尤其是保护操作系统占用的内存空间。

④ 存储器扩展：通过建立虚拟存储系统来对主存容量进行逻辑扩展。虚拟存储器允许程序以逻辑方式寻址，而不用考虑物理内存的大小。当一个程序运行时，只有部分程序和数据保存在内存中，其余部分存储在介质上。

3. 文件管理

计算机系统或者嵌入式系统将程序和数据以文件的形式保存在存储介质中供用户使用。文件系统对用户文件和系统文件进行管理，保证文件的安全性，实现信息的组织、管理、存取和保护。文件管理的主要任务是：

① 目录管理：文件系统为每个文件建立一个目录项，包含文件名、属性、存放位置等信息。所有的目录项构成一个目录文件。目录管理为每个任务创建其目录项，并对其进行管理。

② 文件读/写管理：文件系统根据用户的需要，按照文件名查找文件目录，确定文件的存储位置，然后利用文件指针进行读/写操作。

③ 文件存取控制：为了防止文件被非法窃取或者破坏，文件系统中需要建立文件访问控制机制，保证数据的安全。

④ 存储空间管理：所有的数据文件和系统文件都存储在存储介质上，存储空间管理为文件分配存储空间，在文件删除后释放所占用的空间。文件存储管理可以提高存储空间的利用率，优化文件操作的速度。

4. 设备管理

设备管理的主要任务是管理各类外围设备，完成用户提出的 I/O 请求，加快 I/O 信息的传送速度，发挥 I/O 设备的并行性，提高 I/O 设备的利用率；提供每种设备的设备驱动程序和中断处理程序，向用户屏蔽硬件使用细节。为实现这些任务，设备管理应该具有以下功能：

① 缓冲管理：由于 CPU 与 I/O 设备的速度相差很大，通常设备管理需要建立 I/O 缓冲区，并对缓存区进行有效管理。

② 设备分配：用户提出 I/O 设备请求后，设备管理程序对设备进行分配，使用完成后收回设备。

③ 设备驱动：设备驱动程序提供 CPU 与设备控制器间的通信。CPU 向设备发出 I/O 请求，接收设备的中断请求，并能及时的响应。

5. 作业管理

操作系统屏蔽了硬件操作的细节，用户通过操作系统提供的接口访问计算机的硬件资源。操作系统提供系统命令一级的接口，供用户用于组织和控制自己的作业运行，如命令行、菜单式或 GUI 联机等，供用户程序和系统程序调用操作系统功能，如系统调用和高级语言库函数。

① 命令接口：分为联机命令接口和脱机命令接口。联机命令接口为联机用户提供，由一组命令和解释程序构成。用户在控制台输入一条指令后系统解释命令并执行，系统完成操作后返回控制台。脱机命令为批处理系统的用户所提供。

② 程序接口:用户获得操作系统服务的唯一途径,由一组系统调用组成。在早期的操作系统中,系统调用由汇编语言编写。在高级语言中如 C 语言,提供与系统调用一一对应的库函数,应用程序通过调用库函数来完成操作。

③ 图形接口:图形接口提供对屏幕上的对象进行操作,完成程序控制和操作,方便用户对软硬件资源的使用。为了推进图形接口 GUI 的发展,1988 年制定了 GUI 的标准。到现在良好的图形界面已经成为操作系统必备的要素。GUI 的主要构件是窗口、菜单和对话框。

6.1.3 操作系统的分类

操作系统按任务的多少可分为单任务操作系统和多任务操作系统。单任务操作系统如 DOS 系统,只有一个任务。当前大多数操作系统都是多任务操作系统,系统中存在多个任务,但每次只有一个任务运行。操作系统按用途可分为网络操作系统、分布式操作系统、微机操作系统、嵌入式操作系统等;按实时性可分为实时操作系统和非实时操作系统等。下面针对一些操作系统概念进行介绍。

1. 分时操作系统

早期的系统也是交互式系统,因为整个系统是在程序员或操作员的直接控制之下运行的,这个特点使程序员能灵活、自由地开发和调试程序。但这样安排使处理机要等待程序员或操作者的命令,导致 CPU 大量的空闲等待时间。

为了降低交互式系统的等待时间和运行时间的比率,分时操作系统使用多道程序设计技术来支持在一个计算机系统内运行多个用户的程序。每一个用户的程序都常驻在内存中,并按某一调度策略轮流运行。轮到某一用户程序运行时,它一次只能使用一段很少的时间,当分配给它的时间片用完或因等待 I/O 而不能继续运行下去时,就暂停该程序的运行,转而运行另一个用户的程序。当用户通过键盘命令与计算机交互时,即使键入的速度很快,但比起计算机来说还是极其缓慢的。计算机在所有用户之间快速切换,而用户并不感觉到需等待计算机要处理好别的用户的事务后才为自己服务。在分时系统中,用户觉得自己是在独自使用整个计算机系统。

分时操作系统将 CPU 的工作时间划为许多很短的时间片,轮流为各个终端的用户服务。分时系统具有以下几个基本特征:

① 多路性:一台主机可连接多台终端,多个终端用户可以同时使用计算机,共享系统的硬软件资源。

② 独立性:各个用户的操作互不干扰,每一个用户都认为整个计算机系统被其所独占,为其服务。

③ 交互性:用户能与系统进行对话。在一个多步骤作业的运行过程中,用户能通过键盘等设备输入数据或命令,系统获得用户的输入后作出响应,显示执行的状况或结果。

④ 及时性:系统一般能在较短时间内接受和响应用户的输入命令或数据,显示命令的执行结果。

2. 实时操作系统

实时操作系统是一种能在限定的时间内对输入进行快速处理并做出响应的计算机处理系统。根据对响应时间限定的严格程度,实时系统又可分为硬实时系统和软实时系统。

硬实时操作系统主要用于工业生产的过程控制、系统的跟踪和控制、武器的制导等。这类操作系统要求响应速度十分快,工作极其安全可靠,否则就有可能造成灾难性的后果。在一些重要的控制系统中,为了进一步提高系统的可靠性,除了一台计算机控制系统工作外,还需要有一套后备系统。

软实时操作系统主要应用于对响应的速度要求不像硬实时操作系统那么高,且时限要求也不那么严密的信息咨询和事务处理领域,如情报资料检索、订票系统、银行财务管理系统、信用卡记账取款系统和仓库管理系统等。

3. 网络操作系统

计算机网络是指用数据通信系统把分散在不同地方的计算机群和各种计算机设备连接起来的集合,它主要用于数据通信和资源共享,特别是软件和信息共享。随着信息时代的到来,人们对于区域内乃至世界范围内的信息传输和资源共享提出了越来越高的要求,计算机网络就是在这种情况下诞生和迅速发展起来的。

过去的所谓网络操作系统实际上是在原机器的操作系统之上附加上具有实现网络访问功能的模块。由于网络上的各计算机的硬件特性不同、数据表示格式不同及其他方面要求的不同,在互相通信时,为能正常进行并相互理解通信内容,彼此之间应有许多约定。此约定称之为协议或规程。因此,通常将网络操作系统(Network Operating System,NOS)定义为:是使网络上各计算机能方便而有效地共享网络资源,为网络用户提供所需的各种服务软件和有关规程的集合。

网络操作系统除了具有通常操作系统所具有的处理机管理、存储器管理、设备管理和文件管理外,还应具有以下两大功能:① 提供高效、可靠的网络通信能力。② 提供多种网络服务功能,如:远程作业录入并进行处理的服务功能,文件传输服务功能,电子邮件服务功能,远程打印服务功能等。总而言之,网络操作系统要为用户提供访问网络中各计算机资源的服务。

网络操作系统与分布操作系统不同,不是一个集中、统一的操作系统,它基本上是在各种各样自治的计算机原有操作系统基础上加上具有各种网络访问功能的模块,这些模块使网络上的计算机能方便、有效地共享网络资源,实现各种通信服务的有关协议。

常见的网络操作系统主要有 UNIX、NOVELL、WINDOWS NT、Netware 等。

4. 分布式操作系统

在一般的计算机系统中,所有的计算或处理功能都由一台主机完成,具有封闭性。分布式操作系统(Distributed Operating System,简称 DOS)是一种多计算机系统,这些计算机可以处于不同的地理位置和拥有不同的软硬件资源,并用通信线路连接起来,具有独立执行任务的能力。通常每台计算机没有完全独立的操作系统。分布式系统具有一个统一的操作系统,它可以把一个大任务划分成很多可以并行执行的子任务,并按一定的调度策略将它们动态地分配给各个计算机执行,并控制管理各个计算机的资源分配、运行及计算机之间的通信,以协调任务的并行执行。以上所有的管理工作对用户都是透明的。

由于微型计算机的飞速发展,将一个大的计算任务分配到很多计算机上执行,比在一台巨型机上执行经济得多。分布式系统也便于实现文件、信息和设备的共享。

分布式操作系统负责管理分布式处理系统资源和控制分布式程序运行。它和集中式操作系统的区别在于资源管理、进程通信和系统结构等方面。

5. 多核操作系统

由于受到电磁速度、发热处理能力等因素的限制，单纯靠提高单个处理器运行速率的方法来提高计算机系统的运算速度总是有限的。类似气象、地震预报、核聚变反应模拟等应用都对计算机的运算速度提出了更高的要求，一般要求达到每秒数百亿、数千亿甚至更高的速度，这就需要打破单处理器的系统体系结构，使得在一个计算机系统中可具有多个处理器。多核处理器正是根据这种理论发展而来的，多核系统可大大提高系统运行的并行性，由此诞生了多核操作系统。

多核操作系统一般分为主从式和对称式。主从式操作系统主要驻留并运行在一台主处理机上，它控制所有的系统资源，将整个任务分解成多个子任务并将子任务分配给其他的从处理机执行，并且它还要协调这些从处理机的运行过程。

对称式系统在每个处理器核中配有操作系统，它管理和控制本地资源和过程的运行。该类系统在一段时间内可以指定一台或几台处理机来执行管理程序，协调所有处理机的运行。

多核系统有很高的运算速度，用微处理器构成阵列系统，其运行速度可以达到上万亿次，相对以前的巨型机来说，成本又低得多，且可靠性强。当系统中某个处理机发生故障时，一般只影响系统的性能，可以用备用的单元取代它，故不会造成系统的垮台。

6.2 嵌入式操作系统

嵌入式操作系统 EOS(Embedded Operating System)是一种用途广泛的系统软件，过去它主要应用于工业控制和国防系统领域。EOS 负责嵌入式系统的全部软、硬件资源的分配、调度工作，控制协调并发活动；它必须体现其所在系统的特征，能够通过装卸某些模块来达到系统所要求的功能。随着 Internet 技术的发展、信息家电的普及应用及 EOS 的微型化和专业化，EOS 开始从单一的弱功能向高专业化的强功能方向发展。嵌入式操作系统在系统实时高效性、硬件的相关依赖性、软件固态化以及应用的专用性等方面具有较为突出的特点。

国际上用于嵌入式系统的操作系统超过 40 种，主要以国外定位为主。当前在手机和其他移动多媒体设备上应用比较流行的有 Android、iOS，很多媒体类嵌入式操作系统都是以 Linux 为基础研发而来的。在控制领域应用较多的有 Vxworks、μC/OS－II、QNX、Nucleus 等，这类操作系统一般实时性要求较高。

6.2.1 嵌入式操作系统的特点

嵌入式操作系统属于实时操作系统，主要运行在嵌入式智能芯片的环境中，对整个智能芯片以及它所操作控制的各种部件装置等资源进行统一协调、处理指挥和控制。

在嵌入式系统中，出于安全方面的考虑，要求系统不能崩溃，而且还要有自愈能力。不仅要求在硬件设计方面提高系统的可靠性和抗干扰性，而且也应在软件设计方面提高系统的抗干扰性，尽可能地减少安全漏洞和不可靠的隐患。

嵌入式操作系统提高了系统的可靠性。前后台系统软件在遇到强干扰时，程序会产生异常、出错、跑飞，甚至死循环，造成系统的崩溃。实时操作系统管理的系统中，这种干扰可能只是引起若干进程中的一个被破坏，而且还可以通过系统监控进程对其进行修复。通常情况下，这个系统监控进程可以监视各进程运行状况，采取一些利于系统稳定可靠的措施，如把有问题

的任务清除掉。

在嵌入式系统中使用嵌入式操作系统还可以提高开发效率,缩短开发周期。在嵌入式操作系统环境下,开发一个复杂的应用程序,通常可以按照软件工程中的解耦原则将整个程序分解为多个任务模块。每个任务模块的调试、修改几乎不影响其他模块。

嵌入式操作系统并非直接来源于通用的计算机操作系统,而是随着嵌入式系统的发展不断发展。嵌入式操作系统产品出现在20世纪80年代初,到目前为止已经有几十种嵌入式操作系统。从支持8位微处理器到16位、32位甚至是64位微处理器;从支持一种微处理器到支持多种微处理器;从只有内核到丰富的外围模块,如文件系统、窗口图形系统、TCP/IP系统等。

嵌入式操作系统通常包括与硬件相关的底层驱动软件、系统内核、设备驱动接口、通信协议、图形界面、标准化浏览器等。

嵌入式操作系统具有通用操作系统的基本特点,同时在系统实时高效性、硬件的相关依赖性、软件固态化以及应用的专用性等方面具有较为突出的特点。要完全准确地概括嵌入式操作系统的特点并不是一件容易的事情,以下是其中的几个特点。

1. 实时性

实时系统的正确性不仅依赖于逻辑结果的正确性,还依赖于产生结果的时间。实时性是指系统能够在限定的时间内完成任务并对外部的异步事件做出及时响应。描述实时性的基本指标为响应时间。

按照对实时性能的要求,实时性又分为硬实时和软实时两类。硬实时系统是指系统中所有的截止期限必须被严格的保证,否则将导致灾难性的后果,如控制系统。而软实时系统中虽然对系统响应时间有要求,但是在截止期限被错过的情况下,只造成系统性能下降而不会带来严重后果,如消费类电子产品。

2. 小内核

嵌入式系统是面向应用的专用计算机,因此硬件资源有限。其内核与通用操作系统的内核相比,嵌入式操作系统的内核较小,嵌入式实时操作系统通常只有几KB到几十KB。

3. 可剪裁、可配置

嵌入式操作系统除了具有完善的功能外,还具有开放性、可伸缩性的体系结构。对于特定应用不需要的功能模块可以被裁剪掉,比如文件系统。操作系统的可裁剪性取决于模块间的耦合程度,耦合程度越小,越容易裁剪。对于操作系统中不具有的功能,也能够方便地添加。

在选定操作系统的功能模块后,可以对操作系统的规模进行配置。比如配置最大任务数、最大定时器数、最大信号量数、任务堆栈大小、调度算法等。

4. 易移植

随着硬件技术的不断发展,市场上出现了大量的嵌入式芯片。更好的硬件适应性,也就是良好的可移植性是嵌入式操作系统的一个重要特点。可移植性好的操作系统可以缩短系统开发周期、提高代码可重用度、减小维护量。

对于不同类型CPU的移植需要对任务切换、中断控制和时间设备的驱动进行修改;对于同类处理器比如ARM7系列间的移植,主要集中在对芯片控制器的操作上。

5. 高可靠性

操作系统的可靠性指的是操作系统能够稳定运行的能力,嵌入式操作系统的可靠性是用户首先考虑的问题。为保证系统的可靠运行,嵌入式操作系统提供了多种机制,如异步信号、定时器、优先级继承、优先级天花板、异常处理、用户扩展和内存保护等。异常处理是嵌入式系统提高可靠性的关键手段之一,它为用户提供了处理应用程序异常的处理机制。对于内核运行的错误,异常处理判断错误来源,记录错误的性质,并消除错误或及时终止系统的运行。

6. 低功耗

嵌入式系统一般采用电池供电,因此必须尽量降低系统的能耗。为了降低系统的能耗需要从各个方面采取措施,包括硬件的低功耗设计、软件的低功耗设计、操作系统的低功耗设计等。操作系统的低功耗设计有多种方法,比如利用空闲任务使系统在空闲状态下进入某种低功耗模式,降低系统功耗,利用时钟节拍周期性地唤醒 CPU。

6.2.2 实时操作系统的基本概念

实时系统包括软实时系统和硬实时系统。在软实时系统中,系统的宗旨是使各个任务运行得越快越好,并不要求限定某一任务必须在多长时间内完成。在硬实时系统中,各任务不仅要执行无误而且要做到准时。大多数实时系统是二者的结合。实时系统的应用涵盖广泛的领域,而多数实时系统又是嵌入式的。实时应用软件的设计一般比非实时应用软件设计难一些。本节讲述实时操作系统基本概念。

1. 代码的临界段

代码的临界段也称为临界区(见第 2 章中断基础知识部分),指处理时不可分割的代码。一旦这部分代码开始执行,则不允许任何中断打入。为确保临界段代码的执行,在进入临界段之前要关中断,而临界段代码执行完以后要立即开中断。

2. 资　源

任何为任务所占用的实体都可称为资源。资源可以是输入/输出设备,例如打印机、键盘、显示器,也可以是一个变量、一个结构或一个数组等。

3. 共享资源

可以被一个以上任务使用的资源叫做共享资源。为了防止数据被破坏,每个任务在与共享资源打交道时,必须独占该资源。这叫做互斥(mutual exclusion)。在 6.3.1 节中,将对技术上如何保证互斥条件做进一步讨论。

4. 任务及任务状态

在日常生活中,任务是指通过一定的努力,达到特定的目的。在嵌入式实时操作系统中,任务通常为进程和线程的统称,是内核调度的基本单元。一个任务,也称作一个线程,是一个简单的程序,该程序可以认为 CPU 完全只属该程序自己。实时应用程序的设计过程,需要把问题分割成多个任务,每个任务都是整个应用的某一部分,每个任务被赋予一定的优先级,有自己的栈空间(如图 6－2 所示)。

任务主要包含如下的几个方面:

● 代码:一段可执行的程序。

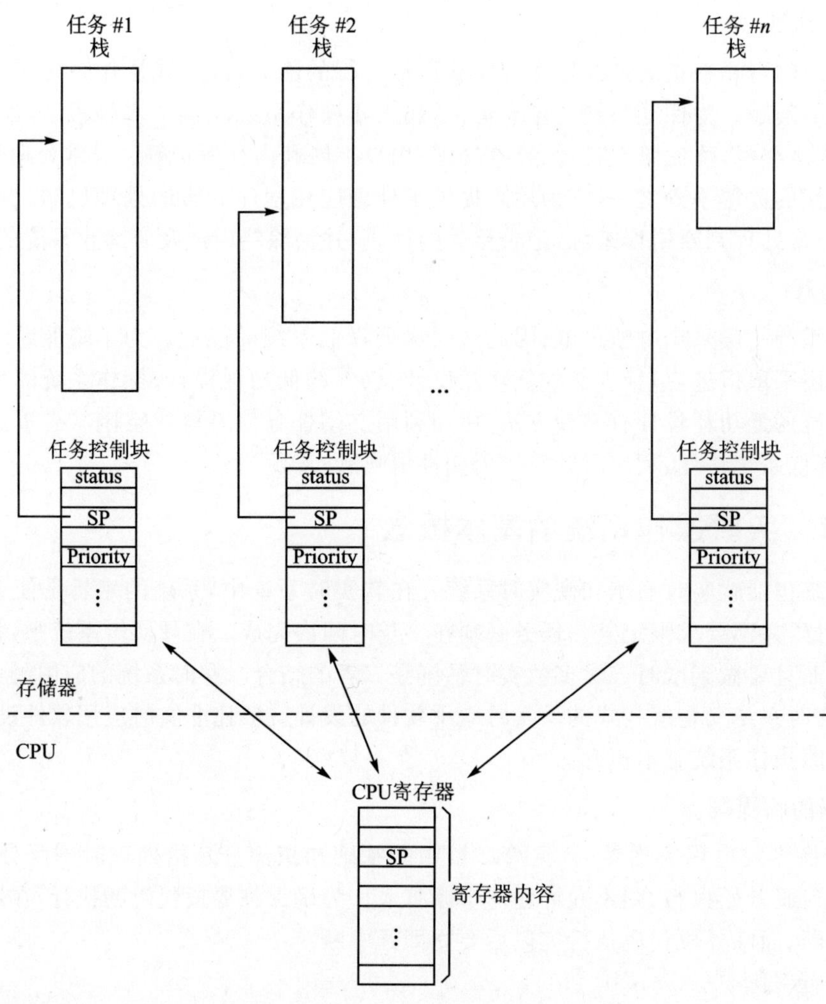

图 6-2　多任务

- 数据：程序运行的相关数据，如变量、工作空间、缓存区等。
- 堆栈：保存程序运行参数和寄存器内容的一段连续内存空间。
- 上下文环境：内核管理任务及处理器执行任务所需要的信息，如优先级、任务状态、处理器寄存器的内容，一般采用任务控制块数据结构来管理上下文环境。

在实际的嵌入式系统中，通常有多个任务同时运行。多任务的运行实际上是通过 CPU 在多个任务间进行切换，达到及时响应事件的发生、提高 CPU 利用率的目的。

在多任务环境下，各个任务被内核进行切换，在不同的状态间进行转换，如图 6-3 所示。最常见的是将任务的运行划分为 4 种状态。

- 休眠(DORMANT)：指任务驻留在存储空间内，还没有被操作系统激活。
- 就绪(READY)：任务运行的条件已经满足，进入任务等待列表，通过调度进入运行。
- 挂起或等待(WAITING)：任务被阻塞，等待事件的发生。
- 运行(RUNNING)：任务获得 CPU 使用权，执行相应的代码。

任务被创建之前处于休眠状态，指示存储空间里的一段代码。在调用创建任务后，任务所

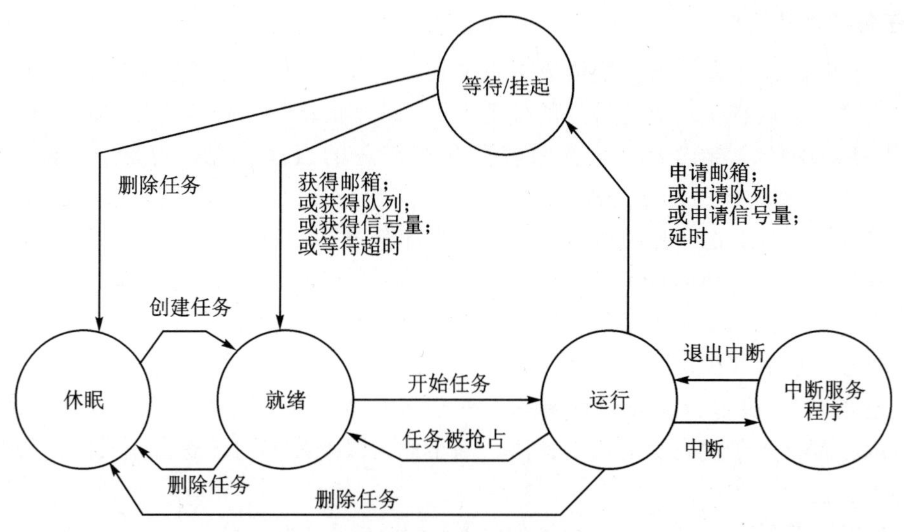

图 6-3　任务状态图

处的状态由创建任务的时机决定。如果任务创建由事件驱动,那么新创建的任务直接进入就绪状态,等待内核的调度。如果任务由用户创建,那么任务处于挂起状态,等待事件的发生。就绪状态的任务可以通过内核的调度而进入运行状态;而运行中的任务也可能因为占先式的调度而被切换到就绪状态。正在执行的任务可能被中断转入挂起状态,CPU 转而执行中断处理程序。中断服务程序可能产生多个事件,使得多个任务进入就绪状态。如果就绪任务表中被中断任务的优先级最高,中断服务程序返回后继续执行被中断任务,否则内核对就绪的状态进行调度。一个在运行中的任务可能自行转入等待/挂起状态,比如延迟一段事件或者是等待某一事件的发生。在等待超时或者事件发生后被挂起的等待任务进入就绪状态。

5. 优先级

在一个嵌入式系统中每个任务被赋予一个优先级,两个任务的优先级一般不相同。任务的优先级可以分为动态优先级和静态优先级两种类型。

(1) 静态优先级

应用程序执行过程中诸任务优先级不变,则称之为静态优先级。在静态优先级系统中,诸任务以及它们的时间约束在程序编译时是已知的。

(2) 动态优先级

应用程序执行过程中,任务的优先级是可变的,则称之为动态优先级。在动态优先级调度中,任务的优先级设置具有不同的方法,其中一种方法称之为单调执行率调度法 RMS(Rate Monotonic Scheduling),用于动态分配任务优先级。这种方法基于任务执行的次数,执行最频繁的任务优先级最高。

另外,给任务定优先级可不是件小事,因为实时系统相当复杂。许多系统中,并非所有的任务都至关重要。不重要的任务自然优先级可以低一些。实时系统大多综合了软实时和硬实时这两种需求。软实时系统只是要求任务执行得尽量快,并不要求在某一特定时间内完成。硬实时系统中,任务不但要执行无误,还要准时完成。

6. 任务切换及调度

Context Switch 在有的书中翻译成上下文切换，实际含义是任务切换，或 CPU 寄存器内容切换。当多任务内核决定运行另外的任务时，它保存正在运行任务的当前状态(Context)，即 CPU 寄存器中的全部内容。这些内容保存在任务的当前状况保存区(Task's Context Storage area)，也就是任务自己的栈区之中。入栈工作完成以后，就是把下一个将要运行的任务的当前状况从该任务的栈中重新装入 CPU 的寄存器，并开始下一个任务的运行。这个过程叫做任务切换。任务切换过程增加了应用程序的额外负荷。CPU 的内部寄存器越多，额外负荷就越重。做任务切换所需要的时间取决于 CPU 有多少寄存器要入栈。实时内核的性能不应该以每秒钟能做多少次任务切换来评价。

调度是指 CPU 决定当前处于就绪状态的任务列表中的哪个任务得到 CPU 的使用权。多数实时内核都是基于优先级的调度算法。基于优先级调度的内核有占先式内核和非占先式内核两种类型。

(1) 不可剥夺型内核(Non-Preemptive Kernel)与非占先式调度

不可剥夺型内核的异步事件由中断服务来处理。中断服务可以使一个高优先级的任务由挂起状态变为就绪状态。但中断服务以后控制权还是回到原来被中断了的那个任务，直到该任务主动放弃 CPU 的使用权时，那个高优先级的任务才能获得 CPU 的使用权。不可剥夺型内核采用的调度方法称为非占先式调度。

不可剥夺型内核的一个优点是响应中断快。使用不可剥夺型内核时，任务级响应时间比前后台系统快得多。此时的任务级响应时间取决于最长的任务执行时间。

不可剥夺型内核的另一个优点是，几乎不需要使用信号量保护共享数据。运行着的任务占有 CPU，而不必担心被别的任务抢占。如图 6-4 所示为不可剥夺型内核的运行情况。如果任务运行过程产生了中断，CPU 进入中断服务子程序，中断服务子程序进行中断处理，使一个有更高级的任务进入就绪态。中断服务完成以后，CPU 返回到原来被中断的任务，直到该任务完成。然后内核将 CPU 控制权交给那个优先级更高的就绪任务。

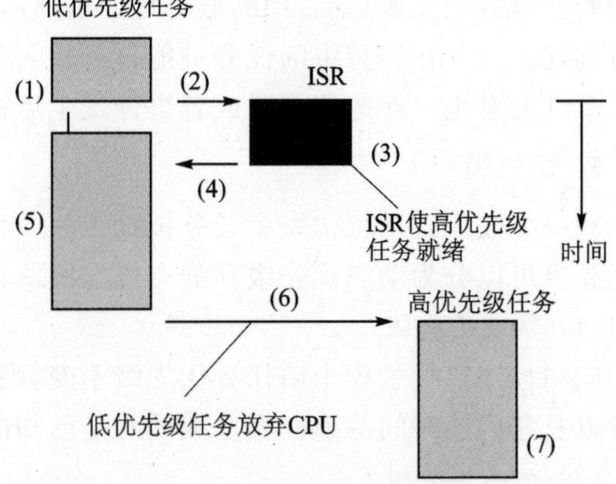

图 6-4 不可剥夺型内核

不可剥夺型内核的最大缺陷在于其响应时间。高优先级的任务已经进入就绪态，但还不能运行。与前后系统一样，不可剥夺型内核的任务级响应时间是不确定的，完全取决于应用程序什么时候释放 CPU。

中断可以打入运行着的任务。中断服务完成以后将 CPU 控制权还给被中断了的任务。任务级响应时间要大大好于前后系统，但仍是不可知的，商业软件几乎没有不可剥夺型内核。

(2) 可剥夺型内核与占先式调度

可剥夺型内核中，最高优先级的任务一旦就绪，总能得到 CPU 的控制权。当一个运行着的任务使一个比它优先级高的任务进入了就绪态，当前任务的 CPU 使用权就被剥夺，高优先级的任务立刻得到 CPU 的控制权，开始运行。如果中断服务程序使一个高优先级的任务进

入就绪态，中断完成后，被中断的任务挂起，转而执行高优先级的任务。可剥夺型内核采用的调度方法称为占先式调度。如图 6-5 所示为可剥夺型内核的运行情况。

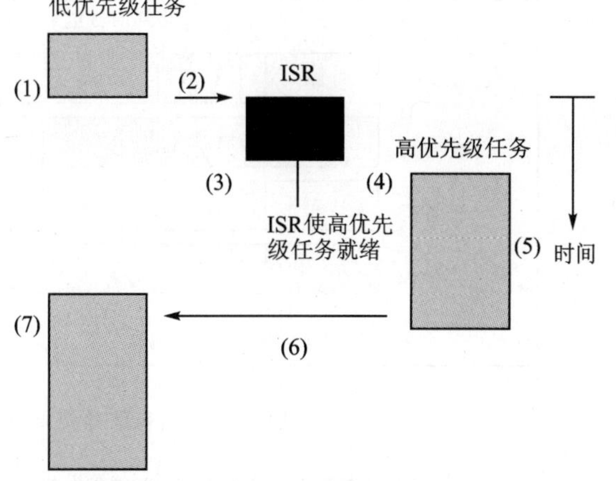

图 6-5　可剥夺型内核

使用可剥夺型内核，最高优先级的任务什么时候可以执行、可以得到 CPU 的控制权是可知的。使用可剥夺型内核使得任务级响应时间得以最优化。可剥夺型内核总是让就绪态的高优先级的任务先运行，中断服务程序可以抢占 CPU，到中断服务完成时，内核让此时优先级最高的任务运行。任务及系统响应时间得到了最优化，且是可知的。μC/OS-II 属于可剥夺型内核。

另外，在有些实时操作系统中存在两个或两个以上任务有同样优先级。对于这种操作系统，调度策略还提供时间片轮转调度算法进行调度。在这种调度算法中，内核允许一个任务运行事先确定的一段时间，叫做时间额度(quantum)，然后切换给另一个任务。内核在满足以下条件时，把 CPU 控制权交给下一个任务就绪态的任务：

- 当前任务已无事可做。
- 当前任务在时间片还没结束时已经完成了。

目前，μC/OS-II 不支持时间片轮转调度法。应用程序中各任务的优先级必须互不相同。

7. 任务同步机制的常见问题及解决方法

在任务同步过程中，容易引起操作系统异常或死机的问题主要有两种：优先级反转和死锁。

(1) 优先级反转

使用实时内核，普通的同步机制(例如，使用信号量)的一种典型问题是优先级反转问题。优先级反转是指当一个高优先级任务访问共享资源时，该资源已被一个低优先级任务占有，而这个低优先级任务在访问共享资源时又可能被其他中优先级的任务抢占，造成高优先级任务被许多较低优先级任务阻塞，高优先级任务在低优先级任务之后运行，实时性得不到保证。

优先级反转就是低优先级任务延误了更高优先级任务的执行。图 6-6 说明了两个任务访问信号量的常见顺序(在弯曲抢占式系统中，任务 T1 有最高优先级)。

优先级低的任务 T4，占有信号量 S1。T1 抢占了 T4，并请求同一个信号量。由于信号量 S1 已经被占有，T1 进入等待态。这时，T4 被中断，并且被优先级介于 T1 和 T4 之间的一个任务抢占。T1 只有在所有比它优先级低的任务都执行完之后，并且信号量 S1 被释放后，才能执行。尽管 T2 和 T3 不使用信号量 S1，它们却在运行时延迟了 T1。

(2) 死　锁

常见的同步机制(例如，使用信号量)的另一个典型问题是死锁。死锁也称作抱死，指两个任务无限期地互相等待对方控制着的资源而不能执行。

图 6-7 的结果就是死锁。

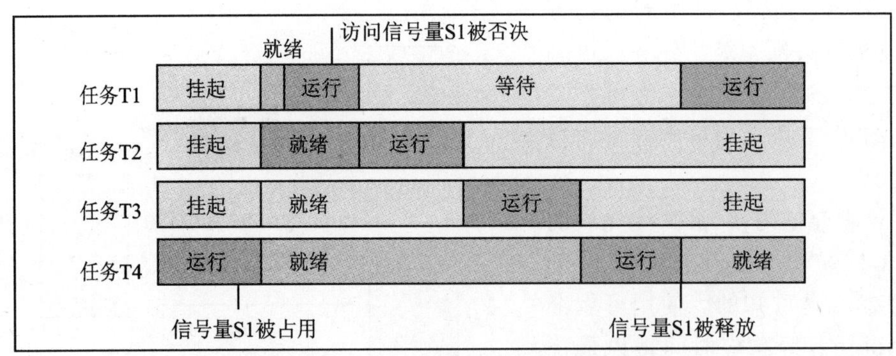

图 6-6　占有信号量情况下的优先级反转

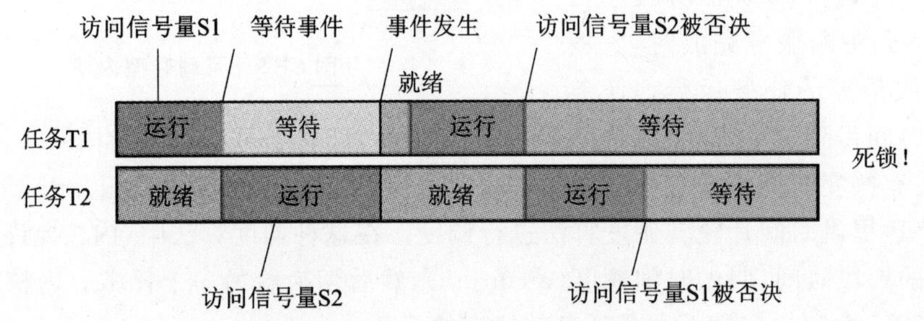

图 6-7　使用信号量造成死锁的情况

任务 T1 占有了信号量 S1，接着因为它要等待一个事件的发生，就不能继续执行了。因此，较低优先级的任务 T2 切换到运行态，它占有信号量 S2。如果 T1 再次进入就绪态，并试图占用信号量 S2，它又进到等待态。如果这时 T2 试图占用信号量 S1，这样就会造成死锁。

最简单的防止发生死锁的方法是让每个任务按照以下步骤执行：

- 先得到全部需要的资源再做下一步的工作；
- 用同样的顺序去申请多个资源；
- 释放资源时使用相反的顺序。

内核大多允许用户在申请信号量时定义等待超时，以此化解死锁。当等待时间超过了某一确定值，信号量还是无效状态，就会返回某种形式的出现超时错误的代码，这个出错代码告知该任务，不是得到了资源使用权，而是系统错误。

(3) 优先级反转和死锁的防止

1) 优先级继承算法

当低优先级任务占用资源，而高优先级任务也要访问此资源时，让低优先级任务把优先级提高到与高优先级任务同样的级别。这样原来的低优先级任务就可能获得更多的资源(如 CPU 时间，内存等)，以便尽快完成任务，释放所占用资源。

图 6-8 的例子说明了优先级继承协议的机制。任务 T1 是高优先级的，任务 T3 是低优先级的。任务 T3 首先获得共享资源 R，而任务 T1 也请求该资源，优先级继承协议要求任务 T3 以任务 T1 的优先级执行临界区，这样，任务 T3 在执行临界区时，其优先级比它本身的优先级高，这时，中优先级的任务 T2 不能抢占任务 T3 了，当任务 T3 退出临界区时，又恢复到原来的优先级，使任务 T1 仍为最高优先级的任务，这样，任务 T1 便不会被低优先级的任务无限

期阻塞了。

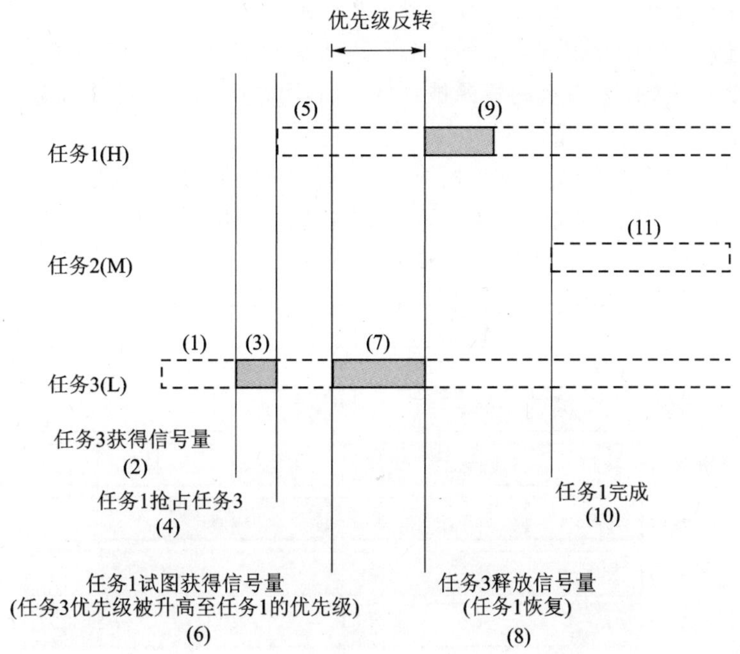

图 6－8　带有优先级继承的可抢占任务调度

在优先级继承协议中，任务 T 进入临界区而阻塞了更高优先级的任务，则任务 T 将继承被阻塞任务的优先级，直到任务 T 退出临界区。

优先级继承协议是动态的，一个不相关的较高优先级任务仍可进行任务抢占，这是基于优先级可抢占调度模式的本性，并且任务优先级在反转期间，被提升优先级的任务的优先级可以继续被提升，即优先级继承具有传递性。

在优先级继承协议中，任务的阻塞时间是有界的，但可能出现阻塞链，从而会加长阻塞时间，甚至造成死锁。

2）优先级天花板协议

优先级天花板是指控制访问临界资源的信号量的优先级天花板（简单地说，就是某个临界资源的优先级天花板），信号量的优先级天花板是所有使用该信号量的任务中具有最高优先级的任务的优先级。在任意时刻，一个运行系统的当前优先级天花板（ceiling priority）是此时所有正在使用的资源中具有最高优先级的优先级天花板。

为了防止优先级反转和死锁问题的发生，操作系统需具备如下的行为：

- 在系统生成阶段，对于每种资源，它的天花板优先级是静态分配的。它的优先级天花板必须至少等于访问一种资源的所有任务或者连接到该资源的其他资源的最高优先级。该天花板优先级应该比所有不访问该资源的任务的最低优先级低，并且比所有访问该资源的任务的最高优先级高。
- 如果一个任务请求一种资源，并且它的优先级比该资源的天花板优先级要低，该任务的优先级将被升至该天花板优先级。
- 如果任务释放资源，该任务的优先级将被设置为在请求资源前动态分配的优先级。

优先级天花板可能导致优先级等于或者低于资源优先级的任务的执行延迟。这个延迟时间的最大值受限于资源被任何低优先级任务占据的最大时间。

可能占有与运行态任务相同资源的任务不进入运行态,因为它们的优先级低于或者等于运行态任务。如果一个任务占有的资源被释放,其他可能占用该资源的任务就能进入运行态。对于可抢占任务,这就是一个重调度点。

图 6-9 的例子说明了优先级天花板协议机制。任务 T0 优先级最高,任务 T4 优先级最低。任务 T1 和 T4 试图访问同一资源。该系统清楚地表明不会发生优先级反转。高优先级的任务 T1 等待的时间比 T4 占用资源的最大时间要短。

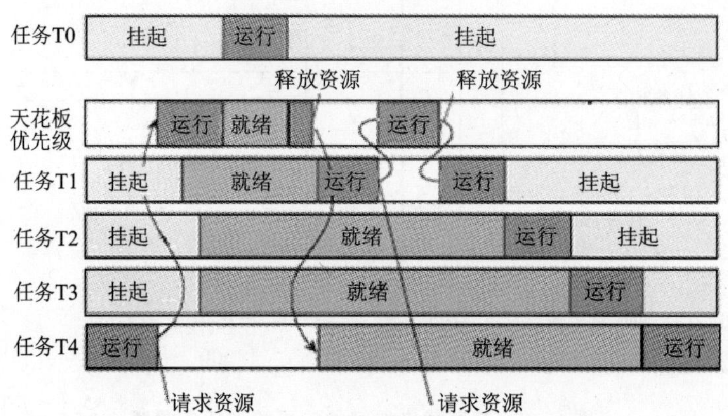

图 6-9 带有优先级天花板的可抢占任务调度

8. 可重入性(Reentrancy)

可重入型函数可以被一个以上的任务调用,而不必担心数据的破坏。可重入型函数任何时候都可以被中断,一段时间以后又可以运行,而相应数据不会丢失。可重入型函数可以只使用局部变量,即变量保存在 CPU 寄存器中或堆栈中。如果使用全局变量,则要对全局变量予以保护。程序清单 L6-1 是一个可重入型函数的例子。

程序清单 L6-1 可重入型函数

```
void strcpy(char * dest, char * src)
{
    while ( * dest ++ = * src ++ ) {
        ;
    }
    * dest = NUL;
}
```

函数 Strcpy()做字符串复制。因为参数是存在堆栈中的,故函数 Strcpy()可以被多个任务调用,而不必担心各任务调用函数期间会互相破坏对方的指针。

不可重入型函数的例子如程序清单 L6-2 所示。Swap()是一个简单函数,它使函数的两个形式变量的值互换。为便于讨论,假定使用的是可剥夺型内核,中断是开着的,Temp 定义为整数全程变量。

程序清单 L6-2 不可重入型函数

```
int Temp;
```

```
void swap(int *x, int *y)
{
    Temp = *x;
    *x = *y;
    *y = Temp;
}
```

程序员打算让 Swap() 函数可以为任何任务所调用，如果一个低优先级的任务正在执行 Swap()函数，而此时中断发生了，于是可能发生的事情如图 6-10 所示。步骤(1)表示中断发生时 Temp 已被赋值 1，中断服务子程序使更优先级的任务就绪，当中断完成时(步骤(2))，内核(假定使用的是 μC/OS-Ⅱ)使高优先级的那个任务得以运行步骤(3)，高优先级的任务调用 Swap()函数使 Temp 赋值为 3。这对该任务本身来说，实现两个变量的交换是没有问题的，交换后 Z 的值是 4，X 的值是 3。然后高优先级的任务通过调用内核服务函数中的延迟一个时钟节拍，如步骤(4)所示，释放了 CPU 的使用权，低优先级任务得以继续运行步骤(5)所示。注意，此时 Temp 的值仍为 3。在低优先级任务接着运行时，Y 的值被错误地赋为 3，而不是正确值 1。

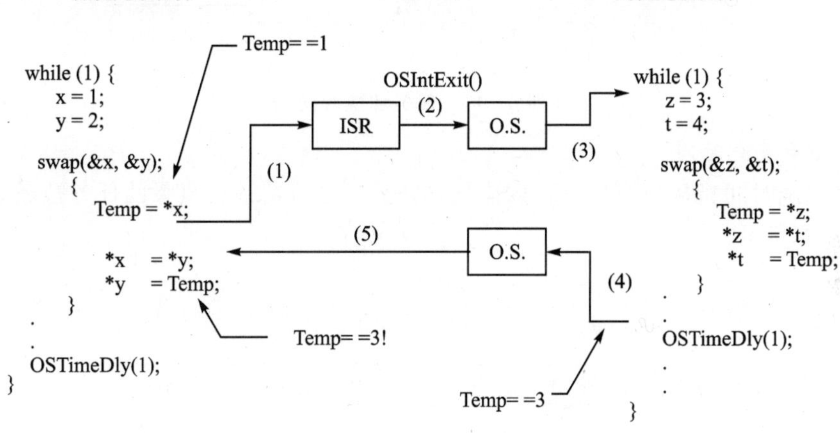

图 6-10　不可重入性函数

这只是一个简单的例子，如何能使代码具有可重入性一看就明白。然而有些情况下，问题并非那么易解。应用程序中的不可重入函数引起的错误很可能在测试时发现不了，直到产品到了现场问题才出现。如果在多任务上您还是把新手，使用不可重入型函数时，千万要当心。

使用以下技术之一即可使 Swap()函数具有可重入性：

- 把 Temp 定义为局部变量。
- 调用 Swap()函数之前关中断，调动后再开中断。
- 用信号量禁止该函数在使用过程中被再次调用。

如果中断发生在 Swap()函数调用之前或调用之后，两个任务中的 X、Y 值都会是正确的。

9. 操作系统实时性

影响嵌入式操作系统实时性的因素有很多，这里只简单的列举如下几个因素：

(1) 常用系统调用平均运行时间

常用系统调用平均运行时间，即系统调用效率，是指内核执行常用的系统函数调用，如创建/删除任务、创建/释放信号量/邮箱/队列、分配/释放内存空间、加载卸载中断处理模块等所需的平均时间。由于系统调用的情景和参数的差别，系统调用的时间每次执行都不相同，只能取平均值。

(2) 任务切换时间

任务切换时间是指事件引发切换后，从当前任务停止运行、保存运行状态(CPU 寄存器内容)，到装入下一个将要运行的任务状态、开始运行的时间间隔，如图 6-11 所示。

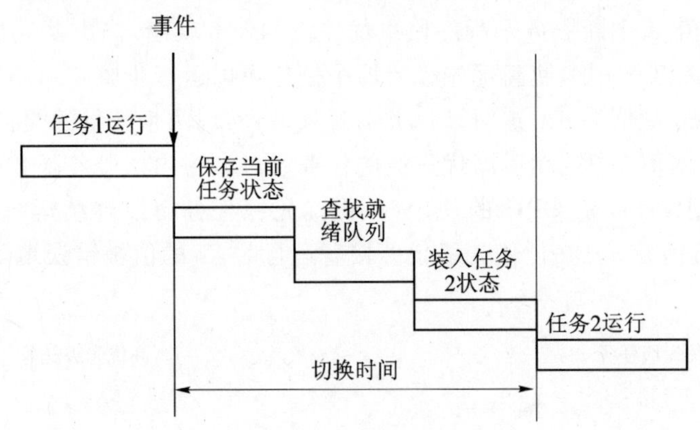

图 6-11　任务切换时间

(3) 信号量混洗时间

信号量混洗时间指从一个任务释放信号量到另一个等待该信号量的任务被激活的时间延迟，如图 6-12 所示。

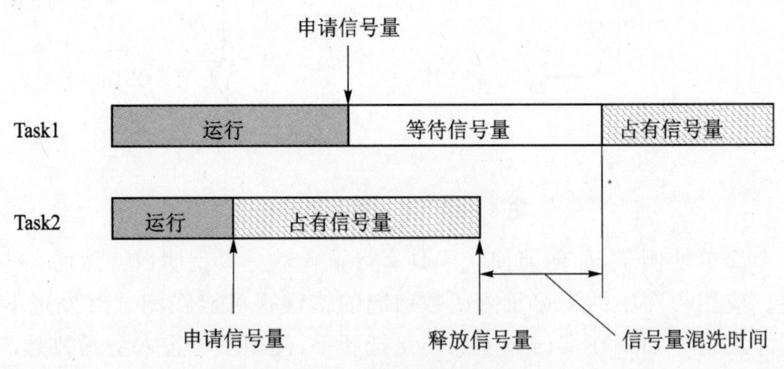

图 6-12　信号量混洗时间

在嵌入式系统中，通常有许多任务同时竞争某一共享资源，基于信号量的互斥访问保证了任一时刻只有一个任务能够访问公共资源。信号量混洗时间反映了与互斥有关的时间开销，是 RTOS 实时性的一个重要指标。

(4) 任务响应时间(System Response time)

任务响应时间是指当中断或者任务触发另一个任务就绪到该任务开始执行的时间。在中断或任务执行过程中，可能会使某个任务进入就绪状态，如果该任务优先级比被运行任务优先

级更高，在占先式调度策略中，中断退出后或者任务执行触发操作退出后内核就会将该就绪任务调度运行。

$$任务响应时间 = 任务就绪点剩余中断执行 + 中断返回 + 上下文切换 \tag{6-1}$$

在非占先式调度策略中，中断返回后执行完低优先级任务才能调度执行高优先级任务。

$$任务响应时间 = 任务就绪点剩余中断执行 + 中断返回 + 低优先级任务剩余执行时间 + 任务调度 + 上下文切换 \tag{6-2}$$

内核的调度算法决定了任务响应时间的大小，比如占先式调度的任务相应时间小于非占先式调度的任务相应时间。任务响应时间受到多个环节的影响，是中断延迟、中断服务程序、中断嵌套、调度、上下文切换时间的总和。

10. 时钟节拍(Clock Tick)

时钟节拍是特定的周期性中断。这个中断可以看作是系统心脏的脉动。中断之间的时间间隔取决于不同的应用，一般在 10 ms 到 200 ms 之间。时钟的节拍中断使得内核可以将任务延时若干个整数时钟节拍，以便当任务等待事件发生时，提供等待超时的基本节拍。时钟节拍率越快，系统的额外开销就越大，但随着处理器时钟频率的提高，操作系统的时钟节拍也可以适当减小，以提高操作系统的相应速度。

各种实时内核都有将任务延时若干个时钟节拍的功能。不同系统的时钟中断间隔不同，因此，并不意味着同一个操作系统的时钟节拍长短都一样。

11. 对存储器的需求

如果设计的是前后台系统，对存储器容量的需求仅仅取决于应用程序代码。而使用操作系统的多任务应用时的情况则很不一样，除了考虑任务本身大小外，还需要考虑内核本身需要额外的代码空间(ROM)。内核的大小取决于多种因素，取决于内核的特性，从 1 K 到 100 K 字节都是可能的。8 位 CPU 用的最小内核只提供任务调度、任务切换、信号量处理、延时及超时服务等系统功能时约需要 1 K 到 3K 代码空间。带操作系统的代码空间总需求量由表达式(6-3)给出。

$$总代码量 = 应用程序代码 + 内核代码 \tag{6-3}$$

因为每个任务都是独立运行的，必须给每个任务提供单独的栈空间(RAM)。应用程序设计人员决定分配给每个任务多少栈空间时，应该尽可能使之接近实际需求量（有时，这是相当困难的一件事）。栈空间的大小不仅仅要计算任务本身的需求（局部变量、函数调用等），还需要计算最多中断嵌套层数(保存寄存器、中断服务程序中的局部变量等)。根据不同的目标微处理器和内核的类型，任务栈和系统栈可以是分开的。系统栈专门用于处理中断级代码。这样做有许多好处，每个任务需要的栈空间可以大大减少。内核的另一个应该具有的性能是，每个任务所需的栈空间大小可以分别定义(μC/OS-II 可以做到)。所有内核都需要额外的栈空间以保证内部变量、数据结构、队列等。如果内核不支持单独的中断用栈，总的 RAM 需求由表达式(6-4)给出。

$$RAM 总需求 = 应用程序的 RAM 需求 + (任务栈需求 + 最大中断嵌套栈需求) \times 任务数 \tag{6-4}$$

如果内核支持中断用栈分离，总 RAM 需求量由表达式(6-5)给出。

RAM 总需求 = 应用程序的 RAM 需求 + 内核数据区的 RAM 需求 + 各任务栈需求之总和 +

最多中断嵌套之栈需求　　(6-5)

除非有特别大的 RAM 空间可以所用，否则对栈空间的分配与使用要非常小心，防止栈空间分配过多，造成 RAM 资源不够用。因此，在栈空间分配时，特别要注意以下几点：

- 定义函数和中断服务子程序中的局部变量，特别是定义大型数组和数据结构；
- 函数(即子程序)的嵌套；
- 中断嵌套；
- 库函数需要的栈空间；
- 多变元的函数调用。

综上所述，多任务系统比前后台系统需要更多的代码空间(ROM)和数据空间(RAM)。额外的代码空间取决于内核的大小，而 RAM 的用量取决于系统中的任务数。

6.3 任务间互斥、同步与通信

实时内核的重要功能是多任务的调度与通信。同一个嵌入式操作中，多个任务间存在着相互协同、相互竞争的关系。任务间的关系如下：

① 相互独立。任务的运行相互独立，只竞争 CPU 资源。

② 互斥。任务间竞争 CPU 和其他的资源，并且大多数的资源在特定的时刻只能被一个任务使用，而不能被其他任务剥夺(除 CPU 外)。如外设、共享内存等。

③ 同步。协调任务间运行的步调，保证正确的任务执行次序。

④ 通信。彼此间传递数据和信息，协同完成某项任务。通信可以是任务间，也可以是中断服务程序与任务间。

嵌入式的实时内核一般都提供了一套完善的同步、互斥与通信机制。常用的通信机制有信号量(Semaphore)、邮箱(Mail box)、消息队列(Message Queue)。在某些场合也可以采用全局变量、共享内存来实现任务通信。

在一个嵌入式系统的操作系统中可能会采用多种通信方式，因此嵌入式内核需要对任务间的通信进行统一的管理。在 μC/OS-II 操作系统中，将所有与通信相关的信号看作事件(Event)，采用事件和事件控制块 ECB(Event Control Block)来管理任务间的通信。

6.3.1 任务的互斥

实现任务间通信最简便的办法是使用共享数据结构。特别是当所有到任务都在一个单一地址空间下，能使用全程变量、指针、缓冲区、链表、循环缓冲区等，使用共享数据结构通信就更为容易。虽然共享数据区法简化了任务间的信息交换，但是必须保证每个任务在处理共享数据时的排他性，以避免竞争和数据的破坏，这种行为称为互斥。实现互斥最一般的方法有：关中断、禁止任务切换、信号量几种。

1. 关中断和开中断

处理共享数据时保证互斥，最简便快捷的办法是关中断和开中断，如示意性代码程序清单 L6-3 所示。

程序清单 L6-3　关中断和开中断

```
Disable interrupts;                         /* 关中断 */
```

```
Access the resource (read/write from/to variables);   /* 读/写变量 */
Reenable interrupts;                                  /* 重新允许中断 */
```

当改变或复制某几个变量的值时，通常应该采用这种方法。这也是在中断服务子程序中处理共享变量或共享数据结构的唯一方法。值得注意的是，在任何情况下，关中断的时间都要尽量短，因为它影响整个系统的中断响应时间，即中断延迟时间。

如果使用某种实时内核，一般地说，关中断的最长时间不超过内核本身的关中断时间，就不会影响系统中断延迟。当然得知道内核里中断关了多久。凡是好的实时内核，厂商都提供这方面的数据。总而言之，要想出售实时内核，时间特性最重要。

2. 禁止任务切换

如果任务不与中断服务子程序共享变量或数据结构，可以使用禁止、然后允许任务切换。如程序清单 L6－4 所示，以 μC/OS－II 的使用为例，两个或两个以上的任务可以共享数据而不发生竞争。注意，此时虽然任务切换是禁止了，但中断还是开着的。如果这时中断来了，中断服务子程序会在这一临界区内立即执行。中断服务子程序结束时，尽管有优先级高的任务已经进入就绪态，内核还是返回到原来被中断了的任务。直到执行完给任务切换开锁函数 OSSchedUnlock()，内核再看有没有优先级更高的任务被中断服务子程序激活而进入就绪态，如果有，则做任务切换。虽然这种方法是可行的，但应该尽量避免禁止任务切换之类操作，因为内核最主要的功能就是做任务的调度与协调。禁止任务切换显然与内核的初衷相违。

程序清单 L6－4　用给任务切换上锁，然后开锁的方法实现数据共享

```
void Function (void)
{
    OSSchedLock();
    .
    .    /* 可以访问共享数据 */
    .    /* 在这里处理共享数据(中断是开着的) */
    OSSchedUnlock();
}
```

3. 互斥信号量

信号量是 60 年代中期 Edgser Dijkstra 发明的。信号量实际上是一种约定机制，在多任务内核中普遍使用。信号量按照用途可以分为：

- 互斥信号量：共享资源互斥访问；
- 二值信号量：同步问题的二值信号量；
- 计数信号量：资源计数问题的计数信号量。

互斥信号量是一种特殊的二值信号量，用于实现共享资源访问的互斥。互斥信号量在创建或者是被释放后取值为 1；分配给任务后取值为 0，表明没有资源可以使用。其他两种信号量在任务同步中进行介绍。

任务要使用某共享资源，必须首先申请相应的信号量。如果当前信号量不可用，或者未能竞争到信号量，任务被挂起。任务在等待一段时间后，由于等待超时，等待信号量的任务进入就绪状态，准备运行，在被内核调度转为运行后返回出错代码。如果任务获得信号量，那么获得共享资源的访问。在完成访问后，任务释放信号量供其他的任务共享使用。互斥信号量的使用如图 6－13 所示。

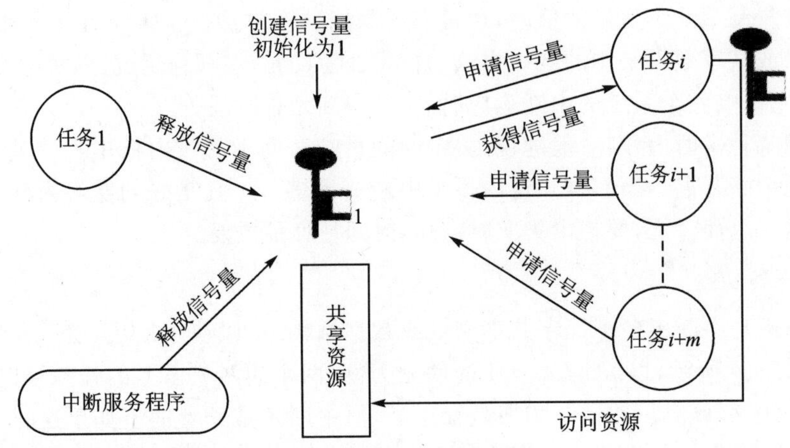

图 6－13　互斥信号量的使用

6.3.2　任务的同步

1. 信号量同步

信号量除了用于互斥以外，还可以用于同步。信号量用于同步的主要有二值信号量和计数信号量。

(1) 二值信号量

可以利用二值信号量使某任务与中断服务同步（或者是与另一个任务同步，这两个任务间没有数据交换），如图 6－14 所示。注意，图中用一面旗帜，或称作一个标志表示信号量。这个标志表示某一事件的发生（不再是一把用来保证互斥条件的钥匙）。用来实现同步机制的信号量初始化成 0，信号量用于这种类型同步的称作单向同步（unilateral rendezvous）。一个任务做 I/O 操作，然后等信号回应。当 I/O 操作完成，中断服务程序（或另外一个任务）发出信号，该任务得到信号后继续往下执行。

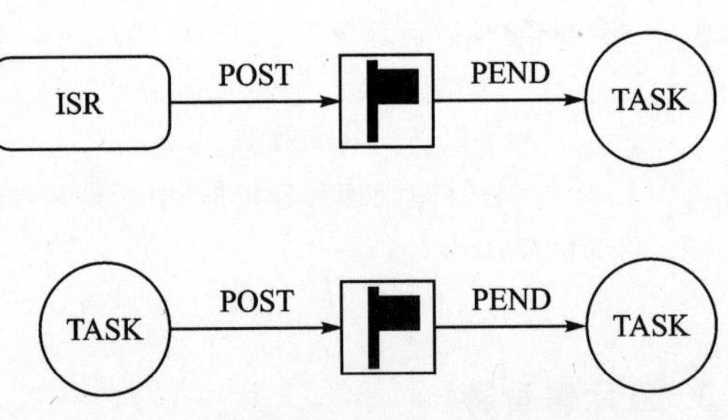

图 6－14　用信号量使任务与中断服务同步

如果内核支持计数式信号量，信号量的值表示尚未得到处理的事件数。请注意，可能会有一个以上的任务在等待同一事件的发生，则这种情况下内核会根据以下原则之一发信号给相应的任务：

- 发信号给等待事件发生的任务中优先级最高的任务；
- 发信号给最先开始等待事件发生的那个任务。

根据不同的应用，发信号以标识事件发生的中断服务或任务也可以是多个。

两个任务可以用两个信号量同步它们的行为，如图 6－15 所示。这叫做双向同步(bilater-

al rendezvous)。双向同步与单向同步类似,只是两个任务要相互同步。在任务与中断服务之间不能使用双向同步,因为在中断服务中不可能等一个信号量。

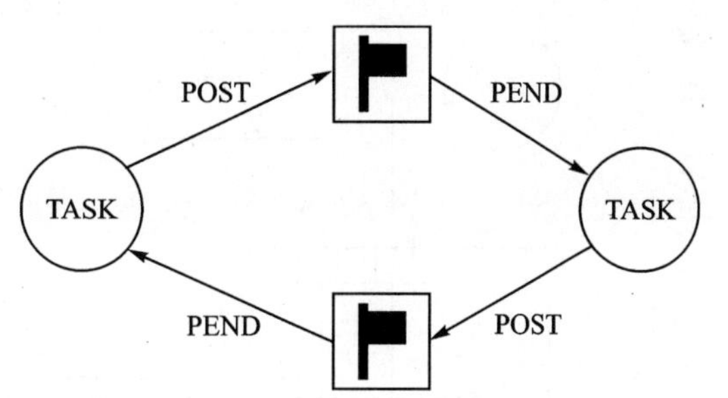

图 6-15　两个任务用信号量同步彼此的行为

(2) 计数信号量

计数信号量用于控制对多个共享资源的访问,允许多个任务访问。信号量计数器初始化值为 n,表示有 n 个共享资源。任务在使用共享资源前,首先要申请资源。申请成功后,计数信号量的计数器值减 1,计数器值为 0 表示没有资源可以分配。在任务使用完资源后,需要及时释放资源,供其他任务使用,资源释放后,计数器加 1。计数器信号量的使用如图 6-16 所示。

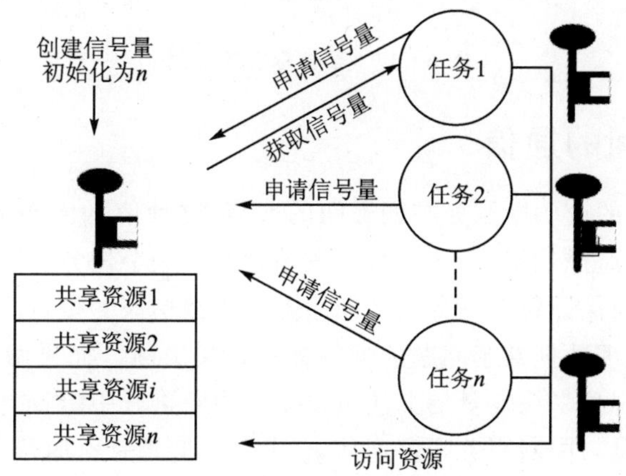

图 6-16　计数器信号量的使用

信号量的使用可以带来一定的方便,但是信号量的请求和释放都需要消耗一定的时间。因此在不必要的时候,尽量不要使用信号量。

2. 事件标志(Event Flags)

事件是指一种表明预先定义的系统事件已经发生的机制,用于任务与任务、任务与 ISR 之间的同步。一个事件就是一个标志,不具备其他信息。一个或者多个事件构成一个事件集,用一个特定长度的变量表示(无符号整数),每一位代表一个事件。若任务需要与事件集中的任何一个事件同步,即逻辑与关系,可称为独立同步;任务需要与若干个事件同步,逻辑与关系,可称为关联型同步。

内核一般支持事件标志,提供事件标志置位、事件标志清零和等待事件标志等服务。事件标志可以是独立型或组合型。事件标志的使用如图 6-17 所示。

由图可知,可以用多个事件的组合发信号给多个任务。典型的,8 个、16 个或 32 个事件可以组合在一起,取决于用的哪种内核。每个事件占一位(bit),以 32 位的情况为多。任务或中断服务可以给某一位置位或复位,当任务所需的事件都发生了,该任务继续执行。至于哪个任务该继续执行了,是在一组新的事件发生时辨定的,也就是在事件位置位时做辨断。

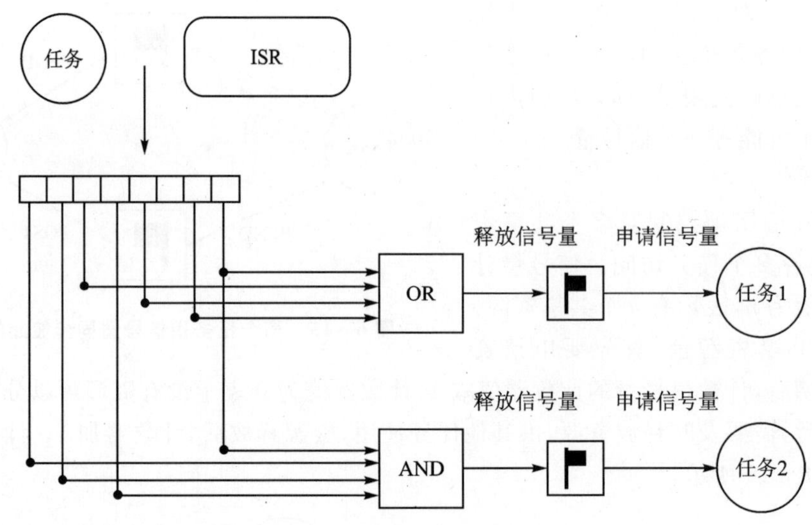

图 6-17　事件标志的使用

6.3.3　任务间的通信

有时很需要任务间的或中断服务与任务间的通信，这种信息传递称为任务间的通信。任务间信息的传递有两个途径：通过全程变量或发消息给另一个任务。

用全程变量时，必须保证每个任务或中断服务程序独享该变量，这时需要处理数据共享问题。中断服务中保证处理数据共享问题的唯一办法是关中断。如果两个任务共享某变量，在操作系统中，各任务实现独享该变量的办法可以是关中断再开中断，或使用信号量机制。请注意，当任务通过全程变量与中断服务程序通信，任务并不知道什么时候全程变量被中断服务程序修改了，除非中断程序以信号量方式向任务发信号或者是该任务以查询方式不断周期性地查询变量的值。要避免这种情况，用户可以考虑使用邮箱或消息队列。

1. 消息邮箱

任务间或者任务与中断服务程序间的信息交互称为任务间的通信。任务间的通信方式可以是使用全局变量或向任务发送消息。

使用全局变量时需要满足互斥条件，并且任务不知道全局变量何时被中断服务程序修改。为此任务只能周期性的查询该变量的值。消息是内存空间中一段长度可变的缓冲区，消息机制在任务间或者任务与中断间提供消息传输，实现数据的同步与交互。

消息邮箱(简称消息)，使用一个指针型变量，一个任务或一个中断服务程序可以把一则消息放到邮箱里去。同样一个或多个任务可以接收这则消息。发送消息的任务和接收消息的任务约定该指针指向的内容就是消息的内容。

在邮箱使用之前，必须创建一个邮箱。邮箱的指针指向一个零指针，表示没有消息可传送；也可以在创建邮箱的时候指向一段消息。需要接收邮箱消息的任务被记录在邮箱的消息等待队列里。当消息邮箱不为空时，内核调度将消息传递给消息等待队列里优先级最高的任务。其他的任务在等待超时后，转入就绪状态，并返回错误信息，报告该等待任务超时。消息邮箱的使用如图 6-18 所示。

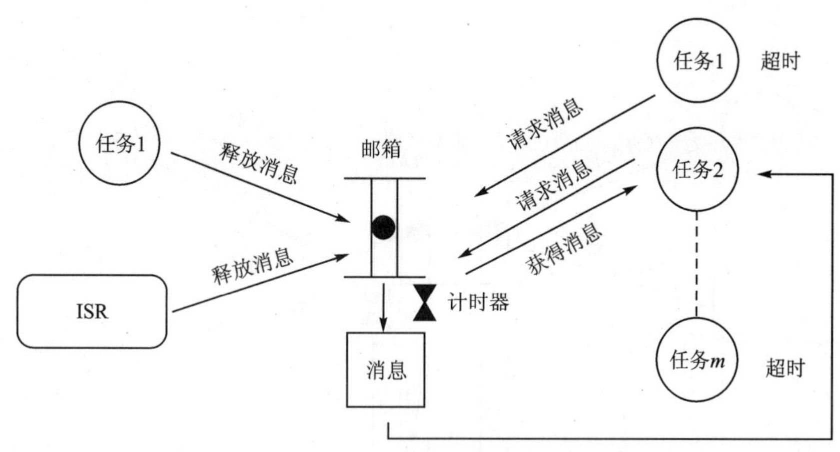

图 6－18　消息邮箱的使用

通过内核服务可以给任务发送消息。典型的消息邮箱也称作交换消息，是用一个指针型变量，每个邮箱有相应的正在等待消息的任务列表，要得到消息的任务会因为邮箱是空的而被挂起，且被记录到等待消息的任务表中，直到收到消息。消息放入邮箱后，或者是把消息传给等待消息的任务表中优先级最高的那个任务（基于优先级），或者是将消息传给最先开始等待消息的任务（基于先进先出）。图 6－18 示意把消息放入邮箱。用一个“Ⅱ”符号表示邮箱，旁边的小沙漏表示超时计时器，计时器根据需要设置需要等待的节拍数表示定时器设定值，即任务最长可以等多少个时钟节拍（Clock Ticks）。

内核一般提供以下邮箱服务：

- 邮箱内消息的内容初始化，邮箱里最初可以有，也可以没有消息；
- 将消息放入邮箱（POST）；
- 等待有消息进入邮箱（PEND）；
- 如果邮箱内有消息，就接受这则消息。如果邮箱里没有消息，则任务并不被挂起（ACCEPT），用返回代码表示调用结果，是收到了消息还是没有收到消息。

2. 消息队列

消息队列实际上是邮箱队列。任务和中断程序将消息放入消息队列，多个任务可以从消息队列中得到消息。消息队列的深度在创建消息队列的时候给定，通常为 FIFO 队列。当队列装满消息时，丢弃新产生的消息。

当任务申请消息队列中的消息时，如果消息队列中没有可用的消息，该任务在等待任务列表中的对应位置位，任务被挂起。当队列中有消息时，内核调度使优先级最高的任务得到消息。通常，内核允许等待消息的任务定义等待超时的时间，如果限定时间内任务没有收到消息，该任务就进入就绪态并开始运行，同时返回出错代码，指出出现等待超时错误。一旦一则消息放入消息队列，该消息将传给等待消息的任务中优先级最高的那个任务，或是最先进入等待消息任务列表的任务。消息队列的使用如图 6－19 所示。

像使用邮箱那样，当一个以上的任务要从消息队列接收消息时，每个消息队列有一张等待消息任务的等待列表（Waiting List）。如果消息队列中没有消息，即消息队列是空，等待消息的任务就被挂起并放入等待消息任务列表中，直到有消息到来。

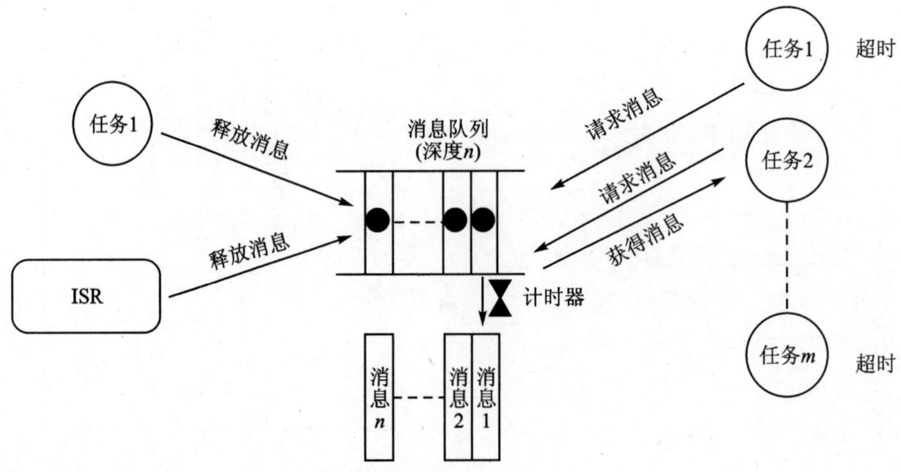

图 6－19　消息队列的使用

内核提供的消息队列服务如下：

- 消息队列初始化。队列初始化时总是清为空；
- 放一则消息到队列中去(Post)；
- 等待一则消息的到来(Pend)；
- 如果队列中有消息则任务可以得到消息，但如果此时队列为空，内核并不将该任务挂起(Accept)。如果有消息，则消息从队列中取走。没有消息则用特别的返回代码通知调用者，队列中没有消息。

习题 6

1. 什么是操作系统？
2. 操作系统分为哪几类？
3. 简要说明操作系统的结构组成。
4. 操作系统有哪几种功能？
5. 嵌入式操作系统的主要技术指标是什么？
6. 试说明嵌入式操作系统的几个术语的含义：

   (1) 实时性；

   (2) 任务；

   (3) 任务上下文；

   (4) 调度延迟；

   (5) 中断延迟；

   (6) 互斥；

   (7) 抢占。
7. 设计嵌入式应用系统时，对嵌入式操作系统有哪些基本要求？
8. 试举出常用的嵌入式操作系统的例子，通过调研，指出这几种常用的嵌入式操作系统的特点是什么？常用在什么场合？

9. 嵌入式操作系统中任务调度方式有哪几种？

10. 任务之间的通信方式有哪几种？每一种方式的特点是什么？

大作业

选择一种熟悉的嵌入式操作系统，写一个嵌入式应用软件的框架，要求使用嵌入式操作系统常用的系统调用。

提示：(1) 本题目的工作量比较大一些，通过本题目的训练，可以使读者掌握嵌入式操作系统的使用和开发方法；

(2) 设计多个任务，数量自定；

(3) 使用信箱、队列、信号量等任务间通信方式；

(4) 使用定时器；

(5) 程序中使用内存分区。

第 7 章　嵌入式实时操作系统 μC/OS-II

上一章对嵌入式操作系统的基本概念和工作原理进行了学习，在这一章主要针对 μC/OS-II 的工作原理与应用进行学习，需要掌握 μC/OS-II 操作的基本组成、各个模块的接口函数的使用方法等知识。

7.1　μC/OS-II 内核结构

μC/OS-II 是著名的源代码公开嵌入式实时内核，可用于 8 位、16 位和 32 位单片机或数字信号处理器(DSP)。由于 μC/OS-II 仅是一个实时内核，这就意味着它不像其他实时操作系统那样，提供给用户的仅是一些 API 函数接口，而是还有很多工作需要用户自己去完成。

μC/OS-II 在原版本 μC/OS 的基础上做了重大改进与升级，并有了多年的使用实践，有许多成功应用实例。它的主要特点如下：

① 公开源代码。μC/OS—II 源代码是开放的，用户可登录网站(www. μC/OS—II. com)下载针对不同微处理器的移植代码。这极大地方便了实时嵌入式系统 μC/OS—II 的开发，降低了开发成本。

② 可移植性。μC/OS—II 的源代码中，除了与微处理器硬件相关的部分是使用汇编语言编写的，其绝大部分是使用移植性很强的 ANSI C 来编写的，并且把用汇编语言编写的部分已经压缩到最低的限度，以使 μC/OS—II 更方便于移植到其他微处理器上使用。如 Intel 公司、Zilog 公司、Motorola 公司的微控制器和 TI 公司的 DSP，以及包括 ARM 公司、Analog Device 公司、三菱公司、日立公司、飞利浦公司和西门子公司的各种微处理器。

③ 可固化。μC/OS-II 是为嵌入式应用而设计的操作系统，只要具备合适的软硬件工具，就可将 μC/OS-II 嵌入到产品中去，从而成为产品的一部分。

④ 可裁剪性。μC/OS-II 可根据实际用户的应用需要使用条件编译来完成对操作系统的裁剪，这样就可以减少 μC/OS-II 对代码空间和数据空间的占用。

⑤ 占先式。μC/OS-II 是完全可剥夺型的实时内核，运行就绪条件下优先级最高的任务。

⑥ 多任务。μC/OS-II V2.86 可管理 256 个任务。一般情况下，建议用户保留 8 个任务给 μC/OS-II。系统赋给每个任务的优先级必须不同，这意味着 μC/OS-II 不支持时间片轮转调度法(Round-robin Scheduling)。

⑦ 可确定性。绝大多数 μC/OS-II 的函数调用和服务的执行时间具有确定性。在任何时候用户都能知道 μC/OS-II 的函数调用与服务的执行时间。

⑧ 实用性和可靠性。μC/OS-II 在一个航空项目中得到了美国联邦航空管理局对商用飞机的符合 RTCA DO-178B 标准的认证。可以说，μC/OS-II 的每一种功能、每一个函数及每一行代码都经过了考验与测试。

由于 μC/OS-II 源代码开放，并且具有良好的性能，迅速成为学习嵌入式系统开发和嵌入式操作系统最受欢迎的工具。本章对 μC/OS-II 的内核进行分析，以加深对嵌入式操作系

统的理解。

7.1.1　μC/OS－II 组成及功能

1. μC/OS－II 组成结构

μC/OS－II 可以大致分成三个部分：与处理器无关的内核代码、与应用程序相关的代码、与移植相关的代码，如图 7－1 所示。

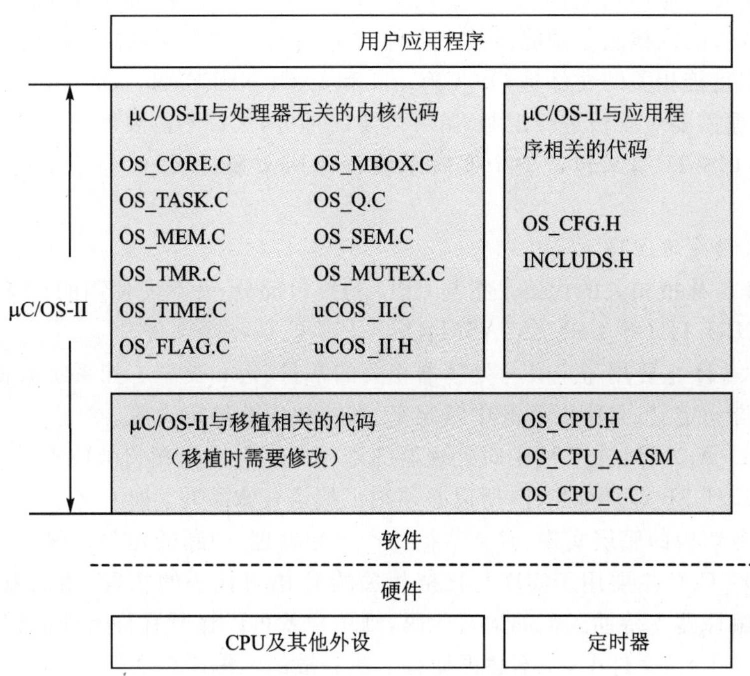

图 7－1　μC/OS－II 基本组成及结构

（1）与处理器无关的内核代码

1）核心部分(OS_CORE. C)

该部分是操作系统的处理核心，包括操作系统初始化、操作系统运行、中断进出的前导、时钟节拍、任务调度、事件处理等多部分。能够维持系统基本工作的部分都在这里。

2）任务管理部分(OS_TASK. C)

任务处理部分中的内容都是与任务的操作密切相关的，包括任务的建立、删除、挂起、恢复等。因为 μC/OS－II 是以任务为基本单位调度的，所以这部分内容也相当重要。

3）时间管理功能(OS_TIME. C、OS_TMR. C)

μC/OS－II 系统中的时间管理功能主要包括任务延时与软件定时器。任务延时功能是通过时钟来实现的，时钟是提供给操作系统时间节拍的基础，μC/OS－II 中的最小时钟单位是 timetick(时钟节拍)。软件定时器的主要作用是对函数周期性或者一次性执行的定时，通常利用软件定时器控制块与“定时器轮”管理软件定时器。

4）任务同步、通信和互斥部分(OS_FLAG. C、OS_MBOX. C、OS_Q. C、OS_SEM. C、OS_MUTEX. C)

该部分主要处理任务间的同步、通信和互斥等工作，为任务建立各种联系，是事件处理部分，包括信号量、邮箱、消息队列、事件标志组等部分，主要用于任务间的互相联系和对临界资源的访问。

5）内核管理(uCOS_II. C、uCOS_II. H)

为了便于维护管理内核代码，在 μC/OS_II 中把与内核相关的全局变量的声明全部放在 uCOS_II. H 中。同时，应用中不需要修改内核代码，为了便于编译管理，将这些内核 C 文件统一用 uCOS_II. C 进行包含，使应用工程结构更加简洁。

(2) 与应用程序相关的代码(OS_CFG. H、OS_DBG. C、INCLUDS. H)

这一部分主要与应用相关，根据应用的不同，文件内容存在差别，用户可以根据自己的应用系统来定制合适的内核服务功能。其中文件 OS_DBG. C 主要提供与调试信息打印相关的函数。而与应用直接相关的文件是 OS_CFG. H 和 INCLUDES. H。OS_CFG. H 是用来配置内核的，用户根据需要对内核进行定制，留下需要的部分，去掉不需要的部分，设置系统的基本情况。INCLUDES. H 用来包含整个实时系统程序所需要的文件，包括了内核和用户的头文件。

(3) 与移植相关的代码

μC/OS－II 与移植相关的代码是指与 CPU 的接口部分，针对所使用的 CPU 的移植部分，主要包括 OS_CPU. H、OS_CPU_A. ASM、OS_CPU_C. C 三个文件。

- OS_CPU. H 主要用于定义与处理器相关的常量、宏和类型。如系统数据类型定义、堆栈增长方向定义、关中断和开中断定义、系统软中断的定义等。
- OS_CPU_A. ASM 主要用于对处理器的寄存器进行操作相关函数的实现，这部分内容由于牵涉到 SP 等系统指针，所以必须用汇编语言来编写。如任务切换的底层实现、任务级任务切换的底层实现、时钟节拍的产生和处理、中断的相关处理部分等内容。
- OS_CPU_C. C 主要用于实现与移植相关的 C 语言代码的实现，如堆栈初始化。如果用户的编译器支持插入汇编语言代码，则用户就可以将所有与处理器相关的代码放到 OS_CPU_C. C 文件中，而不必再拥有一些分散的汇编语言文件。

2. μC/OS－II 的主要功能

严格地说 μC/OS－II 只是一个实时操作系统内核，它仅仅包含了任务调度、任务管理、时间管理、内存管理和任务间的通信和同步等基本功能。μC/OS－II 是一个基于优先级的抢占式调度实时内核，它提供最基本的系统服务，如信号量、邮箱、消息队列、内存管理、中断管理、定时器功能等。

(1) 任务管理

μC/OS－IIV2.86 中最多可以支持 256 个任务，分别对应优先级 0～255，其中 0 为最高优先级，255 为最低优先级。系统保留了 4 个最高优先级的任务和 4 个最低优先级的任务，所有用户可以使用的任务数有 248 个。

μC/OS－II 提供了任务管理的各种函数调用，包括创建任务、删除任务、改变任务的优先级、任务挂起和恢复等。

系统初始化时会自动产生两个任务：一个是空闲任务，它的优先级最低，该任务仅给一个整形变量做累加运算；另一个是系统任务，它的优先级为次低，该任务负责统计当前 CPU 的利用率。

(2) 时间管理

μC/OS－II 的时间管理是通过定时中断来实现的，该定时中断一般为 10 ms 或 100 ms 发

生一次，时间频率由用户对硬件系统的定时器编程来实现。中断发生的时间间隔是固定不变的，该中断也称为一个时钟节拍。μC/OS－II 要求用户在定时中断的服务程序中，调用系统提供的与时钟节拍相关的系统函数，例如中断级的任务切换函数、系统时间函数。

另外，在 μC/OS－II V2.83 版本后增加了软件定时器管理功能。这使得 μC/OS 实时操作系统的功能更加完善，在其上的应用程序开发与移植也更加方便。在实时操作系统中一个好的软件定时器实现要求有较高的精度、较小的处理器开销，且占用较少的存储器资源。

(3) 任务间通信、同步与互斥

对一个多任务的操作系统来说，任务间的通信和同步是必不可少的。μC/OS－II 中提供了 4 种同步对象，分别是信号量、邮箱、消息队列和事件标志组。所有这些同步对象都有创建、等待、发送、查询的接口，用于实现进程间的通信和同步。同时，μC/OS－II 还提供了一种互斥信号量，用于资源占用时的互斥，防止优先级反转和任务互锁。

(4) 任务调度

μC/OS－II 采用的是可剥夺型实时多任务内核。可剥夺型的实时内核在任何时候都运行就绪了的最高优先级的任务。

μC/OS－II 的任务调度是完全基于任务优先级的抢占式调度，也就是最高优先级的任务一旦处于就绪状态，则立即抢占正在运行的低优先级任务的处理器资源。为了简化系统设计，μC/OS－II 规定所有任务的优先级不同，因为任务的优先级也同时唯一标志了该任务本身。

(5) 内存管理

在 ANSI C 中使用 malloc 和 free 两个函数来动态分配和释放内存。但在嵌入式实时系统中，多次这样的操作会导致内存碎片，且由于内存管理算法的原因，malloc 和 free 的执行时间也是不确定的。

μC/OS－II 中把连续的大块内存按分区管理。每个分区中包含整数个大小相同的内存块，但不同分区之间的内存块大小可以不同。用户需要动态分配内存时，系统选择一个适当的分区，按块来分配内存。释放内存时将该块放回它以前所属的分区，这样能有效地解决碎片问题，同时执行时间也是固定的。

7.1.2　μC/OS－II 内核结构概述

1. μC/OS－II 任务结构

在 μC/OS－II 中，一个任务通常是一个无限的循环，如程序清单 L7－1 所示。一个任务看起来像其他 C 的函数一样，有函数返回类型，有形式参数变量，但是任务是绝不会返回的。故返回参数必须定义成 void 类型。

程序清单 L7－1　任务是一个无限循环

```
void YourTask (void * pdata)                                    (1)
{
    for (;;) {                                                  (2)
        /* 用户代码 */
        调用 μC/OS－II 的某种系统服务：
        OSMboxPend();
        OSQPend();
```

```
        OSSemPend();
        OSTaskDel(OS_PRIO_SELF);
        OSTaskSuspend(OS_PRIO_SELF);
        OSTimeDly();
        OSTimeDlyHMSM();
        /* 用户代码 */
    }
}
```

同时，当任务完成以后，任务可以自我删除，如清单 L7-2 所示。注意任务代码并非真的删除了，μC/OS-II 只是简单地不再理会这个任务了，这个任务的代码也不会再运行，如果任务调用了 OSTaskDel()，这个任务绝不会返回什么。

程序清单 L7-2　任务完成后自我删除

```
void YourTask (void * pdata)
{
    /* 用户代码 */
    OSTaskDel(OS_PRIO_SELF);
}
```

形式参数变量(L7-1(1))是由用户代码在第一次执行的时候带入的。请注意，该变量的类型是一个指向 void 的指针，这是为了允许用户应用程序传递任何类型的数据给任务。这个指针好比一辆万能的车子，如果需要，就可以运载一个变量的地址，或一个结构，甚至是一个函数的地址。也可以建立许多相同的任务，所有任务都使用同一个函数(或者说是同一个任务代码程序)。例如，用户可以将四个串行口安排成每个串行口都是一个单独的任务，而每个任务的代码实际上是相同的。并不需要将代码复制 4 次，用户可以建立一个任务，向这个任务传入一个指向某数据结构的指针变量，这个数据结构定义串行口的参数(波特率、I/O 口地址、中断向量号等)。

2. 任务的优先权和优先级别

μC/OS-II 每个任务被赋予不同的优先级等级，从 0 级到最低优先级 OS_LOWEST_PRIO。优先级号越低，任务的优先级越高。μC/OS-II 总是运行进入就绪态的优先级最高的任务。当 μC/OS-II 初始化的时候，最低优先级 OS_LOWEST_PRIO 总是被赋给空闲任务(idle task)。μC/OS-II 中使用任务的优先级(prio)作为任务句柄。用户通过修改 OS_CFG.H 中的宏定义常数 OS_LOWEST_PRIO 的值，约定本用户系统的最大优先级数。μC/OS-II V2.86 可以管理多达 256 个任务，作者保留了优先级为 0、1、2、3、OS_LOWEST_PRIO-3、OS_LOWEST_PRIO-2、OS_LOWEST_PRIO-1 以及 OS_LOWEST_PRIO 这 8 个任务以备将来使用。因此用户可以有多达 248 个应用任务。目前版本的 μC/OS-II 中，任务的优先级号就是任务编号(ID)。优先级号(或任务的 ID 号)也被一些内核服务函数调用，如改变优先级函数 OSTaskChangePrio()，以及任务删除函数 OSTaskDel()。

为了使 μC/OS-II 能管理用户任务，用户必须在建立一个任务的时候，将任务的起始地址与其他参数一起传给下面两个函数中的一个：OSTastCreate()或 OSTaskCreateExt()。OSTaskCreateExt()是 OSTaskCreate()的扩展，扩展了一些附加的功能。

3. 任务堆栈

堆栈是按照 LIFO 访问原则组织的连续存储器，主要用于保存 CPU 寄存器现场（如 ARM 处理器中的 R0～R12、LR、SPSR 等）和本任务的私有数据（局部变量）等。在 μC/OS-II 应用中，每个任务分配一个堆栈空间，在任务创建时必须将任务的栈指针传递给对应的参数。

需要注意的是，在任务创建时需要了解处理器的堆栈增长方向。根据堆栈增长方向的不同，存在以下两种堆栈形式：

(1) 递减堆栈——进栈操作向小地址方向发展

```
OSTaskCreate(
……
&MyTaskStk[StkSize-1],
……
)
```

(2) 递增堆栈——进栈操作向大地址方向发展

```
OSTaskCreate(
……
&MyTaskStk[ 0 ],
……
)
```

其中 StkSize 指堆栈空间的大小。利用条件编译技术和 OS_CPU.H 中的宏定义常数 OS_STK_GROWTH 编写易移植用户系统；"1"——递减堆栈。

举例：

```
#define     MyTaskStkSize  64
OS_STK  MyTaskStk[MyTaskStkSize]          //在 OS_CPU.H 中定义 OS_STK
                                          // typedef  INT32U  OS_STK
INT8U  OSTaskCreate(
    void ( * task) (void * pd),           //指向任务的指针
    void * pdata,                         //传递给任务的参数
    MyTaskStk[MyTaskStkSize-1]            //任务堆栈栈顶的指针
    INT8U prio                            //任务的优先级别
)
```

4. 任务状态

图 7-2 是 μC/OS-II 控制下的任务状态转换图，总共包括 5 种状态：睡眠态、就绪态、运行态、等待态和中断服务态。在任一给定的时刻，任务的状态一定是在这 5 种状态之一。

(1) 睡眠态(DORMANT)

指任务驻留在程序空间之中，还没有交给 μC/OS-II 管理。把睡眠任务激活是通过调用下述两个函数之一：OSTaskCreate()或 OSTaskCreateExt()。当任务一旦建立，这个任务就进入就绪态准备运行。一个任务可以通过调用 OSTaskDel()返回到睡眠态，或通过调用该函数让另一个任务进入睡眠态。

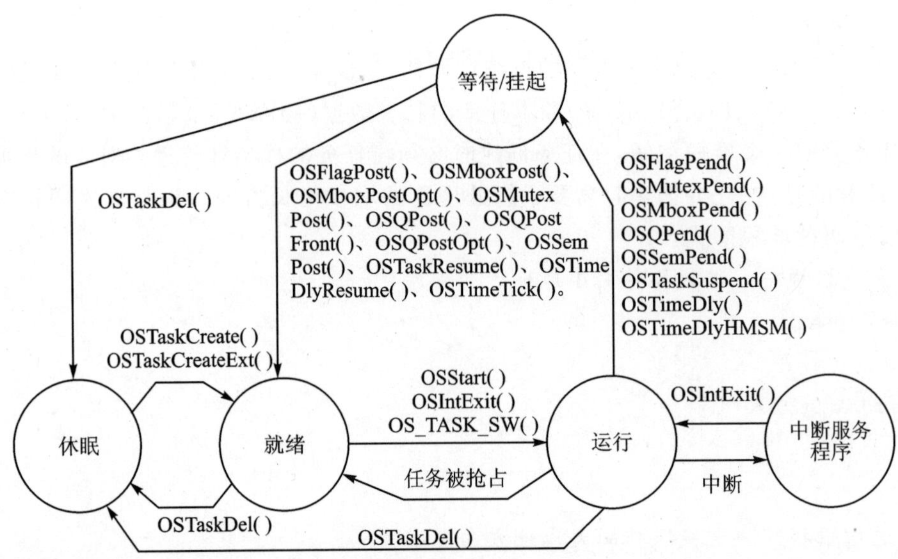

图 7-2 任务的状态转换

(2) 就绪态(READY)

就绪态是指任务已经就绪,等待运行。在 μC/OS-II 中,任务一旦建立就进入就绪态。除此之外,当任务延时结束或等待事件已经发生时,处于等待状态的任务就会进入就绪态;当挂起的任务被恢复了,任务也会进入就绪态。除了创建任务以外,以下函数之一会促使一个任务进入就绪态:OSQPost()、OSQPostFront()、OSQPostOpt()、OSFlagPost()、OSMboxPost()、OSMboxPostOpt()、OSMutexPost()、OSSemPost()、OSTaskResume()、OSTimeDlyResume()、OSTimeTick()。

(3) 运行态(RUNNING)

调用 OSStart()可以启动多任务。OSStart()函数运行进入就绪态的优先级最高的任务。任何时刻只能有一个任务处于运行态。在任务切换或中断退出时,只有当所有优先级高于这个任务的任务转为等待状态或者是被删除了,就绪的任务才能进入运行态。

(4) 等待态(WAITING)

正在运行的任务可以通过调用以下 2 个函数之一将自身延迟一段时间进入等待状态:OSTimeDly()或 OSTimeDlyHMSM(),直到延时结束。另外,正在运行的任务可能需要等待某一个事件的发生,可以通过调用以下函数之一实现:OSFlagPend()、OSSemPend()、OSMutexPend()、OSMboxPend()或 OSQPend()。如果某事件没有发生,则上述函数调用任务会进入等待状态,直到等待事件发生了,任务才进入就绪态。在任务用函数 OSTaskSuspend()挂起自己时,也可以进入等待状态。

(5) 中断服务态(INTERRUPT SERVICE)

正在运行的任务是可以被中断的,除非该任务关闭了中断。被中断了的任务就暂停执行进入中断服务态,CPU 被中断服务例程所占用。中断服务例程可能触发一个或多个事件发生,从而使一个或多个任务就绪。中断返回时先要判断是否存在优先级更高的就绪任务,如果有则调度执行高优先级任务;否则中断返回执行被中断的任务。

当所有的任务都在等待事件发生或等待延迟时间结束时,μC/OS-II 执行空闲任务(idle

task)，执行 OS_TaskIdle()函数。

5. 任务控制块(Task Control Blocks，OS_TCBs)

一旦一个任务建立了，该任务对应的控制块 OS_TCB 将被赋值(见程序清单 L7－3)。任务控制块是一个数据结构，当任务的 CPU 使用权被剥夺时，μC/OS－II 用它来保存该任务的状态。当任务重新得到 CPU 使用权时，任务控制块能确保任务从当时被中断的那一点丝毫不差地继续执行。OS_TCBs 全部驻留在 RAM 中。读者将会注意到笔者在组织这个数据结构时，考虑到了各成员的逻辑分组。任务建立的时候，OS_TCBs 就被初始化了。

程序清单 L7－3　μC/OS－II 任务控制块

```
typedef struct os_tcb {
    OS_STK          *OSTCBStkPtr;        //当前任务栈顶的指针
#if OS_TASK_CREATE_EXT_EN>0
    void            *OSTCBExtPtr;        //指向用户定义的任务控制块扩展
    OS_STK          *OSTCBStkBottom;     //任务栈底的指针
    INT32U          OSTCBStkSize;        //存有栈中可容纳的指针数目而不是用字节(Byte)表示
                                         //的栈容量总数
    INT16U          OSTCBOpt;
    INT16U          OSTCBId;             //用于存储任务的识别码
#endif
    struct os_tcb   *OSTCBNext;          //用于任务控制块 OS_TCBs 的双重链接
    struct os_tcb   *OSTCBPrev;
#if OS_EVENT_EN
    OS_EVENT        *OSTCBEventPtr;      //指向事件控制块
#endif
#if ((OS_Q_EN > 0) && (OS_MAX_QS > 0)) || (OS_MBOX_EN > 0)
void                *OSTCBMsg;           //从 OSMboxPost()或 OSQPost()接收的消息
#endif
#if (OS_VERSION >= 251) && (OS_FLAG_EN > 0) && (OS_MAX_FLAGS > 0)
#if OS_TASK_DEL_EN > 0
    OS_FLAG_NODE    *OSTCBFlagNode;      //指向事件标志节点
#endif
    OS_FLAGS        OSTCBFlagsRdy;       //使任务就绪的事件标志
#endif
    INT16U          OSTCBDly;            //延时节拍，等待事件超时设置
    INT8U           OSTCBStat;           //任务的状态字。当.OSTCBStat 为 0 时，任务进入就绪态
    BOOLEAN         OSTCBPendTO;         //挂起超时标志(OS_TRUE == timed out)
    INT8U           OSTCBPrio;           //任务优先级(0 == highest)
    INT8U           OSTCBX;              //就绪表中优先级行(组)位置
    INT8U           OSTCBY;              //就绪表中优先级列(表)位置
#if OS_LOWEST_PRIO<=63
    INT8U           OSTCBBitX;           //优先级对应于就绪表中访问行位位置
    INT8U           OSTCBBitY;           //优先级对应于就绪表中访问列位位置
#else
    INT16U          OSTCBBitX;           //优先级对应于就绪表中访问行位位置
```

```
    INT16U        OSTCBBitY;              //优先级对应于就绪表中访问列位位置
#endif
#if OS_TASK_DEL_EN > 0
    INT8U         OSTCBDelReq;            //一个布尔量,用于表示该任务是否需要删除
#endif
#if OS_TASK_PROFILE_EN > 0
    INT32U        OSTCBCtxSwCtr;          //任务被切换的时间数
    INT32U        OSTCBCyclesTot;         //任务运行的总的时钟节拍数
    INT32U        OSTCBCyclesStart;       //任务恢复的开始计数器时钟位置
    OS_STK        * OSTCBStkBase;         //任务栈的开始位置
    INT32U        OSTCBStkUsed;           //堆栈已经使用的字节数
#endif
#if OS_TASK_NAME_SIZE > 1
    INT8U         OSTCBTaskName[OS_TASK_NAME_SIZE];  //任务名称
#endif
} OS_TCB;
```

. OSTCBStkPtr 是指向当前任务栈顶的指针。μC/OS－II 允许每个任务有自己的栈,尤为重要的是,每个任务的栈的容量可以是任意的。OSTCBStkPtr 是 OS_TCB 数据结构中唯一的一个能用汇编语言来处置的变量(在任务切换段的代码之中),把 OSTCBStkPtr 放在数据结构的最前面,使得从汇编语言中处理这个变量时较为容易。

. OSTCBExtPtr 指向用户定义的任务控制块扩展。OSTCBExtPtr 只在函数 OSTaskCreateExt()中使用,故使用时要将 OS_TASK_CREATE_EN 设为 1,以允许建立任务函数的扩展。例如用户可以建立一个数据结构,这个数据结构包含每个任务的名字,或跟踪某个任务的执行时间,或者跟踪切换到某个任务的次数。

. OSTCBStkBottom 是指向任务栈底的指针。如果微处理器的栈指针是递减的,即栈存储器从高地址向低地址方向分配,则 OSTCBStkBottom 指向任务使用的栈空间的最低地址。类似地,如果微处理器的栈是从低地址向高地址递增型的,则 OSTCBStkBottom 指向任务可以使用的栈空间的最高地址。函数 OSTaskStkChk()要用到变量 OSTCBStkBottom,在运行中检验栈空间的使用情况。用户可以在程序调试阶段用它来确定任务实际需要的栈空间。该功能只有在用户用 OSTaskCreateExt()函数创建任务时才能使用。这就要求用户在 OS_CFG. H 中将 OS_TASK_CREATE_EXT_EN 设为 1,以便允许该功能。

. OSTCBStkSize 存有栈中可容纳的指针元数目而不是用字节(Byte)表示的栈容量总数。也就是说,如果栈中可以保存 1 000 个入口地址,每个地址宽度是 32 位的,则实际栈容量是 4 000 字节。同样是 1 000 个入口地址,如果每个地址宽度是 16 位的,则总栈容量只有 2 000 字节。在函数 OSTaskStkChk()中要调用 OSTCBStkSize。同理,若使用该函数,则要将 OS_TASK_CREATE_EXT_EN 设为 1。

. OSTCBOpt 把"选择项"传给 OSTaskCreateExt(),只有在用户将 OS_TASK_CREATE_EXT_EN 设为 1 时,这个变量才有效。μC/OS－II 目前只支持 3 个选择项:OS_TASK_OTP_STK_CHK、OS_TASK_OPT_STK_CLR 和 OS_TASK_OPT_SAVE_FP。OS_TASK_OTP_STK_CHK 用于告知 OSTaskCreateExt(),在任务建立的时候任务栈检验功能得到了允许。

. OS_TASK_OPT_STK_CLR 表示任务建立的时候任务栈要清零。只有在用户需要有栈

检验功能时，才需要将栈清零。如果不定义 OS_TASK_OPT_STK_CLR，而后又建立、删除了任务，栈检验功能报告的栈使用情况将是错误的。如果任务一旦建立就决不会被删除，而用户初始化时，已将 RAM 清过零，则 OS_TASK_OPT_STK_CLR 不需要再定义，这可以节约程序执行时间。传递了 OS_TASK_OPT_STK_CLR 将增加 OSTaskCreateExt() 函数的执行时间，因为要将栈空间清零。栈容量越大，清零花的时间越长。最后一个选择项 OS_TASK_OPT_SAVE_FP 通知 OSTaskCreateExt()，任务要做浮点运算。如果微处理器有硬件的浮点协处理器，则所建立的任务在做任务调度切换时，浮点寄存器的内容要保存。

.OSTCBId 用于存储任务的识别码。这个变量现在没有使用，留给将来扩展用。

.OSTCBNext 和.OSTCBPrev 用于任务控制块 OS_TCBs 的双重链接，该链表在时钟节拍函数 OSTimeTick()中使用，用于刷新各个任务的任务延迟变量.OSTCBDly，每个任务的任务控制块 OS_TCB 在任务建立的时候被链接到链表中，在任务删除的时候从链表中被删除。双重连接的链表使得任一成员都能被快速插入或删除。

.OSTCBEventPtr 是指向事件控制块的指针，后面的章节中会有所描述。

.OSTCBMsg 是指向传给任务的消息的指针，用法将在后面的章节中提到。

.OSTCBDly 当需要把任务延时若干时钟节拍时要用到这个变量，或者需要把任务挂起一段时间以等待某事件的发生，这种等待是有超时限制的。在这种情况下，这个变量保存的是任务允许等待事件发生的最多时钟节拍数。如果这个变量为 0，则表示任务不延时，或者表示等待事件发生的时间没有限制。

.OSTCBStat 是任务的状态字。当.OSTCBStat 为 0 时，任务进入就绪态。可以给.OSTCBStat 赋其他的值，在文件 uCOS_II.H 中有关于这个值的描述。

.OSTCBPrio 是任务优先级。高优先级任务的.OSTCBPrio 值小。也就是说，这个值越小，任务的优先级越高。

.OSTCBX、.OSTCBY、.OSTCBBitX 和.OSTCBBitY 用于加速任务进入就绪态的过程或进入等待事件发生状态的过程(避免在运行中去计算这些值)。这些值是在任务建立时算好的，或者是在改变任务优先级时算出的。这些值的算法见程序清单 L7-4。

程序清单 L7-4　任务控制块 OS_TCB 中几个成员的算法

```
ptcb->OSTCBY         = (INT8U)((prio>>4) & 0xFF);
ptcb->OSTCBX         = (INT8U) (prio & 0x0F);
ptcb->OSTCBBitY      = (INT16U)(1<<ptcb
ptcb->OSTCBBitX      = (INT16U)(1<<ptcb
```

.OSTCBDelReq 是一个布尔量，用于表示该任务是否需要删除，用法将在后面的章节中描述。

.OSTCBCtxSwCtr 用于在任务级切换和中断退出时记录当前任务被切换的次数。

.OSTCBCyclesTot 用于记录任务运行的时钟数，这个变量现在没有使用，留给将来扩展用。

.OSTCBCyclesStart 用于记录任务恢复时启动的时钟，这个变量现在没有使用，留给将来扩展用。

.*OSTCBStkBase 用于指向任务栈的首地址，在创建任务时初始化，在函数 OS_TaskStatStkChk 中使用。

. OSTCBStkUsed 用于记录任务栈被使用的字节数，在创建任务时初始化为 0，在函数 OS_TaskStatStkChk() 中使用。

. OSTCBTaskName[OS_TASK_NAME_SIZE] 记录任务的名称，用户可以在 OS_CFG. H 中配置 OS_TASK_NAME_SIZE 大小，通过函数 OSTaskNameSet() 设置任务名称，通过函数 OSTaskNameGet 可以查询任务名称，在调用函数 OSTaskDel 删除任务时，系统会清空任务名称。

在 μC/OS-II 初始化的时候，如图 7-3 所示，所有任务控制块 OS_TCBs 被链接成单向空任务链表。任务一旦建立，空任务控制块指针 OSTCBFreeList 指向的任务控制块便赋给了该任务，然后 OSTCBFreeList 的值调整为指向下链表中下一个空的任务控制块。一旦任务被删除，任务控制块就还给空任务链表。

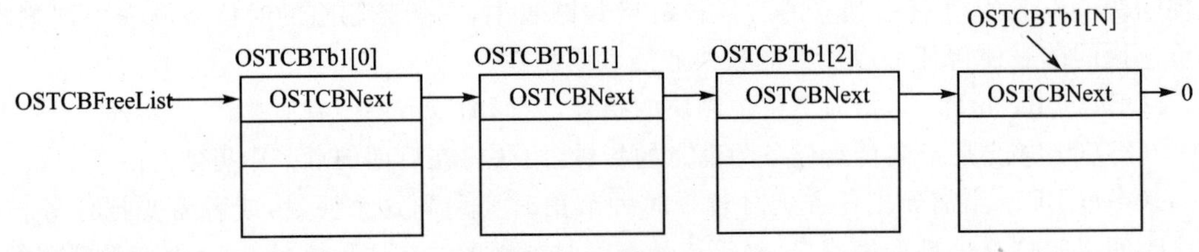

图 7-3 空任务列表

6. 就绪表(Ready List)

μC/OS-II 进行任务调度的依据就是任务就绪表。每个任务的就绪态标志都放入就绪表中，就绪表中有两个变量 OSRdyGrp 和 OSRdyTbl[]。系统中的每个任务都在这个表中占据一 Bit 的位置，并用这个位置的状态(1 或者 0)来表示任务是否处于就绪状态。

对于 V2.86 版本的 μC/OS-II，为了向下版本兼容，内核支持两种就绪表，一种是 64 个任务的就绪表，一种是 256 个任务的就绪表，其工作原理一样。本节采用 64 个任务的就绪表进行举例。在 OSRdyGrp 中，任务按优先级分组，8 个任务为一组。OSRdyGrp 中的每一位表示 8 组任务中每一组中是否有进入就绪态的任务。任务进入就绪态时，就绪表 OSRdyTbl[]中的相应元素的相应位也置位。就绪表 OSRdyTbl[]数组的大小取决于 OS_LOWEST_PRIO (见文件 OS_CFG. H)。当用户的应用程序中任务数目比较少时，减少 OS_LOWEST_PRIO 的值可以降低 μC/OS-II 对 RAM(数据空间)的需求量。

为确定下次该哪个优先级的任务运行了，内核调度器总是将 OS_LOWEST_PRIO 在就绪表中相应字节的相应位置 1。OSRdyGrp 和 OSRdyTbl[]之间的关系如图 7-4 所示，是按以下规则给出的：

当 OSRdyTbl[0]中的任何一位是 1 时，OSRdyGrp 的第 0 位置 1；

当 OSRdyTbl[1]中的任何一位是 1 时，OSRdyGrp 的第 1 位置 1；

…

当 OSRdyTbl[7]中的任何一位是 1 时，OSRdyGrp 的第 7 位置 1。

程序清单 L7-5 中的代码用于将任务放入就绪表。Prio 是任务的优先级。

程序清单 L7-5 使任务进入就绪态

```
ptcb = OSTCBPrioTbl[prio];
```

```
OSRdyGrp      |= ptcb ->OSTCBBitY;
OSRdyTbl[y]  |= ptcb->OSTCBBitX;
```

读者可以看出，任务优先级的低三位用于确定任务在总就绪表 OSRdyTbl[]中的所在位。接下去的高三位用于确定是在 OSRdyTbl[]数组的第几个元素。

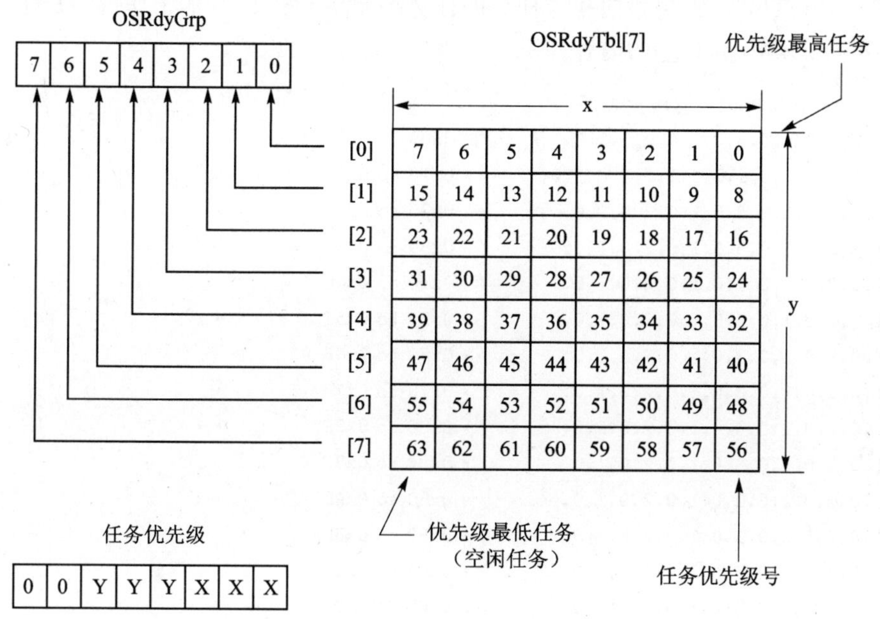

图 7－4　μC/OS－II 就绪表

如果一个任务被删除了，则用程序清单 L7－6 中的代码做求反处理。

程序清单 L7－6　从就绪表中删除一个任务

```
if((OSRdyTbl[ptcb->OSTCBY] &= ~ptcb->OSTCBBitX) == 0)
    OSRdyGrp &= ~ptcb->OSTCBBitY;
```

以上代码将就绪任务表数组 OSRdyTbl[]中相应元素的相应位清零，而对于 OSRdyGrp，只有当被删除任务所在任务组中全组任务一个都没有进入就绪态时，才将相应位清零。也就是说 OSRdyTbl[ptcb－>OSTCBY]所有的位都是零时，OSRdyGrp 的相应位才清零。为了找到那个进入就绪态的优先级最高的任务，并不需要从 OSRdyTbl[0]开始扫描整个就绪任务表，只需要查另外一张表，即优先级判定表 OSUnMapTbl([256])(见文件 OS_CORE.C)即可。OSRdyTbl[]中每个字节的 8 位代表这一组的 8 个任务哪些进入就绪态了，低位的优先级高于高位。利用这个字节为下标来查 OSUnMapTbl 这张表，返回的字节就是该组任务就绪态任务中优先级最高的那个任务所在的位置。这个返回值在 0～15 之间。确定进入就绪态的优先级最高的任务是用以下代码完成的，如程序清单 L7－7 所示。

程序清单 L7－7　找出进入就绪态的优先级最高的任务

```
y = OSUnMapTbl[OSRdyGrp];
x = OSUnMapTbl[OSRdyTbl[y]];
prio = (y<<3) + x;
```

例如,如果 OSRdyGrp 的值为二进制 01101000,查 OSUnMapTbl[OSRdyGrp]得到的值是 3,它相应于 OSRdyGrp 中的第 3 位 bit3,这里假设最右边的一位是第 0 位 bit0。类似地,如果 OSRdyTbl[3]的值是二进制 11100100,则 OSUnMapTbl[OSRdyTbc[3]]的值是 2,即第 2 位。于是任务的优先级 Prio 就等于 26(3×8+2)。利用这个优先级的值。查任务控制块优先级表 OSTCBPrioTbl[],得到指向相应任务的任务控制块 OS_TCB 的工作就完成了。

查找表 OSUnMapTbl[]的内容如下:

```
INT8U const OSUnMapTbl[256] = {
0,0,1,0,2,0,1,0,3,0,1,0,2,0,1,0,        /* 0x00 to 0x0F          */
4,0,1,0,2,0,1,0,1,3,0,1,0,2,0,1,0,      /* 0x10 to 0x1F          */
5,0,1,0,2,0,1,0,3,0,1,0,2,0,1,0,        /* 0x20 to 0x2F          */
4,0,1,0,2,0,1,0,3,0,1,0,2,0,1,0,        /* 0x30 to 0x3F          */
6,0,1,0,2,0,1,0,3,0,1,0,2,0,1,0,        /* 0x40 to 0x4F          */
4,0,1,0,2,0,1,0,3,0,1,0,2,0,1,0,        /* 0x50 to 0x5F          */
5,0,1,0,2,0,1,0,3,0,1,0,2,0,1,0,        /* 0x60 to 0x6F          */
4,0,1,0,2,0,1,0,3,0,1,0,2,0,1,0,        /* 0x70 to 0x7F          */
7,0,1,0,2,0,1,0,3,0,1,0,2,0,1,0,        /* 0x80 to 0x8F          */
4,0,1,0,2,0,1,0,3,0,1,0,2,0,1,0,        /* 0x90 to 0x9F          */
5,0,1,0,2,0,1,0,3,0,1,0,2,0,1,0,        /* 0xA0 to 0xAF          */
4,0,1,0,2,0,1,0,3,0,1,0,2,0,1,0,        /* 0xB0 to 0xBF          */
6,0,1,0,2,0,1,0,3,0,1,0,2,0,1,0,        /* 0xC0 to 0xCF          */
4,0,1,0,2,0,1,0,3,0,1,0,2,0,1,0,        /* 0xD0 to 0xDF          */
5,0,1,0,2,0,1,0,3,0,1,0,2,0,1,0,        /* 0xE0 to 0xEF          */
4,0,1,0,2,0,1,0,3,0,1,0,2,0,1,0,        /* 0xF0 to 0xFF          */
};
```

7. 任务调度(Task Scheduling)

多任务操作系统的核心工作就是任务调度。就是通过一个算法在多个任务中确定该运行的任务,做这项工作的函数就叫做调度器(Scheduler)。μC/OS-II 进行任务调度的思想是"近似地每时每刻总是让优先级最高的就绪任务处于运行状态"。为了保证这一点,它在系统或用户任务调用系统函数及执行中断服务程序结束时总是调用调度器,来确定应该运行的任务并运行它。

μC/OS-II 总是运行进入就绪态任务中优先级最高的那一个。确定哪个任务优先级最高,下面该哪个任务运行了的工作是由调度器完成的。任务级的调度是由函数 OS_Sched()完成的。中断级的调度是由另一个函数 OSIntExt()完成的,这个函数将在以后描述。OS_Sched()的代码如程序清单 L7-8 所示。

程序清单 L7-8 任务调度器(the Task Scheduler)

```
void OS_Sched (void)
{
    INT8U y;

    OS_ENTER_CRITICAL();
    if(OSIntNesting == 0)
```

```
    {
        if(OSLockNesting == 0) {                                          (1)
        OS_SchedNew();                                                    (2)
        if(OSPrioHighRdy! = OSPrioCur) {                                  (3)
            OSTCBHighRdy = OSTCBPrioTbl[OSPrioHighRdy];                   (4)
    # if OS_TASK_PROFILE_EN > 0
            OSTCBHighRdy - >OSTCBCtxSwCtr ++ ;                            (5)
    # endif
            OSCtxSwCtr ++ ;                                               (6)
            OS_TASK_SW();                                                 (7)
        }
    }
    OS_EXIT_CRITICAL();
}
```

μC/OS－II 任务调度所花的时间是常数，与应用程序中建立的任务数无关。如程序清单中(L7－8(1))条件语句的条件不满足，任务调度函数 OS_Sched()将退出，不做任务调度。只有在非中断中断服务子程序中(即 OSIntNesting＝0)和任务调度未上锁(即 OSLockNesting＝0)的情况下调用 OS_Sched()，任务调度函数才将找出那个进入就绪态且优先级最高的任务(L7－8(2))，进入就绪态的任务在就绪任务表中有相应的位置位。一旦找到那个优先级最高的任务，OS_Sched()检验这个优先级最高的任务是不是当前正在运行的任务，以此来避免不必要的任务调度(L7－8(3))。

为实现任务切换，OSTCBHighRdy 必须指向优先级最高的那个任务控制块 OS_TCB，这是通过将以 OSPrioHighRdy 为下标的 OSTCBPrioTbl[]数组中的那个元素赋给 OSTCBHighRdy 来实现的(L7－8(4))。接着，任务控制块中的统计计数器 OSTCBCtxSwCtr 加 1，以跟踪当前任务运行次数(L7－8(5))(需要在 OS_CFG. H 中打开 OS_TASK_PROFILE_EN 开关)。然后对任务切换统计计数器 OSCtxSwCtr 加 1(L7－8(6))。最后宏调用 OS_TASK_SW()来完成实际上的任务切换(L7－8(7))。

任务切换很简单，由以下两步完成，将被挂起任务的微处理器寄存器推入堆栈，然后将较高优先级的任务的寄存器值从栈中恢复到寄存器中。在 μC/OS－II 中，就绪任务的栈结构总是看起来跟刚刚发生过中断一样，所有微处理器的寄存器都保存在栈中。换句话说，μC/OS－II 运行就绪态的任务所要做的一切，只是恢复所有的 CPU 寄存器并运行中断返回指令。为了做任务切换，运行 OS_TASK_SW()，人为模仿了一次中断。多数微处理器有软中断指令或者陷阱指令 TRAP 来实现上述操作。中断服务子程序或陷阱处理(Trap hardler)，也称做事故处理(exception handler)，必须提供中断向量给汇编语言函数 OSCtxSw()。OSCtxSw()除了需要 OS_TCBHighRdy 指向即将被挂起的任务，还需要让当前任务控制块指针 OSTCBCur 指向即将被挂起的任务，可参见第 8 章关于 OSCtxSw()的更详尽的解释。

OS_Sched()的所有代码都属临界段代码。在寻找进入就绪态的优先级最高的任务过程中，为防止中断服务子程序把一个或几个任务的就绪位置位，中断是被关掉的。为缩短切换时间，OS_Sched()全部代码都可以用汇编语言写。为增加可读性、可移植性和将汇编语言代码最少化，OS_Sched()是用 C 语言写的。

8. 给调度器上锁和开锁(Locking and UnLocking the Scheduler)

给调度器上锁函数 OS_Schedlock()(程序清单 L7-9)用于禁止任务调度,直到任务完成后调用给调度器开锁函数 OS_SchedUnlock()(程序清单 L7-10)为止。调用 OS_Schedlock()的任务保持对 CPU 的控制权,尽管有个优先级更高的任务进入了就绪态。然而,此时中断是可以被识别的,中断服务也能得到。OS_Schedlock()和 OS_SchedUnlock()必须成对使用。变量 OSLockNesting 跟踪 OS_SchedLock()函数被调用的次数,以允许嵌套的函数包含临界段代码,这段代码其他任务不得干预。μC/OS-II 允许嵌套深度达 255 层。当 OSLockNesting 等于零时,调度重新得到允许。函数 OS_SchedLock()和 OS_SchedUnlock()的使用要非常谨慎,因为它们影响 μC/OS-II 对任务的正常管理。

当 OSLockNesting 减到零的时候,OS_SchedUnlock()调用 OS_Sched(L7-10(2))查找调度高优先级任务。OS_SchedUnlock()是被某任务调用的,在调度器上锁的期间,可能有什么事件发生了并使一个更高优先级的任务进入就绪态。

调用 OS_SchedLock()以后,用户的应用程序不得使用任何能将现行任务挂起的系统调用。也就是说,用户程序不得调用 OSFlagPend()、OSMboxPend()、OSQPend()、OSSemPend()、OSTaskSuspend(OS_PRIO_SELF)、OSMutexPend()、OSTimeDly()或 OSTimeDlyHMSM(),直到 OSLockNesting 回零为止。因为调度器上了锁,用户就锁住了系统,任何其他任务都不能运行。

当低优先级的任务要发消息给多任务的邮箱、消息队列、信号量时,用户不希望高优先级的任务在邮箱、队列和信号量没有得到消息之前就取得了 CPU 的控制权,此时,用户可以使用禁止调度器函数。

程序清单 L7-9　给调度器上锁

```
void OS_SchedLock (void)
{
    if (OSRunning == TRUE) {
        OS_ENTER_CRITICAL();
        OSLockNesting++;
        OS_EXIT_CRITICAL();
    }
}
```

程序清单 L7-10　给调度器开锁

```
void OS_SchedUnlock (void)
{
    if (OSRunning == TRUE) {
        OS_ENTER_CRITICAL();
        if (OSLockNesting > 0) {
            OSLockNesting--;
            if ((OSLockNesting == 0)                                    (1)
            {
                if (OSIntNesting == 0) {
                OS_EXIT_CRITICAL();
```

```
                OS_Sched();                                              (2)
                } else {
                  OS_EXIT_CRITICAL();
            } else {
            OS_EXIT_CRITICAL();
        } else {
            OS_EXIT_CRITICAL();
        }
    }
}
```

9. μC/OS-II 的事件机制

在 μC/OS-II 操作系统中，将通信、同步、互斥相关的信号看做事件(Event)，采用事件和事件控制块 ECB(Event Control Block)来管理任务间的通信(除了事件标志组外)。事件控制块包括等待任务表在内的所有有关事件的数据，描述诸如信号量、邮箱和消息队列这些事件。

OS_EVENT 用来维护诸如信号量、邮箱和消息队列这些事件的所有信息，如用于信号量的计数器，用于指向邮箱的指针以及指向消息队列的指针数组等，此外还定义了等待该事件的所有任务的列表。TCB 的数据结构在 μCOS_II. H 文件中定义，部分代码如程序清单 L7-11 所示。

程序清单 L7-11　事件控制块

```
typedef struct {
    INT8U     OSEventType;                         //事件类型
    void      * OSEventPtr;                        //指向消息或者消息队列的指针
    INT16U    OSEventCnt;                          //计数器(当事件是信号量时)
#if OS_LOWEST_PRIO <= 63
    INT8U     OSEventGrp;                          //等待任务所在的组
    INT8U     OSEventTbl[OS_EVENT_TBL_SIZE];       //等待任务列表
#else
    INT16U    OSEventGrp;
    INT16U    OSEventTbl[OS_EVENT_TBL_SIZE];
#endif
#if OS_EVENT_NAME_SIZE > 1
    INT8U     OSEventName[OS_EVENT_NAME_SIZE];     //事件名称
#endif
} OS_EVENT;
```

. OSEventType　定义事件的具体类型。它可以是信号量(OS_EVENT_TYPE_SEM)、互斥信号量(OS_EVENT_TYPE_MUTEX)、邮箱(OS_EVENT_TYPE_MBOX)或消息队列(OS_EVENT_TYPE_Q)中的一种。用户根据该域的具体值来调用相应的系统函数，以保证对其进行的操作的正确性。

. OSEventCnt　当事件是一个信号量时，用于信号量的计数器。当为互斥信号量时，高 8 位存放互斥信号量优先级，低 8 位存放拥有该信号量的任务优先级。

. OSEventPtr 指针　当所定义的事件是邮箱或者消息队列时才使用。当所定义的事件是邮箱时，它指向一个消息；而当所定义的事件是消息队列时，它指向一个数据结构。当为互斥信号量时，该指针指向拥有互斥信号量的任务控制块。

.OSEventTbl[]和.OSEventGrp　记录系统中处于就绪状态的任务。结构上与任务就绪表OSRdyTbl[]和任务就绪组OSRdyGrp相同。对任务等待列表的操作主要有置位和清除。当某任务处于等待该事件的状态时，.OSEventGrp以及.OSEventTbl[]数组中对应元素的对应位就被置位，处理方式和任务控制块的就绪表处理类似。

.OSEventName[]　保存事件名称。

变量前面的"·"说明该变量是数据结构的一个域。

程序清单L7-12的代码是当OS_LOWEST_PRIO≤63时获得等待事件的任务优先级。

程序清单L7-12　获得等待事件的任务优先级

```
y    = OSUnMapTbl[pevent->OSEventGrp];          //查找等待消息的最高优先级任务
bity = (INT8U)(1 << y);
x    = OSUnMapTbl[pevent->OSEventTbl[y]];
bitx = (INT8U)(1 << x);
prio = (INT8U)((y << 3) + x);                   //找到获得消息的任务优先级
```

任务优先级的最低3位决定了该任务在相应的.OSEventTbl[]中的位置，紧接着的3位则决定了该任务优先级在.OSEventGrp[]中的字节索引。

在一个任务获得了事件，或者任务等待超时后，需要从等待任务列表中删除该任务。主要代码如程序清单L7-13所示。

程序清单L7-13　从事件等待任务队列中删除任务

```
y = ptcb->OSTCBY;
pevent->OSEventTbl[y]  &= ~ptcb->OSTCBBitX;
if (pevent->OSEventTbl[y] == 0) {
    pevent->OSEventGrp &= ~ptcb->OSTCBBitY;
}
```

代码首先清除任务在.OSEventTbl[]中的相应位。如果此操作导致该任务所在的优先级分组中不再有等待该事件的任务(即OSEventTbl[prio>>3]为0)，则同时清除OSEventGrp中的相应位。

在μC/OS-II中，事件控制块的总数由用户所需要的信号量、邮箱和消息队列的总数决定，所有事件控制块被链接成一个单向链表——空闲事件控制块链表(Free Event List)。每建立一个信号量、邮箱或者消息队列时，就从该链表中取出一个空闲事件控制块，并对它进行初始化。事件控制块的通用操作函数有：

- OS_EventWaitListInit()：初始化事件等待列表。
- OS_InitEventList ()：初始化事件控制块列表。
- OS_EventTaskRdy()：使一个任务进入就绪态。
- OS_EventTaskWait()：使一个任务进入等待该事件的状态。
- OS_EventTaskRemove ()：从事件等待列表中移除任务。
- OS_EventTaskWaitMulti ()：使任务等待多重事件发生，只要多个事件中有一个没有发生，任务就会进入挂起状态。

- OS_EventTaskRemoveMulti ()：从多重事件等待列表中移除任务。

这些函数都是操作系统内部函数，应用程序开发者不直接进行调用，本节不进行详细介绍，详细细节请查询 μC/OS - II 内核代码。

同时，在 μC/OS - II V2.86 中，还提供了以下三个用于直接对事件进行操作的函数：

- OSEventNameGet ()：用于获取分配给信号量、互斥量、消息邮箱或消息队列的名称。
- OSEventNameSet ()：用于分配给信号量、互斥量、消息邮箱或消息队列一个名称。
- OSEventPendMulti()：用于等待多重事件，如果多重事件在函数调用开始已经有效，则所有的可用事件被返回为就绪。

10. 中断处理

μC/OS - II 中，中断服务子程序要用汇编语言来写。然而，如果用户使用的 C 语言编译器支持在线汇编语言，则用户可以直接将中断服务子程序代码放在 C 语言的程序文件中。中断服务子程序的示意码如程序清单 L7 - 14 所示。

程序清单 L7 - 14　μC/OS - II 中的中断服务子程序

```
用户中断服务子程序：
保存全部 CPU 寄存器；                              (1)
调用 OSIntEnter 或 OSIntNesting 直接加 1；         (2)
执行用户代码做中断服务；                           (3)
调用 OSIntExit()；                                 (4)
恢复所有 CPU 寄存器；                              (5)
执行中断返回指令；                                 (6)
```

用户代码应该将全部 CPU 寄存器推入当前任务栈(L7 - 14(1))。注意，有些微处理器，例如 Motorola68020(及 68020 以上的微处理器)，做中断服务时使用另外的堆栈。μC/OS - II 可以用在这类微处理器中，当任务切换时，寄存器是保存在被中断了的那个任务的栈中的。

μC/OS - II 需要知道用户在做中断服务，故用户应该调用 OSIntEnter()，或者将全程变量 OSIntNesting(L7 - 14(2))直接加 1(如果用户使用的微处理器有存储器直接加 1 的单条指令)。如果用户使用的微处理器没有这样的指令，必须先将 OSIntNesting 读入寄存器，再将寄存器加 1，然后再写回到变量 OSIntNesting 中去，则就不如调用 OSIntEnter()。OSIntNesting 是共享资源。OSIntEnter()把上述三条指令用开中断、关中断保护起来，以保证处理 OSIntNesting 时的排他性。直接给 OSIntNesting 加 1 比调用 OSIntEnter()快得多，如果可能，直接加 1 更好。要当心的是，在有些情况下，从 OSIntEnter()返回时，会把中断开了。遇到这种情况，在调用 OSIntEnter()之前要先清中断源，否则，中断将连续反复打入，用户应用程序就会崩溃！

上述两步完成以后，用户可以开始服务于叫中断的设备了(L7 - 14(3))。这一段完全取决于应用。μC/OS - II 允许中断嵌套，因为 μC/OS - II 跟踪嵌套层数 OSIntNesting。然而，为允许中断嵌套，在多数情况下，用户应在开中断之前先清中断源。

调用脱离中断函数 OSIntExit()(L7 - 14(4))标志着中断服务子程序的终结，OSIntExit()将中断嵌套层数计数器减 1。当嵌套计数器减到零时，所有中断，包括嵌套的中断就都完成了，此时 μC/OS - II 要判定有没有优先级较高的任务被中断服务子程序(或任一嵌套的中断)

唤醒了。如果有优先级高的任务进入了就绪态，则 μC/OS－II 就返回到那个高优先级的任务，OSIntExit()返回到调用点(L7－14(5))。保存的寄存器的值是在这时恢复的，然后是执行中断返回指令(L7－14(6))。注意，如果调度被禁止了(OSIntNesting＞0)，则 μC/OS－II 将被返回到被中断了的任务。

以上描述的详细解释如图 7－5 所示。中断来到了，如步骤(1)，但还不能被 CPU 识别，也许是因为中断被 μC/OS－II 或用户应用程序关了，或者是因为 CPU 还没执行完当前指令。一旦 CPU 响应了这个中断，如步骤(2)，CPU 的中断向量(至少大多数微处理器是如此)跳转到中断服务子程序，如步骤(3)。如上所述，中断服务子程序保存 CPU 寄存器(也叫做 CPU context)，如步骤(4)，一旦做完，用户中断服务子程序通知 μC/OS－II 进入中断服务子程序，办法是调用 OSIntEnter()或者给 OSIntNesting 直接加 1，如步骤(5)。然后用户中断服务代码开始执行，如步骤(6)。用户中断服务中做的事要尽可能地少，要把大部分工作留给任务去做。中断服务子程序通知某任务去做事的手段是调用以下函数之一：OSQPost()、OSQPost-Front()、OSFlagPost()、OSMboxPost()、OSMutexPost()、OSSemPost()。中断发生并由上述函数发出消息时，接收消息的任务可能是，也可能不是在等待邮箱、队列或信号量上的任务。

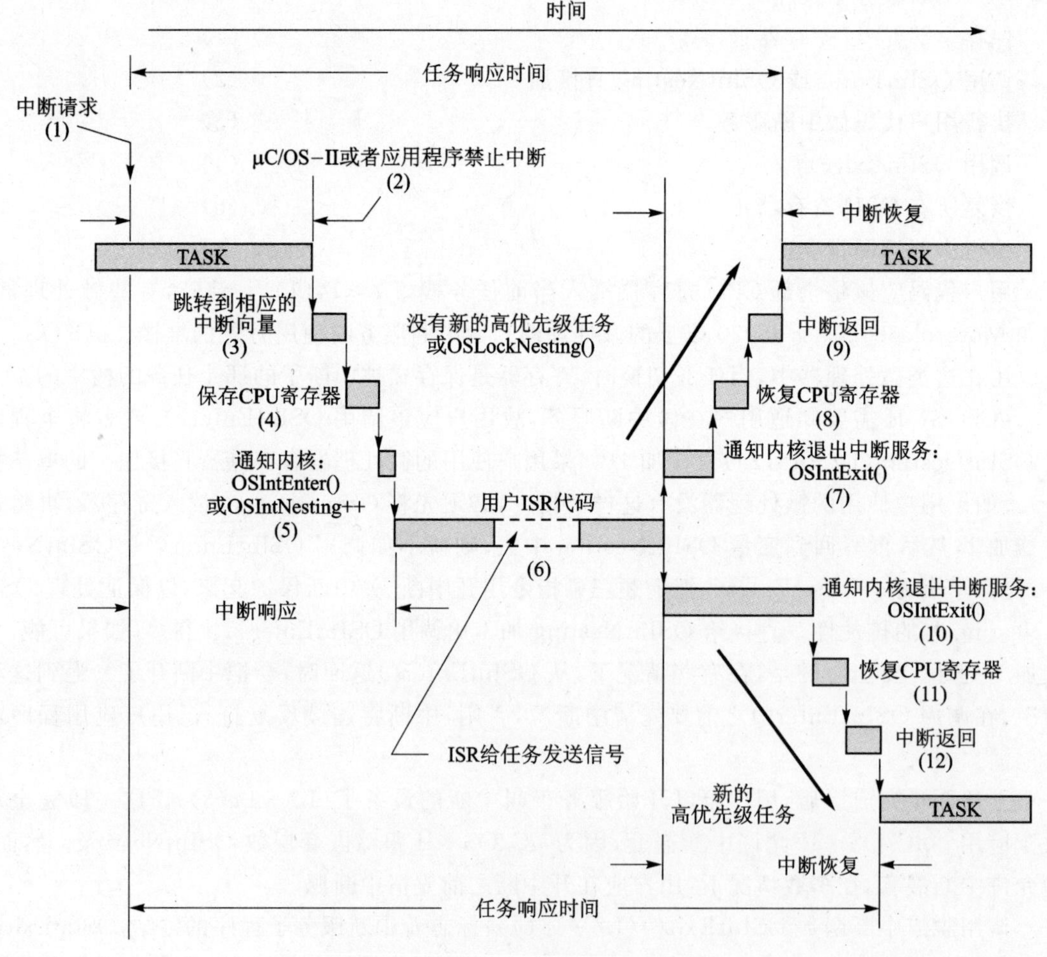

图 7－5　中断服务

用户中断服务完成以后，要调用 OSIntExit()，如步骤(7)。从时序图上可以看出，对被中断了的任务说来，如果没有高优先级的任务被中断服务子程序激活而进入就绪态，则 OSIntExit()只占用很短的运行时间。进而，在这种情况下，CPU 寄存器只是简单地恢复，如步骤(8)，并执行中断返回指令，如步骤(9)。如果中断服务子程序使一个高优先级的任务进入了就绪态，则 OSIntExit()将占用较长的运行时间，因为这时要做任务切换，如步骤(10)。新任务的寄存器内容要恢复并执行中断返回指令，如步骤(12)。

进入中断函数 OSIntEnter()的代码如程序清单 L7-15 所示，从中断服务中退出函数 OSIntExit()的代码如程序清单 L7-16 所示。如前所述，OSIntEnter()所做的事是非常少的。

程序清单 L7-15　OSIntEnter()函数

```
void OSIntEnter (void)
{
    OS_ENTER_CRITICAL();
    OSIntNesting++;
    OS_EXIT_CRITICAL();
}
```

程序清单 L7-16　通知 μC/OS-II，脱离了中断服务

```
void OSIntExit (void)
{
    if (OSRunning == OS_TRUE) {
        OS_ENTER_CRITICAL();                                            (1)
        if (OSIntNesting > 0) {
            OSIntNesting--;                                             (2)
        }
        if (OSIntNesting == 0) {
            if (OSLockNesting == 0) {
                OS_SchedNew();
                if (OSPrioHighRdy != OSPrioCur) {
                    OSTCBHighRdy = OSTCBPrioTbl[OSPrioHighRdy];
    #if OS_TASK_PROFILE_EN > 0
                    OSTCBHighRdy->OSTCBCtxSwCtr++;
    #endif
                    OSCtxSwCtr++;
                    OSIntCtxSw();                                       (3)
                }
            }
        }
        OS_EXIT_CRITICAL();
    }
}
```

OSIntExit()看起来非常像 OS_Sched()，但有两点不同：一是 OSIntExit()中多了一个使中断嵌套层数减 1(L7-16(2))。二是在任务切换时，OSIntExit()将调用 OSIntCtxSw()(L7-16(3))，而不是像在 OS_Sched()函数中那样调用 OS_TASK_SW()。

OSIntExit()之所以调用中断切换函数 OSIntCtxSw()而不调用任务切换函数 OS_TASK_SW(),主要是因为中断服务程序已经将 CPU 的寄存器存入到中断的任务栈中(如果不存在 CPU 工作模式的区分),不需要再进行压栈了。具体请参考第 8 章的 μC/OS-II 操作系统移植部分。

11. 时钟节拍

μC/OS-II 需要用户提供周期性信号源,用于实现时间延时和确认超时。节拍率应在每秒 10～100 次,或者说 10～100 Hz。时钟节拍率越高,系统的额外负荷就越重。时钟节拍的实际频率取决于用户应用程序的精度。时钟节拍源可以是专门的硬件定时器,也可以是来自 50 Hz 或 60 Hz 交流电源的信号。

用户必须在多任务系统启动以后再开启时钟节拍器,也就是在调用 OSStart()之后。换句话说,在调用 OSStart()之后做的第一件事是初始化定时器中断。通常,容易犯的错误是将允许时钟节拍器中断放在系统初始化函数 OSInit()之后,在调启动多任务系统启动函数 OSStart()之前,如程序清单 L7-17 所示。

程序清单 L7-17　启动时钟节拍器的错误做法

```
void main(void)
{
    …
    OSInit();              /* 初始化 μC/OS-II                              */
    …
    /* 应用程序初始化代码 ...                                              */
    /* ...通过调用 OSTaskCreate()创建至少一个任务                          */
    …
    /* 千万不要在这里允许时钟节拍中断!!!                                   */
    …
    OSStart();             /* 开始多任务调度                               */
}
```

这里潜在的危险是,时钟节拍中断有可能在 μC/OS-II 启动第一个任务之前发生,此时 μC/OS-II 是处在一种不确定的状态之中,用户应用程序有可能会崩溃。

μC/OS-II 中的时钟节拍服务是通过在中断服务子程序中调用 OSTimeTick()实现的。时钟节拍中断服从所有前面章节中描述的规则。时钟节拍中断服务子程序的示意代码如程序清单 L7-18 所示。这段代码必须用汇编语言编写,因为在 C 语言里不能直接处理 CPU 的寄存器。

程序清单 L7-18　时钟节拍中断服务子程序的示意代码

```
void OSTickISR(void)
{
    保存处理器寄存器的值;
    调用 OSIntEnter()或是将 OSIntNesting 加 1;
    调用 OSTimeTick();

    调用 OSIntExit();
```

```
    恢复处理器寄存器的值;
    执行中断返回指令;
}
```

OSTimTick()从 OSTCBList 开始,沿着 OS_TCB 链表检查并对任务 TCB 中的 OSTCBDly 减 1。当某任务的任务控制块中的时间延时项 OSTCBDly 减到了 0,这个任务就进入了就绪态。而确切被任务挂起的函数 OSTaskSuspend()挂起的任务则不会进入就绪态。OSTimTick()的执行时间直接与应用程序中建立了多少个任务成正比。

7.2　μC/OS - II 任务管理

在 μC/OS - II 中任务可以是一个无限的循环,也可以是在一次执行完毕后被删除掉。这里要注意的是,任务代码并不是被真正地删除了,而只是 μC/OS - II 不再理会该任务代码,所以该任务代码不会再运行。任务看起来与任何 C 函数一样,具有一个返回类型和一个参数,只是它从不返回。任务的返回类型必须被定义成 void 型。在本章中所提到的函数可以在 OS_TASK. C 文件中找到。μC/OS - II 包括系统任务和用户创建的任务。

7.2.1　μC/OS - II 系统任务管理

1. 空闲任务(OS_TaskIdle())

μC/OS - II 总是建立一个空闲任务,这个任务在没有其他任务进入就绪态时投入运行。这个空闲任务 OS_TaskIdle()永远设为最低优先级 OS_LOWEST_PRIO。空闲任务 OS_TaskIdle()什么也不做,只是在不停地给一个 32 位的名叫 OSIdleCtr 的计数器加 1,统计任务使用这个计数器以确定现行应用软件实际消耗的 CPU 时间。程序清单 L7 - 19 是空闲任务的代码。在计数器加 1 前后,中断是先关掉再开启的,因为 8 位以及大多数 16 位微处理器的 32 位加 1 需要多条指令,要防止高优先级的任务或中断服务子程序从中打入。空闲任务不能被应用软件删除。

程序清单 L7 - 19　μC/OS - II 的空闲任务

```
void OS_TaskIdle (void * pdata)
{
    pdata = pdata;
    for (;;) {
        OS_ENTER_CRITICAL();
        OSIdleCtr ++ ;
        OS_EXIT_CRITICAL();
    }
}
```

2. 统计任务(OS_TaskStat( ))

μC/OS - II 有一个提供运行时间统计的任务,这个任务叫做 OS_TaskStat()。如果用户将系统定义常数 OS_TASK_STAT_EN(见文件 OS_CFG. H)设为 1,这个任务就会建立。一旦得到了允许,OS_TaskStat()每秒钟运行一次(见文件 OS_CORE. C),计算当前的 CPU 利用率。换句话说,OS_TaskStat()告诉用户应用程序使用了多少 CPU 时间,用百分比表示,这个值放在一个有符号 8 位整数 OSCPUsage 中,精读度是 1 个百分点。

如果用户应用程序打算使用统计任务,用户必须在初始化时建立一个唯一的任务,在这个任务中调用 OSStatInit()(见文件 OS_CORE.C)。即在调用系统启动函数 OSStart()之前,用户初始代码必须先建立一个任务,在这个任务中调用系统统计初始化函数 OSStatInit(),然后再建立应用程序中的其他任务。程序清单 L7-20 是统计任务的示意性代码。

程序清单 L7-20 初始化统计任务

```
void main (void)
{
    OSInit();                   /* 初始化 μC/OS-II                                    (1) */
    /* 安装 μC/OS-II 的任务切换向量                                                        */
    /* 创建用户起始任务(为了方便讨论,这里以 TaskStart()作为起始任务)                    (2) */
    OSStart();                  /* 开始多任务调度                                      (3) */
}

void TaskStart (void *pdata)
{
    /* 安装并启动 μC/OS-II 的时钟节拍                                                  (4) */
    OSStatInit();               /* 初始化统计任务                                      (5) */
    /* 创建用户应用程序任务                                                                */
    for (;;) {
        /* 这里是 TaskStart()的代码!                                                       */
    }
}
```

因为用户的应用程序必须先建立一个起始任务(TaskStart()),当主程序 main()调用系统启动函数 OSStart()的时候,μC/OS-II 只有 3 个要管理的任务:TaskStart()、OS_TaskIdle()和 OS_TaskStat()。请注意,任务 TaskStart()的名称是无所谓的,叫什么名字都可以。因为 μC/OS-II 已经将空闲任务的优先级设为最低,即 OS_LOWEST_PRIO,统计任务的优先级设为次低,即 OS_LOWEST_PRIO-1。启动任务 TaskStart()总是优先级最高的任务。

TaskStart()负责初始化和启动时钟节拍。在这里启动时钟节拍是必要的,因为用户不会希望在多任务还没有开始时就接收到时钟节拍中断。接下去 TaskStart()调用统计初始化函数 OSStatInit()。统计初始化函数 OSStatInit()决定在没有其他应用任务运行时,空闲计数器(OSIdleCtr)的计数有多快。

3. 软件定时器管理任务(OSTmr_Task())

μC/OS-II 并未在 OSTimTick()中进行软件定时器到时判断与处理,而是创建了一个高于应用程序中所有其他任务优先级的定时器管理任务 OSTmr_Task(),在这个任务中进行定时器的到时判断和处理。时钟节拍函数通过信号量给这个高优先级任务发信号。这种方法缩短了中断服务程序的执行时间,但也使得定时器到时处理函数的响应受到中断退出时恢复现场和任务切换的影响。软件定时器功能实现代码存放在 OS_TMR.C 文件中,移植时需在 OS_CFG.H 文件中使能定时器和设定定时器的参数 OS_TMR_EN。

4. μC/OS－II 初始化及启动

在调用 μC/OS－II 的任何其他服务之前，μC/OS－II 要求用户首先调用系统初始化函数 OSInit()。OSInit()初始化 μC/OS－II 所有的变量和数据结构(见 OS_CORE.C)。

OSInit()建立空闲任务，这个任务总是处于就绪态的。空闲任务 OS_TaskIdle()的优先级总是设成最低，即 OS_LOWEST_PRIO。如果统计任务允许 OS_TASK_STAT_EN 和任务建立扩展允许都设为 1，则 OSInit()还得建立统计任务 OS_TaskStat()并且让其进入就绪态。OS_TaskStat()的优先级总是设为 OS_LOWEST_PRIO－1。除此之外，如果 OS_TMR_EN 开关打开，OSInit()还会建立定时器管理任务 OSTmr_Task()。

OS_TaskIdle()和 OS_TaskStat()两个任务控制块(OS_TCBs)是用双向链表链接在一起的，OSTCBList 指向这个链表的起始处。当建立一个任务时，这个任务总是被放在这个链表的起始处，也就是 OSTCBList 总是指向最后建立的那个任务。链的终点指向空字符 NULL(也就是零)。因为这两个任务都处在就绪态，在就绪任务表 OSRdyTbl[]中的相应位是设为 1 的。还有，因为这两个任务的相应位是在 OSRdyTbl[]的同一行上，即属同一组，故 OSRdyGrp 中只有 1 位是设为 1 的。

多任务的启动是用户通过调用 OSStart()实现的。然而，启动 μC/OS－II 之前，用户至少要建立一个应用任务，如程序清单 L7－21 所示。

程序清单 L7－21　初始化和启动 μC/OS－II

```
void main (void)
{
    OSInit();          /* 初始化 μC/OS-II                      */
    …
    通过调用 OSTaskCreate()或 OSTaskCreateExt()创建至少一个任务;
    …
    OSStart();         /* 开始多任务调度! OSStart()永远不会返回 */
}
```

OSStart()的代码如程序清单 L7－22 所示。当调用 OSStart()时，OSStart()从任务就绪表中找出那个用户建立的优先级最高任务的任务控制块(L7－22 (1))。然后，OSStart()调用高优先级就绪任务启动函数 OSStartHighRdy()(L7－22 (2))(见汇编语言文件 OS_CPU_A.ASM)，这个文件与选择的微处理器有关。实质上，函数 OSStartHighRdy()是将任务栈中保存的值弹回到 CPU 寄存器中，然后执行一条中断返回指令，中断返回指令强制执行该任务代码。OSStartHighRdy()将永远不返回到 OSStart()。

程序清单 L7－22　启动多任务

```
void OSStart (void)
{
    if (OSRunning == OS_FALSE) {
    OS_SchedNew();                /* 查找最高优先级任务优先级   */          (1)
    OSPrioCur       = OSPrioHighRdy;
    OSTCBHighRdy    = OSTCBPrioTbl[OSPrioHighRdy];
    OSTCBCur        = OSTCBHighRdy;
    OSStartHighRdy();                                                        (2)
}
```

7.2.2 μC/OS-II 用户任务管理

本节所讲的内容包括如何在用户的应用程序中建立任务、删除任务、改变任务的优先级、挂起和恢复任务，以及获得有关任务的信息。

μC/OS-II 可以管理多达 256 个任务，并从中保留了 4 个最高优先级和 4 个最低优先级的任务供自己使用，所以用户可以使用的只有 248 个任务。任务的优先级越高，反映优先级的值则越低，任务的优先级数也可作为任务的标识符使用。

1. 建立任务

(1) 基本任务创建函数

INT8U OSTaskCreate(void (* task)(void * pd), void * pdata, OS_STK * ptos, INT8U prio)

(2) 扩展任务创建函数

INT8U OSTaskCreateExt(void (* task)(void * pd), void * pdata, OS_STK * ptos, NT8U prio, INT16U id, OS_STK * pbos, INT32U stk_size, void * pext, INT16U opt)

想让 μC/OS-II 管理用户的任务，用户必须要先建立任务。用户可以通过传递任务地址和其他参数到以下两个函数之一来建立任务：OSTaskCreate()或 OSTaskCreateExt()。OSTaskCreate()与 μC/OS 是向下兼容的，OSTaskCreateExt()是 OSTaskCreate()的扩展版本，提供了一些附加的功能，用 OSTaskCreateExt()函数来建立任务会更加灵活，但会增加一些额外的开销。任务可以在多任务调度开始前建立，也可以在其他任务的执行过程中被建立。在开始多任务调度(即调用 OSStart())前，用户必须建立至少一个任务。任务创建可以在 main()函数和其他任务中进行，但不能由中断服务程序(ISR)来建立。

程序清单 L7-23 是一个创建任务的范例。本例中，在 OSTaskCreate 创建任务时，传递给任务 Task()的参数 pdata 不使用，所以指针 pdata 被设为 NULL。注意到程序中设定堆栈向低地址增长，OS_STK_GROWTH 设为 1。传递的栈顶指针为高地址 &TaskStk [1023]。如果在您的程序中设定堆栈向高地址增长，则传递的栈顶指针应该为 &TaskStk [0]。

在 OSTaskCreateExt 创建任务时，使用了一个用户自定义的数据结构 TASK_USER_DATA(L7-23(1))，在其中保存了任务名称和其他一些数据。任务名称可以用标准库函数 strcpy()初始化(L7-23(2))。本例中设定堆栈向低地址方向增长(L7-23(3))。在本例中，允许堆栈检查操作(L7-23(4))，程序可以调用 OSTaskStkChk()函数。程序注释中的 TOS 意为堆栈顶端(Top Of Stack)，BOS 意为堆栈底顶端(Bottom Of Stack)。

程序清单 L7-23 创建任务范例

```
typedef struct {                          /* 用户定义的数据结构 */   (1)
    char     TaskName[20];
    INT16U   TaskCtr;
    INT16U   TaskExecTime;
    INT32U   TaskTotExecTime;
} TASK_USER_DATA;
OS_STK           TaskStk[1024];
TASK_USER_DATA   TaskUserData;            /* 定义任务用户数据变量 */
```

```
void main(void)
{
    INT8U err;
    …                                        /* 启动初始化代码,如硬件初始化 */
    OSInit();                                /* 初始化 μC/OS-II */
    …
    err = OSTaskCreate(Task, (void *)0, & TaskStk[1023], 25);
    strcpy(TaskUserData.TaskName,"MyTaskName");   /* 任务名 (2) */
    err = OSTaskCreateExt(Task,
         (void *)0,
        &TaskStk[1023],                      /* 堆栈向低地址增长(TOS)(3) */
        10,
        &TaskStk[0],                         /* 堆栈向低地址增长 (BOS) (3) */
        1024,
        (void *)&TaskUserData,               /* TCB的扩展 */
        OS_TASK_OPT_STK_CHK);                /* 允许堆栈检查(4) */
    …                                        /* 其他设备启动,如 LCD, FS */
    OSStart();                               /* 启动多任务环境 */
}

void Task(void *pdata)
{
    pdata = pdata;                           /* 此句可避免编译中的警告信息 */
    for (;;) {
        …                                    /* 任务代码 */
    }
}
```

2. 任务删除管理

在应用中,为了更好地利用内存空间,可以将一些暂时不调用的任务删除,移出内存空间。μC/OS-II 提供了两个函数 OSTaskDel()和 OSTaskDelReq ()用于任务的删除管理功能。

(1) 删除任务函数

INT8U OSTaskDel (INT8U prio)

任务删除的目的是为了释放内存中的数据结构空间,使任务进入休眠状态,并不是说任务的代码被删除了,只是任务的代码不再被 μC/OS-II 调用。通过调用 OSTaskDel()就可以完成删除任务的功能。

OSTaskDel()函数删除一个指定优先级的任务。任务可以传递优先级 OS_PRIO_SELF 给 OSTaskDel(),从而删除自身。被删除的任务将回到休眠状态。任务被删除后可以用函数 OSTaskCreate()或 OSTaskCreateExt()重新建立。

(2) 请求删除任务函数

INT8U OSTaskDelReq (INT8U prio)

有时候,如果任务 A 拥有内存缓冲区或信号量之类的资源,而任务 B 想删除该任务,这些资源就可能由于没被释放而丢失。在这种情况下,用户可以设法让拥有这些资源的任务在使用完资源后，先释放资源，再删除自己。用户可以通过 OSTaskDelReq()函数来完成该功能。

任务删除范例如程序清单 L7 - 24 所示。

程序清单 L7 - 24 任务删除范例

```
void TaskToBeDeleted(void * pdata)          /* 任务优先级 10 */
{
    INT8U err;
    pdata = pdata;
    for (;;) {
        err = OSTaskDelReq(10);             /* 请求任务#10 删除自身 */
        if (er == OS_NO_ERR) {
            err = OSTaskDel(10);            /* 删除优先级为 10 的任务 */
            if (err == OS_NO_ERR) {
            ...                             /* 任务被删除,可以添加自己需要的代码 */
            }
        }
        if (OSTaskDelReq(OS_PRIO_SELF) == OS_TASK_DEL_REQ) {/* 删除自己 */
            /* 释放任务占用的系统资源                  */
            /* 释放动态分配的内存                      */
            OSTaskDel(OS_PRIO_SELF);
        }
    }
}
```

3. 任务挂起与恢复

任务挂起就是把任务从就绪态或者运行态转换为挂起状态。挂起任务和删除任务有些相似，其实有着本质的区别，最大的不同就是删除任务有对任务控制块的操作，会删除任务控制块中的有效数据。而挂起任务不会删除任务控制块，但删除任务就会把任务控制块从 OS-TCBList 链表中移到 OSTCBFreeList。

(1) 任务挂起

INT8U OSTaskSuspend (INT8U prio)

挂起任务可通过调用 OSTaskSuspend()函数来完成。被挂起的任务只能通过调用 OS-TaskResume()函数来恢复。任务挂起是一个附加功能。也就是说，如果任务在被挂起的同时也在等待延时的期满，那么，挂起操作需要被取消，而任务继续等待延时期满，并转入就绪状态。任务可以挂起自己或者其他任务。

调用此函数的任务也可以传递参数 OS_PRIO_SELF，挂起调用任务本身。当前任务挂起后，只有其他任务才能唤醒。任务挂起后，系统会重新进行任务调度，运行下一个优先级最高的就绪任务。

任务的挂起是可以叠加到其他操作上的。例如，任务被挂起时正在进行延时操作，那么任务的唤醒就需要两个条件：延时的结束以及其他任务的唤醒操作。又如，任务被挂起时正在等待信号量，当任务从信号量的等待队列中清除后也不能立即运行，而必须等到唤醒操作后。

(2) 恢复任务

INT8U OSTaskResume (INT8U prio)

在上一节中曾提到过，OSTaskResume()唤醒一个用 OSTaskSuspend()函数挂起的任务，被挂起的任务只有通过调用 OSTaskResume()才能恢复。

任务挂起与恢复范例如程序清单 L7－25 所示。

程序清单 L7－25　任务挂起与恢复范例

```
void TaskX(void * pdata)
{
    INT8U err;
    for (;;) {
        err = OSTaskSuspend(OS_PRIO_SELF);      /* 挂起当前任务 */
        …                /* 当其他任务唤醒被挂起任务时，任务可继续运行 */
        err = OSTaskResume(10);                 /* 唤醒优先级为 10 的任务 */
        if (err == OS_NO_ERR) {
            …                                   /* 任务被唤醒 */
        }
    }
}
```

4. 其他任务管理函数

除了任务创建、删除、挂起与恢复外，μC/OS－Ⅱ还提供了优先级更改、任务信息查询、设置任务名称、任务堆栈检查等功能，这些功能为任务管理提供了更完善操作。

(1) 改变任务的优先级

INT8U OSTaskChangePrio (INT8U oldprio, INT8U newprio)

在用户建立任务的时候会分配给任务一个优先级。在程序运行期间，用户可以通过调用 OSTaskChangePrio()来改变任务的优先级。换句话说，就是 μC/OS－II 允许用户动态地改变任务的优先级，但用户不能改变系统任务的优先级。

(2) 获得有关任务的信息

INT8U OSTaskQuery (INT8U prio, OS_TCB * p_task_data)

用户的应用程序可以通过调用 OSTaskQuery()来获得自身或其他应用任务的信息。实际上，OSTaskQuery()获得的是对应任务的 OS_TCB 中内容的拷贝。用户能访问的 OS_TCB 的数据域的多少决定于用户的应用程序的配置(参看 OS_CFG.H)。由于 μC/OS－II 是可裁剪的，它只包括那些用户的应用程序所要求的属性和功能。

要调用 OSTaskQuery()，如程序清单 L7－26 中所示的那样，用户的应用程序必须要为 OS_TCB 分配存储空间。这个 OS_TCB 与 μC/OS－II 分配的 OS_TCB 是完全不同的数据空间。在调用了 OSTaskQuery()后，这个 OS_TCB 包含了对应任务的 OS_TCB 的副本。用户必须十分小心地处理 OS_TCB 中指向其他 OS_TCB 的指针(即 OSTCBNext 与 OSTCBPrev)；用户不要试图去改变这些指针！一般来说，本函数只用来了解任务正在干什么——本函数是有用的调试工具。

(3) 堆栈检验

INT8U OSTaskStkChk (INT8U prio,OS_STK_DATA * p_task_data)

任务所需的堆栈的容量是由应用程序指定的。用户在指定堆栈大小的时候必须考虑以下用户的任务所调用的所有函数的嵌套情况，任务所调用的所有函数会分配的局部变量的数目，所有可能的中断服务例程嵌套的堆栈需求。另外，用户的堆栈必须能储存所有的 CPU 寄存器。

有时候决定任务实际所需的堆栈空间大小是很有必要的。因为这样用户就可以避免为任务分配过多的堆栈空间，从而减少自己的应用程序代码所需的 RAM(内存)数量。在调试的时候，μC/OS-II 提供的 OSTaskStkChk()函数可以为用户提供这种有价值的信息。

(4) 任务名称获取函数

INT8U OSTaskNameGet (INT8U prio, INT8U *pname, INT8U *perr)

(5) 任务名称设置函数

void OSTaskNameSet (INT8U prio, INT8U *pname, INT8U *perr)

函数 OSTaskNameGet 用于获取一个任务的名称，函数 OSTaskNameSet 用于设置一个任务的名称。这两个函数在使用前必须在 os_cfg.h 中把 OS_TASK_NAME_EN 开关打开，并且只能在任务中使用。

程序清单 L7-26　其他任务管理函数范例

```
OS_TCB MyTaskData;                          /* 声明一个 TCB 变量用于存放查询的任务信息 */
void MyTask (void *pdata)
{
    OS_STK_DATA stk_data;                   /* 定义堆栈结构体变量存放查询的堆栈信息 */
    INT32U      stk_size;                   /* 定义变量存放任务总的堆栈大小 */
    INT8U taskname[10] = "Mytask";          /* 定义字符变量存放设置的任务名称 */
    INT8U pname[14];                        /* 定义字符变量存放获取的任务名称 */
    pdata = pdata;
    for (;;) {
        …                                   /* 用户代码 */
        err = OSTaskChangePrio(10, 15);
        …                                   /* 对错误代码进行分析 */
        err = OSTaskQuery(15, &MyTaskData);
        …                                   /* 对错误代码进行分析 */
        …                                   /* 用户代码 */
        err = OSTaskStkChk(10, &stk_data);
        if (err == OS_NO_ERR) {
            stk_size = stk_data.OSFree + stk_data.OSUsed;
        }
        …
        OSTaskNameSet(10, taskname, &err);        /* 对优先级为 10 的任务设置名称 */
        …
        OSTaskNameGet (12, pname, &err);          /* 获取优先级为 12 的任务名称 */
        …
    }
}
```

7.3　μC/OS－II 时间管理

μC/OS－II 时间管理主要包括两个部分：时钟节拍管理和定时器管理。时钟节拍管理主要与定时中断相关，而定时器管理主要与计数或者定时相关。

7.3.1　μC/OS－II 时钟节拍管理

μC/OS－II 提供了这样一个系统服务：申请该服务的任务可以延时一段时间，这段时间的长短是用时钟节拍的数目来确定的。实现这个系统服务的函数有 OSTimeDly( ) 和 OSTimeDlyHMSM()。OSTimeDly() 延时的长短与定时器节拍中周期有关，调用该函数会使 μC/OS－II 进行一次任务调度，并且执行下一个优先级最高的就绪态任务。任务调用 OSTimeDly()后，一旦规定的时间期满或者有其他的任务通过调用 OSTimeDlyResume()取消了延时，它就会马上进入就绪状态。注意，只有当该任务在所有就绪任务中具有最高的优先级时，它才会立即运行。

而任务通过调用 OSTimeDly( )或 OSTimeDlyHMSM( )函数设置完成任务的延时节拍后，通过时钟中断服务程序调用 OSTimeTick()函数对时钟节拍减 1。时钟节拍函数 OSTimeTick()的代码如程序清单 L7－27 所示。OSTimeTick()以调用可由用户定义的时钟节拍外连函数 OSTimeTickHook()开始，这个外连函数可以将时钟节拍函数 OSTimeTick()予以扩展(L7－27(1))。笔者决定首先调用 OSTimeTickHook()是打算在时钟节拍中断服务一开始就给用户一个可以做点儿什么的机会，因为用户可能会有一些时间要求苛刻的工作要做。OSTimetick()中量大的工作是给每个用户任务控制块 OS_TCB 中的时间延时项 OSTCBDly 减 1 (如果该项不为零的话)。OSTimeTick()从 OSTCBList 开始，沿着 OS_TCB 链表做，一直做到空闲任务(L7－27(3))。当某任务的任务控制块中的时间延时项 OSTCBDly 减到了零，这个任务就进入了就绪态(L7－27(5))。而确切被任务挂起的函数 OSTaskSuspend()挂起的任务则不会进入就绪态(L7－27(4))。OSTimeTick()的执行时间直接与应用程序中建立了多少个任务成正比。

程序清单 L7－27　时钟节拍函数 OSTimtick( )

```
void OSTimeTick (void)
{
    OS_TCB *ptcb;
    OSTimeTickHook();                                                    (1)
    ptcb = OSTCBList;                                                    (2)
    while (ptcb->OSTCBPrio != OS_IDLE_PRIO) {                            (3)
        OS_ENTER_CRITICAL();
        if (ptcb->OSTCBDly != 0) {
            if (--ptcb->OSTCBDly == 0) {
                if (!(ptcb->OSTCBStat & OS_STAT_SUSPEND)) {              (4)
                    OSRdyGrp              |= ptcb->OSTCBBitY;            (5)
                    OSRdyTbl[ptcb->OSTCBY] |= ptcb->OSTCBBitX;
                } else {
```

```
                    ptcb->OSTCBDly = 1;
                }
            }
        }
        ptcb = ptcb->OSTCBNext;
        OS_EXIT_CRITICAL();
    }
    OS_ENTER_CRITICAL();                                                    (6)
    OSTime++;                                                               (7)
    OS_EXIT_CRITICAL();
}
```

1. 按节拍延时函数

void OSTimeDly(INT16U ticks)

程序清单 L7-28 所示的是任务延时函数 OSTimeDly()的代码。用户的应用程序是通过提供延时的时钟节拍数——一个 1 到 65 535 之间的数来调用该函数的。如果用户指定 0 值(L7-28(1)),则表明用户不想延时任务,函数会立即返回到调用者。非 0 值会使得任务延时函数 OSTimeDly()将当前任务从就绪表中移除(L7-28(2))。接着,这个延时节拍数会被保存在当前任务的 OS_TCB 中(L7-28(3)),并且通过 OSTimeTick()每隔一个时钟节拍就减少一个延时节拍数。最后,既然任务已经不再处于就绪状态,任务调度程序会执行下一个优先级最高的就绪任务。

程序清单 L7-28　OSTimeDly()函数

```
void OSTimeDly (INT16U ticks)
{
    if (ticks > 0){                                                         (1)
        OS_ENTER_CRITICAL();
        if((OSRdyTbl[OSTCBCur->OSTCBY] &= ~OSTCBCur->OSTCBBitX) == 0){      (2)
            OSRdyGrp &= ~OSTCBCur->OSTCBBitY;
        }
        OSTCBCur->OSTCBDly = ticks;                                         (3)
        OS_EXIT_CRITICAL();
        OS_Sched();                                                         (4)
    }
}
```

OSTimeDly()将一个任务延时 ticks 个时钟节拍。如果延时时间大于 0,系统将立即进行任务调度。延时时间的长度可从 0 到 65 535 个时钟节拍。延时时间 0 表示不进行延时,函数将立即返回调用者。延时的具体时间依赖于系统每秒钟有多少时钟节拍(由文件 SO_CFG. H 中的常量 OS_TICKS_PER_SEC 设定)。

2. 按时分秒延时函数

void OSTimeDlyHMSM(INT8U hours,INT8U minutes,INT8U seconds,INT8U milli)

OSTimeDly()虽然是一个非常有用的函数,但用户的应用程序需要知道延时时间对应的时钟节拍的数目。用户可以使用定义全局常数 OS_TICKS_PER_SEC(参看 OS_CFG. H)的方法将时间转换成时钟段，但这种方法有时显得比较不方便。μC/OS－II 提供了 OSTimeDlyHMSM()函数后，用户就可以按小时、分、秒和毫秒来定义时间了，这样会显得更自然些。与 OSTimeDly()一样，调用 OSTimeDlyHMSM()函数也会使 μC/OS－II 进行一次任务调度，并且执行下一个优先级最高的就绪态任务。任务调用 OSTimeDlyHMSM()后，一旦规定的时间期满或者有其他的任务通过调用 OSTimeDlyResume()取消了延时，它就会马上处于就绪态。同样，只有当该任务在所有就绪态任务中具有最高的优先级时，它才会立即运行。

由于 OSTimeDlyHMSM()的具体实现方法，用户不能结束延时调用 OSTimeDlyHMSM()要求延时超过 65 535 个节拍的任务。换句话说，如果时钟节拍的频率是 100 Hz，用户不能让调用 OSTimeDlyHMSM(0,10,55,350)或更长延迟时间的任务结束延时。

3. 让处在延时期的任务结束延时函数

void OSTimeDlyResume(INT8U prio)

μC/OS－II 允许用户结束正处于延时状态的任务延时。延时的任务可以不等待延时期满，而是通过其他任务取消延时来使自己处于就绪态。这可以通过调用 OSTimeDlyResume()和指定要恢复的任务的优先级来完成。实际上，OSTimeDlyResume()也可以唤醒正在等待事件的任务，虽然这一点并没有提到过。在这种情况下，等待事件发生的任务会考虑是否终止等待事件。

4. 系统时间管理

(1) 系统时间获取函数

INT32U　OSTimeGet (void)

无论时钟节拍何时发生，μC/OS－II 都会将一个 32 位的计数器加 1。这个计数器在用户调用 OSStart()初始化多任务和 4 294 967 295 个节拍执行完一遍的时候从 0 开始计数。在时钟节拍的频率等于 100 Hz 的时候，这个 32 位的计数器每隔 497 天就重新开始计数。用户可以通过调用 OSTimeGet()来获得该计数器的当前值。

(2) 系统时间设置

void OSTimeSet (INT32U ticks)

应用程序也可以通过调用 OSTimeSet()来改变该计数器的值。OSTimeSet()设置当前系统时钟数值 ticks。系统时钟是一个 32 位的计数器，记录系统上电后或时钟重新设置后的时钟计数。

时间节拍管理函数范例如程序清单 L7－29 所示。

程序清单 L7－29　时间节拍管理函数范例

```
void TaskX(void * pdata)
{
    INT8U  err;
    INT32U clk;                          /* 定义变量用于存放系统时钟值 */
    for (;;) {
        ...
        OSTimeDly(10);                   /* 任务延时 10 个时钟节拍 */
        OSTimeDlyHMSM(0, 0, 1, 0);       /* 任务延时 1 秒 */
```

```
        err = OSTimeDlyResume(10);          /* 唤醒优先级为 10 的任务 */
        if (err == OS_ERR_NONE) {
        …                                   /* 任务被唤醒后的其他处理 */
        }
        clk = OSTimeGet();                  /* 获取当前系统时钟的值 */
        OSTimeSet(0L);                      /* 复位系统时钟 */
        …
    }
}
```

7.3.2 μC/OS-II 软件定时器管理

1. 软件定时器工作原理

μC/OS-II 从 V2.83 版本以后，加入了软件定时器，这使得 μC/OS-II 的功能更加完善，在其上的应用程序开发与移植也更加方便。在实时操作系统中一个好的软件定时器实现要求有较高的精度、较小的处理器开销，且占用较少的存储器资源。

定时器和时钟管理不同，主要是为系统提供一种用于计数或者定时的一种机制，对函数周期性或者一次性执行的定时，利用软件定时器控制块与"定时器轮"管理软件定时器。而 μC/OS-II 时钟主要是提供系统一个固定频率的时钟节拍用于管理延时等操作。定时器的这种机制可以满足不同定时或计数操作的需求。比如，定时器用于计数，这个计数来源可以是定时器产生的，也可以是外部脉冲产生的，如图 7-6 所示。计数源不需要固定的周期，而是以产生中断的次数来衡量的。这在某些特殊应用中非常有用，如测速。

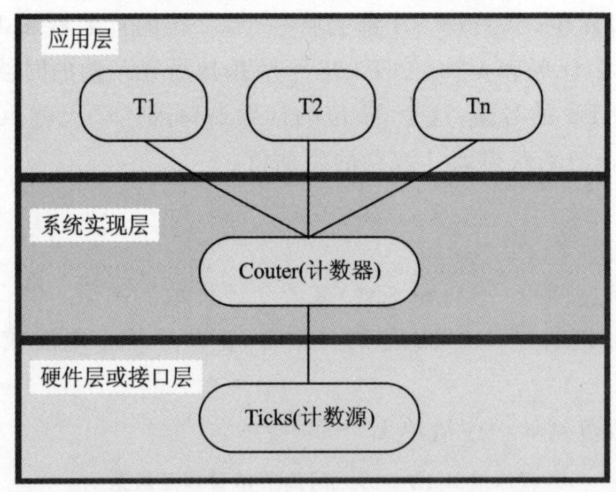

图 7-6 软定时器实现结构

μC/OS-II 并未在 OSTimeTick() 中进行定时器到时判断与处理，而是创建了一个高于应用程序中所有其他任务优先级的定时器管理任务 OSTmr_Task()，在这个任务中进行定时器的到时判断和处理。时钟节拍函数通过信号量给这个高优先级任务发信号。这种方法缩短了中断服务程序的执行时间，但也使得定时器到时处理函数的响应受到中断退出时恢复现场和任务切换的影响。软件定时器功能实现代码存放在 os_tmr.c 文件中，移植时只需在 os_cfg.h 文件中使能定时器和设定定时器的相关参数。

软件定时器也需要一个定时器节拍驱动，而这个驱动一般是硬件实现的，一般使用 μC/OS-II 操作系统中任务延时的时钟节拍来驱动软件定时器，也可以用其他定时器来提供。每个时钟节拍 OSTmrCtr（全局变量，初始值为 0）增 1，当 OSTmrCtr 的值等于 OS_TICKS_PER_SEC 除以 OS_TMR_CFG_TICKS_PER_SEC 的商（此两者的商决定软件定时器的频率）时，调用函数 OSTmrSignal()，此函数发送信号量 OSTmrSemSignal（初始值为 0，决定软件定时器扫描任务 OSTmr_Task 的运行）。也就是说，对定时器的处理不在时钟节拍中断函数中进行，而是以发生信号量的方式激活任务 OSTmr_Task（具有很高的优先级）。任务 OSTmr_Task 对定时器进行检测处理，包括定时器定时完成的判断、回调函数的执行。

μC/OS-II 中软件定时器的实现方法是，将定时器按定时时间分组，使得每次时钟节拍到来时只对部分定时器进行比较操作，缩短了每次处理的时间。但这就需要动态地维护一个定时器组。定时器组的维护只是在每次定时器到时时才发生，而且定时器从组中移除和再插入操作不需要排序。这是一种比较高效的算法，减少了维护所需的操作时间。

μC/OS-II 软件定时器实现了 3 类链表的维护：

- OS_EXT OS_TMR   OSTmrTbl[OS_TMR_CFG_MAX] //定时器控制块数组
- OS_EXT OS_TMR   *OSTmrFreeList   //空闲定时器控制块链表指针
- OS_EXT OS_TMR_WHEEL   OSTmrWheelTbl[OS_TMR_CFG_WHEEL_SIZE] //定时器轮

其中 OS_TMR 为定时器控制块，定时器控制块是软件定时器管理的基本单元，包含软件定时器的名称、定时时间、在链表中的位置、使用状态、使用方式以及到时回调函数及其参数等基本信息。

OSTmrTbl[OS_TMR_CFG_MAX]：以数组的形式静态分配定时器控制块所需的 RAM 空间，并存储所有已建立的定时器控制块，OS_TMR_CFG_MAX 为最大软件定时器的个数。

OSTmrFreeLiSt：为空闲定时器控制块链表头指针。空闲态的定时器控制块（OS_TMR）中，OSTmrnext 和 OSTmrPrev 两个指针分别指向空闲控制块的前一个和后一个，组织了空闲控制块双向链表。建立定时器时，从这个链表中搜索空闲定时器控制块。

OSTmrWheelTbl[OS_TMR_CFG_WHEEL_SIZE]：该数组的每个元素都是已开启定时器的一个分组，元素中记录了指向该分组中第一个定时器控制块的指针，以及定时器控制块的个数。运行态的定时器控制块（OS_TMR）中，OSTmrnext 和 OSTmrPrev 两个指针同样也组织了所在分组中定时器控制块的双向链表。软件定时器管理所需的数据结构示意图如图 7-7 所示。

OS_TMR_CFG_WHEEL_SIZE 定义了 OSTmrWheelTbl 的大小，同时这个值也是定时器分组的依据。按照定时器到时值与 OS_TMR_CFG_WHEEL_SIZE 相除的余数进行分组：不同余数的定时器放在不同分组中；相同余数的定时器处在同一组中，由双向链表连接。这样，余数值为 0～OS_TMR_CFG_WHEEL_SIZE-1 的不同定时器控制块，正好分别对应了数组元素 OSTmrWheelTbl[0]～OSTmrWheelTbl[OS_TMR_CFGWHEEL_SIZE-1]的不同分组。每次时钟节拍到来时，时钟数 OSTmrTime 值加 1，然后也进行求余操作，只有余数相同的那组定时器才有可能到时，所以只对该组定时器进行判断。这种方法比循环判断所有定时器更高效。随着时钟数的累加，处理的分组也由 0～OS_TMR_CFG_WHE EL_SIZE-1 循环。这里，我们推荐 OS_TMR_CFG_WHEEL_SIZE 的取值为 2 的 N 次方，以便采用移位操

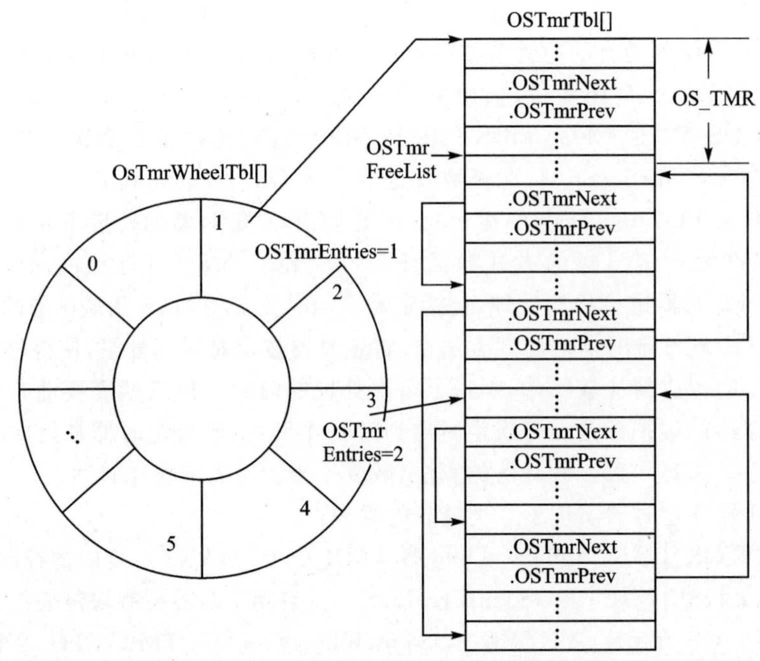

图 7-7 软件定时器管理所需的数据结构示意图

作计算余数，缩短处理时间。

信号量唤醒定时器管理任务，计算出当前所要处理的分组后，程序遍历该分组中的所有控制块，将当前 OSTmrTime 值与定时器控制块中的到时值(OSTmrMatch)相比较。若相等(即到时)，则调用该定时器到时回调函数；若不相等，则判断该组中下一个定时器控制块。如此操作，直到该分组链表的结尾。

当运行完软件定时器的到时处理函数之后，需要进行该定时器控制块在链表中的移除和再插入操作。插入前需要重新计算定时器下次到时时所处的分组。计算公式如下：

OSTmrMatch＝定时器定时值＋当前 OSTmrTime 值

新分组编号＝OSTmrMatch％OS_TMR_CFG_WHEEL_SIZE

其中，OSTmrMatch 是定时器下次到时的 OSTmrTime 值。

2. μC/OS-II 定时器系统函数

μC/OS-II V2.86 中与软件定时器相关的函数包括：定时器创建与删除函数 OSTmrCreate()、OSTmrDel()；定时器启动与停止函数 OSTmrStart()、OSTmrStop()；定时器剩余时间与当前状态查询函数 OSTmrRemainGet()、OSTmrStateGet()；定时器发送信号函数 OSTmrSemSignal()、OSTmrSignal()；定时器名称查询函数 OSTmrNameGet()。图 7-8 列出了任务、中断服务与定时器之间的关系。

由于软件定时器回调函数的执行都是在任务 OSTmr_Task 中执行，如果多个定时器同时定时完成，则在定时器任务中执行多个定时器的回调函数，因此定时器任务的执行时间不确定。而且定时器回调函数是顺序执行的，如果某个定时器回调函数需要尽快执行以实现精确定时，就难以实现了。

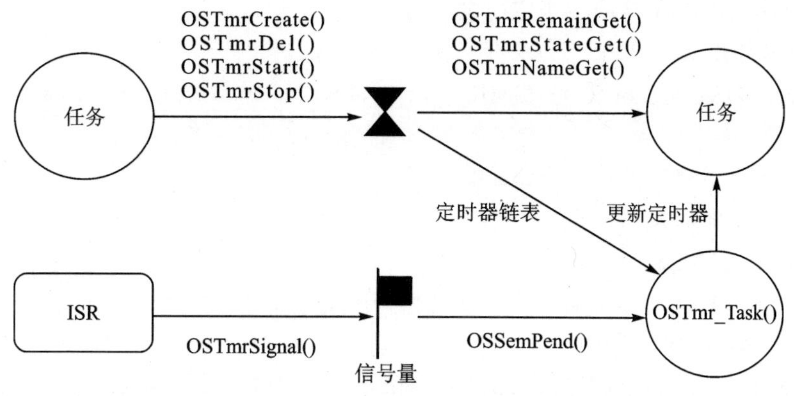

图 7-8　任务、中断与软件定时器之间的关系

(1) 定时器创建函数

OS_TMR * OSTmrCreate (INT32U dly, INT32U period, INT8U opt, OS_TMR_CALLBACK callback, void * callback_arg, INT8U * pname, INT8U * perr)

创建软件定时器通过函数 OSTmrCreate()实现。dly,用于初始化定时时间,对单次定时(ONE-SHOT)模式的软件定时器来说,这就是该定时器的定时时间,而对于周期定时(PERIODIC)模式的软件定时器来说,这是该定时器第一次定时的时间,从第二次开始定时时间变为 period。period 在周期定时模式,该值为软件定时器的周期溢出时间。opt 用于设置软件定时器工作模式,可以设置的值为:OS_TMR_OPT_ONE_SHOT 或 OS_TMR_OPT_PERIODIC,如果设置为前者,说明是一个单次定时器;设置为后者则表示是周期定时器。callback,为软件定时器的回调函数,当软件定时器的定时时间到达时,会调用该函数。软件定时器的回调函数有固定的格式,我们必须按照这个格式编写,软件定时器的回调函数格式为:void(* OS_TMR_CALLBACK)Function(void * ptmr, void * parg)。其中,函数名可以自己随意设置,而 ptmr 这个参数,软件定时器用来传递当前定时器的控制块指针,所以一般设置其类型为 OS_TMR * 类型,第二个参数 parg 为回调函数的参数,这个可以根据需要设置,也可以不用,但是必须有这个参数。callback_arg 为回调函数的参数。pname 为软件定时器的名字。perr 为错误信息。

(2) 定时器删除

BOOLEAN OSTmrDel (OS_TMR * ptmr, INT8U * perr)

(3) 定时器名称获取

INT8U OSTmrNameGet (OS_TMR * ptmr, INT8U * pdest, INT8U * perr)

(4) 定时器完成时间查询

INT32U OSTmrRemainGet (OS_TMR * ptmr,INT8U * perr);

该函数用于获得一个正在计时的定时器已完成的时间节拍数。

(5) 定时器状态查询

INT8UOSTmrStateGet (OS_TMR * ptmr, INT8U * perr)

该函数用作获得定时器当前的状态。

(6) 定时器启动

BOOLEAN OSTmrStart (OS_TMR * ptmr, INT8U * perr)

该函数用作应用程序启动一个定时器。

(7) 定时器停止

BOOLEAN OSTmrStop (OS_TMR * ptmr, INT8U opt, void * callback_arg, INT8U * perr)

该函数用作应用程序停止一个定时器。

(8) 定时器信号发送

INT8U OSTmrSignal (void)

该函数可以被 ISR 在定时器节拍产生时调用,还可以发送一个内部定时器信号给任务 OSTmr_Task()更新定时器值。

定时器管理函数范例如程序清单 L7-30 所示。在范例中,主函数对定时器进行创建,获得定时器指针。任务 TimerTaskA 分别调用 OSTmrStart()、OSTmrNameGet ()、OSTmrRemainGet()、OSTmrStateGet(),对定时器进行启动、名称获取、剩余时间获取、状态获取等操作。任务 TimerTaskB 调用 OSTmrStop()和 OSTmrDel(),停止和删除定时器。

程序清单 L7-30　定时器管理函数范例

```
OS_TMR * ptmr;   /* 定义一个 OS_TMR 指针用于指向创建的定制器数据结构 */
void TimerCallBack(OS_TMR * ptmr, void * p_arg);
void main(void)
{
    INT8U Timername[12] = "TimerTest";
    ...
    OSInit();                                    /* 初始化 μC/OS-II */
    ...
    ptmr = OSTmrCreate(1000,800,OS_TMR_OPT_PERIODIC,TimerCallBack,
                    NULL, Timername, &err)/* 创建定时器任务 */
    ...
    OSStart();                                   /* 启动多任务内核 */
}

void TimerTaskA(void * pdata)
{
    INT8U   err;
    INT8U   TimerName[15];
    INT8U   TimerNameSize;
    INT32U RemainCount;                          /* 在信号量中等待的优先级最高的任务 */
    INT8U   TimerState;
    pdata = pdata;
    for (;;) {
        OSTmrStart(ptmr,&err);
        TimerNameSize = OSTmrNameGet(ptmr, TimerName ,&err);
        RemainCount = OSTmrRemainGet(ptmr,&perr);
        TimerState = OSTmrStateGet(ptmr, &perr);
        ...
    }
```

```
}

void TimerTaskB(void * pdata)
{
    INT8U  err;
    for (;;) {
        ...
        OSTmrStop(ptmr, OS_TMR_OPT_NONE, NULL, &err);
        ...
        OSTmrDel(ptmr, &perr);
        ...
    }
}

void TimerCallBack(OS_TMR * ptmr, void * p_arg)
{
    /* 函数实现 */
}
```

7.4 μC/OS - II 任务同步

在第 6 章中，我们已经对实时操作系统常用的同步方法进行了分析。在 μC/OS - II 中用于同步的方法主要有两种，信号量和事件标志组。信号量用于两个任务间的同步，事件标志组用于多个任务的同步。

7.4.1 μC/OS - II 信号量

1. 同步信号量工作原理分析

本节主要分析 μC/OS - II 中的同步方法——信号量。在 μC/OS - II 中的信号量由两部分组成：一个是信号量的计数值，它是一个 16 位的无符号整数(0 到 65 535 之间)；另一个是由等待该信号量的任务组成的等待任务表。用户要在 OS_CFG. H 中将 OS_SEM_EN 开关量常数置成 1，这样 μC/OS - II 才能支持信号量。

在使用一个信号量之前，首先要建立该信号量，也即调用 OSSemCreate() 函数(见下一节)，对信号量的初始计数值赋值。该初始值为 0 到 65 535 之间的一个数。如果信号量是用来表示一个或者多个事件的发生，那么该信号量的初始值应设为 0。如果信号量是用于对共享资源的访问，那么该信号量的初始值应设为 1(例如，把它当作二值信号量使用)。最后，如果该信号量是用来表示允许任务访问 n 个相同的资源，那么该初始值显然应该是 n，并把该信号量作为一个可计数的信号量使用。

μC/OS - II 提供了 7 个对信号量进行操作的函数，它们是：OSSemCreate()、OSSemDel()、OSSemPost()、OSSemPend()、OSSemPendAbort()、OSSemAccept()和 OSSemQuery()函数。图 7 - 9 说明了任务、中断服务子程序和信号量之间的关系。图中用钥匙或者旗帜的符号来表示信号量：如果信号量用于对共享资源的访问，那么信号量就用钥匙符号，符号旁边的数字 N

代表可用资源数，对于二值信号量，该值就是1；如果信号量用于表示某事件的发生，那么就用旗帜符号，这时的数字 N 代表事件已经发生的次数。从图 7－9 中可以看出，OSSemAccept()、OSSemPost()和 OSSemPendAbort()函数可以由任务或者中断服务子程序调用，而 OSSemDel()、OSSemPend()和 OSSemQuery()函数只能由任务程序调用。

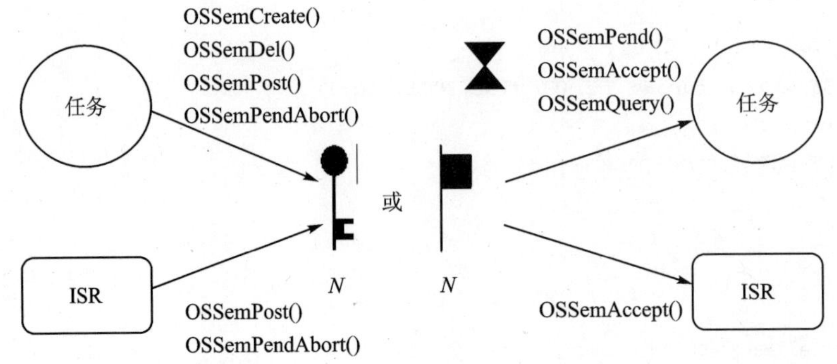

图 7－9　任务、中断和信号量之间的关系

2. 同步信号量函数使用说明

下面分别对这 7 个函数的使用进行简单说明。

(1) 建立一个信号量

OS_EVENT ＊OSSemCreate(INT16U cnt)

在使用信号量前，程序必须调用函数 OSSemCreate()来创建一个信号量。我们一般在一个任务中创建一个信号量。调用 OSSemCreate()时，会从空事件控制块中取得一个事件控制块。在成功申请后，先对该事件控制块进行初始化，即把其类型设为信号量，并置信号量初值，事件指针设为空指针，然后调用 OSEventWaitListInit()函数对事件控制任务控制块的等待任务列表进行初始化：即将 OSEventGrp 和 OSEventTbl[]全部清零置空。最后，OSSemCreate()返回给调用函数一个指向该任务控制块的指针。如果没有可用的事件控制块，OSSemCreate()函数返回空指针。

(2) 删除一个信号量

void OSSemDel(OS_EVNNT ＊pevent, INT8U opt,int8u ＊err)

OSSemPel()函数用于删除信号量。使用本函数有风险，因为多任务中的其他任务可能还想使用这个信号量。一般地说，在删除信号量之前，应先删除所有可能会用到这个信号量的任务。opt 选项定义信号量的删除条件。可以选择只能在已经没有任务在等待该信号量时才能删除该信号量(OS_DEL_NO_PEND)；或者，不管有没有任务在等待该信号量，立即删除这个信号量(OS_DEL_ALWAYS)，在这种情况下，所有等待该信号量的任务都将立即进入就绪态。

(3) 等待一个信号量

void OSSemPend(OS_EVNNT ＊pevent, INT16U timeout, int8u ＊err)

OSSemPend()函数用于任务试图取得设备的使用权，任务需要和其他任务或中断同步，任务需要等待特定事件的发生的场合。如果任务调用 OSSemPend()函数时，信号量的值大于零，OSSemPend()函数递减该值并返回该值。如果调用时信号量等于零，OSSemPend()函数将任务加入该信号量的等待队列，OSSemPend()函数挂起当前任务直到其他的任务或中断置起信号量或超出等待的预期时间。如果在预期的时钟节拍内信号量被置起，μC/OS - II 默认最高优先级的任务取得信号量恢复执行。一个被 OSTaskSuspend()函数挂起的任务也可以接受信号量，但这个任务将一直保持挂起状态直到通过调用 OSTaskResume()函数恢复任务的运行。

(4) 中止等待一个信号量

INT8UOSSemPendAbort (OS_EVENT * pevent, INT8U opt, INT8U * perr)

该函数中止任务等待一个信号量，并使该函数就绪。当需要中止等待一个信号量时采用该函数，而不必使用 OSSemPost()函数触发一个信号量。

(5) 发送一个信号量

INT8U OSSemPost(OS_EVENT * pevent)

OSSemPost()函数置起指定的信号量。首先检查参数指针 pevent 指向的任务控制块是否是 OSSemCreate()函数建立的。接着检查是否有任务在等待该信号量。如果该事件控制块中的. OSEventGrp 域不是 0，说明有任务正在等待该信号量。这时，就要调用函数 OSEventTaskRdy，使一个任务进入就绪状态。把其中的最高优先级任务从等待任务列表中删除，并使它进入就绪状态。然后，调用 OSSched()任务调度函数检查该任务是否是系统中的最高优先级的就绪任务。如果是，这时就要进行任务切换（当 OSSemPost()函数是在任务中调用的），准备执行该就绪任务。如果不是，OSSched()直接返回，调用 OSSemPost()的任务得以继续执行。如果这时没有任务在等待该信号量，该信号量的计数值就简单地加 1。

(6) 无等待地请求一个信号量

INT16U * OSSemAccept(OS_EVENT * pevent)

OSSemAccept()函数查看设备是否就绪或事件是否发生。当一个任务请求一个信号量时，如果该信号量暂时无效，也可以让该任务简单地返回，而不是进入睡眠等待状态。不同于 OSSemPend()函数，如果设备没有就绪，OSSemAccept()函数并不挂起任务。中断服务子程序要请求信号量时，只能用 OSSemAccept()而不能用 OSSemPend()，因为中断服务子程序是不允许等待的。

(7) 查询一个信号量的当前状态

INT8U OSSemQuery(OS_EVENT * pevent, OS_SEM_DATA * pdata)

OSSemQuery()函数用于获取某个信号量的信息。使用 OSSemQuery()之前，应用程序需要先创立类型为 OS_SEM_DATA 的数据结构，用来保存从信号量的事件控制块中取得的数据。使用 OSSemQuery()可以得知是否有，以及有多少任务位于信号量的任务等待队列中（通过查询事件结构体重. OSEventTbl[ ]域），还可以获取信号量的标识号码。OSEventTbl[ ]域的大小由语句 # define constant OS_ENENT_TBL_ SIZE 定义（参阅文件 uCOS_II. H）。

信号量应用范例如程序清单 L7 - 31 所示。在本例中，应用程序检查信号量，查找等待队列中优先级最高的任务。主函数负责信号量的创建，获得一个指向信号量事件的指针。任务 SemTaskA 调用函数 OSSemPend()和 OSSemAccept()分两种方式获取信号量，然后调用函数 OSSemQuery()查询信号状态，最后通过 OSSemDel()删除信号量。任务 SemTaskB 调用函数 OSSemPosd()释放一个信号量，然后调用 OSSemPendAbort()终止信号量等待。

程序清单 L7－31　信号量应用范例

```
OS_EVENT * DispSem;              /* 定义一个事件指针用于指向创建的信号量 */
void main(void)
{
    ...
    OSInit();                    /* 初始化 μC/OS-II */
    ...
    DispSem = OSSemCreate(1);    /* 建立显示设备的信号量 */
    ...
    OSStart();                   /* 启动多任务内核 */
}

void SemTaskA(void * pdata)
{
    INT8U  err;
    INT16U value;                /* 定义变量用于存放 OSSemAccept()返回值 */
    OS_SEM_DATA sem_data;        /* 定义信号量结构体变量用于存放查询的信号量信息 */
    INT8U  highest;              /* 在信号量中等待的优先级最高的任务 */
    INT8Ux ,y;                   /* 定义变量用于存放等待查询信号量对应的任务最高优先级 */
    pdata = pdata;
    for (;;) {
        value = OSSemAccept(DispSem);   /* 查看设备是否就绪或事件是否发生 */
        if (value > 0) {
            ...                  /* 就绪,执行处理代码 */
        }
        OSSemPend(DispSem, 0, &err);
        ...                      /* 只有信号量置起,该任务才能执行 */
        err = OSSemQuery(DispSem, &sem_data);
        if (err == OS_ERR_NONE) {
            if (sem_data.OSEventGrp != 0x00) {
                y       = OSUnMapTbl[sem_data.OSEventGrp];
                x       = OSUnMapTbl[sem_data.OSEventTbl[y]];
                highest = (y << 3) + x;
                ...
            }
        }
        OSSemDel (DispSem, OS_DEL_ALWAYS, &err);
        if (err == OS_ERR_NONE) {
            ...                  /* 信号量被成功删除 */
        }
    }
}

void SemTaskB(void * pdata)
{
```

```
    INT8U  err;
    pdata = pdata;
    for (;;) {
        …
        err = OSSemPost(DispSem);
        if (err == OS_ERR_NONE) {
            …                    /* 信号量置起 */
        } else {
            …                    /* 信号量溢出 */
        }
        OSSemPendAbort(DispSem, OS_PEND_OPT_BROADCAST, &err);
        if (err == OS_ERR_NONE) {
            …                    /* 没有等待该信号量的任务 */
        }
    }
}
```

7.4.2　μC/OS－II 事件标志组

1. 事件标志组的工作原理分析

在前面已经对信号量、互斥信号量进行了叙述，它们都是用来同步任务对共享资源的访问，防止冲突而设立的。它们都通过相同的时间控制块即 ECB 这个数据结构来实现，它们都通过 ECB 来维护。事件标志组是用来同步几个任务，协调几个任务工作而设立的，没有采用 μC/OS－II 内核事件的 ECB。事件标志组可以支持多个任务的同步，通过对头文件的修改，可以让事件标志组达到 32 位，可以用事件标志组来协调多个任务的合理运行，达到预期想达到的目的。

在生活中存在很多这样的例子。比如我们想用池塘里的水来浇灌稻田，第一个任务就是修水池，第二个任务就是在水池里蓄水，然后才能用水来浇灌其他的稻田。这是一个顺序执行的例子，任务之间存在触发条件关系。在工业加工车间，一辆汽车需要多个不同的零部件组成，而要完成一辆完整的汽车组装，需要这些零部件准备齐全才能完成。因此，可以说汽车组装这个任务需要其他零部件加工任务完成后才能进行。这就是多个任务触发一个任务的例子。还有，在控制领域，加工一个比较复杂的曲面时，需要多个加工刀具同时启动协调工作才能正确地加工出要求的工件。这个启动信号触发了多个任务的运行，这是一个典型的一个事件启动多个任务的例子。在 μC/OS－II 中提供了事件标志组来实现这些功能，当某个任务完成了相应的功能后会置位事件标志组里面的某些相应标志位，同时会根据用户设置的标志组合关系检查并触发某些任务就绪。

μC/OS－II 的事件标志组有 2 部分组成：一是用来保存当前事件组中各事件状态的一些标志位；二是等待这些标志位置位或清除的任务列表。μC/OS－II 提供了 9 个函数来处理事件标志组的各种功能，这些函数包括：OSFlagAccept()、OSFlagCreate()、OSFlagDel()、OSFlagPend()、OSFlagPendGetFlagsRdy()、OSFlagPost()、OSFlagQuery()、OSFlagNameGet()、OSFlagNameSet()，它们与任务之间的关系如图 7－10 所示。为使 μC/OS－II 在编译后能生成具有事件标志组功能的代码，必须在 OS_CFG. H 中进行配置。

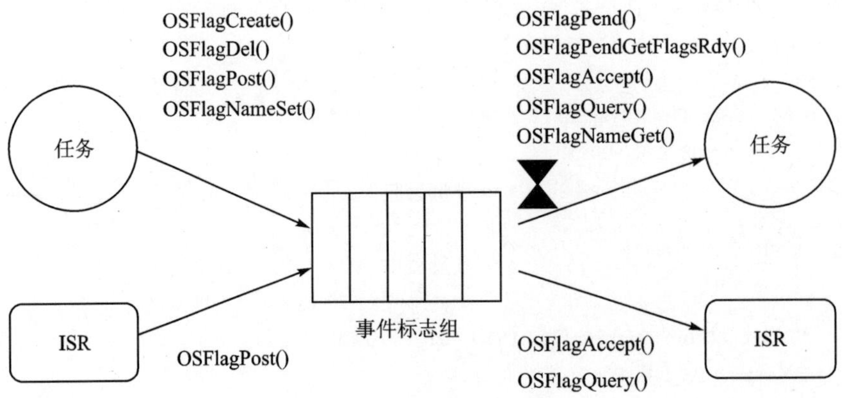

图 7-10　事件标志组功能

事件标志组的结构比其他的事件复杂一点，事件标志组＝标志组＋等待任务链表＋等待任务控制块。有一个维护事件标志组的一个等待任务列表的双向链表，使用了 3 个数据结构：OS_FLAG_GRP、OS_TCB、OS_FLAG_NODE。这个数据结构用来记录任务在等待哪些事件标志位及等待的方式（“与”或者“或”），每个事件标志组的节点里面都有一个指针和相应的任务控制块 OS_TCB 一一对应。

```
typedef struct os_flag_grp{
    INT8U  OSFlagType;              /* 事件标志类型，应该设置为 OS_EVENT_TYPE_FLAG */
    void   *OSFlagWaitList;         /* 指向等待事件标志的任务第一个节点指针 */
    OS_FLAGS  OSFlagFlags;          /* 8、16 或 32 位的标志 */
#if OS_FLAG_NAME_SIZE > 1
    INT8U   OSFlagName[OS_FLAG_NAME_SIZE];    /* 标志名称 */
#endif
} OS_FLAG_GRP;
```

事件标志组使用一个双向链表来组织等待任务，每个“等待任务”都是该链表中的一个节点。等待任务链表节点 OS_FLAG_NODE 结构如下（该结构定义在 uCOS_II. H 文件中）：

```
typedef struct os_flag_node {                 /* 事件组等待列表节点 */
    void   *OSFlagNodeNext;                   /* 在等待列表中指向下一个节点的指针 */
    void   *OSFlagNodePrev;                   /* 在等待列表中指向上一个节点的指针 */
    void   *OSFlagNodeTCB;                    /* 指向等待任务 TCB 的指针 */
    void   *OSFlagNodeFlagGrp;                /* 指向事件标志组的指针 */
    OS_FLAGS      OSFlagNodeFlags;            /* 等待事件标志 */
    INT8U         OSFlagNodeWaitType;         /* 等待类型 */
} OS_FLAG_NODE;
```

当一个任务开始等待某些事件标志位时，就会建立一个事件标志节点 OS_FLAG_NODE 数据结构，并且将任务所要等待的事件标志位写入 OS_FLAG_NODE 的分量. OSFlagNodeFlags 中。然后将. OSFlagNodeFLagGrp 指向事件标志组 OS_FLAG_GRP，将. OSFlagNodeTCB 指向该任务的控制块 OS_TCB，建立起任务与事件标志组之间的联系，说明该任务是等待该事件标志组中某些事件标志位的任务。当有多个任务都需要等待某个事件标志组中某些事件标志位时，这些任务分别建立自己的事件标志节点，并将这些事件标志节点通过.OSFlagNodeNext 和.OSFlagNodePrev 连接成链表，如图 7-11 所示。

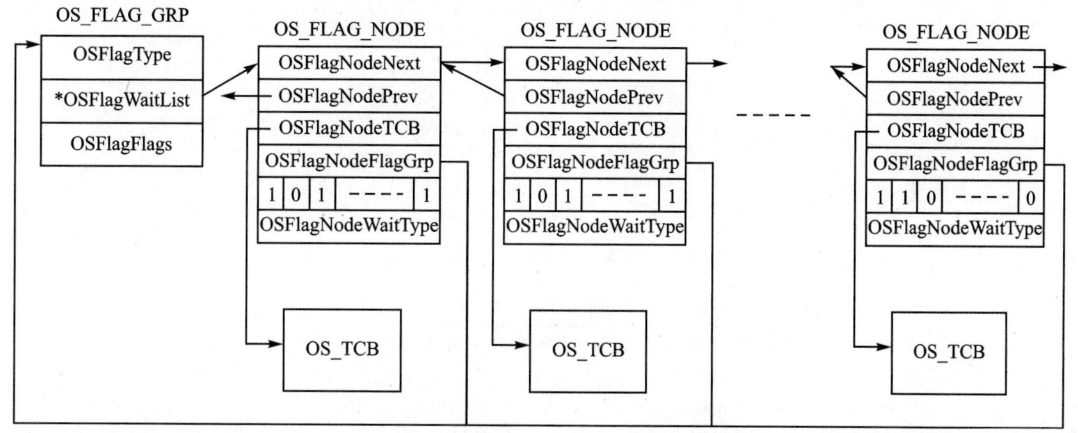

图 7-11　S_FLAG_NODE 链表示意图

.OSFlageNodeFlages——信号量过滤器/信号量屏蔽字；“1/0”——使用/屏蔽该信号量。

.OSFlageNodeWaitType——信号量逻辑运算选择器，指示信号量集有效于各信号量状态的关系。等待任务只有当信号量集有效时（所指定的信号量符合逻辑运算选择器指定的关系时），该等待任务方被转为“就绪任务”状态。

任务可以等待事件标志组中某些位置 1，也可以等待事件标志组中某些位清 0，而置 1（或清 0）又可以分为所有事件都发生的“与”型和任何一个事件发生的“或”型。这样便有了 4 种不同的类型存放在.OSFlagNodeWaitType 中，它们分别是：OS_FLAG_WAIT_CLR_AND 和 OS_FLAG_WAIT_CLR_ALL、OS_FLAG_WAIT_CLR_OR 和 OS_FLAG_WAIT_CLR_ANY、OS_FLAG_WAIT_SET_AND 和 OS_FLAG_WAIT_SET_ALL、OS_FLAG_WAIT_SET_OR 和 OS_FLAG_WAIT_SET_ANY。

和信号量相比，事件标志组是在事件标志组建立之后，某个任务需要事件标志组中某些事件标志位（置位或者清 0）才能继续运行，于是任务调用 OSFlagPend()函数，而此时若这些标志位满足要求，任务返回，继续执行。否则，任务将被挂起。而当有另外一个任务调用 OSFlagPost()函数将前一个任务所需要的标志位（置位或清 0）使之满足要求，前一个被挂起的任务将被置为就绪态。因此几个任务可以同时得到所需要的事件标志进入就绪态。如图 7-12 所示，事件标志组只要任务所需要的标志位满足要求，任务便进入就绪态，而信号量中的任务需要是在等待该信号量中优先级最高的任务才能得到信号量进入就绪态。事件标志组可以一个任务与多个任务同步，而信号量只能是一个任务与另一个任务同步。

2. 事件标志组的函数使用说明

（1）事件标志组创建

OS_FLAG_GRP　*OSFlagCreate (OS_FLAGS flags, INT8U *perr)

创建并初始化一个事件标志组，返回一个事件标志组的指针。OSFlagCreate()函数从空闲事件标志组列表中得到所使用的数据结构空间，然后初始化结构成员；其中，传入的 flags 参

7 6 5 4 3 2 1 0

0	0	0	0	0	0	0	0

任务1、2、3、4通过事件标志组来进行同步

等待事件标志组相应位置位或者清零　等待事件标志组相应位置位或者清零　等待事件标志组相应位置位或者清零

任务1 完成了置位事件标志组第7位 运行

任务2 (只有任务1完成了任务2才能开始) 完成了置位第6位 等待

任务3 只有等任务1、任务2都完成了才能运行 完成了置位第5位 等待

任务4 只有等任务1、2、3都完成了，才能开始 完成了置位第0位 等待

7 6 5 4 3 2 1 0

1	0	0	0	0	0	0	0

任务1、2、3、4通过事件标志组来进行同步

置位事件标志组位7

等待事件标志组相应位置位或者清零　等待事件标志组相应位置位或者清零　等待事件标志组相应位置位或者清零

任务1 完成了置位事件标志组第7位 完成

任务2 (只有任务1完成了任务2才能开始) 完成了置位第6位 等待

任务3 只有等任务1、任务2都完成了才能运行 完成了置位第5位 等待

任务4 只有等任务1、2、3都完成了，才能开始 完成了置位第0位 等待

7 6 5 4 3 2 1 0

1	0	0	0	0	0	0	0

任务1、2、3、4通过事件标志组来进行同步

发现事件标志组位7置位 自己可以开始运行了 (如果自己是就绪任务中优先级最高的任务的话)

等待事件标志组相应位置位或者清零　等待事件标志组相应位置位或者清零

任务1 完成了置位事件标志组第7位 等待下一次运行

任务2 (只有任务1完成了任务2才能开始) 完成了置位第6位 等待

任务3 只有等任务1、任务2都完成了才能运行 完成了置位第5位 等待

任务4 只有等任务1、2、3都完成了，才能开始 完成了置位第0位 等待

7 6 5 4 3 2 1 0

1	1	0	0	0	0	0	0

任务1、2、3、4通过事件标志组来进行同步

运行完成 置位事件标志组位6

等待事件标志组相应位置位或者清零　等待事件标志组相应位置位或者清零

任务1 完成了置位事件标志组第7位 等待下一次运行

任务2 (只有任务1完成了任务2才能开始) 完成了置位第6位 等待

任务3 只有等任务1、任务2都完成了才能运行 完成了置位第5位 等待

任务4 只有等任务1、2、3都完成了，才能开始 完成了置位第0位 等待

……

任务3、任务4也如上的步骤进行，通过事件标志组同步多个任务，达到多个任务的协调，完成系统所需功能

图 7-12　事件标志组多任务同步示意图

数用来初始化 OSFlagFlags，这个成员保存事件标志组的值。通常初始化“全 0”或“全 1”。

(2) 事件标志组删除

OS_FLAG_GRP *OSFlagDel (OS_FLAG_GRP *pgrp, INT8U opt, INT8U *perr)

该函数用于删除一个事件标志组。因为多任务可能会试图继续使用已经删除的事件标志组，故须小心调用该函数。一般在删除事件标志之前，应该首先删除与本事件标志组相关的任务。

(3) 事件标志组无等待接收

OS_FLAGS OSFlagAccept (OS_FLAG_GRP *pgrp, OS_FLAGS flags, INT8U wait_type, INT8U *perr)

该函数检查事件标志组中的标志位是置位还是清 0。应用程序可以检查事件标志组中的任何位是置位还是清 0，也可以检查所有位都置位还是清 0。这个函数与 OSFlagPend()不同之处在于，如果需要的事件标志没有产生，那么调用该函数的任务并不挂起。

(4) 事件标志组名设置

void OSFlagNameSet (OS_FLAG_GRP *pgrp, INT8U *pname, INT8U *perr)

该函数用于分配给事件标志组一个名称。

(5) 事件标志组名获取

INT8U OSFlagNameGet (OS_FLAG_GRP *pgrp, INT8U *pname, INT8U *perr)

该函数用于获得分配给事件标志组的名称。

(6) 事件标志组等待

OS_FLAGS OSFlagPend (OS_FLAG_GRP *pgrp, OS_FLAGS flags, INT8U wait_type, INT16U timeout, INT8U *perr)

该函数用于任务等待事件标志组中的事件标志，可以是多个事件标志的不同组合方式。可以等待任意指定事件标志位置位或清 0，也可以是全部指定事件标志位置位或清 0。标志可以是多个的组合，多个标志组合时，是全部有效还是某一个有效时就运行下一步与 wait_type 值有关。具体请参考光盘中的参数说明。如果任务等待的事件标志位条件尚不满足，则任务会被挂起，直到指定的事件标志组合发生或指定的等待时间超时。

(7) 获取导致任务就绪的事件标志组

OS_FLAGS OSFlagPendGetFlagsRdy (void)

该函数用于获得导致任务就绪的事件标志。即函数告诉你是哪个标志促使任务就绪的。

(8) 事件标志组标志设置

OS_FLAGS OSFlagPost (OS_FLAG_GRP *pgrp, OS_FLAGS flags, INT8U opt, INT8U *perr)

该函数用于设定事件标志位。指定的事件标志位可以设定为置位或清除。若 OSFlagPost()设置的事件标志位正好满足某个等待该事件标志组的任务，则 OSFlagPost()将该任务设置为就绪。

(9) 事件标志组查询

OS_FLAGS OSFlagQuery (OS_FLAG_GRP *pgrp, INT8U *perr)

该函数用于检查事件标志组的值。

事件标志组函数应用范例如程序清单 L7-32 所示。在本例中，主函数创建事件标志组，获得操作时间标志组指针 Enginstatus。然后在 FlagTaskA 等待需要的事件标志组合来执行下一步操作。通过 OSFlagPend()函数等待事件标志有效，只有设置的标志 ENGINE_OIL_PRES_OK 与 ENGINE_OIL_TEMP_OK 都有效时，任务才执行下一步操作。任务 FlagTaskB 通过调用 OSFlagPost()分别设置 ENGINE_OIL_PRES_OK、ENGINE_OIL_TEMP_OK 和 ENGINE_ START 标志有效。

程序清单 L7-32　事件标志组函数应用范例

```
OS_FLAG_GRP *Enginstatus; /*定义一个 OS_FLAG_GRP 指针用于指向创建的事件标志组*/
void main(void)
{
    INT8U err;
    ...
    OSInit();                                    /*初始化 μC/OS-II */
    ...
    Enginstatus = OSFlagCreate(0x00,&err);       /*创建事件标志组*/
    ...
    OSStart();                                   /*启动多任务内核*/
}

#define ENGINE_OIL_PRES_OK   0x01
#define ENGINE_OIL_TEMP_OK   0x02
#define ENGINE_ START   0x04
void FlagTaskA (void *pdata)
{
    INT8U  err;
    OS_FLAGS  value;    /*定义一个 OS_FLAGS 变量用于存放 OSFlagAccept 返回值*/
    char flagname[] = {"  "};  /*定义一个字符数组用于存放事件标志组的名称*/
    pdata = pdata;
    for (;;) {
       ...
    value = OSFlagPend(EngineStatus,ENGINE_OIL_PRES_OK + ENGINE_OIL_TEMP_OK,
                  OS_FLAG_WAIT_SET_ALL + OS_FLAG_CONSUME,10, &err);
        Switch(err) {
           case  OS_ERR_NONE:
               ... /* 成功返回,得到期望的事件标志位*/
               Break;
           case  OS_ERR_TIMEout:
               ... /* 在指定的 10 个时钟节拍内没有得到期望的事件标志位*/
               Break;
        }
        value = OSFlagAccept(EngineStatus, ENGINE_ START,
                  OS_FLAG_WAIT_SET_ALL, &err);
               ... /*执行下一步操作 */
```

```
        Switch(err) {
            case  OS_ERR_NONE:
                …  /* 成功返回,得到期望的事件标志位 */
                Break;
            case  OS_ERR_FLAG_NOT_RDY:
                …  /* 期待的事件标志没有发生 */
                Break;
        }
        …
        value = OSFlagPendGetFlagsRdy ( );
        …
        OSFlagNameGet(EngineStatus, flagname, &err);
        …
        value = OSFlagQuery(EngineStatus, &err);
        if (err == OS_ERR_NONE) {
                …  /* 成功调用 */
        }
        pgrp = OSFlagDel(EngineStatus, OS_DEL_ALWAYS, &err);
        if (pgrp == (OS_FLAG_GRP0 * )0) {
                …  /* 事件标志组被成功删除 */
        }
    }
}

void FlagTaskB (void * pdata)
{
    INT8U  err;
    OS_FLAG_GRP * pgrp;  /* 定义一个 OS_FLAG_GRP 指针指向删除的事件标志组 */
    char flagname[] = {“Engine”};
    pdata = pdata;
    for (;;) {
        …
        err = OSFlagPost(EngineStatus, ENGINE_OIL_PRES_OK, OS_FLAG_SET, &err);
        err = OSFlagPost(EngineStatus, ENGINE_OIL_TEMP_OK, OS_FLAG_SET, &err);
        err = OSFlagPost(EngineStatus, ENGINE_START, OS_FLAG_SET, &err);
        if (err == OS_ERR_NONE) {
            …  /* 事件标志组标志被成功置位 */
        }
        …
        OSFlagNameSet (EngineStatus, flagname, &err);
        …
    }
}
```

7.5 μC/OS-II 任务通信

7.5.1 μC/OS-II 消息邮箱

1. 消息邮箱的工作原理分析

在 μC/OS-II 中用于通信的机制主要有邮箱和消息队列。消息邮箱可以使一个任务或者中断服务子程序向另一个任务发送一个指针型的变量。该指针指向一个包含了特定"消息"的数据结构。为了在 μC/OS-II 中使用邮箱,必须将 OS_CFG.H 中的 OS_MBOX_EN 置为 1。

消息邮箱的主要功能就是用于在任务间传递一个数据,还要为操作系统管理事件和任务提供一些参数。消息邮箱使用传递变量指针的手段在任务之间进行通信,其结构如图 7-13 所示。

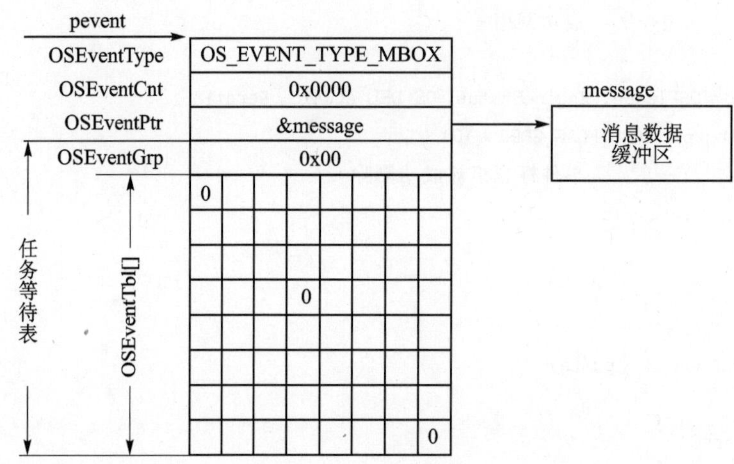

图 7-13 消息邮箱结构

μC/OS-II 提供了 8 种对邮箱进行操作的函数:OSMboxCreate()、OSMboxDel()、OSMboxAccept()、OSMboxPend()、OSMboxPendAbort()、OSMboxPost()、OSMboxPostOpt()和 OSMboxQuery()函数。图 7-14 描述了任务、中断服务子程序和邮箱之间的关系,这里用符号"Ⅱ"表示邮箱。邮箱包含的内容是一个指向一条消息的指针。一个邮箱只能包含一个这样的指针(邮箱为满时),或者一个指向 NULL 的指针(邮箱为空时)。从图 7-14 可以看出,任务或者中断服务子程序可以调用函数 OSMboxPost(),但是只有任务可以调用函数 OSMboxPend()和 OSMboxQuery()。

使用邮箱之前,必须调用 OSMboxCreate()函数创建邮箱,并且要指定指针的初始值。一般情况下,这个初始值是 NULL,但也可以初始化一个邮箱,使其在最开始就包含一条消息。如果使用邮箱的目的是用来通知一个事件的发生(发送一条消息),那么就要初始化该邮箱为 NULL。如果用户用邮箱来共享某些资源,那么就要初始化该邮箱为一个非 NULL 的指针。邮箱一旦建立,是不能被删除的。比如,如果有任务正在等待一个邮箱的信息,这时删除该邮箱,将有可能产生灾难性的后果。

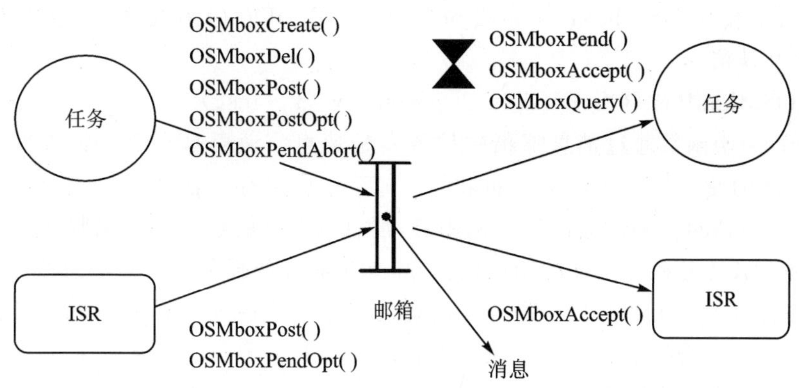

图 7－14　任务、中断服务程序和消息邮箱之间的关系

2. 消息邮箱函数使用说明

(1) 创建邮箱服务

OS_EVENT ＊OSMboxCreate (void ＊msg)

OSMboxCreate()函数基本上和函数 OSSemCreate()相似。不同之处在于事件控制块的类型被设置成 OS_EVENT_TYPE_MBOX，以及使用.OSEventPtr 域保存消息指针。消息邮箱允许任务或中断向其他一个或几个任务发送消息。和函数 OSSemCreate()相似，OSMbox-Create()函数的返回值是一个指向事件控制块的指针。这个指针在调用函数 OSMboxPend()、OSMboxPost()、OSMboxAccept()和 OSMboxQuery()时使用。因此，该指针可以看作是对应邮箱的句柄。

(2) 删除一个消息邮箱

void OSMboxDel (OS_EVENT ＊pevent, INT8U opt, INT8U ＊perr)

OSMboxDel()函数用于删除消息邮箱。使用本函数有风险，因为多任务中的其他任务可能还想使用这个消息邮箱。一般地说，在删除消息邮箱之前，应先删除所有可能会用到这个消息邮箱的任务。

(3) 等待一个消息

void ＊OSMboxPend (OS_EVENT ＊pevent, INT16U timeout, INT8U ＊perr)

OSMboxPend()用于任务等待消息。消息通过中断或另外的任务发送给需要的任务。消息是一个以指针定义的变量 msg，在不同的程序中消息的使用也可能不同。OSMboxPend()函数将该域的值复制到局部变量 msg 中，然后将事件指针置为 NULL，表明任务不再等待事件发生。如果调用 OSMboxPend()函数时消息邮箱已经存在需要的消息，那么该消息被返回给 OSMboxPend()的调用者，消息邮箱中清除该消息。如果调用 OSMboxPend()函数时消息邮箱中没有需要的消息，OSMboxPend()函数挂起当前任务直到得到需要的消息或超出定义等待超时的时间。如果同时有多个任务等待同一个消息，μC/OS－II 默认最高优先级的任务取得消息并且任务恢复执行。一个由 OSTaskSuspend()函数挂起的任务也可以接受消息，但这个任务将一直保持挂起状态直到通过调用 OSTaskResume()函数恢复任务的运行。

(4) 邮箱等待中止

INT8U OSMboxPendAbort (OS_EVENT ＊pevent, INT8U opt, INT8U ＊perr)

该函数中止等待一个邮箱消息的任务并使之就绪。当需要要中止等待一个邮箱消息时采

用该函数，而不必使用 OSMboxPost()或 or OSMboxPostOpt()函数触发一个邮箱消息。

(5) 发送邮箱消息

INT8U OSMboxPost(OS_EVENT *pevent, void *msg)

OSMboxPost()函数通过消息邮箱向任务发送消息。消息是一个指针长度的变量，在不同的程序中消息的使用也可能不同。如果消息邮箱中已经存在消息，返回错误码说明消息邮箱已满。OSMboxPost()函数立即返回调用者，消息也没有能够发到消息邮箱。OSMboxPost()函数检查是否有任务在等待该邮箱中的消息，如果有任何任务在等待消息邮箱的消息，最高优先级的任务将得到这个消息。如果等待消息的任务优先级比发送消息的任务优先级高，那么高优先级的任务将得到消息而恢复执行，也就是说，发生了一次任务切换。

(6) 发送邮箱消息扩展函数

INT8U OSMboxPostOpt (OS_EVENT *pevent, void *pmsg, INT8U opt)

OSMboxPostOpt()是新加的函数，可以替换 OSMboxPost ()使用，其工作方式与 OSMboxPost ()相同，只是允许用户发送广播消息给多个任务。

OSMboxPostOpt()通过消息邮箱向任务发送消息。消息是一个指针长度的变量，在不同的程序中消息的使用也可能不同。如果消息邮箱中已经存在消息，返回错误码说明消息邮箱已满。OSMboxPostOpt()函数立即返回调用者，消息也没有能够发到消息邮箱。如果有任何任务在等待消息邮箱的消息，那么 OSMboxPostOpt()允许用户选择以下 2 种情况之一：或者让最高优先级的任务将得到这个消息(opt 置为 OS_POST_OPT_NONE)，或让所有等待邮箱消息的任务都得到消息(opt 置为 OS_POST_OPT_BROADCAST)。无论哪种情况，如果等待消息的任务优先级比发送消息的任务优先级高，那么高优先级的任务将得到消息而恢复执行，也就是说，发生了一次任务切换。

(7) 无等待接收邮箱消息

void *OSMboxAccept(OS_EVENT *pevent)

OSMboxAccept()函数查看指定的消息邮箱是否有需要的消息。不同于 OSMboxPend()函数，如果没有需要的消息，OSMboxAccept()函数并不挂起任务。如果消息已经到达，该消息被传递到用户任务并且从消息邮箱中清除。通常中断调用该函数，因为中断不允许挂起等待消息。

(8) 邮箱消息查询

INT8U OSMboxQuery(OS_EVENT *pevent, OS_MBOX_DATA *pdata)

OSMboxQuery()函数用来取得消息邮箱的信息。用户程序必须分配一个 OS_MBOX_DATA 的数据结构，该结构用来从消息邮箱的事件控制块接收数据，在调用 OSMboxQuery()函数之前，必须先定义该结构变量。通过调用 OSMboxQuery()函数可以知道任务是否在等待消息以及有多少个任务在等待消息，还可以检查消息邮箱现在的消息。

消息邮箱应用范例如程序清单 L7-33 所示。在该范例中，主函数 CommMain()创建了一个消息邮箱事件 CommMbox，任务 CommTaskA 等待任务 CommTaskB 发送的消息。任务 CommTaskA 通过 OSMboxPend()和 OSMboxAccept()两种方式读取消息。

程序清单 L7-33 消息邮箱应用范例

```
OS_EVENT *CommMbox;        /*定义一个事件指针用于指向创建的邮箱事件*/
void CommMain(void)
```

```
{
    …
    OSInit();                                  /* 初始化 μC/OS-II */
    …
    CommMbox = OSMboxCreate((void *)0);        /* 建立消息邮箱 */
    OSStart();                                 /* 启动多任务内核 */
}

void CommTaskA (void * pdata)                  /* 读取消息任务 */
{
    INT8U  err;
    void   * msg;                              /* 定义一个消息指针用于指向存放消息的位置 */
    OS_MBOXDATA mbox_data;                     /* 定义一个消息邮箱变量用于存放消息的信息 */
    pdata = pdata;
    for (;;) {
        …
        msg = OSMboxPend(CommMbox, 10, &err);
        if (err == OS_ERR_NONE) {
            …                                  /* 消息正确的接受 */
        } else {
            …                                  /* 在指定时间内没有接收到消息 */
        }
        …
        msg = OSMboxAccept(CommMbox);          /* 检查消息邮箱是否有消息 */
        if (msg != (void *)0) {
            …                                  /* 处理消息 */
        } else {
            …                                  /* 没有消息时相关的处理 */
        }
        err = OSMboxQuery(CommMbox, &mbox_data);    /* 查询消息 */
        if (err == OS_ERR_NONE) {
            …                          /* 如果 mbox_data.OSMsg 为非空指针,说明消息邮箱非空 */
        }
        OSMboxDel (CommMbox, OS_DEL_ALWAYS, &err);
        if (err == OS_ERR_NONE) {
            …                                  /* 消息邮箱被成功删除 */
        }
    }
}

INT8U     CommRxBuf[100];                      /* 定义一个数组用于存放消息 */
void CommTaskB (void * pdata)                  /* 发送消息任务 */
{
    INT8U  err;
    pdata = pdata;
    for (;;) {
        …
        err = OSMboxPost(CommMbox, (void *)&CommRxBuf[0]);
```

```
            err = OSMboxPostOpt(CommMbox, (void * )&CommRxBuf[0],
                                OS_POST_OPT_NONE);
            if (err == OS_ERR_NONE) {
                ...                             /* 消息邮箱置起 */
            }
            OSMboxPendAbort(CommMbox, OS_PEND_OPT_BROADCAST, &err);
            if (err == OS_ERR_NONE) {
                ...                             /* 没有等待该消息邮箱的任务 */
            }
        }
}
```

7.5.2 μC/OS-II 消息队列

1. 消息队列工作原理分析

消息队列是 μC/OS-II 中另一种通信机制，它可以使一个任务或者中断服务子程序向另一个任务发送以指针方式定义的变量。因具体的应用有所不同，每个指针指向的数据结构变量也有所不同。为了使用 μC/OS-II 的消息队列功能，需要在 OS_CFG.H 文件中，将 OS_Q_EN 常数设置为 1，并且通过常数 OS_MAX_QS 来决定 μC/OS-II 支持的最多消息队列数。

消息队列可以看作是多个邮箱组成的数组，只是它们共用一个等待任务列表。每个指针所指向的数据结构是由具体的应用程序决定的。

μC/OS-II 内核在初始化时建立一个如图 7-15 所示的空闲队列控制块链表。当建立了一个消息队列时，一个队列控制块（OS_Q 结构，见 OS_Q.C 文件）也同时被建立，并通过事件块的.OSEventPtr 域链接到对应的队列控制块。

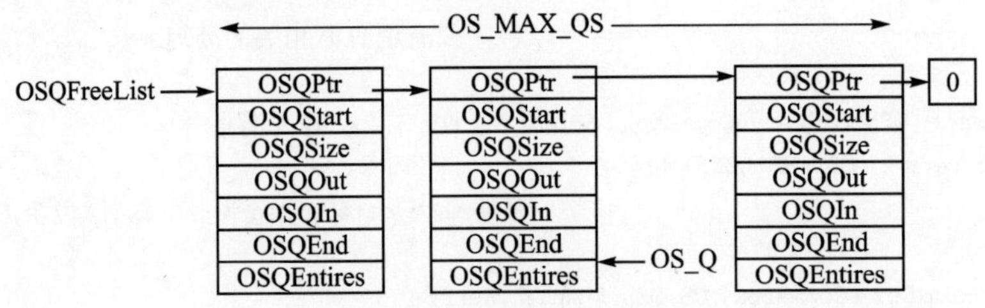

图 7-15 空闲队列控制块表

队列控制块是一个用于维护消息队列信息的数据结构，它包含了表 7-1 所列的一些域。

表 7-1 消息队列参数说明

参 数	说 明
OSQPtr	在空闲队列控制块中，链接所有的队列控制块，仅用于在 OSQFreeList 中 OS_Q 的链接管理
OSQStart	指向消息队列的指针数组的起始地址指针（静态）
OSQSize	消息队列中总的单元数（≤65 535）
OSQOut	指向消息队列中下一个取出消息的位置的指针（动态）
OSQIn	向消息队列中插入下一条消息的位置指针（动态）
OSQEnd	指向消息队列结束单元的下一个地址的指针，该指针使得消息队列构成一个循环的缓冲区（静态）
OSQEntries	是消息队列中当前的消息数量{0,1,…,OSQSize}。当消息队列是空的时，该值为 0

消息指针数组物理结构上仅仅是个数组，在 OS_Q 的控制下可以表现为 FIFO（队列）或 LIFO（堆栈）两种形式。

- 消息队列表现为 FIFO 方式时，OSQIn 是队列的写入端，OSQOut 是队列的读出端；
- 表现为 LIFO 方式时，OSQOut 既是队列的写入端，也是队列的读出端。

消息队列以何种方式（FIFO / LIFO）表现是通过不同的系统函数实现的。

消息队列可用如图 7-16 所示的一个循环缓冲区实现，其中的每个单元包含一个指针。当.OSQEntries 和.OSQSize 相等时，说明队列已满。消息指针总是从.OSQOut 指向的单元取出。指针.OSQStart 和.OSQEnd 定义了消息指针数组的头尾，以便在.OSQIn 和.OSQOut

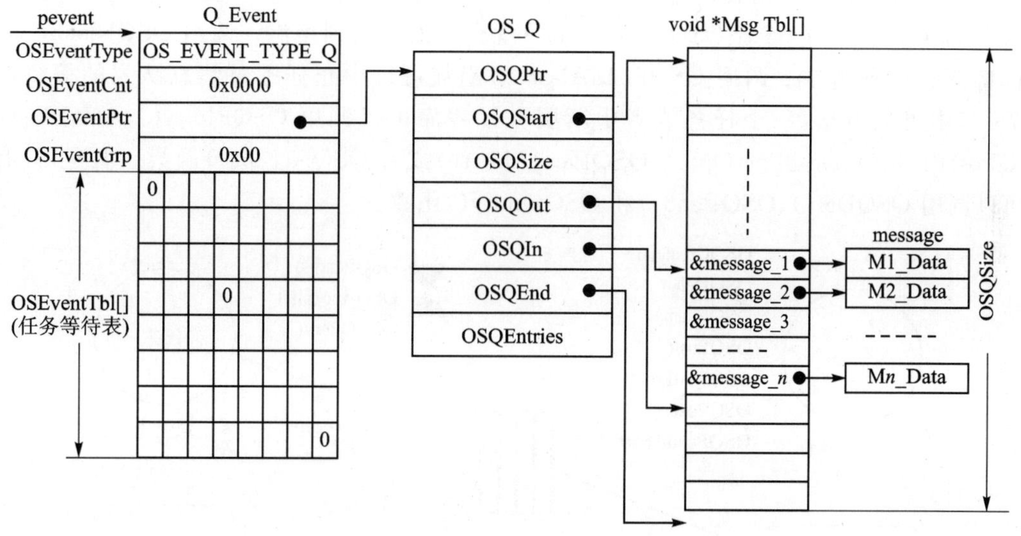

(a) 消息队列结构组成

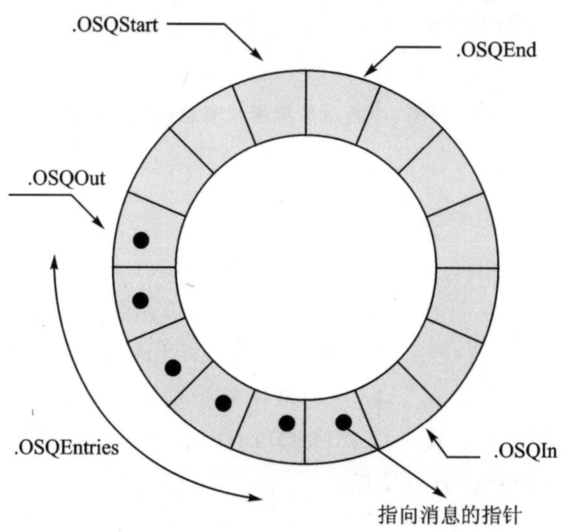

(b) 圆形缓冲指针的消息队列图

图 7-16　环形消息队列

到达队列的边缘时，进行边界检查和必要的指针调整，实现循环功能。

当.OSQIn和.OSQEnd相等时，.OSQIn被调整指向消息队列的起始单元；当.OSQOut和.OSQEnd相等时，.OSQOut被调整指向消息队列的起始单元。

μC/OS-II提供了10个对消息队列进行操作的函数：OSQCreate()、OSQDel()、SQPend()、OSQAccept()、OSQQuery()、OSQFlush()、OSQPost()、OSQPostFront()、OSQPostOpt()和OSQPendAbort()函数。图7-17是任务、中断服务子程序和消息队列之间的关系。其中，消息队列的符号很像多个邮箱。实际上，我们可以将消息队列看作是多个邮箱组成的数组，只是它们共用一个等待任务列表。每个指针所指向的数据结构是由具体的应用程序决定的。n代表了消息队列中的总单元数。当调用OSQPend()或者OSQAccept()之前，调用n次OSQPost()、OSQPostOpt()或者OSQPostFront()就会把消息队列填满。调用OSQFlush()函数可以将消息队列清空。调用OSQPendAbort()函数可以中止任务对消息队列的等待。从图7-17中可以看出，一个任务或者中断服务子程序可以调用OSQFlush()、OSQPost()、OSQPostFront()、OSQPostOpt()、OSQPendAbort()或者OSQAccept()函数。但是，只有任务可以调用OSQDel()、OSQPend()和OSQQuery()函数。

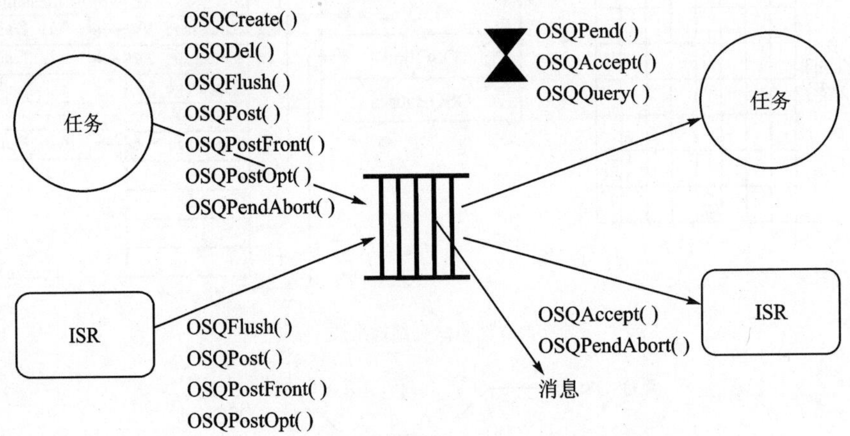

图7-17 任务、中断服务程序和消息队列之间的关系

2. 函数使用说明

(1) 消息队列创建

OS_EVENT *OSQCreate(void **start, INT8U size)

OSQCreate()函数建立一个消息队列，OSQCreate()函数从空闲队列控制块列表中取出一个队列控制块。OSQCreate()还要调用OSEventWaitListInit()函数对事件控制块的等待任务列表初始化。最后，OSQCreate()向它的调用函数返回一个指向事件控制块的指针。该指针将在调用OSQPend()、OSQPost()、OSQPostFront()、OSQFlush()、OSQAccept()和OSQQuery()等消息队列处理函数时使用。

(2) 消息队列删除

OS_EVENT *OSQDel (OS_EVENT *pevent, INT8U opt, INT8U *perr)

OSQDel()函数用于删除消息队列。使用本函数有风险，因为多任务中的其他任务可能还想使用这个消息队列。一般地说，在删除消息队列之前，应先删除所有可能会用到这个消息队

列的任务。

(3) 消息队列清空

INT8U * OSQFlush(OS_EVENT *pevent)

OSQFlush()函数清空消息队列并且忽略发送往队列的所有消息。不管队列中是否有消息,这个函数的执行时间都是相同的。

(4) 等待消息队列

void *OSQPend (OS_EVENT *pevent, INT16U timeout, INT8U *perr)

OSQPend()函数用于任务等待消息。消息通过中断或另外的任务发送给需要的任务。消息是一个以指针定义的变量,在不同的程序中消息的使用也可能不同。如果调用 OSQPend()函数时队列中已经存在需要的消息,那么该消息被返回给 OSQPend()函数的调用者,队列中清除该消息。如果调用 OSQPend()函数时队列中没有需要的消息,OSQPend()函数挂起当前任务直到得到需要的消息或超出定义的超时时间。如果同时有多个任务等待同一个消息,μC/OS-II 默认最高优先级的任务取得消息并且任务恢复执行。一个由 OSTaskSuspend()函数挂起的任务也可以接受消息,但这个任务将一直保持挂起状态直到通过调用 OSTaskResume()函数恢复任务的运行。

(5) 消息队列等待中止

INT8U OSQPendAbort (OS_EVENT *pevent, INT8U opt, INT8U *perr)

该函数中止等待一个消息队列的任务并使之就绪。当需要要中止等待一个消息队列时采用该函数,而不必使用 OSQPost()、OSQPostFront()或 OSQPostOpt()函数触发一个邮箱消息。

(6) 向消息队列插入消息

INT8U OSQPost (OS_EVENT *pevent, void *pmsg)

OSQPost()函数通过消息队列向任务发送消息。消息是一个指针长度的变量,在不同的程序中消息的使用也可能不同。如果队列中已经存满消息,返回错误码。OSQPost()函数立即返回调用者,消息也没有能够发到队列。如果有任何任务在等待队列中的消息,最高优先级的任务将得到这个消息。如果等待消息的任务优先级比发送消息的任务优先级高,那么高优先级的任务将得到消息而恢复执行,也就是说,发生了一次任务切换。消息队列是先入先出(FIFO)机制的,先进入队列的消息先被传递给任务。

(7) 向消息队列前端插入消息

INT 8U OSQPostFront (OS_EVENT *pevent, void *pmsg)

OSQPostFront()函数通过消息队列向任务发送消息。OSQPostFront()函数和 OSQPost()函数非常相似,不同之处在于 OSQPostFront()函数将发送的消息插到消息队列的最前端。也就是说,OSQPostFront()函数使得消息队列按照后入先出(LIFO)的方式工作,而不是先入先出(FIFO)。消息是一个指针长度的变量,在不同的程序中消息的使用也可能不同。如果队列中已经存满消息,返回错误码。OSQPostFront()函数立即返回调用者,消息也没能发到队列。如果有任何任务在等待队列中的消息,最高优先级的任务将得到这个消息。如果等待消息的任务优先级比发送消息的任务优先级高,那么高优先级的任务将得到消息而恢复执行,也就是说,发生了一次任务切换。

(8) 向消息队列插入广播消息

INT8U OSQPostOpt (OS_EVENT ＊pevent, void ＊pmsg, INT8U opt)

OSQPostOpt()是新加的函数,可以替换 OSQPost()和 OSQPostFront()使用,其工作方式与 OSQPost ()相同,只是允许用户发送广播消息给多个任务。此外,OSQPostOpt()允许通过广播消息方式发送消息给所有消息队列中等待消息的任务。

OSQPostOpt()通过消息队列向任务发送消息。消息是一个指针表示的某种数据类型的变量,在不同的程序中消息的使用也可能不同。如果消息队列中已经存在消息,返回错误码说明消息队列已满。OSQPostOpt()函数立即返回调用者,消息也没有能够发到消息队列。如果有任何任务在等待消息队列的消息,那么 OSQPostOpt()允许用户选择以下 2 种情况之一:或者让最高优先级的任务将得到这个消息(opt 置为 OS_POST_OPT_NONE),或让所有等待队列消息的任务都得到消息(opt 置为 OS_POST_OPT_BROADCAST)。无论哪种情况,如果等待消息的任务优先级比发送消息的任务优先级高,那么高优先级的任务将得到消息而恢复执行,也就是说,发生了一次任务切换。

(9) 消息队列无等待接收

void ＊OSQAccept(OS_EVENT ＊pevent)

OSQAccept()函数检查消息队列中是否已经有需要的消息。不同于 OSQPend()函数,如果没有需要的消息,OSQAccept()函数并不挂起任务。如果消息已经到达,该消息被传递到用户任务。通常中断调用该函数,因为中断不允许挂起等待消息。

(10) 消息队列查询

INT8U OSQQuery(OS_EVENT ＊pevent, OS_Q_DATA ＊pdata)

OSQQuery()函数用来取得消息队列的信息。用户程序必须建立一个 OS_Q_DATA 的数据结构,该结构用来保存从消息队列的事件控制块得到的数据。通过调用 OSQQuery()函数可以知道任务是否在等待消息、有多少个任务在等待消息、队列中有多少消息以及消息队列可以容纳的消息数。OSQQuery()函数还可以得到即将被传递给任务的消息的信息。

消息队列函数应用范例如程序清单 L7-34 所示。在该范例中,主函数 CommQMain()创建了一个消息队列事件 CommQ,任务 CommQTaskA 等待任务 CommQTaskB 发送的消息。任务 CommQTaskA 通过 OSQPend()和 OSQAccept()两种方式读取消息。

程序清单 L7-34　消息队列函数应用范例

```
OS_EVENT *CommQ;
void    *CommMsg[10];
void CommQMain(void)
{
    OSInit();                                   /*初始化 μC/OS-II */
    ...
    CommQ = OSQCreate(&CommMsg[0], 10);         /*建立消息队列*/
    ...
    OSStart();                                  /*启动多任务内核*/
}

void CommQTaskA(void *data)
```

```
{
    INT8U  err;
    void   * msg;
    pdata = pdata;
    for (;;) {
        …
        msg = OSQPend(CommQ, 100, &err);
        if (err == OS_ERR_NONE) {
            …                                    /* 在指定时间内接收到消息 */
        } else {
            …                                    /* 在指定的时间内没有接收到指定的消息 */
        }
        err = OSQQuery(CommQ, &qdata);
        if (err == OS_ERR_NONE) {
            …                                    /* 取得消息队列的信息 */
        }
        OSQAccept (CommQ, &err);                 /* 检查消息队列是否有消息 */
        if (err == OS_ERR_NONE ){
            …                                    /* 处理消息 */
        }
        else{
            …                                    /* 其他处理 */
        }
        OSQDel (CommQ, OS_DEL_ALWAYS, &err);
        if (err == OS_ERR_NONE) {
            …                                    /* 消息队列被成功删除 */
        }
    }
}

INT8U    CommRxBuf[100];
void CommQTaskB (void * pdata)
{
    INT8U  err;
    pdata = pdata;
    for (;;) {
        …
        err = OSQPost(CommQ, (void *)&CommRxBuf[0]);
        err = OSQPostOpt(CommQ,(void *)&CommRxBuf[0], OS_POST_OPT_NONE);
        err = OSQPostFront(CommQ, (void *)&CommRxBuf[0]);
        if (err == OS_ERR_NONE) {
            …                                    /* 将消息放入消息队列 */
        } else {
            …                                    /* 消息队列已满 */
        }
```

```
        err = OSQFlush(CommQ);                    /* 消息队列清空 */
        …
        OSQPendAbort(CommQ, OS_PEND_OPT_BROADCAST, &err);
        if (err == OS_ERR_NONE) {
            …                                     /* 没有等待该消息队列的任务 */
        }
    }
}
```

7.6 μC/OS-II 任务互斥

7.6.1 μC/OS-II 互斥原理

使用互斥信号(Mutual Exclusion Semaphores)或者简单的互斥实现对资源的独占访问，互斥信号本身是一种二进制信号，具有超出 μC/OS-II 提供的一般信号机制的特性。在应用程序中使用互斥信号是为了减少优先级翻转问题。

创建每一个 Mutex，都需要指定一个空闲的优先级号，这个优先级号的优先级必须比所有可能使用此 Mutex 的任务的优先级都高。

μC/OS-II 的 Mutex 实现原理如下：

当一个低优先级的任务 A 申请并得到了 Mutex，那么它就获得该资源访问权。如果此后有一个高优先级的任务 B 开始运行(此时任务 A 已经被剥夺)，而且也要求得到 Mutex，系统就会把任务 A 的优先级提高到 Mutex 所指定的优先级。由于此优先级高于任何可能使用此 Mutex 的任务的优先级，所以任务 A 会马上获得 CPU 控制权。一直到任务 A 释放 Mutex，任务 A 才回到它原有的优先级，这时任务 B 就可以拥有该 Mutex 了。

应该注意的是：当任务 A 得到 Mutex 后，就不要再等待其他内核对象(诸如：信号量、邮箱、队列、事件标志等)了，而应该尽量快速地完成工作，释放 Mutex。否则，这样的 Mutex 就失去了作用，而且效果比直接使用信号量(Sem)更差。

虽然普通的信号量(Sem)也可以用于互斥访问某独占资源，但是它可能引起“优先级反转”的问题。假设上面的例子使用的是 Sem，当任务 A 得到 Sem 后，然后任务 B 也要使用 Sem，由于任务 A 没有释放 Sem，任务 B 就进入挂起状态，于是任务 A 和任务 B 都被剥夺 CPU 控制权，而任务 C(假设任务 C 的优先级比 A 高，但比 B 低)就绪而不需要使用 Sem，则 C 将获得 CPU 控制权。任务 C 的优先级比 B 低，却优先得到了 CPU。而如果任务 A 是优先级最低的任务，那么它就要等到所有比它优先级高的任务都挂起之后才会拥有 CPU，任务 B 由于需要任务 A 释放 Sem 后才能运行，所以高优先级任务 B 最后运行。这就是优先级反转问题，这是违背“基于优先级的抢占式多任务实时操作系统”原则的。

综上所述，μC/OS-II 中多个任务访问独占资源时，最好使用 Mutex，但是 Mutex 是比较消耗 CPU 时间和内存的。如果某高优先级的任务要使用独占资源，但是不在乎久等的情况下，就可以使用 Sem，因为 Sem 是最高效最省内存的内核对象。

当一个高优先级的任务需要的资源被一个低优先级的任务使用时，就会发生优先级翻转问题。为了减少优先级翻转问题，内核可以提高低优先级任务的优先级，先于高优先级的任务

运行，释放占用的资源。

μC/OS－II 中互斥信号量的主要作用就是利用优先级天花板协议，将互斥资源的优先级设置为不低于任何使用该资源的任务的优先级，当任务使用互斥资源时，动态地将任务的优先级提高至资源优先级，使任务在使用互斥资源时其他任务不能抢占该任务执行，直到该任务释放互斥资源后，优先级恢复到原始的优先级，其他获取资源的任务才能执行。这样防止了优先级的反转和任务互锁的产生。

互斥型信号量是一个二值信号量，是一种处理“任务优先级反转”现象的特殊信号量，主要用于处理任务对共享资源独占问题。为此，“事件”数据结构上有一些特约：将 OSEventCnt 拆为了高 8 位（prio 事件优先级）和低 8 位（资源标志）两个成员，如图 7－18 所示。

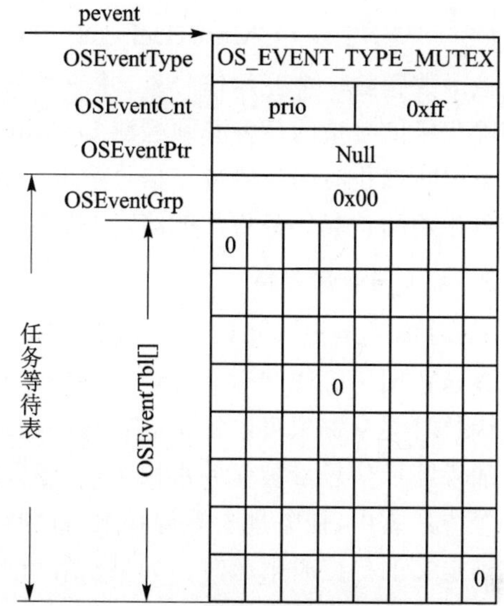

图 7－18　互斥信号量的基本结构

μC/OS－II 的互斥信号量由三个元素组成：1 个标志，指示 Mutex 是否可以使用（0 或 1）；1 个优先级，准备一旦高优先级任务需要这个 Mutex，赋给占有 Mutex 的任务；1 个等待该 Mutex 的任务列表。在互斥信号量的应用中，只能在任务中使用，不能在中断中使用。

7.6.2　μC/OS－II 互斥信号量

μC/OS－II 对于互斥信号量提供 6 种服务：OSMutexCreate（）、OSMutexDel（）、OSMutexPost（）、OSMutexPend（）、OSMutexAccept（）及 OSMutexQuery（）。它们的关系如图 7－19 所示，图中 Mutex 符号是一把钥匙，表明 Mutex 是用于处理共享资源的。这些服务只能在任务中进行调用。

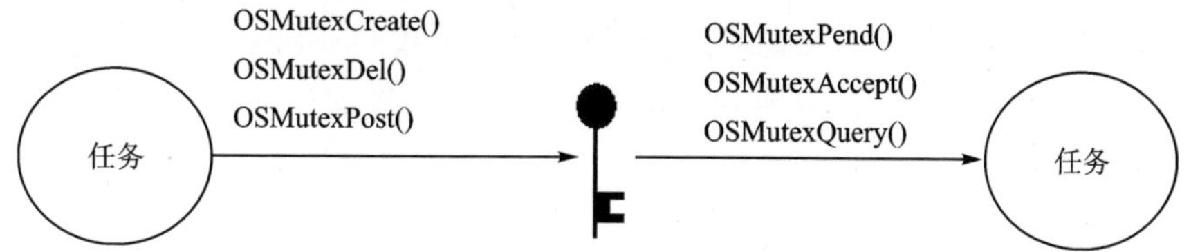

图 7－19　互斥信号量与任务之间的关系

1. 创建互斥信号量

OS_EVENT ＊OSMutexCreate（INT8U prio，INT8U ＊perr）

该函数用于创建一个互斥信号量，在使用互斥机制之前，首先要通过函数 OSMutexCreate（）进行创建和初始化，互斥信号量的初值为 1，表示资源可以使用。参数 prio 用于访问互斥信号量的优先级。当信号量被获取时，一个优先级值更高的任务试图获得该信号量时，拥有信号量的任务优先级将升至该信号量的优先级。因此需要指定一个比使用该信号量的任何任务优先级值都低的信号量优先级。

2. 互斥信号量删除

OS_EVENT ＊OSMutexDel (OS_EVENT ＊pevent, INT8U opt, INT8U ＊err)

该函数删除一个互斥信号量,并使所有与之相关的任务就绪。该函数必须被小心使用,希望删除互斥信号量的任务必须检测 OSMutexPend()的返回代码;该调用会隐含禁止中断一段时间。中断禁止时间与等待该信号量的任务个数成正比,在使用时必须小心,因为所有与互斥信号量相关的挂起任务将被就绪,信号量不再保证资源互斥。

3. 互斥信号量等待

void OSMutexPend (OS_EVENT ＊pevent, INT16U timeout, INT8U ＊err)

该函数用于等待互斥信号量。当任务需要独占共享资源时,调用该函数。如果任务在调用本函数时共享资源可以使用,则函数返回,调用该函数的任务获得了互斥信号量。

如果互斥信号量被任务占用了,该函数就将调用该函数的任务放入等待互斥信号量的多任务等待列表中,任务进入等待状态,直到占有互斥信号量的任务释放了信号量及其资源,或者直到定义的等待时限超时。如果在等待时限内信号量得以释放,μC/OS-II 将调度运行等待该信号量的最高优先级任务。

4. 互斥信号量释放

INT8U OSMutexPost (OS_EVENT ＊pevent)

该函数发送一个互斥信号量。只有当用户程序已调用 OSMutexAccept()或者 OSMutexPend()请求得到互斥信号量时,OSMutexPost()才起作用。当优先级较高的任务试图得到互斥信号量时,如果占用该信号量的任务的优先级已经被升高,那么 OSMutexPost()函数使优先级升高了的任务恢复原来的优先级。如果有一个以上的任务在等待该信号量时,则这些任务中优先级最高的任务获得这个信号量,然后调用调度函数。如果没有等待该信号量的任务,那么本函数只不过是将互斥信号量值设置为 0xFF,表示该互斥信号量可以使用了。

5. 互斥信号量无等待接收

INT8U OSMutexAccept (OS_EVENT ＊pevent, INT8U ＊err)

该函数检查互斥信号量是否资源可用,该函数不像函数 OSMutexPend(),若资源不能使用,则调用函数的任务并不被挂起,即 OSMutexAccept()只查询状态。

6. 互斥信号量查询

INT8U OSMutexQuery (OS_EVENT ＊pevent, OS_MUTEX_DATA ＊p_mutex_data)

该函数获得一个互斥信号量信息。应用程序必须给 OS_MUTEX_DATA 数据结构分配存储空间,这个数据结构用于接收来自于互斥信号量的事件控制块的数据。通过调用该函数,可以得知是否有其他任务等待该互斥信号量,计算在.OSEventTbl[]中有几个任务在等待该信号量,确认互斥信号量是否可以使用。

互斥信号量函数应用范例如程序清单 L7-35 所示。

程序清单 L7-35　互斥信号量函数应用范例

```
OS_EVENT *DispMutex;
void main(void)
{
```

```
    INT8U err;
    OSInit();                               /＊初始化 μC/OS－II ＊/
    …
    DispMutex = OSMutexCreate(20,&err);     /＊建立用于显示的 Mutex＊/
    …
    OSStart();                              /＊启动多任务内核＊/
}

void MutexTaskA(void ＊data)
{
    INT8U  err;
    OS_MUTEX_DATA  mutex_data;
    INT8U  highest;
    INT8U  x;
    INT8U  y;
    INT8U  value;
    pdata = pdata;
    for (;;) {
        …
        OSMutexPend(DispMutex,0,&err);
        …                                   /＊任务得以继续运行的条件是 mutex 可以使用＊/
        }
        …                                   /＊在指定的时间内没有接收到指定的消息＊/
        }
        err = OSMutexQuery(DispMutex, &qdata);
        if (err == OS_ERR_NONE) {
            if(mutex_data.OSEventGrp! = 0x00{
                y = OSUnMapTbl[mutex_data.OSEventGrp];
                x = OSUnMapTbl[mutex_data.OSEventTbl[y]];
            Highest = (y<<3) + x;           /＊当 OS_LOWEST_PRIO <= 63 时＊/
            …
        }
        …
        value = OSMutexAccept (DispMutex, &err);  /＊检查消息邮箱是否有消息＊/
        if (err == 1){
            …                               /＊资源可用＊/
        }
        else{
            …                               /＊资源不可用＊/
        }
        DispMutex  = OSMutexDel(DispMutex, OS_DEL_ALWAYS, &err);
        if (err == (OS_EVENT ＊)0) {
            …                               /＊消息邮箱被成功删除＊/
        }
    }
```

```
}

void MutexTaskB (void * pdata)
{
    INT8U  err;
    pdata = pdata;
    for (;;) {
        ...
        err = OSMutexPost(DispMutex);
        if (err == OS_ERR_NONE) {
            ...                                     /* mutex 已经发出 */
        } else {
            ...                                     /* 其他处理 */
        }
    }
}
```

习题 7

1. μC/OS-II 的内核包括哪几部分？调度策略是什么？
2. μC/OS-II 任务控制块的作用是什么？
3. 结合任务控制块说明任务就绪表的工作原理。
4. μC/OS-II 的任务同步和通信方式有哪些？分别说明其原理。
5. 时钟中断在 μC/OS-II 的作用是什么？试说明其工作原理。
6. 在 μC/OS-II 应用程序开发时，为什么时钟初始化要放在 OSStart()函数之后？
7. 在创建任务时需要完成哪些工作？
8. 任务互斥的基本实现函数有哪些？分别作用是什么？

第 8 章 μC/OS-II 操作系统的应用及移植

8.1 μC/OS-II 应用基础

8.1.1 任务划分

合理的任务划分不仅能提高任务的执行效率，减少调度管理成本，而且还可以充分利用有限资源实现资源的最大化利用，减少资源的消耗，提高整个系统的利用效率，使设计的系统占用更少的资源，从而降低成本。任务划分是开发实时系统软件中的重要一步。如果任务划分合理，则会使系统的设计大大简化，这不仅能够完成性能要求，更重要的是使软件的调试和消除错误也变得比较简单；相反，如果任务划分不合理，则会给调试带来较大的麻烦。因此，系统任务的划分是实时系统设计中非常关键的。任务的划分不仅要使任务间的通信最少，还要考虑到任务间的时间关系。

任务划分和任务调度不同，虽然最终目的都是为了有效地利用处理器，从而提高系统的整体性能，满足设计需要，但侧重点不同。任务调度侧重于任务执行顺序与执行单元的分配，是在任务划分的基础上，动态调度或静态分配任务到合适的处理单元上执行，满足调度的要求。任务划分侧重于根据环境的要求和特点，在调度前进行规划与决策，是在任务执行前进行的，划分结果直接影响系统的调度以及系统的整体性能，需要对已有的资源充分考虑，寻找任务划分的主要依据。

根据 6.3 节可知，任务间存在相互独立、互斥、同步和通信关系。这些关系体现了任务的独立性、动态性和并发性等基本特性。任务划分的目的是为了满足系统的实时性，使任务分布合理，从而简化软件系统结构，降低系统资源需求，使系统的执行效率达到最优。因此可以根据任务的基本特性和系统的需求进行任务划分，一般采用高聚合低耦合的原则进行。

任务一般存在实时性、执行周期、功能的区别。当前针对任务划分主要以最低功耗、最高执行效率、资源最大化利用、实时性等为主要目标，而这些目标与任务的执行长度、功能独立性（或耦合性）、代码执行效率、调度次数有关。一般来说任务的独立性越强，任务的执行长度越长，通信和同步的花费就越少。但是任务执行长度长了可能被高优先级任务打断的次数就越多，任务的入栈和出栈次数就越多，可能反而增加了任务的调度和完成时间。任务执行长度越短，则任务的个数增加了，任务之间的独立性变差，耦合性增强，相应地增加了耦合性费用，如通信、同步等，同时也可能增加任务的调度次数。因此，需要对任务进行合理的划分，使系统运行效率更高。下面针对几种常见的任务划分方法进行分析。

(1) 根据实时性要求进行任务划分

某些关键的任务对实时性要求较高，需要及时响应，对于这类任务必须尽可能地与其他功能剥离，独立构成 Task，并赋以足够高的优先级，通过通信机制触发其他 Task，完成系统的其他功能。

为进一步保证关键任务的实时性，可将关键 Task 安排为 ISR。可以在 ISR 中完成关键功

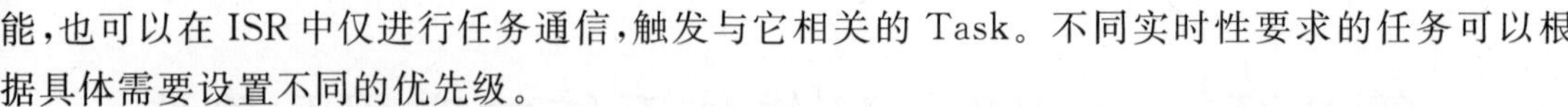

能,也可以在ISR中仅进行任务通信,触发与它相关的Task。不同实时性要求的任务可以根据具体需要设置不同的优先级。

(2) 根据执行周期进行任务划分

在控制领域中,许多程序需要周期性执行,如信号的采样、显示控制等。对于这些程序,其他功能不同,但可能存在相同的执行周期。在执行长度允许的情况下,可以把执行周期相同且时间响应要求一样的程序划分成一个任务进行管理,赋以相同的优先级。将运行周期相同的功能组合成为一个任务,从而免除事件分发机制。

(3) 根据功能聚合性进行任务划分

具有相同或相似功能的程序模块集聚在一起,形成一个整体,完成一个单一功能的模块,具有这种性质的模块具有功能聚合性,一般我们以不同的功能来描述。例如,将不同频率的信号滤波功能集聚在一起形成一个滤波功能模块,则该模块具有功能聚合性。

具有功能相同的程序在实时性、执行周期等要求上存在一致性,这些程序聚合性较强。将关系密切的若干功能组合成为一个任务,达到功能聚合的效果。这些程序之间的耦合性较弱,将这些具有相似功能的程序独立成一个任务,是任务划分中最常见的任务划分方法。

(4) 根据设备的依赖性进行任务划分

在嵌入式系统中,有些程序需要和外部设备进行信息交互,如A/D、LCD、打印机等,可以根据与设备的依赖程度将这些程序进行分类。当多个程序访问同一个设备,但存在访问的时序要求时,如对打印机的访问,这类程序尽量不要放在一起管理。因为如果放在一起可能因为访问时间的不同造成任务的等待和多次切换,带来调度负担。还有些程序可能需要多个设备,如有的程序专门负责人机交互,涉及的设备有键盘、触摸屏、LCD等,键盘或触摸屏输入可能会引起LCD显示内容的改变,可以将这类程序集中成一个任务。

(5) 根据触发条件进行任务划分

有些程序的执行需要外部或内部其他程序的触发条件有效,如数控机床中的工作台的运动需要在行程开关触发时才反向运动。对于这类程序,和按执行周期任务划分一样,在任务执行长度允许的情况下,触发条件相同的功能尽量安排在一个Task中。将由相同事件触发的若干功能组合成为一个任务,从而免除事件分发机制。

(6) 根据执行顺序进行任务划分

在单核处理器中,大多数程序是顺序执行的。但是为了便于管理和调度,防止执行程序过长,需要将这些程序划分成不同的任务,任务执行的次序可以通过优先级、事件、同步等方法来实现。但是,为了减少顺序执行程序同步与通信的费用,需要将若干按固定顺序执行的功能组合为一个任务。而顺序任务划分可以参考前面5种任务划分方法进行。

除此以外,程序中有些共享程序,如控制算法、信号处理,这些程序可能在多个地方被调用。可以将这些程序独立成库,不需要划分到某个任务中。

8.1.2 μC/OS-II 任务堆栈的设置

1. 任务堆栈的主要作用

堆栈的作用就是用来保存局部变量,从本质上讲也就是将CPU寄存器的值保存到RAM中。在μC/OS-II中,每一个任务都有一个独立的任务堆栈。为了深入理解任务堆栈的作用,本节分析任务从“出生”到“消亡”的整个过程,具体就是分析任务的建立、运行、挂起几种状

态中任务堆栈的变化情况。

假设系统运行着一个由用户创建的用以完成打印工作的任务 TaskPrint。TaskPrint 最初通过 OSTaskCreate()函数创建，在该函数中与任务堆栈有关的第一段代码是大家比较熟悉的函数 OSTaskStkInit()，这个函数是在 μC/OS－II 移植过程中必须实现的，其作用是“初始化堆栈”，其实就是预先在 RAM 中的一块区域中把任务将来运行开始时 CPU 寄存器应处的状态(正确值)准备好，当任务第一次被内核调度器调度运行时，将这些准备好的数据(寄存器的值)推到 CPU 的寄存器中，如果数据设计得合理，CPU 便会按照我们预先设计好的思路运行。所以，“初始化堆栈”实际上是做了一个“未雨绸缪”的工作。这个过程中有两点是必须慎重考虑的，一是 PC 该如何定位，二是 CPU 的其他寄存器(除 PC 之外)该怎么处理。先说第一点，因为任务是第一次运行，而任务从本质上将就是一段代码，所以 PC 指针应该定位到这段代码的第一行处，即所谓的入口地址(Entry Point)处，这个地址由任务指针保存着，所以把该指针值赋给 PC 即可。第二，这段代码还未被执行过，所以代码中的变量与 CPU 的其他寄存器一点关系也没有，因此在 ARM 处理器中 R0～R12、R14 可随便给值，或者不赋值也可，让这些寄存器保持原来的值，显然后者更为简单。最后再给 CPSR 赋值，用户可以根据实际需要使系统运行于系统模式或管理模式。经过入栈和出栈，此时 SP 指向任务堆栈的最底端(就是已经定义好的任务堆栈数组的最后一个元素)。

当任务代码正式运行时，因为 CPU 的寄存器是有限的，所以在运行时不可避免地要把一些临时变量暂时保存到堆栈中。具体应保存到哪个地址呢，不用担心，SP 知道(任务第一次运行时，这个地址就是任务堆栈数组的最后一个元素的地址)。任务堆栈的大小和任务代码中临时变量的数目有关，如果这段代码临时变量特别多，堆栈就应设计得大一些。

当任务由于某种原因将要被挂起时，应把任务的运行现场放到堆栈里保护起来，任务再次运行时再把这个现场还原，任务就能从上次断点处紧接着运行。那么，这个现场是什么呢？从本质上讲，任务的运行过程就是 CPU 在执行一段特定的代码，所以这个现场就是 CPU 的现场，也就是寄存器的值。这些寄存器的值包含了代码执行时的所有信息，包括当前运行到了这段代码的哪个位置处(由 PC 值指明)。因此，把 CPU 的寄存器的值推入堆栈，然后记住栈顶指针的位置(SP 由 OSTCBCur－>OSTCBStkPtr 保存)，当任务再次将要运行前，从 SP 指向的地址处依次把先前保存的 CPU 寄存器的值放到 CPU 的寄存器中，任务就可以从上次中断的地方准确无误地执行。这个过程就像突然把任务冻结了，与任务有关的任何东西都不能动了，一段时间之后又把任务解冻，与它有关的东西又变得可用，于是任务又可以正常运行了。

从以上分析可以看出，任务堆栈自始至终伴随着任务，与之生死与共。它的作用可以概括为两点：第一，当任务运行时，它用来保存一些局部变量；第二，当任务挂起时，它负责保存任务的运行现场，也就是 CPU 的寄存器值。有些读者正是忽视了第一点，产生了“任务堆栈大小应是固定值的疑问”。堆栈的初始化仅仅是初始化了很大一个堆栈的一小部分，这一部分只有在任务第一次运行时有用，处理器会把初始化的值全部推出堆栈。在任务运行过程中，由于任务定义了许多局部变量，堆栈空间的使用会因为局部变量的定义和程序的嵌套调用不断发生改变。但是每当任务挂起时，任务堆栈中保存任务挂起前 CPU 寄存器的这一连续的区域肯定在整个堆栈的最上面；当任务重新开始运行时，SP 弹出寄存器的值，这段区域变成空白的区域，而且，任务每次挂起前用来保存当前 CPU 寄存器这一连续区域在整个任务堆栈空间中是浮动的。

2. 任务需要堆栈大小的计算

堆栈大小的确定与处理器中的寄存器个数、任务的临时变量个数和大小有关。首先堆栈空间必须大于处理器需要保存的寄存器所需的空间，如 ARM7 处理器一共有 R0～R12、LR、PC、CPSR、SPSR 等寄存器，在任务切换、中断现场保护时需要将这些寄存器进行压栈。因此堆栈要有足够的空间能够容纳这些寄存器的值。其次，任务在执行过程中的子函数调用时，一般要进行部分变量的压栈。压栈的目的是腾出足够的通用寄存器用来进行子函数的数据操作。因为在微处理器中所有数据的读取和存入存储器都是通过通用寄存器来实现的，而这些寄存器又是有限的，如果所使用的变量超过通用寄存器的个数，则需要将部分寄存器的值进行压栈，以预留足够的寄存器给其他变量使用。因此需要分析任务中的局部变量的个数与调用函数嵌套次数来统一确定需要的栈空间大小。一般的计算公式为

$$\text{StackSize} \geqslant \sum \text{通用寄存器} \times \text{size} + \sum \text{任务定义变量} \times \text{size} + \sum \max(\text{每一层嵌套定义的变量} \times \text{size})$$

即任务的最大堆栈空间应大于等于通用寄存器大小与任务每一层嵌套需要的最大变量存储空间之和。

在 μC/OS-II 中，每个任务都有自己的堆栈空间。堆栈必须声明为 OS_STK 类型，并且由连续的内存空间组成。用户可以静态分配堆栈空间（在编译的时候分配），也可以动态地分配堆栈空间（在运行的时候分配）。静态堆栈声明如下所示，这两种声明应放置在函数的外面。

static OS_STK　MyTaskStack[stack_size]；

或　OS_STK　MyTaskStack[stack_size]。

8.1.3　任务的执行分类及优先级设置

1. 任务的执行分类

在 μC/OS-II 操作系统中，任务根据执行情况的不同可以分为单次执行的任务、周期执行的任务和事件触发执行的任务三种类型。

(1) 单次执行任务

此类型任务采用“创建即启动”方式运行任务，这样可以简化任务的启动控制关系，更主要的是可以在每次启动时向任务传递一些参数，使其有不同的运行工作状态。如使用 UART，每次都可以设置其帧格式、数据波特率等。此类任务在使用时需要安排合适的优先级使其创建就可以执行，一般需要设置其优先级比创建该任务的任务更高。该类型任务使用的优点是执行完毕后会自行删除，并释放执行时所占用的资源；还可以根据创建时传递不同的参数有不同的工作状态。

这种类型任务适用于“孤立任务”，但是创建任务时，需要进行任务相关初始化工作，耗费时间，适用于实时性要求不高的任务。它还可能造成一些系统后遗症或隐藏的问题：如占用资源未释放，留下未删除干净的废弃变量，通信的“上家”发送给该任务的消息将被积压，通信的“下家”因得不到消息而被永远挂起等。

任务结构如下：

```
void MyTask(void * pdata)
{
    局部环境初始化代码;                    //本任务运行环境的初始化
    任务实体代码;
    OSTaskDel(OS_PRIO_SELF);              //删除自身
}
```

(2) 周期执行的任务

周期任务是指计算机系统中按照一定周期请求运行或者执行完成的任务,每次请求称为任务的一个任务实例,任务实例所属任务的起始时刻称为该任务实例的到达时刻,任务实例被置为就绪态的时刻称为该任务实例的释放时刻。周期任务一般是通过定时器的中断服务发送消息给任务,或系统提供的延时函数来实现周期执行。周期任务也可以认为是事件触发的特例,此类任务运行特性是:运行周期越大,任务执行周期的相对误差越小,适用于对任务周期稳定性要求不太高的应用。任务周期只能是系统节拍的整倍数或其他定时器中断节拍的整数倍。当任务周期要求很严格或不是系统节拍的整倍数时,应采用定时器中断的方式解决(如电子钟)。

任务结构如下:

```
void MyTask(void * pdata)
{
    局部环境准备代码;                           //硬件、变量等初始化
    while(1)
    {
        任务实体代码;                           //具体的任务业务
        OSTimeDly() / OSTimeDlyHMSM();          //周期约定
    }
}
```

(3) 事件触发执行的任务

所谓事件触发执行的任务是指任务的执行或者启动需要其他任务或中断触发一个可以满足任务执行的条件,使任务得以执行。如负责人机交互的任务在一般情况下处于等待状态,当键盘或触摸屏有动作时通过中断发送一个事件给该任务,该任务在获得一个键盘事件后才能执行相关的操作。因此此类任务创建后其任务实体代码要等待预约的事件,如信号量、消息邮箱、消息队列、事件标志组等。在该事件发生前任务被强制等待,相关事件发生一次,任务实体执行一次。此类任务一般用于实时事件的响应,与周期任务相比,任务的执行是随机的,只有事件产生了才会执行。

任务结构如下:

```
void MyTask(void * pdata)
{
    局部环境准备代码;                       //硬件、变量等初始化
    while(1)
    {
        获取事件的系统函数;                 //等待事件(信号量、消息)发生
```

```
        任务实体代码;                    //具体的任务业务
    }
}
```

2. 任务优先级的确定

μC/OS-II和分时操作系统不同,它不支持时间片轮转法。它是一个基于优先级的实时操作系统。每一个任务必须具有不同的优先级,分析它的源码会发现,μC/OS-II把任务的优先级当作任务的标识来使用,如果优先级相同,任务将无法区分。进入就绪态的优先级最高的任务首先得到CPU的使用权,只有等它交出CPU的使用权后,其他任务才可以被执行。所以只能说它是多任务,不能说是多进程,所以它的实时性比分时系统好,可以保证重要任务总是优先占有CPU。但是在应用系统中,重要任务毕竟是有限的,这就使得划分其他任务的优先权变成了一个让人费神的问题。

根据系统不同,任务优先级有几个到上百个不同数量。μC/OS-II任务可用的优先级总个数为(OS_LOWEST_PRIO+1)个,Task－>prio的值域为{0,…,OS_LOWEST_PRIO};优先级OS_LOWEST_PRIO固定分给了OS_TaskIdle(),优先级OS_LOWEST_PRIO-1固定分给了OS_TaskStat()。μC/OS-II建议保留优先级:0、1、2、3、OS_LOWEST_PRIO-2、OS_LOWEST_PRIO-3,以备将来可能的μC/OS-II系统升级。

任务的优先级安排一般性原则:

- ISR相关联的任务应安排较高的优先级。对于那些与中断相关的任务,如采样数据处理,则需要任务及时读取相关的数据,以便尽快响应中断的业务处理,可以将任务优先级设置更高些。
- 紧迫性任务有高实时性要求,应安排高优先级(通常此类任务是由ISR关联的)。一般比较紧急的任务要求及时响应,并在最短的时间内处理完成,要求尽量不被抢占或打断,如数控机床的紧急停车处理。
- 关键性任务要保障有执行的机会。关键性任务一般具有实时性及执行时间的要求。需要处理器尽快响应和完成处理,如根据检测信号的状态实时控制输出,要求任务在最短的时间内做出响应输出。
- 短周期任务、快捷任务应安排较高优先级。对于执行周期较短的任务,执行频率较高,为了防止被其他任务抢占影响执行周期,需要将任务优先级设置高些。而对于快捷性任务,执行时间较短,如果设置的优先级较低,容易被高优先级任务抢占,使得经常被抢占执行,会造成任务调度时间比任务本身的执行时间更长,使得任务的执行效率降低。
- 实时性要求不高的任务和大数据量处理型任务应安排较低的优先级。对于那些实时性要求不是很高的任务,响应的延迟和处理的不及时不会给系统带来太大的影响,可以将其优先级设置得低于实时要求高的任务,如键盘任务(实时性要求低)、显示任务(实时性要求低)、模拟信号采集任务(ISR关联、紧迫任务)、数据处理任务(运算量很大时,优先级降低;反之,可提高优先级)、串行口接收任务(ISR关联,关键任务,紧迫任务)、串行口发送任务(ISR关联)等。

实际应用中各个任务的优先级规划要根据实际情况确定,要从整个系统的角度考虑分析。在给任务设置优先级时,还要注意规划系统时优先级的个数过度冗余会造成资源浪费,并要注意"临时任务"的优先级规划。

8.2　μC/OS-II 应用编程举例

8.2.1　μC/OS-II 同步信号量应用实例

1. 应用分析

任务的同步是指任务在执行过程中需要与其他任务进行协调工作,共同完成一个任务目标。任务可以通过相关标志来告诉其他任务进行同步,不需要传递具体的数据。在 μC/OS 操作系统中可以通过信号量、消息来进行任务同步,本节主要采用信号量来举例说明。

在本例中,通过信号量来同步跑马灯和键盘输入的同步工作。首先建立一个工程,应用程序包含两个任务和一个键盘中断服务程序。中断服务程序获取按键信号,确认有按键按下时向任务传递一次同步信号。TaskLED 任务接收到中断服务程序发送来的同步信号后,控制 LED 输出,每按一次键 LED 变化一次。采用信号量来对中断和任务进行同步,当中断接收到有效按键时,设置信号量有效,信号量触发任务运行,控制 LED 显示变化。任务执行完成后,等待下一次信号量有效,CPU 转向执行空闲任务。

2. 信号量应用示例

(1) 头文件包含与变量申明

```
#include  "includes.h"                /* μC/OS interface */

#define   APP_TASK_START_STK_SIZE 50
#define   Task_ Sem _STK_SIZE 50
```

(2) 任务相关参数声明

```
/*优先级声明*/

#define  TASK_SEM_PRIO   5
#define  APP_TASK_START_PRIO   2
/*任务栈声明*/
static  OS_STK App_TaskStartStk[APP_TASK_START_STK_SIZE]; //App_TaskStart 栈
static  OS_STK Task_SemStk[Task_Sem_STK_SIZE]; //LED 任务栈
/*任务处理函数声明 */
void Task_Sem(void * Id); // 信号量接收任务处理函数
/*声明信号量 */
OS_EVENT * Com1_SEM;     // 信号量 Com1_SEM
```

(3) 开关 LED1 灯

在本实例中,采用 5.2 节提供的 GPIO 操作函数来实现 LED1、LED2、LED3 的控制,利用宏定义方式声明 LED 函数。

```
#define LED1_ON()    GPIO_SetBits(GPIOB, GPIO_Pin_5 );      //LED1 亮
#define LED1_OFF()   GPIO_ResetBits(GPIOB, GPIO_Pin_5 );    //LED1 灭
#define LED2_ON()    GPIO_SetBits(GPIOD, GPIO_Pin_6 );      //LED2 亮
#define LED2_OFF()   GPIO_ResetBits(GPIOD, GPIO_Pin_6 );    //LED2 灭
#define LED3_ON()    GPIO_SetBits(GPIOD, GPIO_Pin_3 );      //LED3 亮
```

```
#define LED3_OFF()    GPIO_ResetBits(GPIOD, GPIO_Pin_3 );      //LED3  灭
```

(4) 键盘中断服务程序

判断是否键盘输入有效,如果有效则触发信号量。该中断函数调用 5.3 节中的键盘扫描函数进行键盘扫描。由于键盘输入接入 PE1 引脚中断输入,所以需要在外部中断 1 中添加中断服务程序代码,参考如下。

```
void EXTI1_IRQHandler(void)
{
    EXTI_ClearITPendingBit(EXTI_Line1);              //清除中断标志
    OSSemPost(Com1_SEM);                             //发送键盘响应信号量
}
```

(5) 启动任务处理函数

在该函数中,主要实现系统时钟的初始化和启动,然后创建 LED 控制任务,该任务按照周期 1 秒运行。

```
static  void App_TaskStart(void* p_arg)
{
    (void) p_arg;
    OS_CPU_SysTickInit();                            //初始化时钟
    Com1_SEM = OSSemCreate(0);                       //建立键盘中断的信号量
    //键盘响应信号量处理任务-----------------------------------
    OSTaskCreate(Task_Sem, (void*)0,
                 (OS_STK*)&Task_SemStk[Task_Sem_STK_SIZE - 1],
                 Task_Sem_PRIO);
    for(;;)
    {
        OSTimeDlyHMSM(0, 0,1, 0);                    //1 秒一次循环
    }
}
```

(6) 信号量接收任务 Task_Sem()

OSStart 调用之前创建的最高优先级任务,该函数运行时就等待信号量。当键盘按键被按下时,中断触发信号量有效,信号量触发 Task_Sem 任务就绪,在该函数中获得按键值并判断按键,控制对应的 LED 开关,其中 F1 控制 LED1,F2 控制 LED2,F3 控制 LED3。

```
void Task_Sem(void *p_arg)
{
    /*启动时钟节拍定时器,开始多任务调度 */
    INT8U a = 0,b = 0,c = 0,err;                     //定义 LED 状态变量和错误变量
    for(;;)
    {
        OSSemPend(Com1_SEM,0,&err);
        keycode = ScanKey();                         //键盘扫描
        if(keycode == 0x77&&a == 0){ LED1_ON();a = 1; keycode = 0;}   //F1 按下作处理
        else if(keycode == 0x77&&a == 1){ LED2_OFF(); a = 0; keycode = 0;}
```

```
        if(keycode == 0xB7&&b == 0){ LED2_ON(); b = 1; keycode  = 0;}  //F2 按下作处理
        else if(keycode == 0xB7&&b == 1){ LED2_OFF(); b = 0; keycode  = 0;}
        if(keycode == 0xD7&&c == 0){ LED3_ON(); c = 1; keycode  = 0;}  //F3 按下作处理
        else if(keycode == 0xD7&&c == 1){ LED3_OFF(); c = 0; keycode  = 0;}
    }
}
```

(7) 主函数

main 函数主要实现功能:初始化目标系统,调用目标板初始化函数初始化硬件定时器、串口等常用外设,建立操作系统级应用程序运行环境,不需要调用操作系统服务。调用 OSInit 初始化 μC/OS - II 软件数据结构等,创建空闲任务。该函数必须在打开时钟节拍中断之前调用。创建一个信号量 Com1_SEM 中断与任务 Task_Sem 之间的同步。创建一个任务 App_TaskStart,App_TaskStart 的优先级为 2。任务 Task_Sem 在 App_TaskStart 中创建,优先级为 5,App_TaskStart 的优先级高于 Task_Sem。然后调用 OSStart 启动 μC/OS - II。

```
int main(void)
{
    CPU_IntDis();       //禁止 CPU 中断
    OSInit();           //UCOS 初始化
    BSP_Init();         //硬件平台初始化
    USART_OUT(USART1,"*          μC/OS - II 同步信号量应用实例              *\r\n");
    USART_OUT(USART1,"*                                                      *\r\n");
    USART_OUT(USART1,"*              基于 μC/OS - II                         *\r\n");
    USART_OUT(USART1,"*                                                      *\r\n");
    USART_OUT(USART1,"*          键盘按键 F1 控制 LED1 开关                  *\r\n");
    USART_OUT(USART1,"*          键盘按键 F2 控制 LED2 开关                  *\r\n");
    USART_OUT(USART1,"*          键盘按键 F3 控制 LED3 开关                  *\r\n");
    USART_OUT(USART1,"*                                                      *\r\n");
    USART_OUT(USART1,"*                                                      *\r\n");
    USART_OUT(USART1,"****************************************\r\n");
    USART_OUT(USART1,"\r\n");
    USART_OUT(USART1,"\r\n");

    //建立主任务, 优先级最高  建立这个任务另外一个用途是为了以后使用统计任务
    OSTaskCreate((void(*)(void*))App_TaskStart,  //指向任务代码的指针
                 (void *) 0,                      //任务开始执行时,传递给任务的参数的指针
         (OS_STK *) &App_TaskStartStk[APP_TASK_START_STK_SIZE - 1],
         (INT8U) APP_TASK_START_PRIO);            //分配给任务的优先级
    OSTimeSet(0);           //μC/OS 的节拍计数器清 0,节拍计数器是 0~4 294 967 295
    OSStart();              //启动多任务运行
    return(0);
}
```

8.2.2 μC/OS-II 消息邮箱通信应用实例

1. 应用分析

任务的通信是指任务之间的信息交互，需要任务间传递数据。在实时操作系统 μC/OS-II 中，用于任务通信的主要有消息邮箱和消息队列两种机制。消息邮箱只能存储单个消息，消息队列可以存储多个消息。在消息传递过程中只传递消息的地址，不传递消息的内容，通过消息指针来实现。本例中以消息邮箱为例说明任务通信的应用编程。

消息邮箱是 μC/OS-II 操作系统的一种通信机制，它可以使一个任务或者中断服务程序向另一个任务发送以指针方式定义的变量。本实例中，通过 PC 端的超级终端或其他串口软件向板卡中的 USART1 发送数据，控制板卡上的 LED1 的闪烁间隔时间。消息格式为 L+1+XXX+F，其中 L 为起始符，1 为 LED1 的编号，XXX 为时间间隔（单位为毫秒），F 为结束符。板卡的 USART1 通过中断来接收字符串，并把接收的字符串转发给 PC 用于监测板卡是否接收到字符串。在串口的中断服务程序中，把接收到的字符串首地址通过消息邮箱发送给接收消息的任务。在消息邮箱接收任务中，通过对字符串的解析，把时间间隔参数解析出来保存到全局变量中，等下一次运行 LED1 任务时用于设置新的 LED1 闪烁间隔时间。在创建任务之前，必须对任务的函数名、堆栈空间大小和优先级进行定义。

2. 消息邮箱应用示例

(1) 头文件包含与变量申明

```
#include"includes.h"                    /* μC/OS interface */

#define  Task_Com1_STK_SIZE                     100
#define  Task_Led1_STK_SIZE                     100
```

(2) 任务相关参数声明

```
/*优先级声明*/
#define  Task_Com1_PRIO                         4
#define  Task_Led1_PRIO                         7
/*任务栈声明*/
static  OS_STK Task_Com1Stk[Task_Com1_STK_SIZE];
static  OS_STK Task_Led1Stk[Task_Led1_STK_SIZE];
/*任务处理函数声明 */
static  void Task_Com1(void* p_arg);
static  void Task_Led1(void* p_arg);
/*声明消息邮箱 */
OS_EVENT* Com1_MBOX;
/*声明全局变量 */
volatile unsigned int RxCounter1;        //接收字符计数变量
unsigned char RxBuffer1[400];            //发送数据缓冲
```

(3) 串口 USART1 中断服务程序

在本实例中，USART1 接收到数据后，按照规定的顺序解析字符串的组成，把对应的字符串依次存放到局部数组 msg[50]中，把接收的数据个数保存在全局变量 RxCounter1 中，并把

首地址通过邮箱传递给消息邮箱接收处理任务。同时，为了便于检查板卡是否接收到数据，把接收到的数据通过 USART1 又转发给 PC 端。

```
void USART1_IRQHandler(void)
{
    unsigned int i;
    unsigned char msg[50];
    OS_CPU_SR  cpu_sr;
    OS_ENTER_CRITICAL();                    //保存全局中断标志,关总中断
    OSIntNesting++;
    OS_EXIT_CRITICAL();                     //恢复全局中断标志
    if(USART_GetITStatus(USART1, USART_IT_RXNE) != RESET) //判断数据是否有效
    {
        //将读寄存器的数据缓存到接收缓冲区里
        msg[RxCounter1++] = USART_ReceiveData(USART1);

        if(msg[RxCounter1 - 1] == 'L'){msg[0] = 'L'; RxCounter1 = 1;}  //判断起始标志
        if(msg[RxCounter1 - 1] == 'F')      //判断结束标志是否是"F"
        {
            for(i = 0; i< RxCounter1; i++){
                TxBuffer1[i] = msg[i];      //将接收缓冲器的数据转到发送缓冲区,准备转发

            }

            TxBuffer1[RxCounter1] = 0;      //接收缓冲区终止符
            RxCounter1 = 0;
            OSMboxPost(Com1_MBOX,(void *)&msg);
        }
    }
    if(USART_GetITStatus(USART1, USART_IT_TXE) != RESET)               //
    {
        USART_ITConfig(USART1, USART_IT_TXE, DISABLE);
    }
    OSIntExit(); //在 os_core.c 文件里定义,如果有更高优先级的任务就绪了,则执行一次任务切换
}
```

(4) MailBox 消息接收处理任务

在消息邮箱中首先等待有效的消息邮箱，当邮箱数据有效时，读取存放数据的首地址，从中依次取出数据按照规定的顺序解析，读取 LED 闪烁间隔参数，然后保存在全局变量 milsec 中。由于从串口读出的数据是字符类型，需要把字符串转换成数据，因此通过调用 atoi 函数来实现，具体请参考邮箱:goodtextbook@126.com 中提供的工程文件资料。

```
static  void Task_Com1(void *p_arg){
    INT8U err;
    unsigned char * msg;
    (void)p_arg;
```

```
    OS_CPU_SysTickInit();                       //初始化系统时钟
    while(1){
        //等待串口接收指令成功的邮箱信息
        msg = (unsigned char *)OSMboxPend(Com1_MBOX,0,&err);
        if(msg[0] == 'L'&&msg[1] == 0x31){      //判断第一个字符和第二个字符是否是 L 和 1
            milsec = atoi(&msg[2]);             //LED1 的延时毫秒
            USART_OUT(USART1,"\r\n");
            USART_OUT(USART1,"LED1: %d ms 间隔闪烁",milsec);
        }
    }
}
```

(5) LED1 闪烁任务

在 LED1 闪烁任务中，根据串口接收的间隔值进行延时控制 LED1 的闪烁。

```
static  void Task_Led1(void * p_arg)
{
    (void) p_arg;
    while (1)
    {
        LED1_ON();
        OSTimeDlyHMSM(0, 0, 0, milsec);

        LED1_OFF();
        OSTimeDlyHMSM(0, 0, 0, milsec);
    }
}
```

(6) 主函数

主函数负责硬件平台初始化、操作系统初始化、消息邮箱创建、任务创建、启动操作系统等操作。主函数程序代码如下：

```
int main(void)
{
    CPU_INT08U os_err;
    CPU_IntDis();           //禁止 CPU 中断
    OSInit();               //UCOS 初始化
    BSP_Init();             //硬件平台初始化
    milsec = 500;           //默认 LED1 闪烁间隔 500 ms

    USART_OUT(USART1,"*          μC/OS - II 消息邮箱应用实例                 *\r\n");
    USART_OUT(USART1,"*                                                      *\r\n");
    USART_OUT(USART1,"*                基于 μC/OSII2.86                      *\r\n");
    USART_OUT(USART1,"*                                                      *\r\n");
    USART_OUT(USART1,"* LED1 闪烁间隔:1～65 535 ms   指令 L1 1F～L1 65535F    *\r\n");
    USART_OUT(USART1,"*                                                      *\r\n");
    USART_OUT(USART1,"*                                                      *\r\n");
```

```
    USART_OUT(USART1,"****************************************\r\n");
    USART_OUT(USART1,"\r\n");
    USART_OUT(USART1,"\r\n");

    Com1_MBOX = OSMboxCreate((void * ) 0);         //建立串口 1 中断的消息邮箱

    //串口 1 接收及发送任务 -----------------------------------------
    OSTaskCreateExt(Task_Com1,                     //指向任务代码的指针
                    (void * )0,                    //任务开始执行时,传递给任务的参数的指针
                    (OS_STK * )&Task_Com1Stk[Task_Com1_STK_SIZE - 1],
                    Task_Com1_PRIO,                //分配给任务的优先级
                    Task_Com1_PRIO,//预备给以后版本的特殊标识符,在现行版本同任务优先级
                    (OS_STK * )&Task_Com1Stk[0],//指向任务堆栈栈底的指针,用于堆栈的检验
                    Task_Com1_STK_SIZE,            //指定堆栈的容量,用于堆栈的检验
                    (void * )0,  //指向用户附加的数据域的指针,用来扩展任务的任务控制块
                    OS_TASK_OPT_STK_CHK|OS_TASK_OPT_STK_CLR); //选项,指定是否允许堆栈检验,
                                                   是否将堆栈清 0,任务是否要进行浮点运算等。
    //LED1 闪烁任务创建
    OSTaskCreateExt(Task_Led1,(void * )0,(OS_STK * )&Task_Led1Stk[Task_Led1_STK_SIZE - 1],
                    Task_Led1_PRIO,Task_Led1_PRIO,(OS_STK * )&Task_Led1Stk[0],
                    Task_Led1_STK_SIZE, (void * )0,
                    OS_TASK_OPT_STK_CHK|OS_TASK_OPT_STK_CLR);
    OSTimeSet(0);  //μC/OS 的节拍计数器清 0,节拍计数器是 0～4 294 967 295
    OSStart();     //启动多任务运行
    return (0);
}
```

系统启动后首先运行 Task_Com1,该任务等待 USART1 中断发送的消息邮箱,如果消息邮箱没有消息,则任务切换至等待状态;如果有,则取得消息值并解析消息内容,获得 LED1 延时毫秒值并保存在全局变量中。当运行任务 Task_Led1 时,延时函数会根据新的延时值设置延时参数。

8.2.3　μC/OS－II 互斥信号量应用实例

1. 应用分析

μC/OS－II 不允许在相同的优先级有多个任务,一个优先级对应一个任务。当不同任务共享一个资源时,需要分时复用这个设备。为了使设备的访问不产生冲突,μC/OS－II 采用互斥信号量机制来规范资源的使用。

为了启动 μC/OS－II 的 Mutex 服务,应该在 OS_CFG. H 中设置 OS_MUTEX_EN＝1。在使用一个互斥信号之前应该首先创建它,创建一个 mutex 信号通过调用 OSMutexCreate()完成,Mutex 的初始值总是设置为 1,表示资源可以获得。

假设在一个应用中有三个任务 Task_Mutex1、Task_Mutex2 和 Task_Mutex3 可以使用共同的资源 USART1,为了访问这个资源,每个任务必须在互斥信号 pMutex 上等待(pend),任务 Task_Mutex1 有最高优先级 5,任务 Task_Mutex2 优先级为 6,任务 Task_Mutex3 优先

级为 7,一个没有使用的正好在最高优先级之上的优先级 3 用来作为资源优先级继承优先级(PIP)。

2. 互斥信号应用示例

(1) 头文件包含与变量申明

```
#include  "includes.h"                 /* μC/OS interface */

#define  APP_TASK_START_STK_SIZE                    100
#define  Task_Mutex_STK_SIZE                        100
```

(2) 任务相关声明

任务及互斥信号量优先级声明,根据优先级继承策略,互斥信号量优先级应该高于使用该信号量的任务的优先级。

```
#define  APP_TASK_START_PRIO                          2
#define  Mutex_PRIO                                   3
#define  Task_Mutex1_PRIO                             5
#define  Task_Mutex2_PRIO                             6
#define  Task_Mutex3_PRIO                             7
/*任务栈声明*/
static  OS_STK Task_Mutex1Stk[Task_Mutex_STK_SIZE];
static  OS_STK Task_Mutex2Stk[Task_Mutex_STK_SIZE];
static  OS_STK Task_Mutex3Stk[Task_Mutex_STK_SIZE];
/*互斥信号量声明*/
OS_EVENT *pMutex;
```

(3) 启动任务

在启动任务中主要是进行系统时钟初始化,然后创建其他任务。这个任务的代码除了系统时钟初始化以外,都可以放到主函数中去。系统时钟初始化可以放到优先级最高的任务循环执行代码前调用。

```
void App_TaskStart(void* p_arg)
{
    INT8U err;
    (void) p_arg;
    OS_CPU_SysTickInit();                                       /*初始化系统时钟*/
    pMutex = (OS_EVENT*) OSMutexCreate(Mutex_PRIO, &err);       //建立互斥信号量
    //建立其他的任务
    OSTaskCreate(Task_Mutex1, (void*)0,
                (OS_STK*)&Task_Mutex1Stk[Task_Mutex_STK_SIZE-1], Task_Mutex1_PRIO);
    OSTaskCreate(Task_Mutex2, (void*)0,
                (OS_STK*)&Task_Mutex2Stk[Task_Mutex_STK_SIZE-1], Task_Mutex2_PRIO);
    OSTaskCreate(Task_Mutex3, (void*)0,
                (OS_STK*)&Task_Mutex3Stk[Task_Mutex_STK_SIZE-1], Task_Mutex3_PRIO);
    while (1)
    {
      OSTimeDlyHMSM(0, 0,1, 0);      //1 秒一次循环
```

```
    }
}
```

(4) 任务 Task_Mutex1

在 Task_Mutex1 中，访问资源前，首先需要申请互斥信号量，使用完资源后，必须释放互斥信号量，以便于其他任务使用互斥资源。

```
void Task_Mutex1(void * p_arg)
{
    INT8U err;
    for(;;)
    {
        OSMutexPend(pMutex, 0, &err);
        /* ------- 访问串口资源 ------ */
        USART_OUT(USART1," USART1 is used in Task_Mutex1    * \r\n");
        OSMutexPost(pMutex);
        OSTimeDly(20);
    }
}
```

(5) 任务 Task_Mutex2

在 Task_Mutex2 中，和 Task_Mutex1 一样，访问资源前，首先需要申请互斥信号量，使用完资源后，必须释放互斥信号量，以便于其他任务使用互斥资源。

```
void Task_Mutex2(void * p_arg)
{
    INT8U err;
    for(;;)
    {
        OSMutexPend(pMutex, 0, &err);
        /* ------- 访问串口资源 ------ */
        USART_OUT(USART1," USART1 is used in Task_Mutex2    * \r\n");
        OSMutexPost(pMutex);
        OSTimeDly(20);
    }
}
```

(6) 任务 Task_Mutex3

在 Task_Mutex3 中，和 Task_Mutex1 一样，访问资源前，首先需要申请互斥信号量，使用完资源后，必须释放互斥信号量，以便于其他任务使用互斥资源。

```
void Task_Mutex3(void * p_arg)
{
    INT8U err;
    for(;;)
    {
        OSMutexPend(pMutex, 0, &err);
```

```
        /* -------访问串口资源 ------ */
        USART_OUT(USART1,"  USART1 is used in Task_Mutex3    *\r\n");
        OSMutexPost(pMutex);
        OSTimeDly(20);
    }
}
```

(7) 主函数

主函数主要负责目标板的初始化、操作系统的初始化、启动任务的创建、操作系统启动等工作。

```
int main(void)
{
    CPU_IntDis();      //禁止 CPU 中断
    OSInit();          //μC/OS 初始化                                    L1(1)
    BSP_Init();        //硬件平台初始化
    USART_OUT(USART1,"*          μC/OS-II 互斥应用实例                  *\r\n");
    USART_OUT(USART1,"*                                                 *\r\n");
    USART_OUT(USART1,"*              基于 μC/OSII2.86                   *\r\n");
    USART_OUT(USART1,"*                                                 *\r\n");
    USART_OUT(USART1,"*          任务通过互斥访问共享设备 USART1          *\r\n");
    USART_OUT(USART1,"*                                                 *\r\n");
    USART_OUT(USART1,"                                                   \r\n");
    USART_OUT(USART1,"                                                   \r\n");
    //建立主任务，优先级最高  建立这个任务另外一个用途是为了以后使用统计任务
    OSTaskCreate((void (*) (void *)) App_TaskStart, (void *) 0,
            (OS_STK *) &App_TaskStartStk[APP_TASK_START_STK_SIZE - 1],
            (INT8U) APP_TASK_START_PRIO);
    //μC/OS 的节拍计数器清 0,节拍计数器是 0～4 294 967 295
    OSTimeSet(0);
    OSStart();                /*启动多任务 (i.e. give control to μC/OS-II).   */
    return(0);
}
```

假设任务运行了一段时间，在某个时间点，任务 Task_Mutex1 最先访问了共同的资源，并得到了互斥信号，任务 Task_Mutex1 运行了一段时间后由于延时跳转至任务 Task_Mutex2。任务 Task_Mutex2 需要使用这个资源，并通过调用 OSMutexPend()获得互斥信号，通过这种互斥机制独占串口资源。假如存在高优先级抢占低优先级任务执行，同时需要访问低优先级任务占用的共享资源时，高优先级任务调用 OSMutexPend()会发现一个高优先级的任务需要这个资源，OSMutexPend()就会把低优先级任务的优先级提高到 PIP，同时强迫进行上下文切换退回到低优先级任务执行，直到低优先级任务释放共享资源时才会调度高优先级任务执行。

8.2.4 μC/OS-II 事件标志组应用实例

1. 应用分析

本节主要采用事件标志组来实现多个任务的同步。重点介绍两个关键函数 OSFlagPend()

和 OSFlagPost()。OSFlagPend()用于任务等待事件标志组中的事件标志,可以是多个事件标志的不同组合方式。可以等待任意指定事件标志位置位或清 0,也可以是全部指定事件标志位置位或清 0。如果任务等待的事件标志位条件尚不满足,则任务会被挂起,直到指定的事件标志组合发生或指定的等待时间超时。

OSFlagPost()给出设定的事件标志位。指定的事件标志位可以设定为置位或清除。若 OSFlagPost()设置的事件标志位正好满足某个等待使能标志组的任务,则 OSFlagPost()将该任务设为就绪。注意:必须先创建事件标志组,然后使用;这个函数的运行时间决定于等待事件标志组的任务的数目;关闭中断的时间也取决于等待事件标志组的任务的数目。

2. 事件标志组应用实例

本实例主要说明如何使用事件标志组中的几个基本的函数。采用 USART1 和两个 LED 灯来说明事件标志组的工作情况,LED 灯通过 GPIOB5 和 GPIOD6 引脚控制。任务 Task_Flag1 通过调用函数 OSFlagPend()检查事件标志是否有效,若等待事件标志没有发生,该函数挂起该任务;若事件标志发生,则向 USART1 发送一个值在 PC 机端显示,LED 灯每隔一秒闪一次。任务 Task_Flag2 中用 OSFlagPost()向任务 Task_Flag1 发送一个信号量。任务 Task_Flag3 采用 OSFlagPost()向任务 Task_Flag1 发送一个信号量,具体看代码如下。

(1) 头文件包含与变量申明

```
#include    "includes.h"                /* μC/OS interface */

#define     STACKSIZE                   50
```

(2) 任务相关声明

任务及互斥信号量优先级声明,根据优先级继承策略,互斥信号量优先级应该高于使用该信号量的任务的优先级。

```
#define  Task_Flag1_Prio   10
#define  Task_Flag2_Prio   15
#define  Task_Flag3_Prio   16

/*任务栈声明*/
OS_STK Task_Flag1Stk[STACKSIZE] = {0, }; // 任务 1 任务栈
OS_STK Task_Flag2Stk[STACKSIZE] = {0, }; // 任务 2 任务栈
OS_STK Task_Flag3Stk[STACKSIZE] = {0, }; // 任务 3 任务栈

/*事件标志组声明*/
OS_FLAG_GRP   *pFlag;

/*字符串定义及初始化       */
char table1[] = {"I am a good student !"};
char table2[] = {"I am a teacher !"};
char table3[] = {"I am a bad student !"};
```

(3) 任务 Task_Flag1

在任务 Task_Flag1 中等待事件标志组中要求的所有标志有效后,才执行后面的代码,然后向串口发送 table1 中的字符串,延时 1 秒开关 LED1 和 LED2 各一次。

```
static void Task_Flag1(void * pdata)
{
    INT8U error;
    INT8U i = 0;
    pdata = pdata;                              //防止编译警告
    OS_CPU_SysTickInit();                       //初始化系统时钟
    while(1)
    {
        /* 若等待事件标志没有发生,该函数挂起该任务,请求信号量集。当请求第 0 位和第 1 位
        信号,且都置为 1 时为有效,否则任务挂在这里,无限等待,直到收到为止 */
        OSFlagPend(pFlag, (OS_FLAGS)3, OS_FLAG_WAIT_SET_ALL, 0, &error);
        /* OSFLAGPEND 收到有效信号后,在 USART1 输出字符串,闪两个 LED */
        USART_OUT(USART1,"%s", table1 ); //通过 USART1 输出字符串
        LED1_OFF();                     //关第 1 个 LED 灯,函数实现见 5.2 节
        LED2_OFF();                     //关第 2 个 LED 灯
        OSTimeDlyHMSM(0,0,1,0);         //任务挂起 1 秒,否则优先级低的任务就没机会执行了
        LED1_ON();                      //开第 1 个 LED 灯
        LED2_ON();                      //开第 2 个 LED 灯
        OSTimeDlyHMSM(0,0,1,0);         //让两个 LED 每秒闪一次
    }
}
```

(4) 任务 Task_Flag2

任务 Task_Flag2 负责触发标志中的位 1 有效。

```
static void Task_Flag2(void * pdata)
{
    INT8U error;
    pdata = pdata;
    while(1)
    {   //给第 1 位发信号,//信号量置 1
        OSFlagPost(pFlag,(OS_FLAGS)2, OS_FLAG_SET, &error);
        OSTimeDlyHMSM(0, 0, 1, 0); //等待 1 秒
    }
}
```

(5) 任务 Task_Flag3

任务 Task_Flag3 负责触发标志中的位 0 有效。

```
static void Task_Flag3(void * pdata)
{
    INT8U error;
    pdata = pdata;
    while(1)
    {
        /* 在执行此函数时,发生任务切换,去执行 TASK1,在 OSFlagPost 中发生任务切换,发送信号
           量集,给第 0 位发信号,信号量置 1。 */
```

```
        OSFlagPost(pFlag, (OS_FLAGS)1, OS_FLAG_SET, &error);
        OSTimeDlyHMSM(0, 0, 1, 0);    //等待 1 秒
    }
}
```

(6) main 函数

在主函数中，和其他实例一样，主要进行板卡的初始化、操作系统初始化、事件标志组的创建。除此之外，在本实例中，把任务创建全部放在主函数中进行。

```
void main(void)
{
    CPU_IntDis();          //关闭中断
    BSP_Init();            //初始化 BSP
    OSInit();
    USART_OUT(USART1,"*            μC/OS-II 事件标志组实例                *\r\n");
    USART_OUT(USART1,"*                                                   *\r\n");
    USART_OUT(USART1,"*              基于 μC/OSII2.86                     *\r\n");
    USART_OUT(USART1,"*                                                   *\r\n");
    USART_OUT(USART1,"*   通过用 LED1、LED2 和 USART1 来显示事件标志      *\r\n");
    USART_OUT(USART1,"*                                                   *\r\n");
    USART_OUT(USART1,"**************************************              \r\n");
    USART_OUT(USART1,"                                                    \r\n");
    USART_OUT(USART1,"                                                    \r\n");
    pFlag = OSFlagCreate(0,&error);     //创建事件标志组
    //建立任务
    OSTaskCreate(Task_Flag1, (void *)0, &Task_Flag1Stk [STACKSIZE-1], Task_Flag1_Prio);
    OSTaskCreate(Task_Flag2, (void *)0, &Task_Flag2Stk [STACKSIZE-1], Task_Flag2_Prio);
    OSTaskCreate(Task_Flag3, (void *)0, &Task_Flag3Stk [STACKSIZE-1], Task_Flag3_Prio);
    OSStart();
}
```

上述例子中，Task_Flag1 中 OSFlagPend()需要第 0、1 位都置位时才有效，任务刚进来时不满足即被挂起。等待着 OSFlagPost()把相应位置 1。Task_Flag2、Task_Flag3 分别把第 1、0 位置位。即等到执行完 Task_Flag3 时，Task_Flag1 才能执行标志有效后的代码。

(7) Task_Flag1()通过无等待获取事件标志组

```
static void Task_Flag1(void * pdata)
{
    INT8U error;
    INT8U i = 0;
    pdata = pdata;
    while(1)
    {
        //若等待事件标志没有发生，该函数并不挂起该任务
        OSFlagAccept(pFlag, (OS_FLAGS)3, //请求第 0 位和第 1 位信号 OS_FLAG_WAIT_SET_ALL,
        //第 0 位和第 1 位信号都为 1 为有效 &error);
```

```
        //OSFLAGPEND 收到有效信号后,向 USART1 发送符串,闪两个 LED
        USART_OUT(USART1,"%s", table1);  //通过 USART1 输出字符串
        LED1_OFF();                      //关第 1 个 LED 灯
        LED2_OFF();                      //关第 2 个 LED 灯
        OSTimeDlyHMSM(0,0,1,0);          //任务挂起 1 秒,否则优先级低的任务就没机会执行了
        LED1_ON();                       //开第 1 个 LED 灯
        LED2_ON();                       //开第 2 个 LED 灯
        OSTimeDlyHMSM(0,0,1,0);          //让两个 LED 每秒闪一次
    }
}
```

无等待获取,当信号量不满足,任务也不挂起,即 Task_Flag2()、Task_Flag3()不给 OSFlagAccept()发送信号,Task_Flag1()仍然执行,在本例中,LED 显示正常。

(8) Task_Flag1()通过查询事件标志组执行

Task_Flag ()可以用 OSFlagQuery()来查询事件标志组的状态。根据状态来执行自己所期望的代码,用起来很方便且很好。

```
static void Task_Flag1(void * pdata)
{
    INT8U error;
    INT8U i = 0,j = 0,k = 0,Flags;
    pdata = pdata;
    while(1)
    {
        Flags = OSFlagQuery(pFlag, &error );                  //查询事件标志组的状态
        switch(Flags)
        {
            case 1:
                USART_OUT(USART1,"%s", table1 );              //通过 USART1 输出字符串
                break;
            case 2:
                USART_OUT(USART1,"%s", table2 );              //通过 USART1 输出字符串
                break;
            case 3:
                USART_OUT(USART1,"%s", table3 );              //通过 USART1 输出字符串
                break;
        }
        OSTimeDlyHMSM(0, 0, 1, 0);                            //等待 2 秒
    }
}
```

8.2.5 μC/OS-II 定时器应用实例

1. 应用分析

在 μC/OS-II 2.83 后的新版本中,加入了软件定时器功能。这个软件定时器可以根据需

要选择定时源，可以选择系统时钟作为定时源，也可以选择外部硬件作为定时源，并且定时间隔不一定是周期性的。这个功能主要用于外部事件计数触发方面的应用。可以在定时指定的定时源中断服务程序中调用 OSTmrSignal 函数向软件定时器任务 OSTmr_Task 发送信号量，在软件定时器任务 OSTmr_Task 中处理关联的软件定时器回调函数。定时器回调函数是根据需要编写的定时器服务程序。

在本实例中我们通过两个软件定时器来管理 LED1 和 LED2 的闪烁，用一个任务来管理 LED3 的闪烁。因此我们创建 1 个 LED3 任务，同时还有空闲任务和软件定时任务，总共 3 个任务。在主函数中创建 2 个软件定时器，其中定时器 1 每 100 个节拍溢出一次，控制 LED1 的闪烁；定时器 2 每 200 个节拍溢出一次，控制 LED2 的闪烁。Task_LED3 按照 1 秒的间隔闪烁 LED3。为了便于说明软件定时的功能应用，本实例采用的定时源还是用系统时钟源，需要在系统时钟中断服务程序中调用函数 OSTmrSignal()。

2. 软件定时器实例

首先需要在 os_cfg.h 里面修改软件定时器管理部分的宏定义，修改如下：

```
#define OS_TMR_EN                    1u        //使能软件定时器功能
#define OS_TMR_CFG_MAX               16u       //最大软件定时器个数
#define OS_TMR_CFG_NAME_EN           0u        //不用软件定时器命名
#define OS_TMR_CFG_WHEEL_SIZE        8u        //软件定时器分组尺寸
#define OS_TMR_CFG_TICKS_PER_SEC     100u      //软件定时器的时钟节拍
#define OS_TASK_TMR_PRIO             0u        //软件定时器的优先级，设置为最高
```

(1) 头文件包含与变量申明

```
#include "includes.h"                                   /* μC/OS interface */

#define Task_LED3_STK_SIZE           50
/*优先级声明*/
#define  TASK_LED3_PRIO              5
#define  OS_TASK_TMR_PRIO            2                 //软件定时器任务优先级
/*任务栈声明*/
static  OS_STK Task_LED3Stk[Task_LED3_STK_SIZE];       //LED 任务栈
/*任务处理函数声明 */
void Task_LED3(void * Id);                             //LED3 控制任务
/*声明软件定时器指针 */
OS_TMR   * pTmr1, * pTmr2;                             //声明软件定时器 1、定时器 2
/*声明全局变量 */
INT8U LED1_Status = 0, LED2_Status = 0;                //用于记录 LED1、LED2 的开关状态
```

(2) 选择软件定时器节拍源

根据软件定时器工作原理，需要选择一个定时器的节拍来源，然后将软件定时器的服务程序 OSTmrSignal()函数加入定时器中断服务程序中。在本实例中，采用系统时钟提供节拍来源，因此，需要将 OSTmrSignal()函数加入时钟中断服务程序 SysTickHandler()中。代码参考如下：

```
void SysTickHandler(void)
{
```

```
    OS_CPU_SR  cpu_sr;
    OS_ENTER_CRITICAL();   //保存全局中断标志,关总中断
    OSIntNesting++;        //中断嵌套计数,也可以直接调用 OSIntEnter()函数
    OS_EXIT_CRITICAL();    //恢复全局中断标志
    OSTimeTick();          //调用 OSTimeTick()处理任务延时
    OSTmrSignal();         //为软件定时器任务发送定时节拍信号量
    OSIntExit();           //在 os_core.c 文件里定义,如果有更高优先级的任务就绪了,则执行一
                             次任务切换
}
```

(3) LED3 周期闪烁任务

在 Task_LED3 中,按照间隔 1 秒闪烁 LED3。

```
static void Task_LED3(void * p_arg)
{
    (void) p_arg;
    while (1)
    {
        LED3_ON();
        OSTimeDlyHMSM(0, 0,1, 0);

        LED3_OFF();
        OSTimeDlyHMSM(0, 0, 1, 0);
    }
}
```

(4) 软件定时器 1 的回调函数

该函数在任务 OSTmr_Task 中调用,每 100 节拍执行一次,用于控制 LED1 的闪烁。

```
void Tmr1_Callback(OS_TMR * ptmr,void * p_arg)
{
    if(LED1_Status == 0){ LED1_ON();LED1_Status = 0;}        //打开 LED1
    else { LED1_OFF(); LED1_Status = 0; }                    //关闭 LED1

}
```

(5) 软件定时器 2 的回调函数

该函数在任务 OSTmr_Task 中调用,每 200 节拍执行一次,用于控制 LED2 的闪烁。

```
void Tmr2_Callback(OS_TMR * ptmr, void * p_arg)
{
    if(LED1_Status == 0){ LED2_ON(); LED2_Status = 0;}       //打开 LED2
    else { LED2_OFF(); LED2_Status = 0; }                    //关闭 LED2

}
```

(6) 主函数

在主函数中,主要初始化目标系统,调用目标板初始化函数初始化硬件定时器等常用外

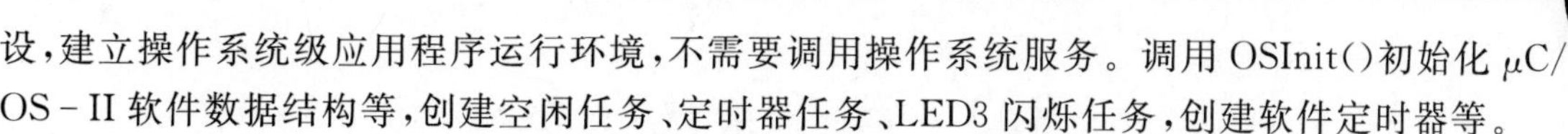

设，建立操作系统级应用程序运行环境，不需要调用操作系统服务。调用 OSInit()初始化 μC/OS－II 软件数据结构等，创建空闲任务、定时器任务、LED3 闪烁任务，创建软件定时器等。

```
int main(void)
{
    INT8U error, err1, err2;

    CPU_IntDis();       //关闭中断
    BSP_Init();         //初始化 BSP
    OSInit();
    USART_OUT(USART1,"*            μC/OS－II 软件定时器实例                 *\r\n");
    USART_OUT(USART1,"*                                                    *\r\n");
    USART_OUT(USART1,"*                基于 μC/OSII2.86                     *\r\n");
    USART_OUT(USART1,"*                                                    *\r\n");
    USART_OUT(USART1,"*         用 2 个软件定时器控制 LED1、LED2 显示           *\r\n");
    USART_OUT(USART1,"*              用一个任务控制 LED3 的显示                *\r\n");
    USART_OUT(USART1,"*                                                    *\r\n");
    USART_OUT(USART1,"*****************************************************\r\n");
    USART_OUT(USART1,"                                                      \r\n");
    USART_OUT(USART1,"                                                      \r\n");
    pTmr1 = OSTmrCreate (100,                   //第一次调用回调函数的延时节拍
                         100,                   //调用回调函数的延时周期节拍
                         OS_TMR_OPT_PERIODIC,   //周期性加载延时节拍
                         Tmr1_Callback,         //回调函数名
                         (void *)0,             //回调函数参数
                         (void *)0,             //定时器名称
                         &err1);
    pTmr2 = OSTmrCreate (200,                   //第一次调用回调函数的延时节拍
                         200,                   //调用回调函数的延时周期节拍
                         OS_TMR_OPT_PERIODIC,   //周期性加载延时节拍
                         Tmr2_Callback,         //回调函数名
                         (void *)0,             //回调函数参数
                         (void *)0,             //定时器名称
                         &err1);

    //建立任务
    OSTaskCreate (Task_LED3, (void *)0,
            &Task_LED3Stk [Task_LED3_STK_SIZE - 1], Task_LED3_Prio);
    OSStart();
    return 0;
}
```

启动任务后，当产生时间节拍中断后，会在中断服务程序中通过调用 OSTmrSignal()函数向文件 OS_TMR.C 中的任务 OSTmr_Task 发送信号量，任务 OSTmr_Task 中的节拍计数器加 1，然后比较看是否满足软件定时器设置的节拍。当计数达到软件定时器设置的节拍后，任务 OSTmr_Task 依次处理软件定时器对应的回调函数。

8.3 操作系统移植

本节针对 μC/OS－II 的移植方法进行讲解，重点分析了 μC/OS－II 操作系统移植需要编写的代码和注意事项，并对 μC/OS－II 在 STM32F103 的移植进行了详细介绍。本节可以为 μC/OS－II 在其他处理器上的移植提供很好的参考。

8.3.1 μC/OS－II 移植基础知识

操作系统移植指的是一个操作系统（或实时内核）代码经过一定修改使其能在特定的处理器平台上运行。移植 μC/OS－II 对目标处理器是有一定的要求的。μC/OS－II 在设计时已经充分考虑了可移植性，大部分的 μC/OS－II 代码是用 C 语言编写的；但仍需要用 C 和汇编语言写一些与处理器相关的代码，这是因为 μC/OS－II 在读写处理器寄存器时只能通过汇编语言来实现。

1. 移植条件

要使 μC/OS－II 可以正常工作，处理器必须满足以下要求：

- 处理器的 C 编译器能产生可重入代码。可重入的代码指的是一段代码（如一个函数）可以被多个任务同时调用，而不必担心会破坏数据。也就是说，可重入型函数在任何时候都可以被中断执行，过一段时间以后又可以继续运行，而不会因为在函数中断的时候被其他的任务重新调用，影响函数中的数据。
- 在程序中用 C 语言可以打开或者关闭中断。在 μC/OS－II 中，可以通过 OS_ENTER_CRITICAL()或者 OS_EXIT_CRITICAL()宏来控制系统关闭或者打开中断。这需要处理器的支持。
- 处理器支持中断，并且能产生定时中断（通常在 10～100 Hz 之间）。μC/OS－II 是通过处理器产生的定时器的中断来实现多任务之间的调度的。
- 处理器支持能够容纳一定量数据（可能是几千字节）的硬件堆栈。
- 处理器有将堆栈指针和其他 CPU 寄存器存储和读出到堆栈（或者内存）的指令。μC/OS－II 进行任务调度的时候，会把当前任务的 CPU 寄存器存放到此任务的堆栈中，然后，再从另一个任务的堆栈中恢复原来的工作寄存器，继续运行另一个任务。所以，寄存器的入栈和出栈是 μC/OS－II 多任务调度的基础。

2. 开发工具

移植 μC/OS－II 需要一个 C 编译器，并且是针对用户用的 CPU 的。因为 μC/OS－II 是一个可剥夺型内核，用户只有通过 C 编译器来产生可重入代码；C 编译器还要支持汇编语言程序。绝大部分的 C 编译器都是为嵌入式系统设计的，它包括汇编器、连接器和定位器。连接器是用来将不同的模块（编译过和汇编过的文件）连接成目标文件。定位器则允许用户将代码和数据放置在目标处理器的指定内存映射空间中。所用的 C 编译器还必须提供一个机制来从 C 中打开和关闭中断。一些编译器允许用户在 C 源代码中插入汇编语言。这就使得插入合适的处理器指令来允许和禁止中断变得非常容易了。还有一些编译器实际上包括了语言扩展功能，可以直接从 C 中允许和禁止中断。

3. 移植文件分析

基于 μC/OS-II 操作系统的软件层主要分为三个部分：实时操作系统内核、与处理器相关部分、与应用相关的部分，如图 7-1 所示，主要分为：(1) 与处理器无关的内核代码。主要包括核心模块文件 OS_CORE.C、任务管理模块文件 OS_TASK.C、时间管理模块文件 OS_TIME.C、OS_TMR.C、任务同步、通信和互斥部分文件 OS_FLAG.C、OS_MBOX.C、OS_Q.C、OS_SEM.C、OS_MUTEX.C 以及内核管理模块文件 uCOS_II.C、uCOS_II.H；(2) 与应用程序相关的代码。主要包括 OS_CFG.H、OS_DBG.C、INCLUDS.H；(3) 与移植相关的代码。主要包括 OS_CPU.H、OS_CPU_A.ASM、OS_CPU_C.C 三个文件。

下面主要针对移植相关的三个文件进行分析说明。

(1) OS_CPU.H 文件分析

OS_CPU.H 包括了用 #defines 定义的与处理器相关的常量、宏和类型定义。具体来讲有系统数据类型定义，堆栈增长方向定义，关中断和开中断定义，系统软中断的定义等。

1) 与编译器相关的数据类型

因为不同的微处理器有不同的字长，所以 μC/OS-II 的移植包括了一系列的类型定义以确保其可移植性。尤其是，μC/OS-II 代码从不使用 C 的 short、int 和 long 等数据类型，因为它们是与编译器相关的，不可移植。相反的，本操作系统作者定义的整型数据结构既是可移植的又是直观的。

例如，INT16U 数据类型总是代表 16 位的无符号整数。现在，μC/OS-II 和用户的应用程序就可以估计出声明为该数据类型的变量的数值范围是 0～65 535。将 μC/OS-II 移植到 32 位的处理器上也就意味着 INT16U 实际被声明为无符号短整型数据结构而不是无符号整型数据结构。但是，μC/OS-II 所处理的仍然是 INT16U。用户必须将任务堆栈的数据类型告诉给 μC/OS-II。这个过程是通过为 OS_STK 声明正确的 C 数据类型来完成的。如果用户的处理器上的堆栈成员是 32 位的，并且用户的编译文件指定整型为 32 位数，那么就应该将 OS_STK 声明为无符号整型数据类型。所有的任务堆栈都必须用 OS_STK 来声明数据类型。用户所必须要做的就是查看编译器手册，并找到对应于 μC/OS-II 的标准 C 数据类型。

2) 关中断和开中断

与所有的实时内核一样，μC/OS-II 需要先禁止中断再访问代码的临界段，并且在访问完毕后重新允许中断。这就使得 μC/OS-II 能够保护临界段代码免受多任务或中断服务例程(ISR)的破坏。中断延迟时间是商业实时内核公司提供的重要指标之一，因为它将影响到用户的系统对实时事件的响应能力。虽然 μC/OS-II 尽量使中断禁止时间达到最短，但是 μC/OS-II 的中断禁止时间还主要依赖于处理器结构和编译器产生的代码的质量。通常每个处理器都会提供一定的指令来禁止/允许中断，因此用户的 C 编译器必须要有一定的机制来直接从 C 中执行这些操作。有些编译器能够允许用户在 C 源代码中插入汇编语言声明。这样就使得插入处理器指令来允许和禁止中断变得很容易了。其他一些编译器实际上包括了语言扩展功能，可以直接从 C 中允许和禁止中断。为了隐藏编译器厂商提供的具体实现方法，μC/OS-II 定义了两个宏来禁止和允许中断：OS_ENTER_CRITICAL() 和 OS_EXIT_CRITICAL()。

3) 堆栈的生长方式 OS_STK_GROWTH

绝大多数的微处理器和微控制器的堆栈是从上往下长的，但是某些处理器是用另外一种方式工作的。μC/OS - II 被设计成两种情况都可以处理，只要用结构常量 OS_STK_GROWTH 来指定堆栈的生长方式就可以了。置 OS_STK_GROWTH 为 0 表示堆栈从下往上长。置 OS_STK_GROWTH 为 1 表示堆栈从上往下长。

4) 任务切换 OS_TASK_SW()

OS_TASK_SW()是一个宏，它是在 μC/OS - II 从低优先级任务切换到最高优先级任务时被调用的。OS_TASK_SW()总是在任务级代码中被调用的。另一个函数 OSIntExit()被用来在 ISR 使得更高优先级任务处于就绪状态时，执行任务切换功能。任务切换只是简单的将处理器寄存器保存到将被挂起的任务的堆栈中，并且将更高优先级的任务从堆栈中恢复出来。

在 μC/OS - II 中，处于就绪状态的任务的堆栈结构看起来就像刚发生过中断并将所有的寄存器保存到堆栈中的情形一样。换句话说，μC/OS - II 要运行处于就绪状态的任务必须要做的事就是将所有处理器寄存器从任务堆栈中恢复出来，并且执行中断的返回。为了切换任务可以通过执行 OS_TASK_SW()来产生中断。大部分的处理器会提供软中断或是陷阱(TRAP)指令来完成这个功能。ISR 或是陷阱处理函数(也叫做异常处理函数)的向量地址必须指向汇编语言函数 OSCtxSw()。

(2) OS_CPU_A. ASM 文件分析

OS_CPU_A. ASM 主要用于对处理器的寄存器进行操作相关函数的实现，这部分内容由于牵涉到 SP 等系统指针，所以必须用汇编语言来编写。如任务切换的底层实现、任务级任务切换的底层实现、时钟节拍的产生和处理、中断的相关处理部分等内容。μC/OS - II 的移植实例要求用户必须编写四个简单的汇编语言函数：OSStartHighRdy( )、OSCtxSw( )、OS-IntCtxSw( )、OSTickISR( )。这部分需要对处理器的寄存器进行操作，所以必须用汇编语言来编写。

1) OSStartHighRdy()

在操作系统启动时，使就绪状态的任务开始运行的函数叫做 OSStart()。在调用 OSStart()之前，用户必须至少已经建立了自己的一个任务。OSStartHighRdy()假设 OSTCBHighRdy 指向的是优先级最高的任务的任务控制块。前面曾提到过，在 μC/OS - II 中处于就绪状态的任务的堆栈结构看起来就像刚发生过中断并将所有的寄存器保存到堆栈中的情形一样。要想运行最高优先级任务，用户所要做的是将所有处理器寄存器按顺序从任务堆栈中恢复出来，并且执行中断的返回。为了简单一点，堆栈指针总是储存在任务控制块(即它的 OS_TCB)的开头，也就是要想恢复的任务堆栈指针总是储存在 OS_TCB 的 0 偏址内存单元中。OSStartHighRdy()在多任务系统启动函数 OSStart()中调用，完成的功能是：设置系统运行标志位 OSRunning = TRUE；将就绪表中最高优先级任务的栈指针 Load 到 SP 中，并强制中断返回。这样就绪的最高优先级任务就如同从中断里返回到运行态一样，使得整个系统得以运转。

下面是这个函数的原型：

```
void OSStartHighRdy (void)
{
    调用用户定义的 OSTaskSwHook();
    获得将要运行任务的堆栈指针;
```

```
    Stack pointer = OSTCBHighRdy->OSTCBStkPtr;
    OSRunning = TRUE;
    从堆栈中恢复任务的所有寄存器值;
    执行中断返回指令;
}
```

2) OSCtxSw()

OSCtxSw()在任务级任务切换函数中调用,任务级切换是通过 SWI 或者 TRAP 人为制造的中断来实现的。ISR 的向量地址必须指向 OSCtxSw()。这一中断完成的功能:保存任务的环境变量(主要是寄存器的值,通过入栈来实现),将当前 SP 存入任务 TCB 中,载入就绪最高优先级任务的 SP,恢复就绪最高优先级任务的环境变量,中断返回。这样就完成了任务级的切换。

下面是 OSCtxSw()的函数原型:

```
void OSCtxSw(void)
{
    保存处理器寄存器;
    将当前任务的堆栈指针保存到当前任务的 OS_TCB 中:
    OSTCBCur->OSTCBStkPtr = Stack pointer;
    调用用户定义的 OSTaskSwHook();
    OSTCBCur = OSTCBHighRdy;
    OSPrioCur = OSPrioHighRdy;
    得到需要恢复的任务的堆栈指针:
    Stack pointer = OSTCBHighRdy->OSTCBStkPtr;
    将所有处理器寄存器从新任务的堆栈中恢复出来;
    执行中断返回指令;
}
```

任务级的切换问题是通过发软中断命令或依靠处理器执行陷阱指令来完成的。中断服务例程、陷阱或异常处理例程的向量地址必须指向 OSCtxSw()。如果当前任务调用 μC/OS-II 提供的系统服务,并使得更高优先级任务处于就绪状态,μC/OS-II 就会借助上面提到的向量地址找到 OSCtxSw()。在系统服务调用的最后,μC/OS-II 会调用 OSSched(),并由此来推断当前任务不再是要运行的最重要的任务了。OSSched()先将最高优先级任务的地址装载到 OSTCBHighRdy 中,再通过调用 OS_TASK_SW()来执行软中断或陷阱指令。注意:变量 OSTCBCur 早就包含了指向当前任务的任务控制块(OS_TCB)的指针。软中断(或陷阱)指令会强制一些处理器寄存器(比如返回地址和处理器状态字)到当前任务的堆栈中,并使处理器执行 OSCtxSw()。OSCtxSw()的代码必须写在汇编语言中,因为用户不能直接从 C 中访问 CPU 寄存器。

3) OSIntCtxSw()

OSIntCtxSw()在退出中断服务函数 OSIntExit()中调用,实现中断级任务切换。由于是在中断里调用,所以处理器的寄存器入栈工作已经做完,但进入中断时的堆栈保护寄存器的个数和任务级任务切换时的入栈寄存器个数不相等,因此需要调整栈指针,然后保存当前任务 SP,载入就绪最高优先级任务的 SP,恢复就绪最高优先级任务的环境变量,中断返回。这样

就完成了中断级任务切换。下面是 OSIntCtxSw()函数的原型：

```
void OSIntCtxSw(void)
{
    调整堆栈指针来去掉在调用 OSIntExit()和 OSIntCtxSw()过程中压入堆栈的多余内容；
    将当前任务堆栈指针保存到当前任务的 OS_TCB 中：
    OSTCBCur->OSTCBStkPtr = 堆栈指针；
    调用用户定义的 OSTaskSwHook()；
    OSTCBCur = OSTCBHighRdy;
    OSPrioCur = OSPrioHighRdy;
    得到需要恢复的任务的堆栈指针：
    堆栈指针 = OSTCBHighRdy->OSTCBStkPtr;
    将所有处理器寄存器从新任务的堆栈中恢复出来；
    执行中断返回指令；
}
```

OSIntExit()通过调用 OSIntCtxSw()来从 ISR 中执行切换功能。因为 OSIntCtxSw()是在 ISR 中被调用的，所以可以断定所有的处理器寄存器都被正确地保存到了被中断的任务的堆栈之中。根据 OS_ENTER_CRITICAL()的不同执行过程，处理器的状态寄存器会被保存到被中断的任务的堆栈中。如图 8-1 所示，是在 ISR 执行过程中的堆栈内容。

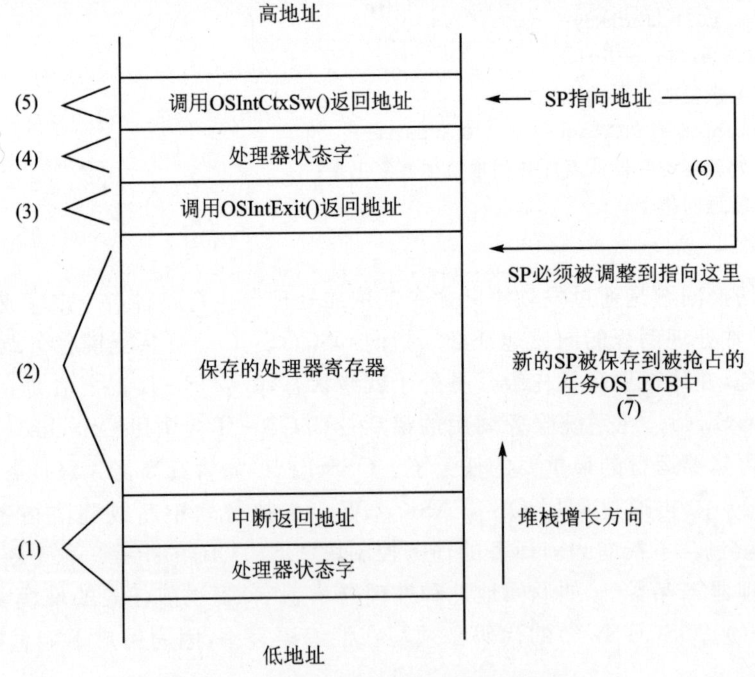

图 8-1 在 ISR 执行过程中的堆栈内容

4) OSTickISR()

OSTickISR()是系统时钟节拍中断服务函数，这是一个周期性中断，为内核提供时钟节拍。因为 μC/OS-II 要求用户提供一个时钟资源来实现时间的延时和期满功能。时钟节拍应该每秒钟发生 10～100 次。为了完成该任务，可以使用硬件时钟，也可以从交流电中获得

50 Hz或60 Hz的时钟频率,频率越高系统负荷越重。其周期的大小决定了内核所能给应用系统提供的最小时间间隔服务,一般只限于ms级(跟MCU有关),对于要求更加苛刻的任务需要用户自己建立中断来解决。该函数具体工作内容为:保存寄存器(如果硬件自动完成就可以省略),调用OSIntEnter(),调用OSTimeTick(),调用OSIntExit(),恢复寄存器,中断返回。用户必须在开始多任务调度后(即调用OSStart()后)允许时钟节拍中断。换句话说,就是用户应该在OSStart()运行后、μC/OS-II启动运行的第一个任务中初始化节拍中断。用户通常所犯的错误是在调用OSInit()和OSStart()之间允许时钟节拍中断,因而有可能在μC/OS-II开始执行第一个任务前时钟节拍中断就发生了。在这种情况下,μC/OS-II的运行状态不确定,用户的应用程序也可能会崩溃。

时钟节拍ISR的程序代码必须写在汇编语言中,因为用户不能直接从C语言中访问CPU寄存器。如果用户的处理器可以通过单条指令来增加OSIntNesting,那么用户就没必要调用OSIntEnter()了。增加OSIntNesting要比通过函数调用和返回快得多。OSIntEnter()只增加OSIntNesting,并且作为临界段代码受到保护。

下面是时钟节拍ISR的原型:

```
void OSTickISR(void)
{
    保存处理器寄存器;
    调用 OSIntEnter()或者直接将 OSIntNesting 加 1;
    调用 OSTimedTick();
    调用 OSIntExit();
    恢复处理器寄存器;
    执行中断返回指令;
}
```

(3) OS_CPU_C.C文件分析

OS_CPU_C.C主要用于实现与移植相关的C语言代码的实现,如堆栈初始化。如果用户的编译器支持插入汇编语言代码的话,用户就可以将所有与处理器相关的代码放到OS_CPU_C.C文件中,而不必再拥有一些分散的汇编语言文件。

μC/OS-II的移植实例要求用户编写六个简单的C函数:OSTaskStkInit()、OSTaskCreateHook()、OSTaskDelHook()、OSTaskSwHook()、OSTaskStatHook()、OSTimeTickHook()。唯一必要的函数是OSTaskStkInit(),其他五个函数必须声明但没必要包含代码。

1) OSTaskStkInit()

OSTaskCreate()和OSTaskCreateExt()通过调用OSTaskStkInit()来初始化任务的堆栈结构,因此,堆栈看起来就像刚发生过中断并将所有的寄存器保存到堆栈中的情形一样。图8-2显示了OSTaskStkInit()放到正被建立的任务堆栈中的相关内容。注意,在这里假定了堆栈是从上往下长的。下面的讨论同样适用于从下往上长的堆栈。

在用户建立任务的时候,用户会传递任务的地址、pdata指针、任务的堆栈栈顶和任务的优先级给OSTaskCreate()和OSTaskCreateExt()。虽然OSTaskCreateExt()还要求有其他的参数,但这些参数在讨论OSTaskStkInit()的时候是无关紧要的。为了正确初始化堆栈结

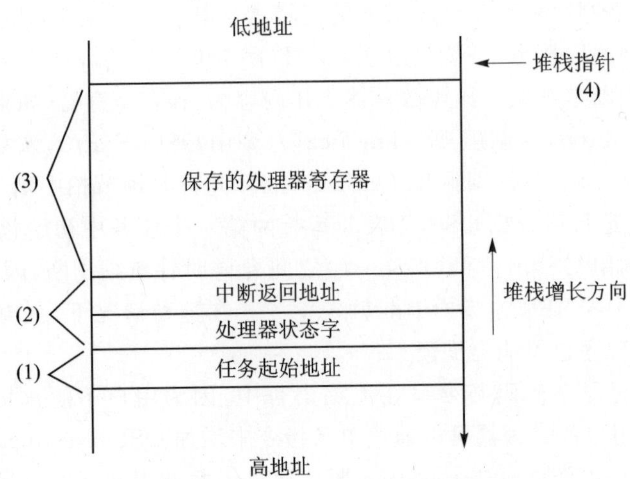

图 8-2　堆栈初始化(pdata 通过堆栈传递)

构,OSTaskStkInit()只要求刚才提到的前三个参数和一个附加的选项,这个选项只能在 OSTaskCreateExt()中得到。

在 μC/OS-II 中,无限循环的任务看起来就像其他的 C 函数一样。当任务开始被 μC/OS-II 执行时,任务就会收到一个参数,好像它被其他的任务调用一样。

```
void MyTask (void * pdata)
{
    /* 对 'pdata' 做某些操作 */
    for (;;) {
        /* 任务代码 */
    }
}
```

如果想从其他的函数中调用 MyTask(),C 编译器就会先将调用 MyTask()的函数的返回地址保存到堆栈中,再将参数保存到堆栈中。在 OSTaskStkInit()中,根据堆栈操作的先进后出规则,首先将最后需要出栈的任务被中断位置的地址压栈,以便于出栈时将其装载到程序计数器 PC 中。在初始化阶段,应该将任务起始地址(即任务名指向的地址)压入堆栈中。在 OSTaskStkInit()中是通过参数 void (* task)(void * pd)传递任务入口地址的,如图 8-2(1)所示。在初始化时,用户需要根据处理器的具体情况进行初始化压栈的寄存器,需要注意寄存器的个数和字长。一些处理器会将所有的寄存器存入堆栈,而其他一些处理器只将部分寄存器存入堆栈。一般而言,处理器至少得将程序计数器的值(中断返回地址)和处理器的状态字存入堆栈(图 8-2(2))。处理器是按一定的顺序将寄存器存入堆栈的,而用户在将寄存器存入堆栈的时候也就必须依照这一顺序。

接下来,用户需要将剩下的处理器寄存器保存到堆栈中(图 8-2(3))。保存的命令依赖于用户的处理器是否允许用户保存它们。有些处理器用一个或多个指令就可以马上将许多寄存器都保存起来。用户必须用特定的指令来完成这一过程。

一旦用户初始化了堆栈,OSTaskStkInit()就需要返回堆栈指针所指的地址(图 8-2(4))。OSTaskCreate()和 OSTaskCreateExt()会获得该地址并将它保存到任务控制块(OS_

TCB)中。处理器文档会告诉用户堆栈指针是指向下一个堆栈空闲位置还是指向最后存入数据的堆栈单元位置。

2) OSTaskCreateHook()

当在 μC/OS－II 中建立任务的时候就会调用 OSTaskCreateHook()。用户在移植时可以通过该函数扩展 μC/OS－II 的功能。μC/OS－II 设置完自己的内部结构后，会在调用任务调度程序之前调用 OSTaskCreateHook()。该函数被调用的时候中断是禁止的，因此用户应尽量减少该函数中的代码以缩短中断的响应时间。

当 OSTaskCreateHook()被调用的时候，它会收到指向已建立任务的 OS_TCB 的指针，这样它就可以访问所有的结构成员了。当使用 OSTaskCreate()建立任务时，OSTaskCreateHook()的功能是有限的。但当用户使用 OSTaskCreateExt()建立任务时，用户会得到 OS_TCB 中的扩展指针(OSTCBExtPtr)，该指针可用来访问任务的附加数据，如浮点寄存器、MMU 寄存器、任务计数器的内容以及调试信息。

只有当 OS_CFG.H 中的 OS_CPU_HOOKS_EN 被置为 1 时才会产生 OSTaskCreateHook()的代码。这样，使用用户的移植实例的用户可以在其他的文件中重新定义 OSTaskCreateHook()函数。

3) OSTaskDelHook()

当任务被删除的时候就会调用 OSTaskDelHook()。该函数在把任务从 μC/OS－Ⅱ的内部任务链表中解开之前被调用。当 OSTaskDelHook()被调用的时候，它会收到指向正被删除任务的 OS_TCB 的指针，这样它就可以访问所有的结构成员了。OSTaskDelHook()可以用来检验 TCB 扩展是否被建立了(一个非空指针)并进行一些清除操作。OSTaskDelHook()不返回任何值。

只有当 OS_CFG.H 中的 OS_CPU_HOOKS_EN 被置为 1 时才会产生 OSTaskDelHook()的代码。

4) OSTaskSwHook()

当发生任务切换的时候调用 OSTaskSwHook()。不管任务切换是通过 OSCtxSw()还是 OSIntCtxSw()来执行的都会调用该函数。OSTaskSwHook()可以直接访问 OSTCBCur 和 OSTCBHighRdy，因为它们是全局变量。OSTCBCur 指向被切换出去的任务的 OS_TCB，而 OSTCBHighRdy 指向新任务的 OS_TCB。在调用 OSTaskSwHook()期间中断一直是被禁止的。因为代码的多少会影响到中断的响应时间，所以用户应尽量使代码简化。OSTaskSwHook()没有任何参数，也不返回任何值。

只有当 OS_CFG.H 中的 OS_CPU_HOOKS_EN 被置为 1 时才会产生 OSTaskSwHook()的代码。

5) OSTaskStatHook()

OSTaskStatHook()每秒钟都会被 OSTaskStat()调用一次。用户可以用 OSTaskStatHook()来扩展统计功能。例如，用户可以保持并显示每个任务的执行时间、每个任务所用的 CPU 份额以及每个任务执行的频率等。OSTaskStatHook()没有任何参数，也不返回任何值。

只有当 OS_CFG.H 中的 OS_CPU_HOOKS_EN 被置为 1 时才会产生 OSTaskStatHook()的代码。

6) OSTimeTickHook()

OSTaskTimeHook()在每个时钟节拍都会被 OSTaskTick()调用。实际上,OSTaskTimeHook()是在节拍被 μC/OS-II 真正处理并通知用户的移植实例或应用程序之前被调用的。OSTaskTimeHook()没有任何参数,也不返回任何值。

只有当 OS_CFG.H 中的 OS_CPU_HOOKS_EN 被置为 1 时才会产生 OSTaskTimeHook()的代码。

8.3.2 μC/OS-II 在 STM32F103 上的移植实现

μC/OS-II 的移植集中在三个文件:OS_CPU.H、OS_CPU_A.S、OS_CPU_C.C。其中 OS_CPU.H 主要包含编译器相关的数据类型的定义、堆栈类型的定义以及几个宏定义和函数说明。不同编译器所提供的同一数据类型的数据的长度并不相同,为了便于移植,需重新定义数据类型,如 INT32U 代表无符号 32 位整型。OS_CPU_C.C 中包含与移植有关函数,包括堆栈初始化函数和一些钩子(hook)函数。OS_CPU_A.S 则包含与移植有关的汇编函数,包括开/关中断、上下文切换、时钟中断服务程序等。

1. 与编译器相关的数据类型

虽然 μC/OS-II 不使用浮点数据,但可能应用程序需要用到浮点运算,因此还是需要定义浮点数据类型。例如,INT16U 数据类型总是代表 16 位的无符号整数。现在,μC/OS-II 和用户的应用程序就可以估计出声明为该数据类型的变量的取值范围是 0~65 535。将 μC/OS-II 移植到 32 位的处理器上也就意味着 INT16U 实际被声明为无符号短整形数据类型而不是无符号整数。但是,μC/OS-II 所处理的仍然是 INT16U。

用户必须将任务堆栈的数据类型告诉给 μC/OS-II。这个过程是通过为 OS_STK 声明正确的 C 数据类型来完成的。STM32F103 处理器上的堆栈单元是 32 位的,所以将 OS_STK 声明为无符号整形数据类型。所有的任务堆栈都必须用 OS_STK 声明数据类型。

```
typedef unsigned char BOOLEAN;
typedef unsigned char INT8U;
typedef signed char INT8S;
typedef unsigned short INT16U;
typedef signed short INT16S;
typedef unsigned long INT32U;
typedef signed long INT32S;
typedef float FP32;
typedef double FP64;
typedef unsigned long OS_STK;
typedef unsigned long OS_CPU_SR;
```

2. 开关中断函数

与所有的实时内核一样,μC/OS-II 需要先禁止中断再访问代码的临界区,并且在访问完毕后重新允许中断。这就使得 μC/OS-II 能够保护临界区代码免受多任务或中断服务例程(ISR)的破坏。在 STM32F103 上是通过两个函数(在 OS_CPU_A.S 文件中)实现开关中

断的。

```
extern int INTS_OFF(void);
extern void INTS_ON(void);
INTS_OFF
    MOV  R0 #1
    MSR  PRIMASK, R0 ;关中断(屏蔽除 NMI 之外的所有中断)
    BX   LR
INTS_ON
    MOV  R0 #0
    MSR  PRIMASK, R0 ; 开中断
    BX   LR
```

μC/OS-II 提供了两个宏定义 OS_ENTER_CRITICAL()和 OS_EXIT_CRITICAL()用来开和关中断。这两个宏定义有三种实现方法，最简单的方法是仅用关中断指令实现 OS_ENTER_CRITICAL()，仅用开中断指令实现宏 OS_EXIT_CRITICAL()。

```
extern int INTS_OFF(void);
extern void INTS_ON(void);
#define OS_ENTER_CRITICAL()  { INTS_OFF();}
#define OS_EXIT_CRITICAL()   { INTS_ON(); }
```

这种方法可以减少中断延迟时间，但它可能存在问题，就是如果程序在调用 OS_ENTER_CRITICAL()之前，中断已经被禁止，那么在 OS_EXIT_CRITICAL()之后，中断就被允许了，这可能导致程序错误。

为解决上述问题，实现方法为：实现 OS_ENTER_CRITICAL()时，先将当前程序中断状态保存到堆栈，然后关中断，而宏 OS_EXIT_CRITICAL()的实现只需将堆栈中的中断状态恢复。

```
OS_ENTER_CRITICAL()          //进入临界区
    MRS     R0, PRIMASK
    STMDB   SP! , {R0};      //保存中间寄存器 R0 的值 CPSR
    CPSID   I
    BX      LR
OS_ EXIT_CRITICAL()          //恢复中断的状态
    LDMIA   SP!, {R0};       恢复中间寄存器 R0 的值
    MSR     PRIMASK, R0
    BX      LR
```

上述方法虽不会破坏原来程序的中断状态，但每次都会增加保存中断状态的时间负担，会影响到系统的实时性。下面的第三种方法会解决上述问题。在 cpu_sr 中存储中断状态，cpu_sr 在所有需要关中断的地方都会被分配空间，再次禁止中断时要从 cpu_sr 拷回 CPU 状态寄存器。

```
extern  OS_CPU_SR  OS_CPU_SR_Save(void);
extern  void  OS_CPU_SR_Restore(OS_CPU_SR  cpu_sr);
```

```
#define OS_ENTER_CRITICAL() { cpu_sr = OS_CPU_SR_Save(); }
#define OS_EXIT_CRITICAL() { OS_CPU_SR_Restore(cpu_sr); }
```

其中 OS_CPU_SR_Save(void)和 OS_CPU_SR_Restore(OS_CPU_SR cpu_sr)这两个函数是用汇编编写的，主要用来保存和恢复 cpu_sr，具体代码如下：

```
OS_CPU_SR_Save
    MRS     R0, PRIMASK
    CPSID   I;快速关中断
    BX      LR
OS_CPU_SR_Restore
    MSR     PRIMASK, R0
    BX      LR
```

3. 堆栈增长方向设置

绝大多数的微处理器和微控制器的堆栈是从上往下长的，但是某些处理器是用另外一种方式工作的。μC/OS-II 被设计成两种情况都可以处理，只要在 cfg. h 中用结构常量 OS_STK_GROWTH 来指定堆栈的生长方式即可。置 OS_STK_GROWTH 为 0 表示堆栈从下往上长。置 OS_STK_GROWTH 为 1 表示堆栈从上往下长。

在 ARM 处理器中，堆栈的增长方向是从高地址向低地址增长，因此可设如下。

```
#define OS_STK_GROWTH 1
```

4. 任务堆栈初始化

任务堆栈初始化在 OS_CPU_C. C 文件中完成。μC/OS-II 的任务，在刚建立未执行的时候就像是刚刚被中断过一样，任务一经创建就是这样的。OSTaskStkInit()函数的作用就是把任务堆栈初始化成好像刚发生过中断一样。Cortex-M3 内核微处理器响应中断时硬件自动保存现场，依次把 xPSR、PC、LR、R12 以及 R3～R0 由硬件自动压入适当的堆栈中。如果当响应异常时，当前的代码正在使用 PSP，则压入 PSP，即使用线程堆栈，否则压入 MSP，使用主堆栈。一旦进入了异常服务例程，CPU 就将一直使用主堆栈，所以这里就不用考虑 CPU 具体用的那个堆栈了，但是在初始化时需要注意的是 xPSR、PC、LR 的初值问题。堆栈是任务上下文(context)的一部分，OSCreateTask()函数调用 OSTaskStkInit()来初始化任务的上下文堆栈。

堆栈初始化 OSTaskStkInit()函数如下：

```
OS_STK *OSTaskStkInit (void (*task)(void *p_arg), void *p_arg, OS_STK *ptos, INT16U opt)
{
    OS_STK *stk;
    (void)opt;                                  /*防止编译警*/
    stk = ptos;                     //装载栈顶指针，即堆栈数组最后的地址模拟中断发生的堆栈
    *(stk) = (INT32U)0x01000000uL;              /*xPSR 的 T 位(第 24 位)置 1，也可以是缺省值*/
    *(--stk) = (INT32U)task;                    /* Entry Point */
    *(--stk) = (INT32U)OS_TaskReturn;           /* R14 (LR) */
    *(--stk) = (INT32U)0x12121212uL;            /* R12 */
    *(--stk) = (INT32U)0x03030303uL;            /* R3 */
```

```
    *(--stk) = (INT32U)0x02020202uL;        /* R2 */
    *(--stk) = (INT32U)0x01010101uL;        /* R1 */
    *(--stk) = (INT32U)p_arg;               /* R0 */
    *(--stk) = (INT32U)0x11111111uL;        /* R11 */
    *(--stk) = (INT32U)0x10101010uL;        /* R10 */
    *(--stk) = (INT32U)0x09090909uL;        /* R9 */
    *(--stk) = (INT32U)0x08080808uL;        /* R8 */
    *(--stk) = (INT32U)0x07070707uL;        /* R7 */
    *(--stk) = (INT32U)0x06060606uL;        /* R6 */
    *(--stk) = (INT32U)0x05050505uL;        /* R5 */
    *(--stk) = (INT32U)0x04040404uL;        /* R4 */
    return (stk);
}
```

初始化堆栈的标准结构如图 8－3 所示，所有的任务开始时都必须按照这样的结构构造堆栈。在 Cortex－M3 体系结构下，任务堆栈空间由高至低依次将保存着 xPSR、PC、LR、R12、R3～R0、R11、Rl1～R4。

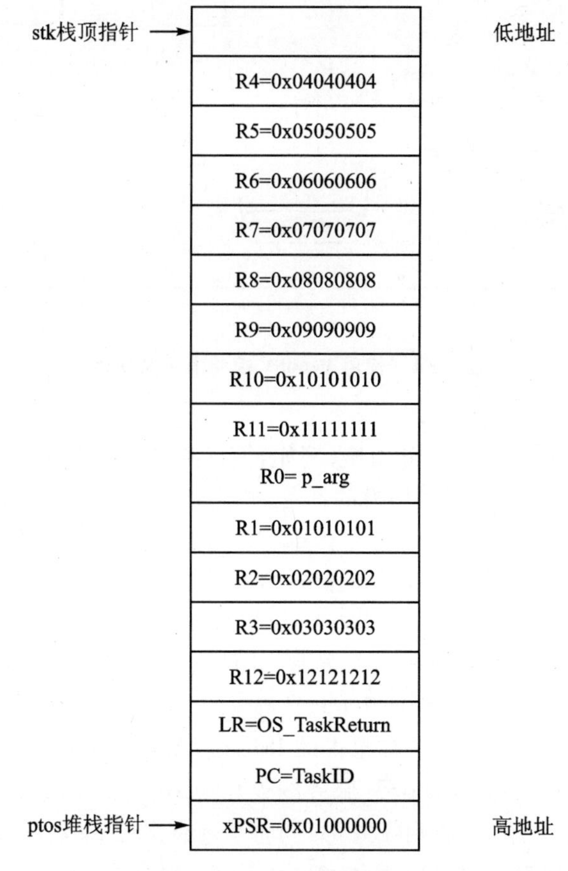

图 8－3　任务的初始栈结构

当前任务堆栈初始化完成后，将返回新的堆栈指针 stk，且新栈指针会被保存到该任务 TCB 中；初始状态的堆栈其实是模拟了一次中断发生后的堆栈结构，因为任务被创建后通过

OSSched()函数调度运行。

5. 需要用汇编实现的四个函数

(1) 启动最高优先级任务

在 Cortex－M3 内核的处理器移植中，通常采用 PendSV 异常来完成任务切换，它是可以像普通的中断一样被悬起的(不像 SVC 那样会上访)。OS 可以利用它"缓期执行"一个异常——直到其他重要的任务完成后才执行动作。悬起 PendSV 的方法是：手工往 NVIC 的 PendSV 悬起寄存器中写 1。悬起后，如果优先级不够高，则将缓期等待执行。PendSV 能解决因为任务切换而引起的较大的中断延迟问题。当有更高优先级异常响应时，PendSV 异常会自动延迟上下文切换的请求，直到其他的 ISR 都完成了处理后才放行。为实现这个机制，需要把 PendSV 编程为最低优先级的异常。其任务切换如图 8－4 所示。

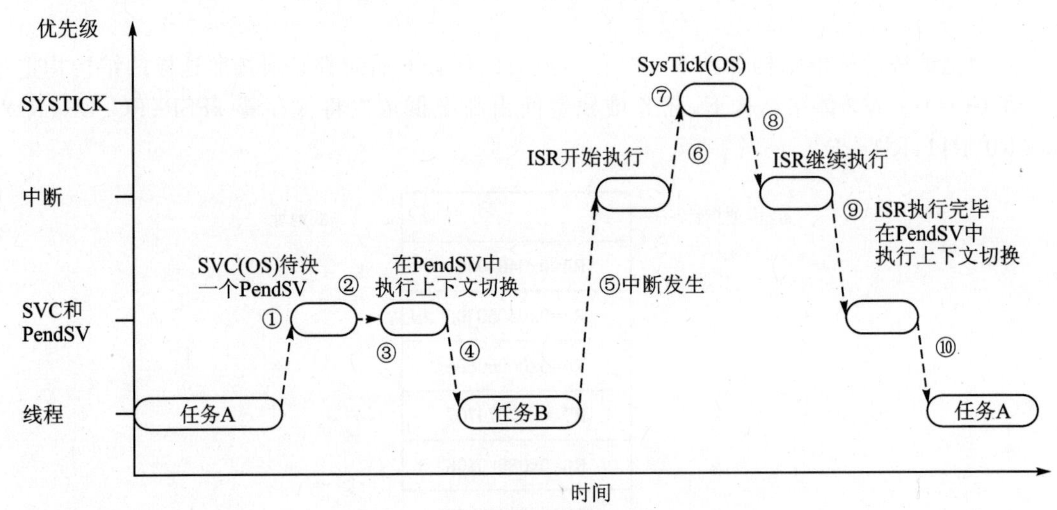

图 8－4　使用 PendSV 控制上下文切换

具体切换过程如下：

① 任务 A 呼叫 SVC 来请求任务切换(例如，等待某些工作完成)。

② OS 接收到请求，做好上下文切换的准备，并且悬起一个 PendSV 异常。

③ 当 CPU 退出 SVC 后，它立即进入 PendSV，从而执行上下文切换。

④ 当 PendSV 执行完毕后，将返回到任务 B，同时进入线程模式。

⑤ 发生了一个中断，并且中断服务程序开始执行。

⑥ 在 ISR 执行过程中，发生 SysTick 异常，并且抢占了该 ISR 。

⑦ OS 执行必要的操作，然后悬起 PendSV 异常以做好上下文切换的准备。

⑧ 当 SysTick 退出后，回到先前被抢占的 ISR 中，ISR 继续执行。

⑨ ISR 执行完毕并退出后，PendSV 服务例程开始执行，并且在里面执行上下文切换。

⑩ 当 PendSV 执行完毕后，回到任务 A，同时系统再次进入线程模式。

在 Cortex－M3 处理器中，函数 OSStartHighRdy()是在 OSStart()多任务启动之后，负责从最高优先级任务的 TCB 控制块中获得该任务的堆栈指针 R13，通过 R13 依次将 CPU 现场恢复，这时系统就将控制权交给用户创建的该任务进程，直到该任务被阻塞或者被其他更高优先级的任务抢占 CPU。该函数仅仅在多任务启动时被执行一次，用来启动第一个，也就是最

高优先级的任务，之后多任务的切换就是由两个任务切换函数来实现。

因此，μC/OS-II 在 Cortex-M3 处理器上移植过程中，与任务切换相关的三个函数 OSStartHighRdy()、OS_TASK_SW()和 OSIntCtxSw()都可以采用以上 PendSV 的方式来处理，使移植变得更简单。

OSStartHighRdy()首先把 OSRuning 设置为 TRUE，标志系统开始运行；然后从全局变量 OSTCBHighRdy 所指 TCB 中得到堆栈指针；最后从堆栈中恢复其他相关寄存器，随后任务函数从 Task 第一条指令执行。

```
OSStartHighRdy
    LDR     R0, = NVIC_SYSPRI2          ;设置 PendSV 异常的优先级为最低
    LDR     R1, = NVIC_PENDSV_PRI
    STRB    R1, [R0]
    MOVS    R0, #0                      ;将 PSP 设为 0,初始化上下文切换环境
    MSR     PSP, R0

    LDR     R0,__OS_Running             ;OSRunning = TRUE
    MOVS    R1, #1
    STRB    R1, [R0]
    LDR     R0, = NVIC_INT_CTRL         ;触发可悬起 PendSV 异常
    LDR     R1, = NVIC_PENDSVSET
    STR     R1, [R0]
    CPSIE   I                           ;开中断
OSStartHang
    B       OSStartHang                 ;应该永远不会执行到这里
```

(2) 任务级的任务切换

OS_TASK_SW()是 μC/OS-II 中的任务级的调度函数。OS_TASK_SW()是一个宏，它是在 μC/OS-II 从低优先级任务切换到最高优先级任务时被调用的。OS_TASK_SW()总在任务级代码中被调用，任务切换前后堆栈指针变化情况如图 8-5 所示。

任务切换的核心思想是把切换出去的任务的现场保存到它的 TCB 中，从切换进来的任务的 TCB 中恢复它的所有现场。任务切换的主要任务首先是保存当前运行任务的状态，比如堆栈指针、寄存器等，分为以下步骤：

① 通过查任务就绪表，得到处于就绪态的最高优先级任务的 Prio，将该优先级保存在全局变量 OSPrioHighRdy 中。

② 如果处于就绪态任务的最高优先级(OSPrioHighRdy)不等于当前运行态任务的优先级(OSPrioCur)，则需要发生任务切换。首先通过 OSTCBPrioTbl[OSPrioHighRdy]得到任务控制块指针 OSTCBHighRdy，该指针指向就绪的最高优先级任务的任务控制块(TCB)，然后再通过调用 OS_TASK_SW()实现任务级的任务切换。如果处于就绪态任务的最高优先级等于当前运行态任务的优先级，则不需要进行任务切换.

③ 接下来就要用硬件相关的汇编语句来实现 OS_TASK_SW()进行任务切换。在实现过程中，通过宏定义方式将 OS_TASK_SW()函数指向汇编实现代码函数标示符 OSCtxSw。如果需要进行任务切换，则 OSPrioHighRdy 已经指向了就绪的最高优先级任务的任务控制

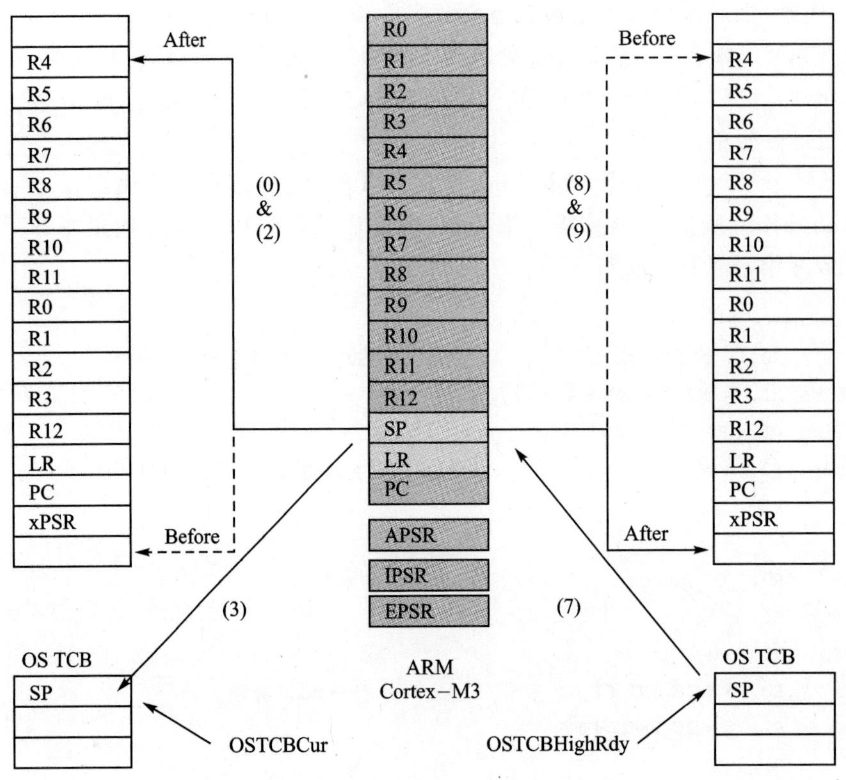

图 8-5　任务切换前后的堆栈变化过程

块。OSCtxSw 需要做的是:首先将当前运行态任务的环境(通用寄存器、状态寄存器、返回地址)保存在当前任务的堆栈中,形成统一的任务栈,再保存当前运行任务的堆栈指针到该任务的任务控制块的堆栈指针 * OSTCBStkPtr 中。然后通过 OSTCBHighRdy 得到新任务的堆栈指针以恢复新任务的现场,从而完成任务切换。

```
OSCtxSw
    LDR     R0, = NVIC_INT_CTRL;   触发可悬起 PendSV 异常,准备任务切换
    LDR     R1, = NVIC_PENDSVSET
    STR     R1, [R0]
    BX      LR
```

(3) 中断级的任务切换

移植中最困难的工作体现在函数 OSIntCtxSw()和 OSTickISR()的实现上。这两个函数的实现与移植者的移植方法以及硬件定时电路、中断寄存器的设置有关。

OSIntCtxSw()最重要的作用就是在中断 ISR 完成后直接进行任务切换,从而提高了实时响应的速度。它发生的时机是在 ISR 执行到 OSIntExit()时,如果发现有高优先级的任务因为等待的时钟节拍到来获得了执行的条件,或者在中断服务程序中触发了等待事件的更高优先级的任务的事件有效,从而使该高优先级任务进入就绪态,在这些情况下,OSIntCtxSw()将调用高优先级就绪任务执行,而不用返回被中断的那个任务之后再进行任务切换。

由于在 Cortex-M3 处理器的 15 个通用寄存器只存在一种模式(R13 除外),且在发生异常时,Cortex-M3 内核能自动保存大部分寄存器,所以中断级和任务级的切换过程很类似,上

下文保存与恢复过程也基本相同，而唯一的一个区别就是，在中断级的上下文切换不再需要保存 CPU 寄存器了，因为在调用 OSIntCtxSw( )前已经发生了中断，该函数默认 CPU 寄存器已经保存在被中断的任务堆栈中。其触发 PendSV 异常的代码如下：

```
OSIntCtxSw
    LDR     R0, = NVIC_INT_CTRL
    LDR     R1, = NVIC_PENDSVSET
    STR     R1, [R0]
    BX      LR
```

OSPendSV 异常服务函数，当 OSPendSV 被触发且悬起状态结束，它就会被执行，其主要被 OSStartHighRdy()、OS_TASK_SW()和 OSIntCtxSw()三个函数调用，以实现任务的启动和切换功能，汇编代码如下：

```
OSPendSV
    CPSID   I                       ;关中断
    MRS     R0,  PSP                ;PSP 是任务级堆栈
    CBZR0,  OSPendSV_ nosave        ;如果是第一次进入异常或第一次任务切换，则不需要保存上下
                                    文，任务栈的初始化函数已经有保存了
    SUBS    R0 , R0 , #0x20         ;保存剩下的 R4～R11 寄存器到栈中
    STM     R0, {R4 - R11}

    LDR     R1,  = OSTCBCur         ;OSTCBCur - >OSTCBStkPtr  =  SP;
    LDR     R1, [R1]
    STR     R0, [R1]                ;保存上一任务的 SP 到 TCB 中
  ;到此为止，所有的上下文环境都保存好了
  ; OSPendSV _nosave
OSPendSV__nosave
    PUSH    {R14}                   ;保存 LR
    LDR     R0, __OS_TaskSwHook     ;OSTaskSwHook();
    BLX     R0
    POP     {R14}

    LDR     R0, __OS_PrioCur        ;OSPrioCur = OSPrioHighRdy;
    LDR     R1, __OS_PrioHighRdy
    LDRB    R2, [R1]
    STRB    R2, [R0]

    LDR     R0, __OS_TCBCur         ;OSTCBCur = OSTCBHighRdy;
    LDR     R1, __OS_TCBHighRdy
    LDR     R2, [R1]
    STR     R2, [R0]

    LDR     R0, [R2]                ;SP  =  OSTCBHighRdy - >OSTCBStkPtr;
```

```
LDM       R0, {R4 - R11}       ;恢复 R4～R11 寄存器的值
ADDS      R0, R0, #0x20
MSR       PSP, R0              ;加载新任务的 SP 值
ORR       LR, LR, #0x04        ;确保异常返回时使用的是任务机堆栈 PSP
CPSIE     I
BX        LR                   ;执行异常返回指令,处理器会自动恢复剩余寄存器
```

(4) 时钟节拍中断实现

多任务操作系统的任务调度是基于时钟节拍中断的,μC/OS - II 也需要处理器提供一个定时器中断来产生节拍,借以实现时间的延时功能。程序中必须在开始多任务调度之后再允许时钟节拍中断,即在 OSStart()调用过后,μC/OS - II 运行的第一个任务中启动节拍中断。如果在调用 OSStart()启动多任务调度之前就启动时钟节拍中断,μC/OS - II 运行状态可能不确定而导致崩溃。

STM32F103 处理器内部包含了一个简单的定时器。因为所有的 Cortex - M3 芯片都带有这个定时器,软件在不同 Cortex - M3 器件间的移植工作就得以化简。该定时器的时钟源可以是内部时钟(FCLK,Cortex - M3 上的自由运行时钟),也可以是外部时钟(Cortex - M3 处理器上的 STCLK 信号)。

SysTick 定时器能产生中断,Cortex - M3 为它专门开出一个异常类型,并且在向量表中有它的一席之地。它使操作系统和其他系统软件在 Cortex - M3 器件间的移植变得简单多了,因为在所有 Cortex - M3 产品间,SysTick 的处理方式都是相同的。系统的 SysTick 异常初始化代码和 SysTick 中断服务例程代码如下所示:

```
#define OS_TICKS_PER_SEC     100              /* 定义时钟一秒内的中断次数 */
void  OS_CPU_SysTickInit (INT32U  cnts)      //SysTick 异常初始化代码
{
    RCC_ClocksTypeDef   rcc_clocks;
    INT32U          cnts;

    RCC_GetClocksFreq(&rcc_clocks);           //获取系统时钟频率
    cnts = (INT32U)rcc_clocks.HCLK_Frequency/OS_TICKS_PER_SEC;  //计算配置参数
    SysTick_Config(cnts);                     //配置时钟中断频率
}

void  SysTick_Handler (void)                  //SysTick 中断服务例程代码
{
    OS_CPU_SR  cpu_sr;
    OS_ENTER_CRITICAL();
    OSIntNesting++;
    OS_EXIT_CRITICAL();
    OSTimeTick();                             //调用时钟节拍函数
    OSIntExit();                              //离开中断
}
```

习题 8

1. 时钟中断在 μC/OS－II 的作用是什么？试说明其工作原理。

2. 在 μC/OS－II 应用程序开发时，为什么时钟初始化要放在 OSStart()函数之后？

3. 系统移植时需要对哪几个函数采用汇编语言进行编写？为什么？

4. 分析系统时钟中断服务程序工作流程。

5. 采用 μC/OS－II 操作系统，创建两个任务 Mytask 和 Yourtask，其优先级分别为 10、20，堆栈空间均为 100 字节。Mytask 申请互斥信号量 My_sem，Yourtask 任务执行的最后会释放互斥信号量 My_sem。编写相应程序代码，完成上述功能。

6. μC/OS－II 操作系统移植中，需要修改哪几个文件代码？

7. 在堆栈初始化中，一般需要完成哪些寄存器压栈？在压栈过程中应该注意哪些问题？

8. 画出在 STM32F103 处理器中，μC/OS－II 任务切换前后的堆栈示意图。

第 9 章　智能家居监测控制系统实例

随着人们对家庭住宅智能化的需求增大，智能家居的市场应运而生。智能家居涵盖着核心控制系统、安防系统、家庭环境控制系统、家电系统等，为用户的生活提供了安全、温馨、舒适以及便利。正因为智能家居能提供高质量生活，自它出现的那刻起，就引起了很多公司和研究人员的广泛关注。本章介绍一款功能多样化的智能家居系统，其具备了安防警示、远程控制家电等功能。

本章旨在设计一款性价比高、实用性广、功能多样、操作简易、易于被用户接受的智能家居监测控制系统。对智能家居系统进行功能分析，可将该系统划分为四个模块：智能主控制模块、安防模块、家电模块、通信模块。智能主控制模块，作为整个系统的核心，响应并智能处理其他模块的消息；安防模块，实时保护家庭住宅的安全，一旦安全情况异常，便短信通知用户；通信模块，作为智能家居中提供无线通信的模块，为用户与智能家居系统之间搭建了信息传递平台，智能主控制模块通过串口与该模块进行通信，及时将信息传递至用户，用户也是通过该模块对整个智能家居系统进行实时控制。本章的硬件设计涵盖了智能家居系统电路原理图的设计，家居控制器软件平台采用了 μC/OS－II 操作系统。

9.1　需求分析

通过对市场上的大部分智能家居产品的调查和分析，一个相对完善的智能家居监控系统包括如下四个主要的功能。

1. 家庭安全监护

当家中的门窗、保险柜、抽屉被意外打开时，门磁警报的推送消息发送至移动终端，可以让用户及时了解家里的安全状况。

当家中的燃气泄漏，燃气警报推送消息至移动终端，及时帮助用户判断家中的安全隐患；同时能对用电器电源作紧急处理，以防止火灾。

2. 家庭环境优化服务

当家庭内空气温度不适宜时，智能启动加湿器、空调，调节空气湿度，给用户一个舒适的生活环境。

当家庭室内温度过热或过冷时，智能启动空调、取暖器、冷风机等，调节室温，让您在一个恒温的家中享受生活的美好。

3. 家庭能源管理

当家用电器设备用电异常（电流过大）时，智能转换器可自动断电保护用电设备，避免因电流过大而造成电器损坏。

智能转换器可监测统计连接电器的用电量，及时发现老化、高耗电电器，节约能源，节省开支。

当用户处于离家状态时，可通过移动终端远程有效管理电源，降低能耗，避免长期带电存

在的安全隐患。

4. 家居智能控制服务

对家庭所有家电，可通过移动终端实现远程或本地的开关控制，让用户出门在外时，也能实时控制家电运行。

对电视机、空调、机顶盒、电动窗帘、自动窗、开关面板、LED 灯等设备，可通过移动终端实现远程或本地的功能控制，让用户从容面对生活琐事，尽享生活的乐趣。

根据上述的四个主要功能，可以绘制出如图 9－1 所示的智能家居监测控制系统功能图。矩形框内为该系统的主要功能；椭圆形框内为每个功能的具体属性；菱形框为各个功能的相互作用的关系，这里主要有三个关系：报警、紧急处理和控制。

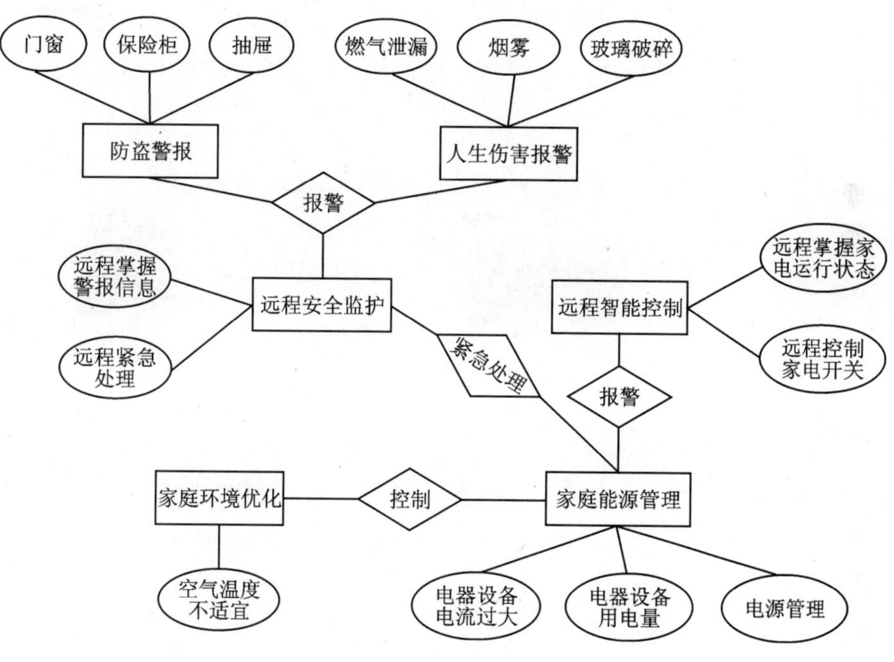

图 9－1　智能家居监测控制系统功能图

9.2　总体设计

针对上节的需求分析，本节将描述一款基于 STM32F103 主控芯片和 GPRS(General Packet Radio Service)网络的智能家居系统，其系统拓扑结构如图 9－2 所示。本系统主要实现三个功能：

① 家庭安全监护。本设计将采用门磁、红外探测器、燃气报警器、烟雾传感器和玻璃破碎探测器来采集安全警报信息，这些传感器发出的信号一般都是诸如 0 和 1 这样的开关信号，因而本设计将主要通过主控芯片的 GPIO(General－Purpose Input /Output Ports)口来检测这些信号。

② 家居的智能控制。通过设计一款智能插座来实现家庭的能源管理和家庭的环境优化。智能插座配有功率模块、继电器开关模块，能够采集该插座上的用电信息，同时进行电源管理，

其通信方式也是直接通过主控芯片的 GPIO 口进行信息采集和控制。

③ 远程监控。主控芯片通过串口来对 GPRS 模块进行控制和信息交互,GPRS 模块接收来自手机终端的控制信息,同时将安全报警信息、用电器用电信息反馈给手机终端。

由于模块的种类众多,通信方式各异,使得主控芯片处理的任务多且复杂,本设计将使用 μC/OS-II 操作系统来对这些复杂的任务进行管理。

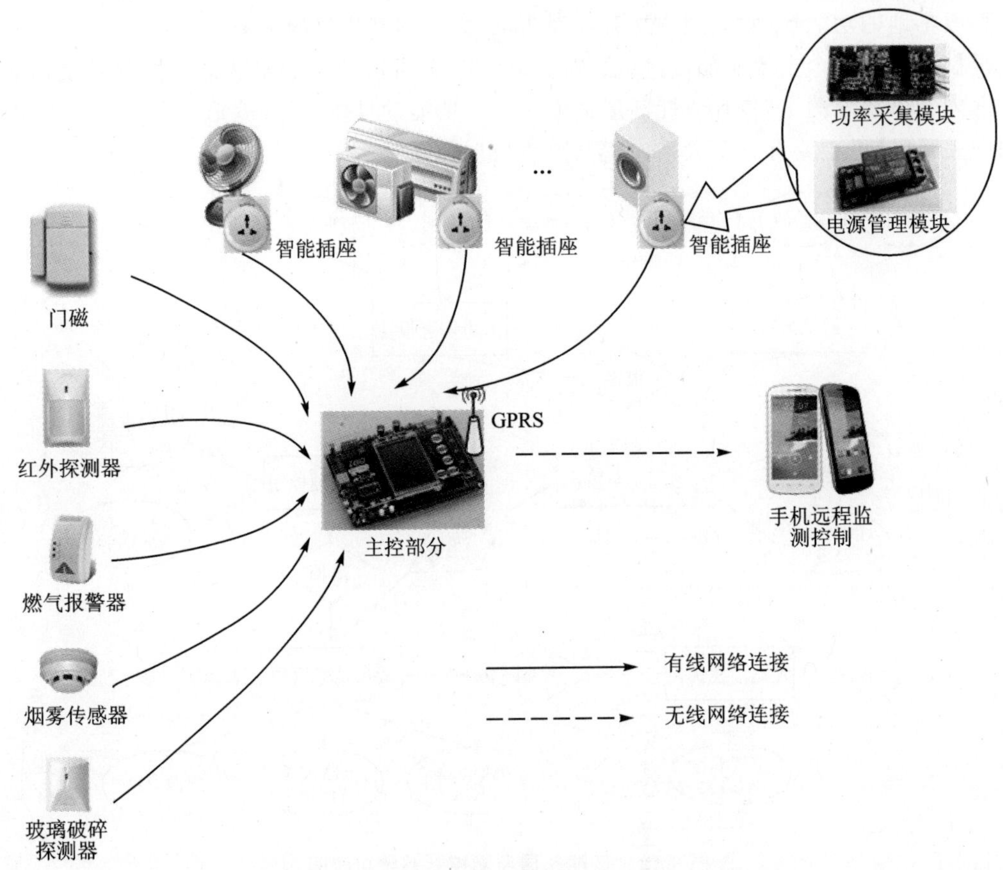

图 9-2 智能家居监测控制系统总体设计框架图

9.3 系统硬件设计

整个系统硬件构成如图 9-3 所示。本节将主要对家居控制器、功率采集模块、安全报警传感器、GPRS 通信模块、显示模块和控制电路进行描述。命令键输入模块和报警电路将不作详细的描述。

9.3.1 家居控制器最小系统设计

STM32 微处理器不能独立工作,必须提供外围相关电路,构成 STM32 最小系统,包括 3.3 V 电源、8 MHz 晶振时钟、复位电路、数字和模拟间的去耦电路、调试接口、串行通信接口等电路,其最小系统原理如图 9-4 所示。

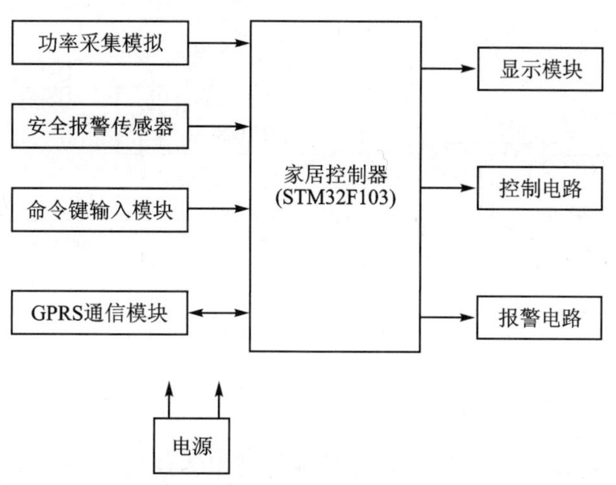

图 9-3　硬件结构图

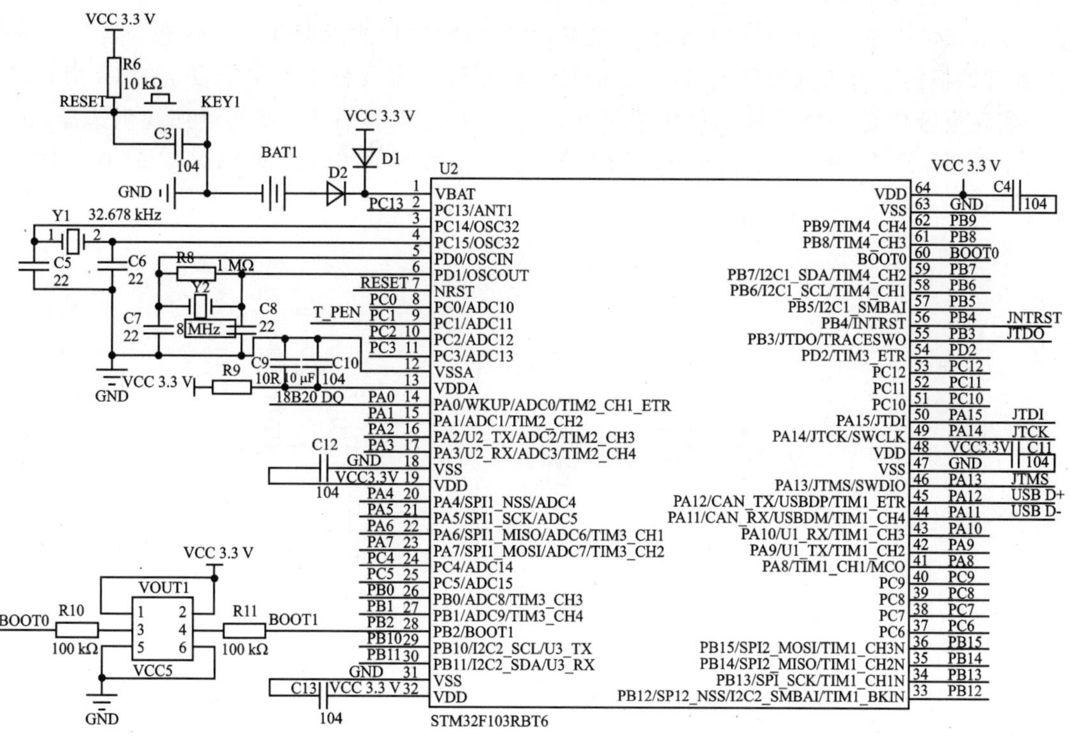

图 9-4　最小系统原理图

9.3.2　电源电路设计

本设计中通过 USB 输入 5 V 直流电源供电，5 V 输入的直流电源稳压器稳压后产生 5 V 的稳定输出电压。稳定后的 5 V 电压经过电压调节器 AMS1117 转换为 3.3 V 电压。220 μF 的电容起到抑制干扰的作用，100 nF 的电容用来抑制高频干扰。发光二极管 D5 用来显示电源通断状态，如图 9-5 所示。

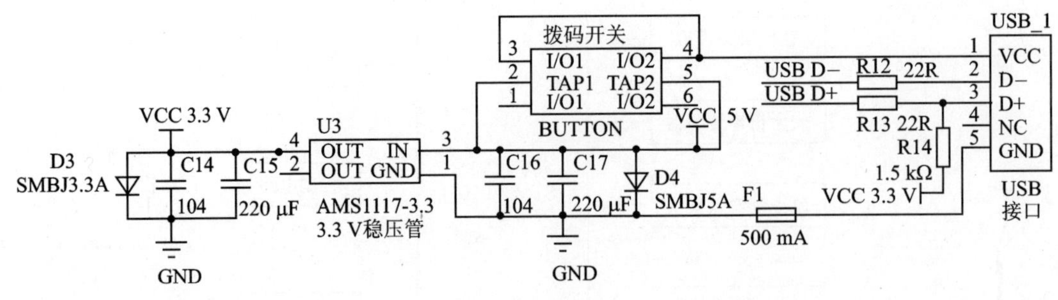

图 9-5 电源电路

9.3.3 通信电路设计

短信监控功能是通过 GPRS 模块对短信进行操作实现的，采用 AT 指令进行通信操作。当需要对家电设备进行监控时，手持 GSM(Global System for Mobile Communications)设备发送短信给远程监控器，监控器通过 GPRS 模块实现短信的接收，然后处理器根据接收的短信内容对家电设备进行控制或查询家电状态，并以短信的形式返回相应的状态。当需要报警时，处理器根据报警信息的种类，以短信的形式将报警状态及种类发送给设定的 GSM 用户，从而实现报警功能。GSM 通信模块不需要设计，市面上有多种 GSM 通信模块供选择，在本系统中采用基于 USB(Universal Serial Bus)的通信模块 SIM908，通过 STM32 的串口进行连接，如图 9-6 所示。

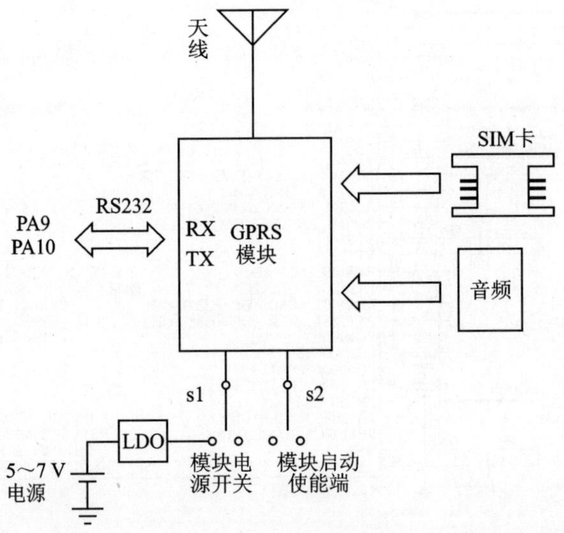

图 9-6 SIM908 模块图

9.3.4 显示模块电路

液晶显示屏 TFT-LCD(Thin Film Transistor-Liquid Crystal Display)具有驱动电压低、功耗消耗小、反应速度快、显示画面质量好等优点，故本设计将采用它来作为显示设备。如图 9-7 所示，TFT_LCD 的端口包括数据端口和控制端口，其数据传输采用 16 位的并行传输，因而其数据端口与主控芯片的 PB0～PB5 进行连接；其控制端口采用 8080 模式(8080 模式下主要包括 RST 复位、低电平有效的片选信号线 CS、数据/指令选择线 RS、主控芯片向 LCD 写入数据的控制线 WR、主控芯片从 LCD 读入数据的控制线 RD)，因而控制端口与主控芯片的 PC6～PC9 进行连接。

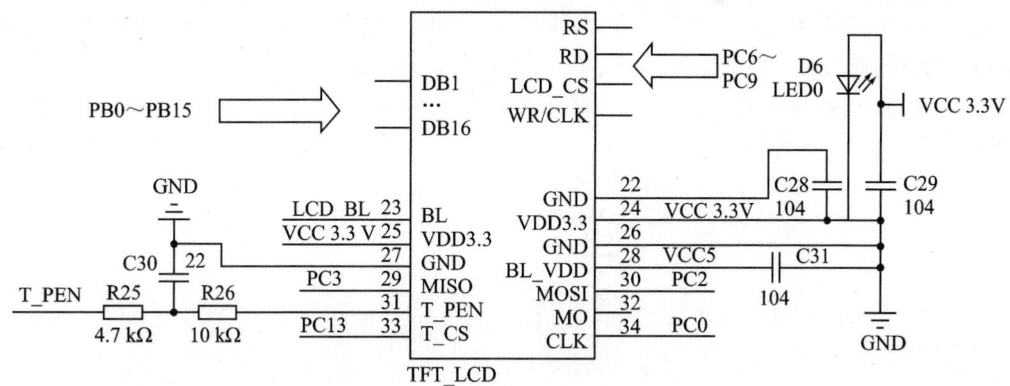

图 9－7　显示模块电路

9.3.5　数据采集模块电路

1. 家电功率采集电路

电能计量电路如图 9－8 所示，其主要由电流检测电路、电压检测电路、电能计量芯片 ADE7755 及其外围电路组成。首先负载电流通过电流传感器和滤波电路后转换成合适的电压信号送入到电能计量芯片 ADE7755 的电流通道，即 V1P 和 V1N 端；而 220 V 相电压则通过电压传感器降压后，再通过滤波电路送入电能计量芯片 ADE7755 的电压通道，即 V2P 和 V2N。经计量芯片内部转换、相乘后得到有功功率瞬时值。有功功率的计算是通过统计单位时间内 CF 端口输出的脉冲个数。本设计使用主控芯片的 PA1 口来统计脉冲的个数，PA1 口是 STM32 单片机的复用端口，这里使用它的计数器功能。计数器统计脉冲个数达到设定数值后清零，并将电能数值加 1，存入内部 Flash。

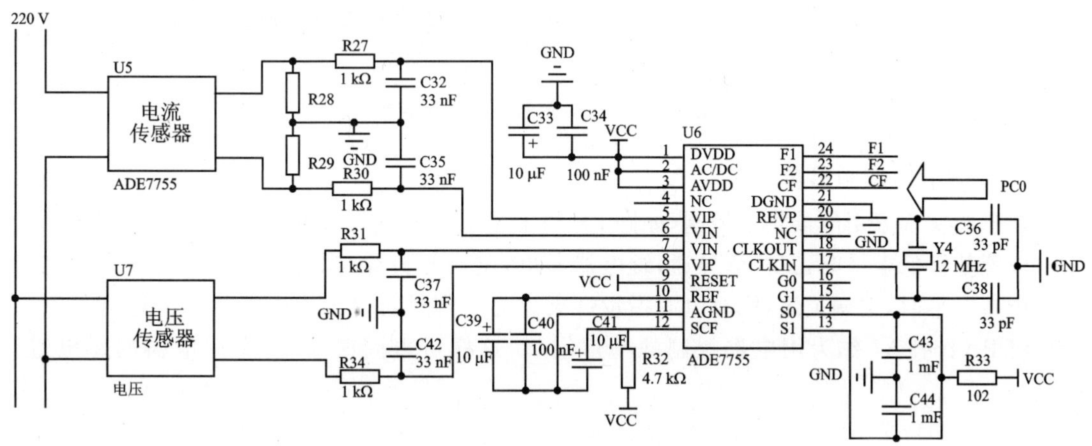

图 9－8　电能计量模块电路原理图

2. 温度传感器电路

由美国 DALLAS 公司生产的单纯智能温度传感器 DS18B20，属于新一代的适配微处理器，具有体积小、接口方便、传输距离小等特点。

如图 9-9 所示，DS18B20 只有 GND、DQ 和 VDD 3 只引脚，其中 GND 为电源地，DQ 为数字信号 I/O 端，VDD 为电源输入端。DS18B20 温度传感器的内部结构如图 9-10 所示，主要包括 4 部分：非易失的温度报警触发器 TH 和 TL、配置寄存器、64 位光刻 ROM 以及温度传感器等。

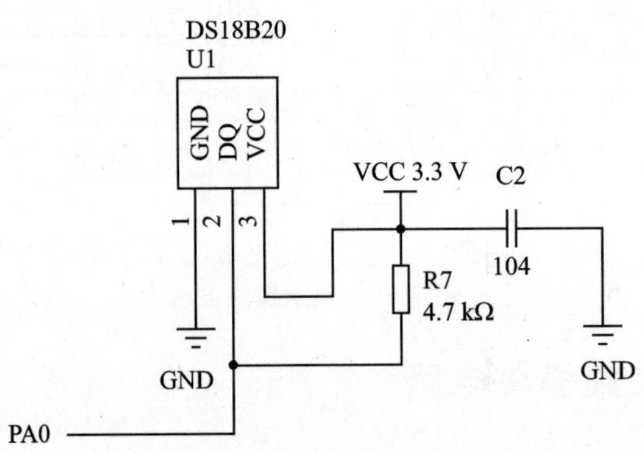

图 9-9 温度传感器电路

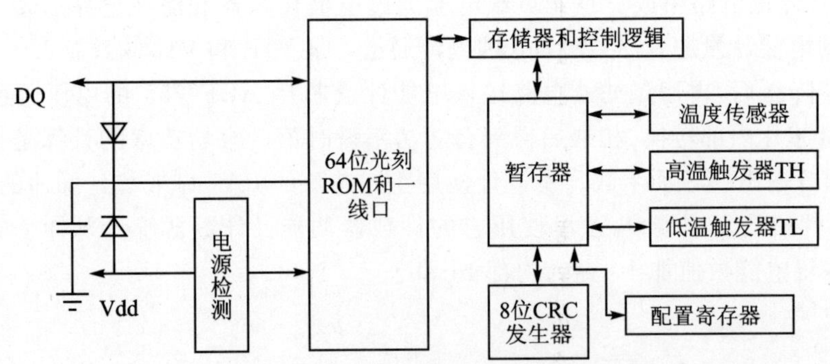

图 9-10 温度传感器的内部结构

3. 家电开断控制电路

该模块实现家用电器供电控制，如图 9-11 所示。本电路中使用三极管来驱动继电器，当给三极管基极低电平时，三极管导通，继电器通电，空调开关开，同时电源指示灯亮。反之，当给基极高电平时，空调关闭，同时电源指示灯灭。为了同时对多个用电器的供电进行控制，本设计将 PA4～PA7 作为用电器控制的预留端口，这样可以同时对 16 个用电器的供电进行控制。

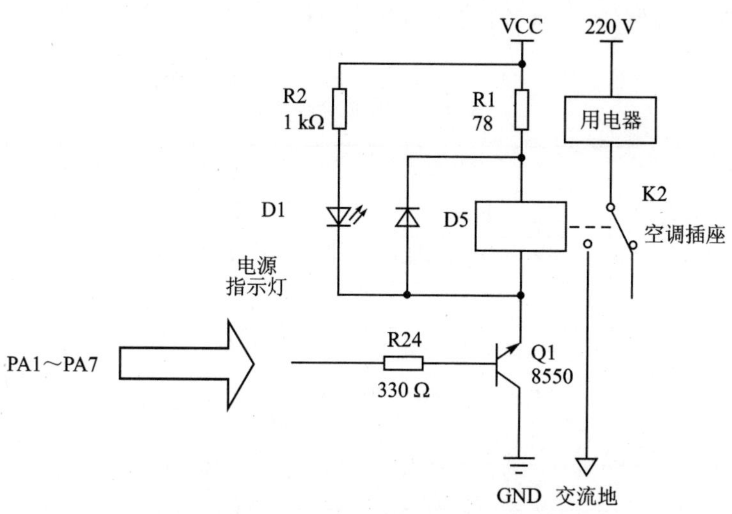

图 9－11　家电开断控制电路

9.4　系统软件设计

智能家居系统要实现家电(空调、电视等)的远程开关控制、家电功率查询、家电状态的远程查询,同时要实现对家庭的门、保险柜、抽屉进行防盗监控,家中温度、烟雾、燃气、玻璃破碎等的安全警报以及自动调节。在软件设计过程中,必须对设备进行编号,设计规范的查询控制的命令格式,才能对其进行正确地监控。家庭中使用的电器类型一般有以下几种:

11:空调;12:电视;13:热水器;14:开关灯。

需要安全防盗设施如下:

21:门;22:保险柜;23:抽屉。

用于检测安全,适宜的家居环境的传感器如下:

31:烟雾传感器;32:可燃气体传感器;33:玻璃破碎传感器;34:温度传感器。

对于家电设备,可以通过带有功率采集和电源管理的智能插座进行管理。用户增加新的设备可以通过人机交互接口增加设备编号。一般设备的控制功能主要有:开、关和功率采集等几种情况。如空调远程控制有:开、关、功率采集等操作,照明工具主要有:开、关动作。实际上,家电设备的远程控制主要是对其功率采集和电源进行管理,即开关动作,不需要其他复杂的设定。

对于需要防盗的设施以及检测家居环境的传感器,也可以通过人机交互接口增加设备编号来添加新的设备。它们主要的作用是对家居不安全的环境进行报警,然后控制其他设备对这种不安全的环境进行调节。所以它的状态也只有两种:有警报和无警报。

设备的监控命令设计为如下格式:命令类型＋命令分类＋设备序号＋设备状态。命令类型主要分为查询命令和控制命令两种;命令分类是指查询命令中的查询分类,控制命令中的分类,如 0 表示关、1 表示开;设备序号是指家电设备的编号;设备状态是查询和控制动作的返回结果,具体见表 9－1。

在本系统中采用 μC/OS－II 操作系统来管理报警与监控任务。根据系统功能将任务划分为 GSM 短信查询控制任务、报警任务、信息采集任务、键盘设置等任务，本节主要针对前 3 个任务进行设计分析。

表 9-1　监控命令格式

命令类型	命令分类		设备序号		设备状态[3]	
0 查询命令 1 控制命令 2 报警查询	1	开空调(控制[1])	11	空调	1	开
	0	关空调(控制、查询[2])			0	关
	1	开电视(控制)	12	电视	1	开
	0	关电视(控制、查询)			0	关
	1	开热水器(控制)	13	热水器	1	开
	0	关热水器(控制、查询)			0	关
	1	开灯(控制)	14	灯	1	开
	0	关灯(控制、查询)			0	关
	2	门非法打开(报警)	21	门	1	警报
					0	无警报
	2	保险柜非法打开(报警)	22	保险柜	1	警报
					0	无警报
	2	烟雾(报警)	31	传感器	1	烟雾
					0	无警报

1 该参数只能用于控制命令；

2 当命令类型为查询命令时，该参数为 0；

3 查询和控制返回状态。

根据上节硬件设计原理，针对这 3 个任务的工作内容情况，报警任务是监控器主动发起的通信，可以直接调用通信 API 函数，不需要操作系统的其他通信机制参与。而 GSM 短信查询控制任务需要通过 USB 来和 GSM 模块进行通信，由于通信时间是偶然性的，如果采用轮转方式接收数据，会占用大量 CPU 时间，因此采用中断方式来进行数据接收。通过 GSM 模块接收的数据主要有消息类型、消息种类、监控的设备等数据，因此需要根据这些数据设计一个结构体来进行管理，然后进行数据传送。在操作系统中能进行这种方式的通信的是消息邮箱，自己定义一个消息结构体通过消息邮箱来进行短信数据传输。信息采集任务，包括采集每个用电器的功率以及烟雾传感器、温度传感器、门磁传感器等的数据。这就需要逐一对每个传感器进行轮转，读取每个传感器的数据。

根据这三个消息的紧急程度来看，报警任务的优先级应设为最高，其他两个任务中，GSM 通信更为方便，其优先级设定比电话任务高。

报警任务、GSM 短信查询控制任务、信息采集任务和空闲任务之间的切换过程及条件如图 9-12 所示。

任务启动时，先运行报警任务，报警任务检查各个安全传感器的状态，根据异常情况进行报警，然后延时进入等待状态，交出 CPU 控制权。系统根据优先级启动 GSM 查询与控制任务，任务查询是否有短信事件到来，如果没有则进入事件等待状态，交出 CPU 控制权；如果在

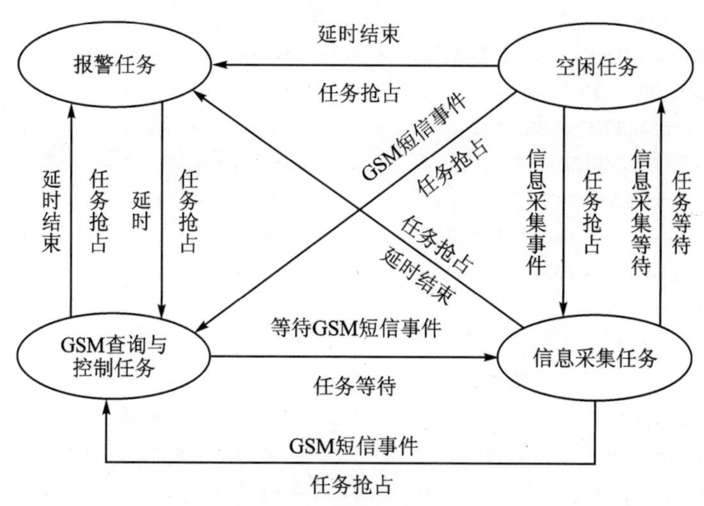

图 9-12　任务状态切换图

GSM 任务运行过程中报警任务延时结束，则会抢占 GSM 任务，直到报警任务运行结束才恢复 GSM 任务执行。当 GSM 任务进入事件等待状态后，而报警任务延时还未结束，则运行信息采集事件，如果所有传感器的数据采集完则进入信息采集等待状态，任务交出 CPU 控制权。如果在信息采集任务运行过程中报警任务延时结束，则会抢占电话任务，直到报警任务运行结束才恢复电话任务执行；如果有 GSM 短信事件产生，则 GSM 任务也会抢占信息采集任务执行，直到 GSM 任务运行结束才恢复信息采集任务执行。当信息采集任务处于等待状态又无其他更高优先级任务处于就绪态时，则系统切换至空闲任务，空闲任务可以被其他任何任务抢占。

9.4.1　主程序设计

主程序主要负责系统运行环境初始化、任务创建、消息事件的创建等工作。其程序流程图如图 9-13 所示。

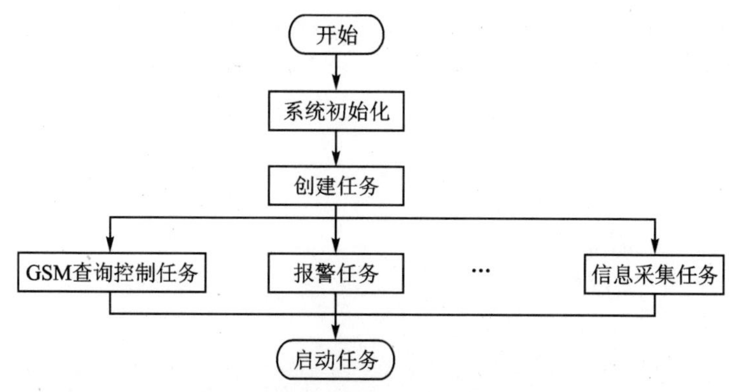

图 9-13　远程监控设备功能程序结构图

```
///****************** 任务优先级定义 ***************///
#define Phone_Prio      7
#define GSM_Prio        6
```

```
#define Alarm_Prio        5
///****************** 任务堆栈定义 ***************///
#define  STACKSIZE   50
OS_STK Sensor_Stack[STACKSIZE] = {0, };          //Sensor _Task 堆栈
OS_STK GSM_Stack[STACKSIZE] = {0, };             //GSM_Task 堆栈
OS_STK Alarm_Stack[STACKSIZE] = {0, };           //Alarm_Task 堆栈
///****************** 任务定义 ***************///
void Sensor _Task(void * Id);                    //Sensor _Task
void GSM_Task(void * Id);                        //GSM_Task
void Alarm _Task(void * Id);                     //Alarm _Task
///***************** 事件定义 *****************///
OS_EVENT * E_GSM_Mbox;                           //申明短信消息事件
typedef struct gsm_cmd{                          //定义命令参数消息结构
    INT8U  phone_no[14];                         //手机号码
    INT8U dev_no;                                //设备编号
    INT8U cmd_type;                              //instruction 命令类型
    INT8U cmd_class;                             //命令种类
    INT8U dev_status;                            //设备状态
} * GSM_CMD;
struct GSM_CMD GSM_Command;                      //定义命令短信消息
//    OSMboxPend(E_GSM_Mbox,0,&err);
//    OSMboxPost(E_GSM_Mbox,GSM_Command);
OS_EVENT * E_PConnect_Sem;                       //申明电话连接消息事件
//    OSSemPend (E_PConnect_Sem,0,&err);
//    OSSemPost (E_PConnect_Sem);
OS_EVENT * E_PRead_MBox;                         //申明电话按键读取消息事件
INT8U * PRead_Message;                           //定义电话按键读取消息
//    OSMboxPend(E_PRead_MBox,0,&err);
//    OSMboxPost(E_PRead_MBox,PRead_Message);
typedef struct gsm_msg{                          //定义短信消息结构
    INT8U  phone_no[14];                         //短信手机号码
    INT8U msg_time[20];                          //短消息发送时间
    INT8   * msg_data;                           //短消息内容
} * GSM_MSG;
///***************** 消息定义 *****************///
//////////////////////////////////////////////////
//                 Main function. //
//////////////////////////////////////////////////
void main()
{
    ARMTargetInit();                             //开发板初始化
    OSInit();                                    //操作系统初始化
    ……                                           //其他初始化操作
    OSTaskCreate(Phone_Task,(void *)0,(OS_STK *)& Phone_Stack,Phone_Prio);
    //创建电话监控任务
```

```
    OSTaskCreate(GSM_Task,(void * )0,(OS_STK * )& GSM_Stack,GSM_Prio);
    //创建短信监控任务
    OSTaskCreate(Alarm_Task,(void * )0,(OS_STK * )& Alarm_Stack,Alarm_Prio);
    //创建报警任务
    ……                                        //创建其他任务
    E_GSM_Mbox  = OSMboxCreate(GSM_Command);
    E_PConnect_Sem  =  OSSemCreate(1);
    E_PRead_Mbox =  OSMboxCreate(PRead_Message);
    OSStart();                                //操作系统任务调度开始
    return 0;
}
```

9.4.2 报警任务

系统报警任务主要是在信息采集任务中对采集的信息进行及时的反应。采集的信息包括用电器的功率信息、家庭内的烟雾、温度、燃气、门柜的防盗等信息，这些信息在执行完采集任务后，会存储在一个结构体中。系统报警任务会定时地对该结构体进行查询，并与设定的报警值进行比较，如果超出设定值则通过通信模块进行报警，同时执行相应的应急措施。报警方式有两种：第一种是短信报警，第二种是声音报警。

应急措施包括：当电器功率过大，电流过高，工作异常，则会关闭用电器的电源；当家里面的温度过高，则会启动空调来对温度进行调节；当燃气浓度超过报警值，则启动换气装置；当烟雾浓度达到额定值，或者门窗被非法打开，启动声音报警。

报警电话规则如下：从第一组电话到最后一组电话，依次拨出电话号码，如果电话接通则播放录音，否则拨下一组电话号码。在连续拨电话的过程中，每个电话最多拨两遍（如果已经拨通，下次就不拨出该电话了）。连续拨电话结束后，如果有一个电话拨通了，拨报警电话事件结束；如果全部没有拨通，启动定时器，定时时间为 2 分钟。定时时间到，再连续拨号，规则同上，重拨报警电话的最大次数设为 2 次。报警任务程序流程图如图 9 - 14 所示。程序清单如下：

```
void Alarm_Task(void * Id)
{
    INT8U i,j,k = 0;
    INT8U DeviceStatus = 0;
    INT8U * msg;
    for(;;)
    {
        for(i = 0;i<devnum;i ++ )                           //检查每个传感器的状态
        {
            DeviceStatus = DeviceCheck(i);
            GSM_Command ->dev_no = i;
            if(DeviceStatus <Device[i].BottomStatus|| DeviceStatus >Device[i].UpStatus)
                                                            //如果状态超出设定范围,则报警
            for(j = 0;j< = MobileNum;j ++ ){                //给用户发送短信进行报警
                * GSM_Command ->mobile_no = MobilePhone[j];
```

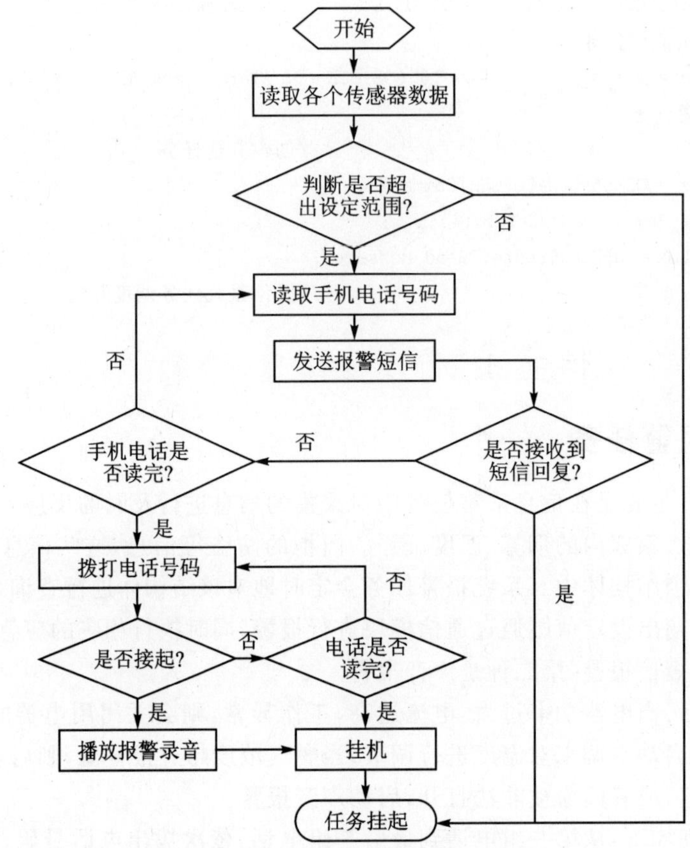

图 9-14　报警任务程序流程图

```
        GSM_Command ->dev_status = DeviceStatus;
        SendMessage(GSM_Command);
        msg = OSMboxPend(E_GSM_Mbox, 2000, &err);//设定短信回复等待时间
        if(msg)break; //如果在规定时间内有短信回复,跳出循环
    }
    if(msg == NULL) {  //当短信没有回复,则认为短信报警信息失败,电话报警
        while(k<2) {
            for(j = 0;j< = PhoneNum;j ++ ){
                phoneflag = CallPhone(PhoneNo[j]);
                if(phoneflag){//判断电话在规定时间内是否接通
                              //接通则播放报警录音,否则拨下一个电话号码
                    PlayRecord(i, DeviceStatus);//播放设备 i 的报警状态
                    StopPhone();    //挂机
                    Break;
                }
            }
            if(phoneflag == 0){
                OSTimeDly(18000);
                k ++ ;
```

```
                }
                else
                    {k = 0;break;}
                }
            }
        }
    }
  }
}
```

9.4.3　GSM 短信查询控制任务

1. GSM 短信查询控制任务设计

查询任务主要功能是接收 GSM 通信模块传递的命令，解析命令参数，然后查询/控制各个电器设备，返回查询/控制状态。短信是通过 USB 口来进行收发的，GSM 短信接收模式设置成自动，在短信到来时会发送一个信息给串口，通过 USB 口中断通知 GSM 任务。由于采用中断方式进行数据的接收，根据短信传送的内容采用消息邮箱来进行短信内容的传递。GSM 短信查询控制任务流程如图 9-15 所示。

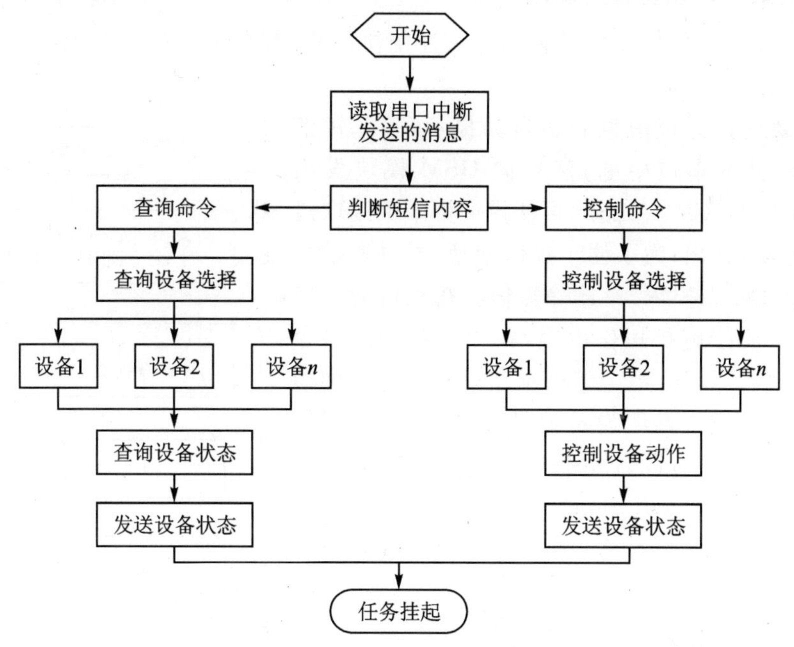

图 9-15　GSM 查询控制任务流程图

程序代码如下：

```
void GSM_Task(void * Id)
{
    void * msg = NULL;
    INT8U error;
    for(;;)
```

```
    {
        OSMboxPend(E_GSM_Mbox, 0, &err);                    //等待短信到来
        switch(E_GSM_Mbox->OSEventPtr->cmd_type)  //提取短信命令类型
        {
            case 0: //查询命令
                GSM_Command ->dev_status = DeviceCheck(E_GSM_Mbox->OSEventPtr->dev_no);
                                                              //查询指定设备状态
                SendMessage(GSM_Command);                    //发送查询结果
                break;
            case 1: //控制命令
                GSM_Message ->dev_status = DeviceControl(E_GSM_Mbox->OSEventPtr->dev_no, \
                E_GSM_Mbox->OSEventPtr->cmd_class);
                SendMessage(GSM_Message);                    //控制设备动作,返回状态
                SendMessage(GSM_Command);                    //发送控制结果
                break;
        }
    }
}
```

2. 短信接收中断服务程序设计

短信的接收是放在USB口中断服务程序中执行的,需要编写USB口接收中断服务程序。短信读取流程如图9-16所示。

GSM模块设置为短消息到达自动提示,因此短信到达时会自动触发串口中断;然后向GSM模块发出"AT+CMGR=0<CR>"命令,可使模块将未被读取过的短消息经RXD送出;为了便于短信管理,通过发送指令"AT+CMGD=0<CR>"删除短信。在短信命令格式设计时,为了便于解析短信内容,在控制和查询命令各个参数间用"*"隔开,用"#"表示结束。控制查询短信的格式是:控制或查询的设备编号+命令类型(即控制或者查询命令)+与设备相关的命令(如开、关等命令),即dev_no+*+cmd_type+*+cmd_class+#。短信收发相关内容请参考AT指令,这里不做详细介绍。串口读中断服务程序如下。

图9-16 短信读取流程图

```
voidUSBRD_GSM_ISR()
{
    unsigned char data[4];
    struct GSM_MSG msg;
    unsigned char i;
    ReadMessage(msg);                          //读取短信
    data = MessageAnalyze(msg->msg_data);  //解析短信内容,获取有效控制或查询命令参数
    GSM_Command ->phone_no = msg->phone_no;
    GSM_Command ->dev_no = data[0];            //保存短信参数
```

```
    GSM_Command ->dev_type = data[1];
    GSM_Command ->dev_class = data[2];
    OSMboxPost(E_GSM_Mbox,GSM_Command);        //发送短信消息邮箱,激活 GSM 任务
}
```

9.4.4 信息采集任务

信息采集任务的流程图如图 9-17 所示。该任务主要负责对功率传感器、门磁传感器、烟雾传感器、温度传感器、玻璃破碎传感器、可燃气体和人体红外传感器进行轮转数据采集(图中只例举了 4 个)。当采集的数据达到报警阈值,则开始执行报警任务,反之则继续采集下一个传感器的数据。其中,对于门磁、玻璃破碎、可燃气、人体红外传感器其输出的信号为比较简单的开关信号,因此主控芯片只需要检测这些传感器输出端的高低电平,便可将其数据信息很简单地进行查询。而对于功率温度传感器则要写相应的驱动程序。本节将主要对这两类传感器的数据采集进行介绍。

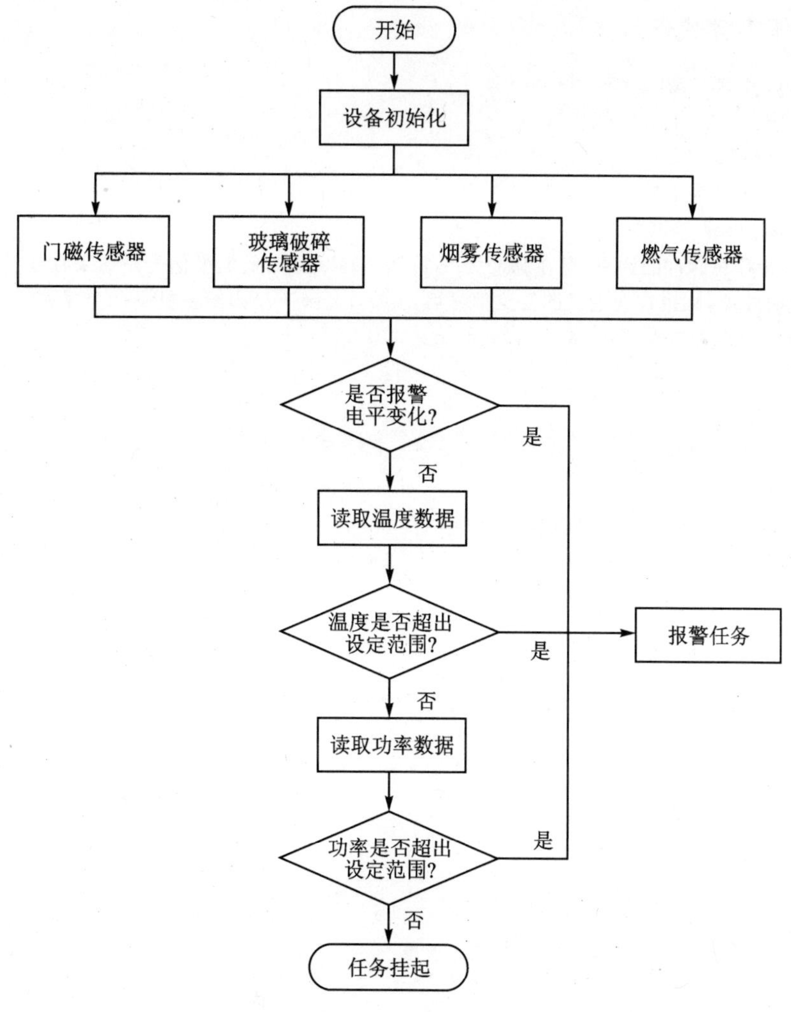

图 9-17　信息采集任务流程图

1. 第一类传感器:温度传感器

本章所使用的温度传感器是 DS18B20,是一款常用的温度传感器,具有体积小、硬件开销低、抗干扰能力强、精度高的特点。

DS18B20 的工作遵循严格的单总线协议。主控芯片首先发一个复位脉冲，复位 DS18B20 芯片,接着发送 ROM 操作命令,使 DS18B20 被激活,准备接收下面的内存访问命令。内存访问命令控制选中的 DS18B20 的工作状态，完成整个温度转换、读取等工作（单总线在 ROM 命令发送之前存储命令和控制命令不起作用)。在对 DS18B20 进行操作的整个过程中，主要包括两个关键过程:启动 DS18B20 作温度转换、读取 DS18B20 温度值。因而 DS18B20 的驱动程序包括复位程序、写数据子程序、读数据子程序。

(1) 复位程序

DS18B20 复位过程:该传感器在进行读写之前必须进行复位初始化,以此来检测 DS18B20 是否存在。复位步骤:首先 STM32 将数据线下拉 480～960 μs,然后释放数据线,等待约 60 μs;如果 STM32 接收到 DS18B20 发出的存在低电平,则表示复位成功。

下面是复位程序代码:

```
static uint8_t DS18B20_Presence(void)
{
    uint8_t pulse_time = 0;
    /* 主机设置为上拉输入 */
    DS18B20_Mode_IPU();
    /* 等待存在脉冲的到来,存在脉冲为一个 60～240 μs 的低电平信号。如果存在脉冲没有到来则
     做超时处理,从接收到主机的复位信号后,会在 15～60 μs 内给主机发一个存在脉冲 */
    while(DS18B20_DATA_IN() && pulse_time<100)
    {
        pulse_time++;
        Delay_us(1);
    }
    /* 经过 100 μs 后,存在脉冲还没有到来 */
    if( pulse_time >= 100 )
        return 1;
    else
        pulse_time = 0;
    /* 存在脉冲到来,且存在的时间不能超过 240 μs */
    while(!DS18B20_DATA_IN() && pulse_time<240)
    {
        pulse_time++;
        Delay_us(1);
    }
    if(pulse_time>= 240)
    return 1;
    else
    return 0;
}
```

(2) 写数据子程序

向 DS18B20 写入数据：

```
/＊写一个字节到 DS18B20,低位先行＊/
void DS18B20_Write_Byte(uint8_t dat)
{
    uint8_t i, testb;
    DS18B20_Mode_Out_PP();
    for( i=0; i<8; i++ )
    {
        testb = dat&0x01;
        dat = dat>>1;
        /＊ 写 0 和写 1 的时间至少要大于 60 μs＊/
        if (testb)
        {
            DS18B20_DATA_OUT(LOW);
            /＊ 1 μs<这个延时<15 μs ＊/
            Delay_us(8);
            DS18B20_DATA_OUT(HIGH);
            Delay_us(58);
        }
        else
        {
            DS18B20_DATA_OUT(LOW);
            /＊ 60 μs<Tx 0<120 μs ＊/
            Delay_us(70);
            DS18B20_DATA_OUT(HIGH);
            /＊ 1 μs<Trec(恢复时间)<无穷大＊/
            Delay_us(2);
        }
    }
}
```

(3) 读数据子程序

DS18B20 读字节子程序如下所示：

```
/＊从 DS18B20 读一个字节,低位先行＊/
uint8_t DS18B20_Read_Byte(void)
{
    uint8_t i, j, dat = 0;
    for(i=0; i<8; i++)
    {
        j=DS18B20_Read_Bit();
        dat=(dat) | (j<<i);
    }
    return dat;
}
```

2. 第二类传感器

第二类传感器,包括门磁传感器、烟雾传感器、玻璃破碎传感器、可燃气体和人体红外传感器。由于这些传感器检测的结果一般只需要两种状态:有和没有,所以目前这些传感器的集成电路模块的输出均为比较简单的开关信号。主控芯片只需要对该开关信号进行检测即可,程序设计上只需用简单的逻辑判断就可以实现外界的感知。

```
voidSensor_Task(void * Id)
{
    INT8U err;
    INT16U * msg;
    for(;;)
    {
        INT16U DeviceStatus[devnum];
        DeviceStatus[0] = Air_conditioning_power();    //空调功率
        DeviceStatus[1] = TV_power();                  //电视功率
        DeviceStatus[2] = heater_power();              //热水器功率
        DeviceStatus[3] = lamp_power();                //电灯功率
        DeviceStatus[4] = door_alarm();                //门
        DeviceStatus[5] = safe_alarm();                //保险柜
        DeviceStatus[6] = smoke_check();               //烟雾检测
        DeviceStatus[7] = gas_check();                 //燃气检测
        DeviceStatus[8] = glass_check();               //玻璃破碎检测
        DeviceStatus[9] = infrared_check();            //人体红外检测
        msg = OSMboxPend(temperture_MBox, 0, &err);    //等待短信的到来
        DeviceStatus[10] = * msg;
        OSMboxPost(E_sensor_MBox,DeviceStatus);  //传感器信息采集结束后,将信息放入邮箱
    }
}
```

9.4.5 其他函数说明

1. 设备相关函数

(1) 设备状态查询函数:unsigned char DeviceCheck(unsigned char deviceno)

该函数主要用于查询各个设备的状态,根据设备编号调用底层设备查询函数,然后返回设备状态。用户可以根据扩展的设备编号在该函数中添加相应的设备查询底层函数调用。

(2) 设备状态控制函数:unsigned char DeviceControl(unsigned char deviceno, unsigned char cmdclass)

该函数主要用于控制各个设备的状态,根据设备编号和命令调用底层设备控制函数控制设备动作,然后返回设备状态。用户可以根据扩展的设备编号在该函数中添加相应的设备控制底层函数调用。

2. 短信相关函数

(1) 短消息发送函数:void SendMessage(unsigned char * message)

该函数通过消息指针 message 将消息首地址传送到底层驱动程序,底层驱动程序将消息

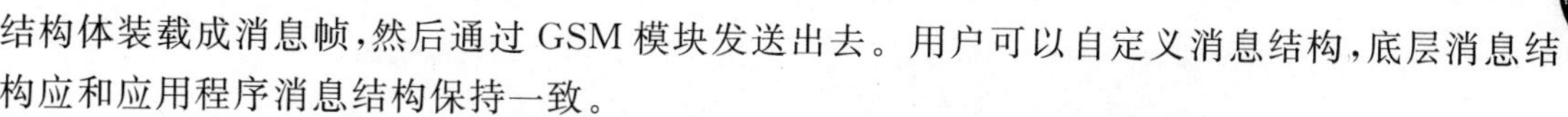

结构体装载成消息帧，然后通过 GSM 模块发送出去。用户可以自定义消息结构，底层消息结构应和应用程序消息结构保持一致。

(2) 短消息读取函数：void ReadMessage(void * msg)

该函数是 GSM 模块底层驱动读操作程序，根据短消息读取流程发送读取消息 AT 指令，将短消息从 SIM 卡中读出存放在短信消息结构体中。短消息结构体主要包含发送短信手机号、发送时间和短消息内容三部分。

(3) 短消息解析函数 unsigned char * MessageAnalyze(char * message)

该函数将短消息结构体中的短消息内容通过 message 参数传递下去进行解析，返回解析数据。由于读出的短消息是字符串格式，需要根据用户定义的命令格式将命令参数解析出来，然后返回参数首地址。

9.5　系统验证

STM32 微处理器基于 ARM 核，所以很多基于 ARM 嵌入式开发环境都可用于 STM32 开发。选择合适的开发环境可以加快开发进度，节省开发成本。本节将先对 STM32 常用的开发工具 Keil MDK 进行简单介绍，然后结合 STM32F103C 硬件开发平台讲解本系统的具体的软件实现，最后对整个监测控制系统进行验证。

本节将要对该智能家居监测控制系统进行实物测试和验证。本部分所测试的实物系统是以上述的软件开发思想为基础，对其功能进行了进一步的添加和完善所完成的。整个系统有三个部分，包括外设部分、主控网关部分、手机控制显示部分，如图 9-18 所示。

图 9-18　整个系统实物图

外设部分包括烟雾传感器、燃气探测器、温湿度探测器、空气质量探测器、人体红外检测器以及用于控制空调、电视、热水器等的智能插座。为了实现各个外设的天线控制，我们在每个外设的部分还加入了一个 zigbee 模块，如图 9-19 所示。

智能网关部分，外设传感器将采集到的信息发送给基于 μCOS-II 的 STM32 智能网关。如图 9-20 所示，我们为系统添加了一个简单的 GUI 界面，通过 GUI 界面我们可以对家电的信息进行显示以及控制家电的开和关。

同时，对于家庭环境中的温度、湿度、烟雾、红外和空气质量进行实时的显示。这里我们在小卧、主卧、厨房、客厅各放了一组传感器，来对家庭的信息进行全面的采集，信息采集显示界面如图 9-21 所示。

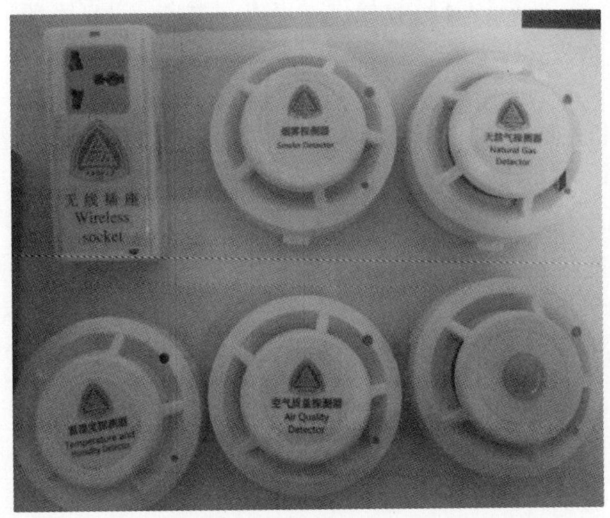

图 9-19　外设传感器和智能插座

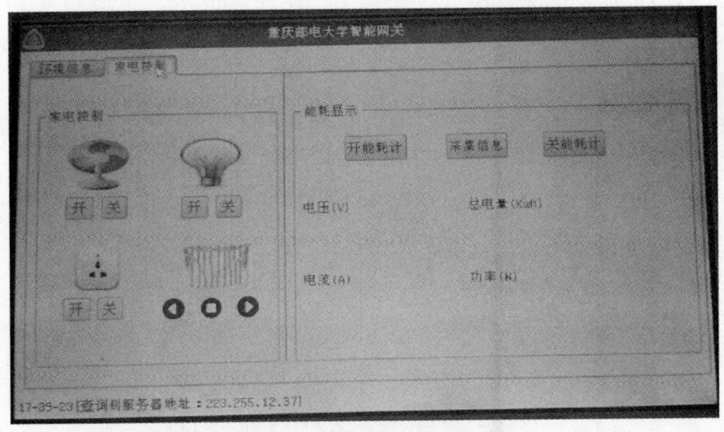

图 9-20　智能网关家电控制界面

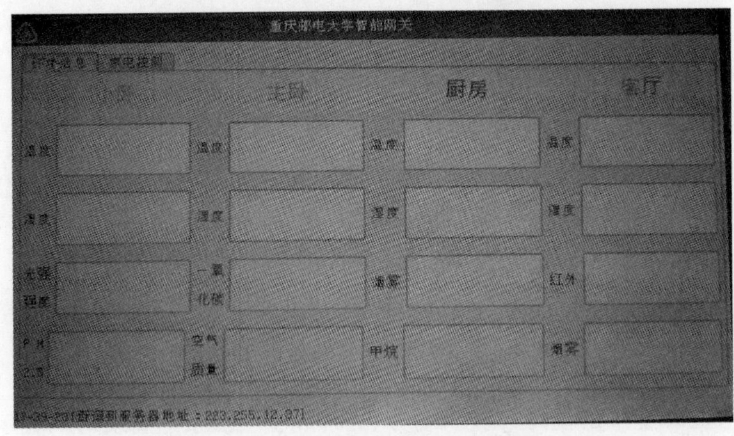

图 9-21　智能网关环境信息界面

最后一个部分是手机远程终端界面，为了方便手机显示用电器和传感器的信息，同时能对家用电器进行远程的控制。我们基于安卓系统开发了一个手机 APP 应用。其主要界面信息如图 9－22 和图 9－23 所示。

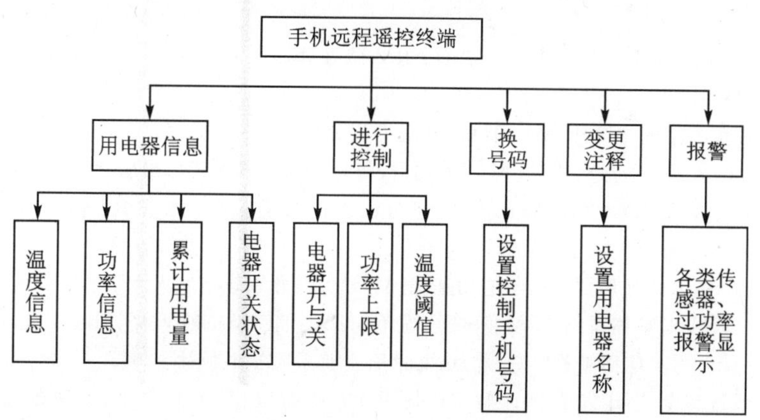

图 9－22　手机 APP 功能框架

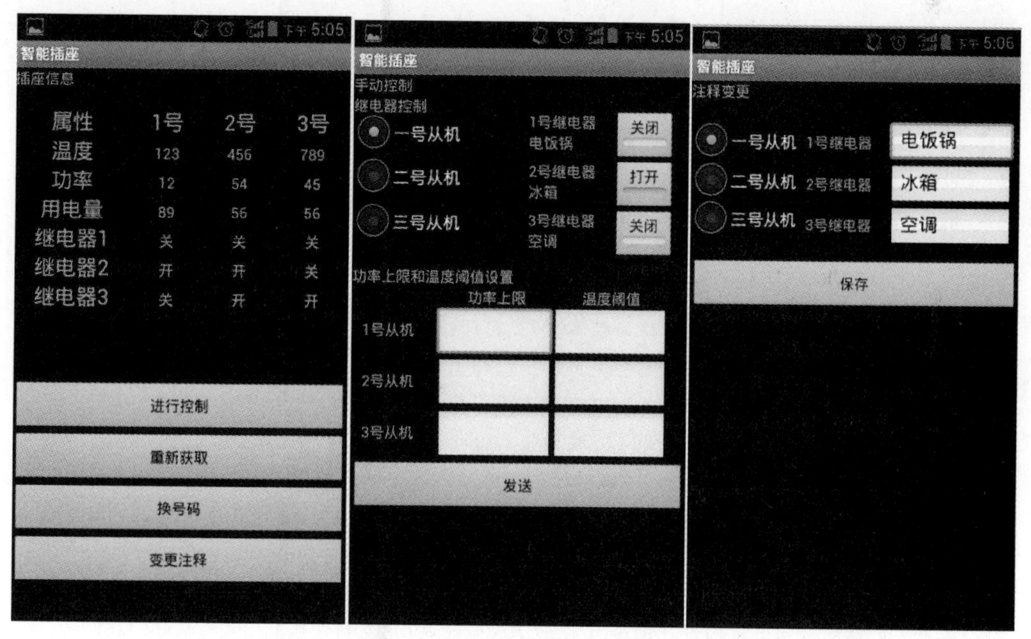

图 9－23　手机 APP 主要界面

习题 9

1. 试简述家庭远程监控设备的工作原理。
2. 分析各个任务间的联系与任务切换条件。
3. 通过分析任务简述消息邮箱的工作过程。

参考文献

[1] 王田苗.实用嵌入式系统设计与开发——基于 ARM 微处理器与 μCOS－II 实时操作系统[M]. 2 版. 北京：清华大学出版社，2003.

[2] 蒋建春. 嵌入式系统原理与设计[M]. 北京：机械工业出版社，2010.

[3] Simon David E.嵌入式系统软件教程[M]. 陈向群，等译.北京：机械工业出版社，2005.

[4] Lewis Daniel W. 嵌入式软件基础——C 语言与汇编的融合[M]. 陈宗斌，译. 北京：高等教育出版社，2002.

[5] 马忠梅，等. ARM 嵌入式处理器结构与应用基础[M]. 北京：北京航空航天大学出版社，2002.

[6] Steve Furber. ARM SOC 体系结构[M]. 田泽，等译. 北京：北京航空航天大学出版社，2002.

[7] 田泽. 嵌入式系统开发与应用教程[M]. 北京：北京航空航天大学出版社，2005.

[8] 胥静. 嵌入式系统设计与开发实例详解——基于 ARM 的应用[M]. 北京：北京航空航天大学出版社，2005.

[9] 沈文斌. 嵌入式硬件系统设计与开发实例详解[M]. 北京：电子工业出版社，2005.

[10] 刘波文，孙岩. 嵌入式实时操作系统 μC/OS－II 经典实例：基于 STM32 处理器[M]. 北京：北京航空航天大学出版社，2012.

[11] 于明，范书瑞，曾祥烨. ARM9 嵌入式系统设计与开发教程[M]. 北京：电子工业出版社，2006.

[12] 张绮文，谢建雄，谢劲心. ARM 嵌入式常用模块与综合系统设计实例精讲[M]. 北京：电子工业出版社，2007.

[13] 罗蕾. 嵌入式实时操作系统及其应用开发[M]. 北京：北京航空航天大学出版社，2005.

[14] Labrosse Jean J. μC/OS－Ⅱ——源码公开的实时嵌入式操作系统[M]. 邵贝贝，译. 北京：中国电力出版社，2001.

[15] 贾智平，张瑞华. 嵌入式系统原理与接口技术[M]. 北京：清华大学出版社，2005.

[16] 苏东. 主流 ARM 嵌入式系统设计技术与实例精解[M]. 北京：电子工业出版社，2007.

[17] 袁玉宇. 软件测试与质量保证[M]. 北京：北京邮电大学出版社，2008.

[18] 康一梅，等. 嵌入式软件测试[M]. 北京：机械工业出版社，2008.

[19] 熊庆国，王鑫，文昕，等. 多核技术在嵌入式领域的新发展[J]. 仪器仪表学报，2006，27(z3)：2601-2604.

[20] 丁雷，陶俊才. ARM S3C2410X 系统中断编程机制的研究与应用[J]. 微计算机信息，2006，22(11-2)：154-155.

[21] 薛小菁，余立民. 可重构和多核技术对嵌入式系统设计的影响[J]. 计算机工程，2008，34(B09)：19-21.

[22] 罗振璧，等. 可重构性和可重构设计理论[J]. 清华大学学报(自然科学版)，2004，44(05)：577-581.

[23] 黄涛，徐宏吉. 嵌入式实时操作系统移植技术的分析与应用[J]. 计算机应用，2003，23(9)：88-98.